信息技术基础

主　编　梁英武　齐艳春　梁　杰
副主编　梁丽丽　袁　野　毛　镓　张　颖
参　编　林　琳　张　蕾　杨飞宇　郭志良
张　玲　朱子男　王洪东　刘铁英
郭　妍　宋　冰

WPS版

· 对标国家课程标准

· “互联网+”创新型教材

· 微视频讲解，配套资源丰富

大连理工大学出版社

图书在版编目(CIP)数据

信息技术基础 / 梁英武，齐艳春，梁杰主编. -- 大连 ：大连理工大学出版社，2021.12
新世纪高职高专计算机应用技术专业系列规划教材
ISBN 978-7-5685-3472-7

Ⅰ. ①信… Ⅱ. ①梁… ②齐… ③梁… Ⅲ. ①电子计算机－高等职业教育－教材 Ⅳ. ①TP3

中国版本图书馆 CIP 数据核字(2021)第 252737 号

大连理工大学出版社出版

地址:大连市软件园路 80 号 邮政编码:116023
发行:0411-84708842 邮购:0411-84708943 传真:0411-84701466
E-mail:dutp@dutp.cn URL:http://dutp.dlut.edu.cn
大连雪莲彩印有限公司印刷 大连理工大学出版社发行

幅面尺寸:185mm×260mm 印张:20.25 字数:518 千字
2021 年 12 月第 1 版 2021 年 12 月第 1 次印刷

责任编辑:李 红 责任校对:马 双
封面设计:张 莹

ISBN 978-7-5685-3472-7 定 价:58.80 元

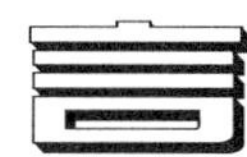

2016年10月9日，中共中央政治局第三十六次集体学习上，习近平总书记强调："要紧紧牵住核心技术自主创新这个'牛鼻子'，抓紧突破网络发展的前沿技术和具有国际竞争力的关键核心技术，加快推进国产自主可控替代计划，构建安全可控的信息技术体系。"办公软件是自主可控替代中最核心的应用软件，是实现自主可控战略的重要一环，WPS作为国产办公软件的领先者，近几年得到了大范围推广和使用，本书主要讲解WPS软件的应用。

高职计算机基础应用类通识教育课程的教学应保持与时俱进，《国家职业教育改革实施方案》和《中华人民共和国国民经济和社会发展第十四个五年规划和2035年远景目标纲要》指出，要推行"学历证书＋职业技能等级证书"制度。学生学习完本书的内容后，可以选择参加全国计算机等级考试和WPS办公应用职业技能等级考试。

"信息技术基础"课程是各专业学生必修的公共基础课程。本教材符合高等职业教育专科信息技术课程标准，教材包含电子文档制作、电子表格制作、演示文稿制作、信息检索、新一代信息技术概述、信息素养与社会责任六部分内容。通过丰富的教学内容和多样化的教学形式，帮助学生认识信息技术对人类生产、生活的重要作用，了解现代社会信息技术发展趋势，理解信息社会特征并遵循信息社会规范；使学生掌握常用的工具软件和信息化办公技术，能够对文档进行编辑、对工作表和工作簿进行操作，能够根据需要制作出图文并茂、富有感染力的演示文稿，了解大数据、人工智能、区块链等新兴信息技术。能在日常生活、学习和工作中综合运用信息技术解决问题。拥有团队意识和职业精神，具备独立思考和主动探究能力，为职业能力的持续发展奠定基础。

在教材内容设计上打破学科体系下的章节式编写模式，充分体现行动导向项目课程的设计思想，选择适应我国经济发展需要、技术先进、应用广泛的项目案例。注重动手能力培养，教材中的项目设计与高等职业教育专科的

教学组织形式及教学方法相适应，突出理实一体化和任务驱动等有利于学生综合能力培养的教学模式。教学资源库内容新颖、独特，集文字、图片、动画、音频、视频为一体，使学习内容得以直观、生动地表现出来，激发学生自主学习的兴趣，能够满足基于在线课程平台的教学活动实施要求。

本教材由梁英武、齐艳春、梁杰任主编，梁丽丽、袁野、毛镓、张颖任副主编，林琳、张蕾、杨飞宇、郭志良、张玲、朱子男、王洪东、刘铁英、郭妍、宋冰参与编写。具体编写分工如下：梁英武负责编写模块一的项目一、项目二，模块三的项目二以及模块六；齐艳春负责编写模块二的项目一和项目四以及模块四；梁杰负责编写模块一的项目三和项目四；梁丽丽负责编写模块三的项目三和项目四；袁野负责编写模块二的项目五和模块三的项目一；毛镓负责编写模块一的项目五和模块二的项目二；张颖负责编写模块二的项目三；张蕾负责编写模块三的项目五和模块五。林琳、杨飞宇、郭志良、张玲、朱子男、王洪东、刘铁英、郭妍、宋冰负责提供教材的配套资源。同时，在编写和出版过程中我们得到了大连理工大学出版社的大力支持，在此表示衷心的感谢。

依据本书的教学内容，我们同步进行了教学资源的开发研究。为了便于教师使用本书和学生自主学习，我们配备了教学课件、教学素材及微课视频，使用本书的学校可以从职教数字化服务平台获取。

由于编者水平有限，书中仍可能存在错误与疏漏之处，恳请广大读者批评指正。

编　者

2021 年 12 月

所有意见和建议请发往：dutpgz@163.com

欢迎访问职教数字化服务平台：http://sve.dutpbook.com

联系电话：0411-84707492　84706104

目录

模块一 电子文档制作

本模块通过对5个特色实例的具体分析，对涉及的相关知识进行详尽的说明，介绍WPS文字软件对多样化文档的排版编辑方法，使读者能够运用软件完成图文表混合排版工作，解决实际问题。

本模块介绍文化宣传板、个性化表格、企业邀请函、宣传海报、长文档等各类电子文档的制作，培养学生自主学习能力、问题解决能力、创新思维能力。

项目一　我的中国梦——WPS文字文稿的编辑

一、项目描述

中国梦，是中国共产党第十八次全国代表大会召开以来，习近平总书记所提出的重要指导思想和重要执政理念，于2012年11月29日正式提出。习近平总书记把“中国梦”定义为实现中华民族伟大复兴，就是中华民族近代以来最伟大梦想，并且表示这个梦“一定能实现”。“中国梦”的核心目标也可以概括为“两个一百年”的目标，具体表现是国家富强、民族振兴、人民幸福，实现途径是走中国特色社会主义道路、坚持中国特色社会主义理论体系、弘扬民族精神、凝聚中国力量，实施手段是政治、经济、文化、社会、生态文明五位一体建议。

作为当代大学生，应该深知自己身上所肩负的社会责任和历史使命，中国梦需要我们的不懈努力与奋斗来实现，面对中国的发展，我们要顺应时代的潮流，把我们的个人理想与国家的前途命运紧紧相连。本项目以我的中国梦为主题来制作电子画报，大力宣传“中国梦”的核心内涵，如图1-1-1所示。

我的中国梦

我的梦，中国梦。中国梦由国家梦、民族梦所组成，中国梦不仅是实现民族复兴之梦、强国之梦，更是实现人民幸福生活之梦，也是每个人心中的美好梦想。这个梦想是中国各族人民的共同心声，也是每一位中华儿女的共同期盼；中国梦的核心内涵是中华民族伟大复兴，基本内涵是实现国家富强、民族振兴、人民幸福，中国梦归根到底是人民的梦，是我的梦！

我相信每个人都会有自己的目标或梦想，或大或小，或是像周恩来那样的为中华崛起，或是像警察、军人那样保家卫国，或是为了企业的发展壮大，或是为了帮助贫困户脱贫致富，或是为了自己和家人幸福安康……我是一名计算机专业的大三学生，我所要学的知识十分广泛，有 C++、计算机硬件、网络等，我的目标和梦想就是设计出一套完整的中文汇编系统。这听起来是我个人的目标和梦想，但它确实与中国梦息息相关。

众所周知，中国是一个制造大国，同时中国也正在由“中国制造”转向“中国智造”。无论是“中国制造”还是“中国智造”，都凸显了职业院校学生学习的重要性。我们利用电子的“智”帮助“制”变为“智”。当然实现从“制”向“智”的转变也并非由这一个专业或者是个人就可以实现的，需要多学科的交叉融合，需要许多人的共同努力，由一个个小小的梦汇聚成一个大大的中国梦。

姓名+学号

2021 年 10 月 16 日星期六

图 1-1-1　中华文化力量宣传板

二、项目分析

任务一：新建文档，复制/粘贴文字，保存文档。

任务二：文字、段落设置。

任务三：设置形状以及形状填充、轮廓、形状效果等。

任务四：页面整体效果设计。

三、项目实现

首先介绍工作界面，如图 1-1-2 所示，主要区域包括：

图 1-1-2 工作界面

- 标签栏：用于标签切换和窗口控制，包括标签区（访问/切换/新建文档、网页、服务）、窗口控制区（切换/缩放/关闭工作窗口、登录/切换/管理账号）。
- 功能区：承载了各类功能入口，包括功能区选项卡、“文件”菜单、快速访问工具栏（默认置于功能区内）、快捷搜索框、协作状态区等。
- 编辑区：内容编辑和呈现的主要区域，包括文档页面、标尺、滚动条等。WPS 表格组件中还包括名称框、编辑栏、工作表标签栏，WPS 演示组件中还包括备注窗格。
- 导航窗格和任务窗格：提供视图导航或高级编辑功能的辅助面板，一般位于编辑界面的两侧，执行特定命令操作时将自动展开显示。
- 状态栏：显示文档状态和提供视图控制。默认是“页面视图”，在此可以快速切换“全屏显示”“阅读版式”“写作模式”“大纲”“Web 版式”“护眼模式”。还可调整“页面缩放比例”，拖动滚动条可快速调整，最右侧的是“最佳显示比例”按钮。

1. 创建文字文稿文件

(1)启动 WPS 文字软件，单击“新建”按钮，自动创建一个空白文档“文字文稿 1”，将素材文字复制到文档编辑区，如图 1-1-3 所示。

创建文字文稿文件

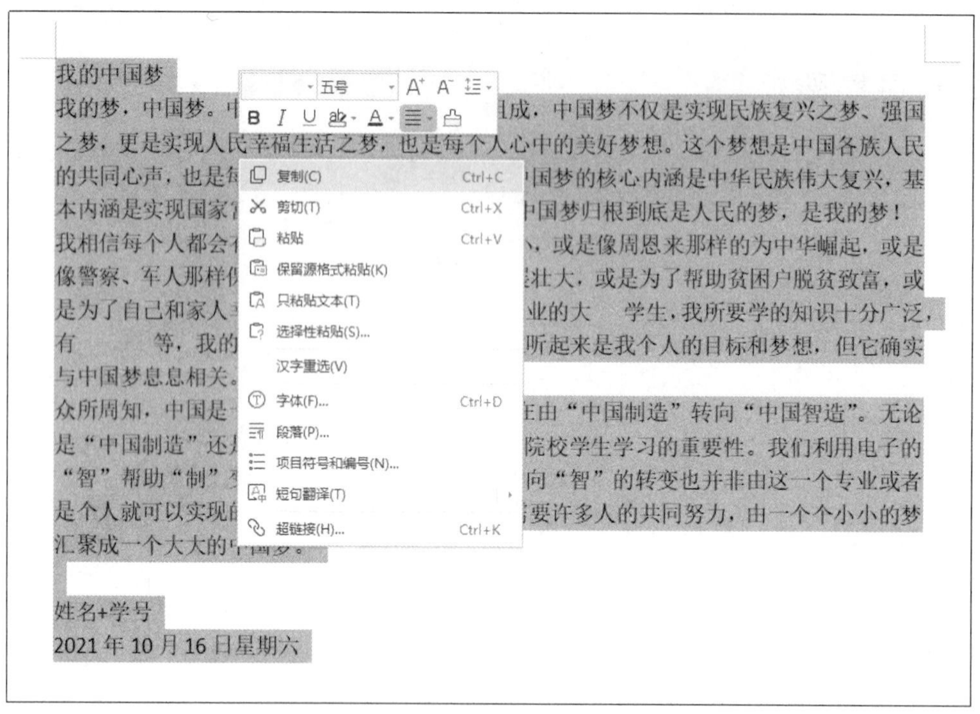

图 1-1-3　复制文字

(2)单击“保存”按钮，弹出“另存文件”对话框，在“文件名”文本框中输入“我的中国梦”，如图 1-1-4 所示，单击“保存”按钮。

图 1-1-4　另存文件

2. 页面设置，字体、段落设置

(1)在“页面布局”选项卡“页边距”的“左”“右”文本框中各输入“2 cm”，如图 1-1-5 所示。

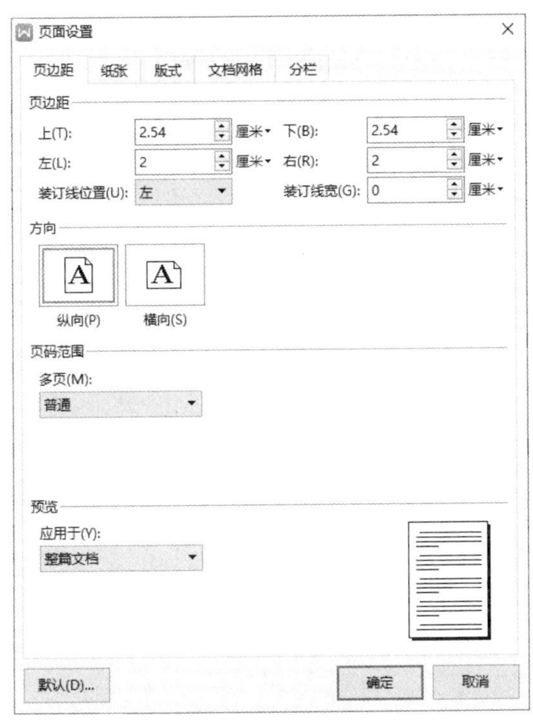

图 1-1-5 更改页边距

页面设置,字体、段落设置

(2)全选文字,选择“开始”选项卡,单击“段落”对话框启动器按钮,在弹出的“段落”对话框中,单击“特殊格式”下拉列表,选择“首行缩进”,在“度量值”文本框中输入“2”,如图 1-1-6 所示,单击“确定”按钮。

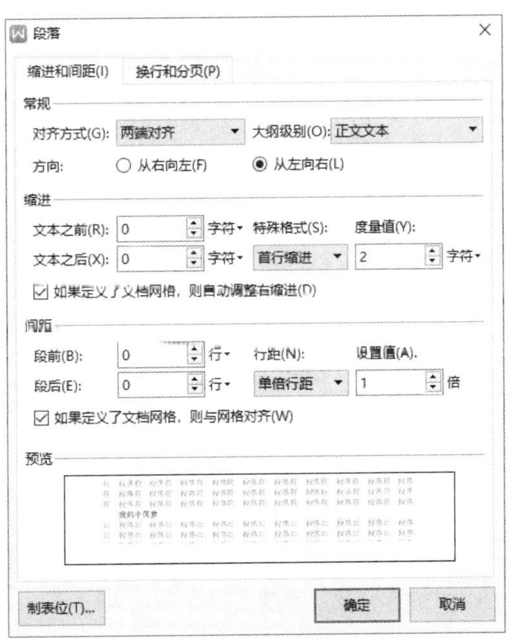

图 1-1-6 设置段落格式

(3)选中标题文字,设置字体为“宋体”、字号为“三号”,依次单击“加粗”按钮、“居中对齐”按钮。选中除标题以外的文字,设置字体为“宋体”、字号为“四号”。选中最后两段,单击“右对齐”按钮，如图 1-1-7 所示。

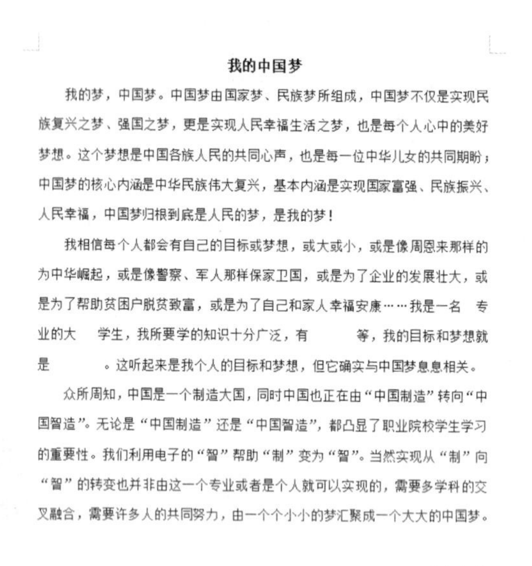

我的中国梦

我的梦，中国梦。中国梦由国家梦、民族梦所组成，中国梦不仅是实现民族复兴之梦、强国之梦，更是实现人民幸福生活之梦，也是每个人心中的美好梦想。这个梦想是中国各族人民的共同心声，也是每一位中华儿女的共同期盼；中国梦的核心内涵是中华民族伟大复兴，基本内涵是实现国家富强、民族振兴、人民幸福，中国梦归根到底是人民的梦，是我的梦！

我相信每个人都会有自己的目标或梦想，或大或小，或是像周恩来那样的为中华崛起，或是像警察、军人那样保家卫国，或是为了企业的发展壮大，或是为了帮助贫困户脱贫致富，或是为了自己和家人幸福安康……我是一名　专业的大　学生，我所要学的知识十分广泛，有　　等，我的目标和梦想就是　　。这听起来是我个人的目标和梦想，但它确实与中国梦息息相关。

众所周知，中国是一个制造大国，同时中国也正在由“中国制造”转向“中国智造”。无论是“中国制造”还是“中国智造”，都凸显了职业院校学生学习的重要性。我们利用电子的“智”帮助“制”变为“智”。当然实现从“制”向“智”的转变也并非由这一个专业或者是个人就可以实现的，需要多学科的交叉融合，需要许多人的共同努力，由一个个小小的梦汇聚成一个大大的中国梦。

姓名+学号

2021 年 10 月 16 日星期六

图 1-1-7　设置文字格式

3. 形状设置

（1）选择“插入”选项卡，单击“形状”下拉按钮，在“星与旗帜”下选择“五角星”☆，如图 1-1-8 所示，绘制一大两小三个五角星，调整到合适大小、角度及位置，如图 1-1-9 所示排列。

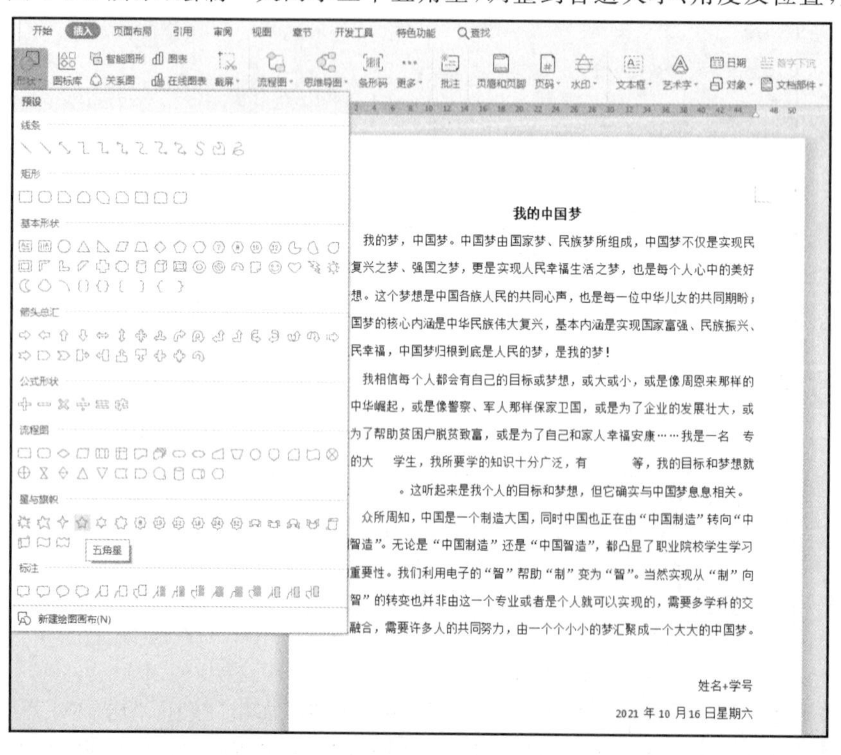

图 1-1-8　选择“五角星”形状

形状设置

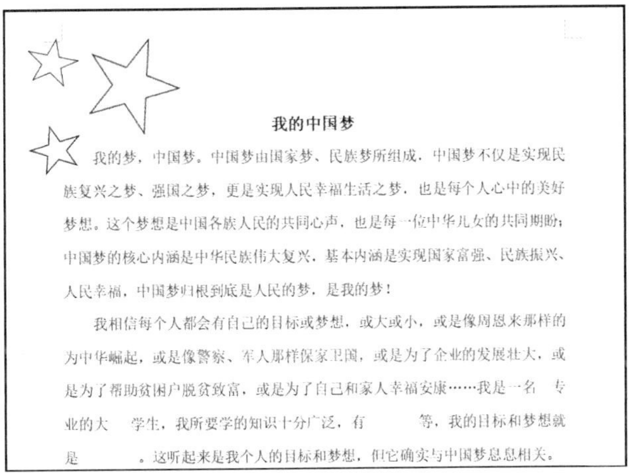

我的中国梦

我的梦，中国梦。中国梦由国家梦、民族梦所组成，中国梦不仅是实现民族复兴之梦、强国之梦，更是实现人民幸福生活之梦，也是每个人心中的美好梦想。这个梦想是中国各族人民的共同心声，也是每一位中华儿女的共同期盼；中国梦的核心内涵是中华民族伟大复兴，基本内涵是实现国家富强、民族振兴、人民幸福，中国梦归根到底是人民的梦，是我的梦！

我相信每个人都会有自己的目标或梦想，或大或小，或是像周恩来那样的为中华崛起，或是像警察、军人那样保家卫国，或是为了企业的发展壮大，或是为了帮助贫困户脱贫致富，或是为了自己和家人幸福安康……我是一名　专业的大　学生，我所要学的知识十分广泛，有　等，我的目标和梦想就是　。这听起来是我个人的目标和梦想，但它确实与中国梦息息相关。

图 1-1-9　绘制五角星

(2)按住键盘上的“Ctrl”键，同时选中大五角星和左上方小五角星，选择“绘图工具”选项卡，单击“填充”下拉按钮，选择标准色中的“黄色”，如图 1-1-10 所示。单击“轮廓”下拉按钮，选择“无线条颜色”，如图 1-1-11 所示。选中左上方小五角星，单击“形状效果”下拉按钮，选择“阴影”→“透视”→“左上对角透视”，如图 1-1-12 所示。

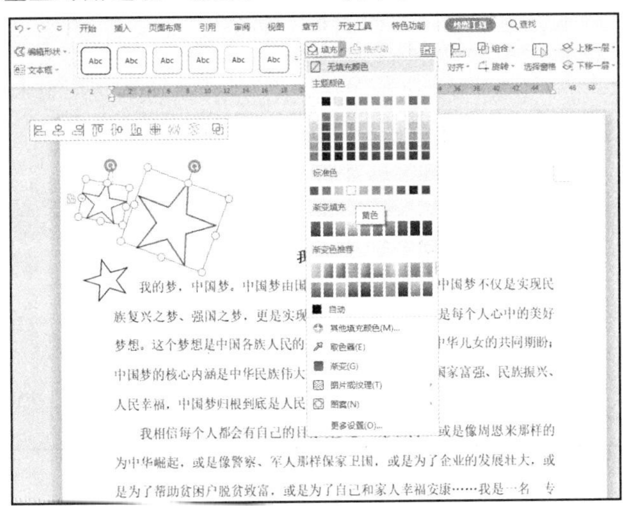

图 1-1-10　填充图形颜色

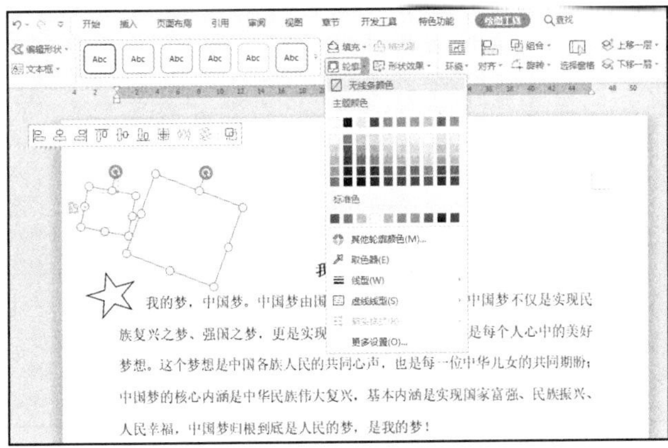

图 1-1-11　设置图形轮廓

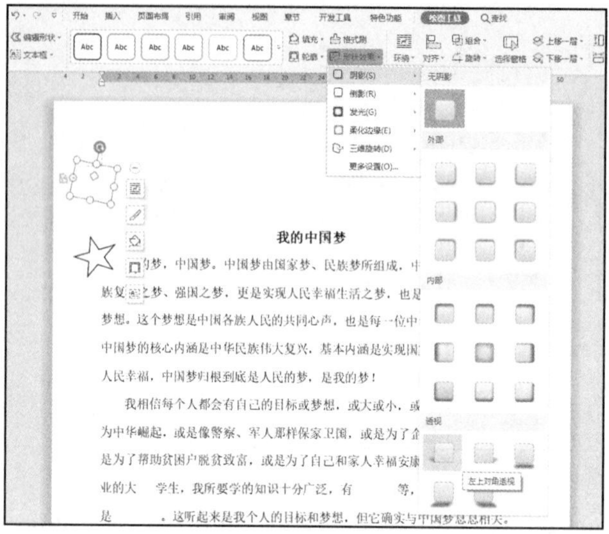

图 1-1-12 设置形状效果

(3)选中左下方小五角星,单击“形状样式库”下拉列表,选择“彩色轮廓-巧克力黄,强调颜色 2”,如图 1-1-13 所示。单击“形状效果”下拉按钮,选择“倒影”→“倒影变体”→“半倒影,4 pt 偏移量”,如图 1-1-14 所示。制作效果如图 1-1-15 所示。

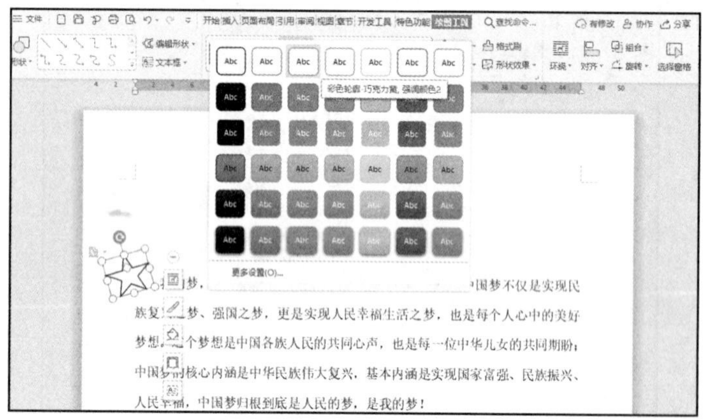

图 1-1-13 设置形状样式

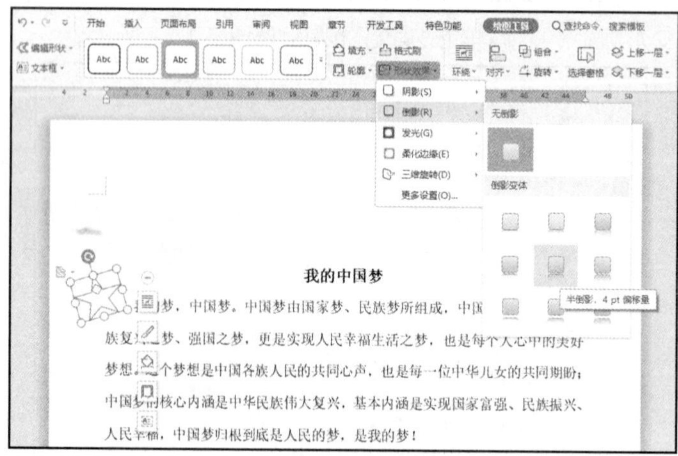

图 1-1-14 设置倒影

我的中国梦

我的梦，中国梦。中国梦由国家梦、民族梦所组成，中国梦不仅是实现民族复兴之梦、强国之梦，更是实现人民幸福生活之梦，也是每个人心中的美好梦想。这个梦想是中国各族人民的共同心声，也是每一位中华儿女的共同期盼；中国梦的核心内涵是中华民族伟大复兴，基本内涵是实现国家富强、民族振兴、人民幸福，中国梦归根到底是人民的梦，是我的梦！

我相信每个人都会有自己的目标或梦想，或大或小，或是像周恩来那样的为中华崛起，或是像警察、军人那样保家卫国，或是为了企业的发展壮大，或是为了帮助贫困户脱贫致富，或是为了自己和家人幸福安康……我是一名　专业的大　学生，我所要学的知识十分广泛，有　　等，我的目标和梦想就是　　。这听起来是我个人的目标和梦想，但它确实与中国梦息息相关。

图 1-1-15　制作效果

4. 设置背景

(1)选择"页面布局"选项卡，单击"背景"下拉按钮，选择"其他背景"→"渐变"选项，如图 1-1-16 所示。

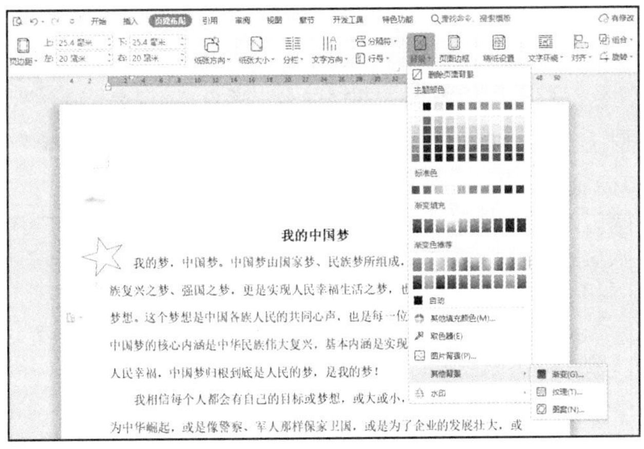

图 1-1-16　背景设置功能

(2)在"填充效果"对话框中，选择"渐变"选项卡，单击"双色"单选按钮，"颜色 1"选择标准颜色中的"红色"，"颜色 2"选择标准颜色中的"黄色"，透明度设置为"从 0% 到 20%"，"底纹样式"选择"斜上"，"变形"选第一种，单击"确定"按钮，如图 1-1-17 所示。

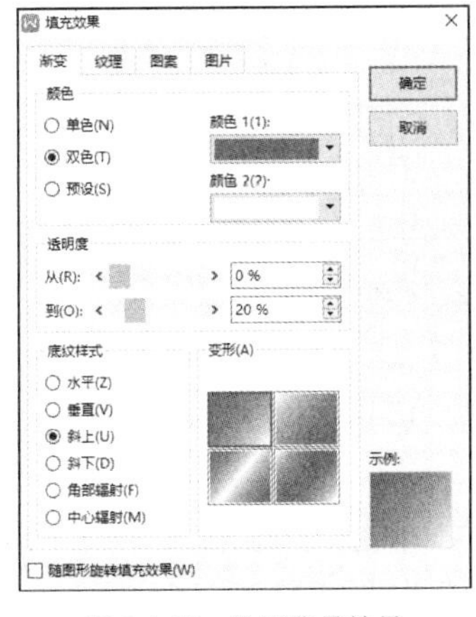

图 1-1-17　设置背景效果

设置背景

5. 添加水印

(1)选择“插入”选项卡,单击“水印”按钮,在下拉菜单中选择“插入水印”,如图 1-1-18 所示。

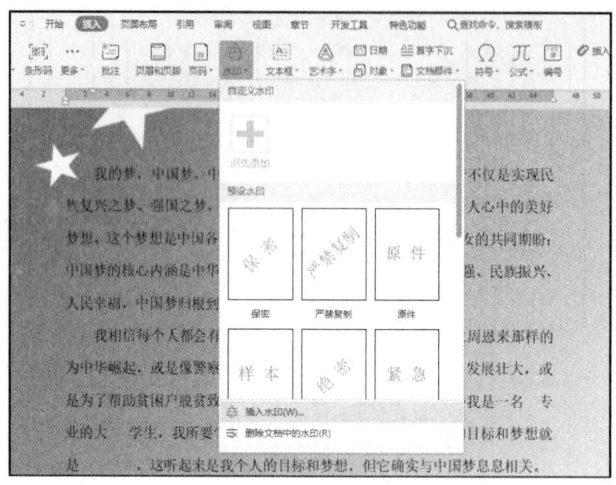

图 1-1-18 插入水印

(2)在“水印”对话框中勾选“文字水印”复选项,“内容”输入“梦”,“字体”选择“微软雅黑”,“字号”输入“493”,“颜色”选择主题颜色中的“白色,背景 1,深色 50%”,“版式”选择“水平”,“水平对齐”和“垂直对齐”选择“居中”,“透明度”输入“70”,“应用于”选择“整篇文档”,如图 1-1-19 所示,单击“确定”按钮。

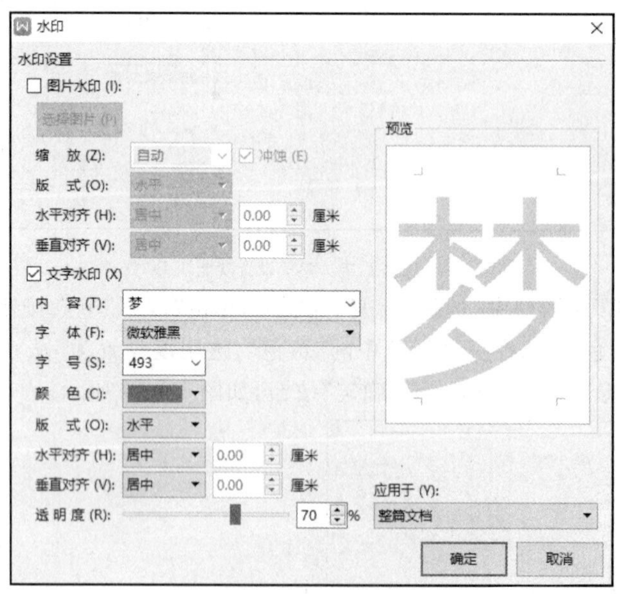

图 1-1-19 设置水印

6. 设置文字效果

(1)选择“开始”选项卡,在空格处输入文字信息,选定后单击“下划线”按钮,如图 1-1-20 所示。

(2)选中第三段中的“智”,选择“开始”选项卡,单击“字体”对话框启动器按钮,在弹出的“字体”对话框中,单击“着重号”下拉列表,选择“.”,如图 1-1-21 所示。

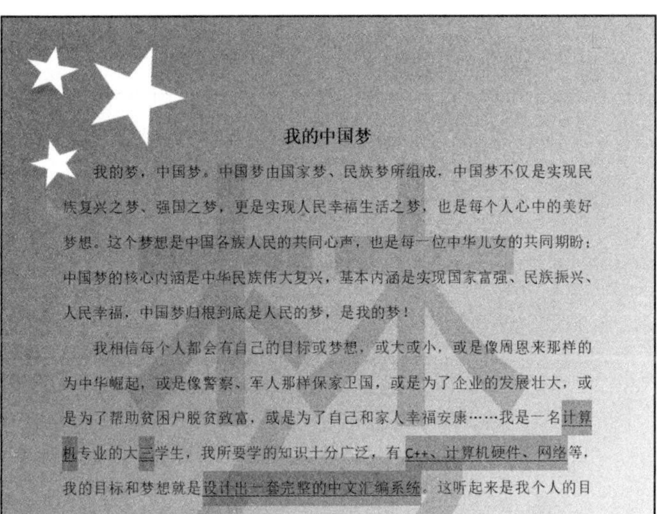

我的中国梦

我的梦，中国梦。中国梦由国家梦、民族梦所组成，中国梦不仅是实现民族复兴之梦、强国之梦，更是实现人民幸福生活之梦，也是每个人心中的美好梦想。这个梦想是中国各族人民的共同心声，也是每一位中华儿女的共同期盼；中国梦的核心内涵是中华民族伟大复兴，基本内涵是实现国家富强、民族振兴、人民幸福，中国梦归根到底是人民的梦，是我的梦！

我相信每个人都会有自己的目标或梦想，或大或小，或是像周恩来那样的为中华崛起，或是像警察、军人那样保家卫国，或是为了企业的发展壮大，或是为了帮助贫困户脱贫致富，或是为了自己和家人幸福安康……我是一名计算机专业的大三学生，我所要学的知识十分广泛，有C++、计算机硬件、网络等，我的目标和梦想就是设计出一套完整的中文汇编系统。这听起来是我个人的目标和梦想，但它确实与中国梦息息相关。

图 1-1-20　设置文字下划线

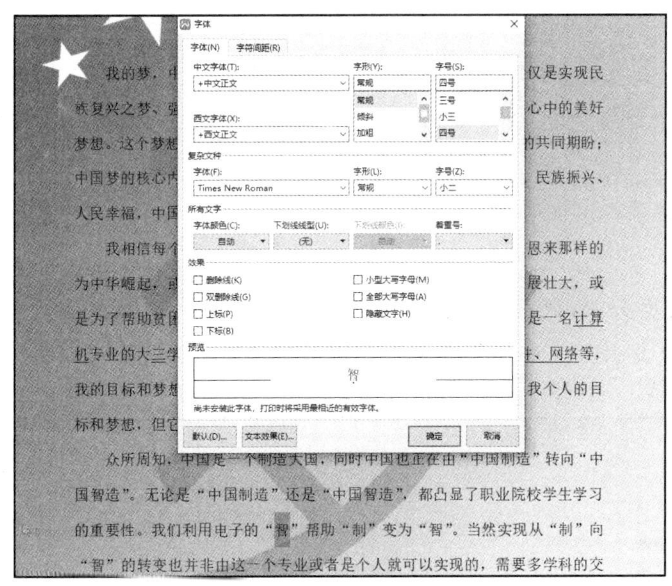

图 1-1-21　设置着重符号

（3）双击“格式刷”按钮，为其他几处的“智”“制”添加着重号，如图 1-1-22 所示。

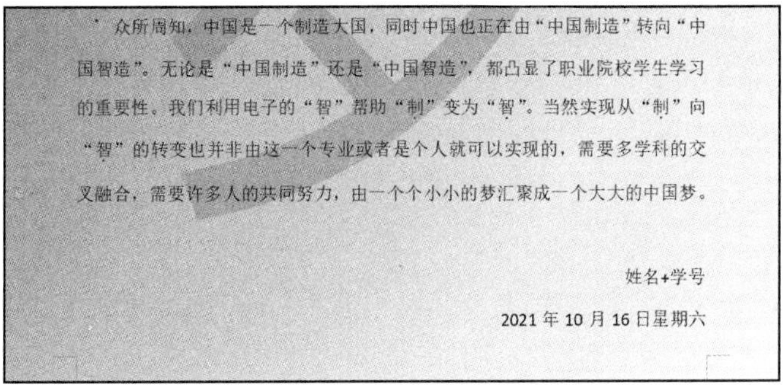

众所周知，中国是一个制造大国，同时中国也正在由“中国制造”转向“中国智造”。无论是“中国制造”还是“中国智造”，都凸显了职业院校学生学习的重要性。我们利用电子的“智”帮助“制”变为“智”。当然实现从“制”向“智”的转变也并非由这一个专业或者是个人就可以实现的，需要多学科的交叉融合，需要许多人的共同努力，由一个个小小的梦汇聚成一个大大的中国梦。

姓名+学号

2021 年 10 月 16 日星期六

图 1-1-22　使用格式刷

(4)选中第三段中的中国梦,选择“开始”选项卡,单击“加粗”按钮。单击“文字效果”下拉按钮,选择“阴影”→“透视”→“右上对角透视”,如图 1-1-23 所示。

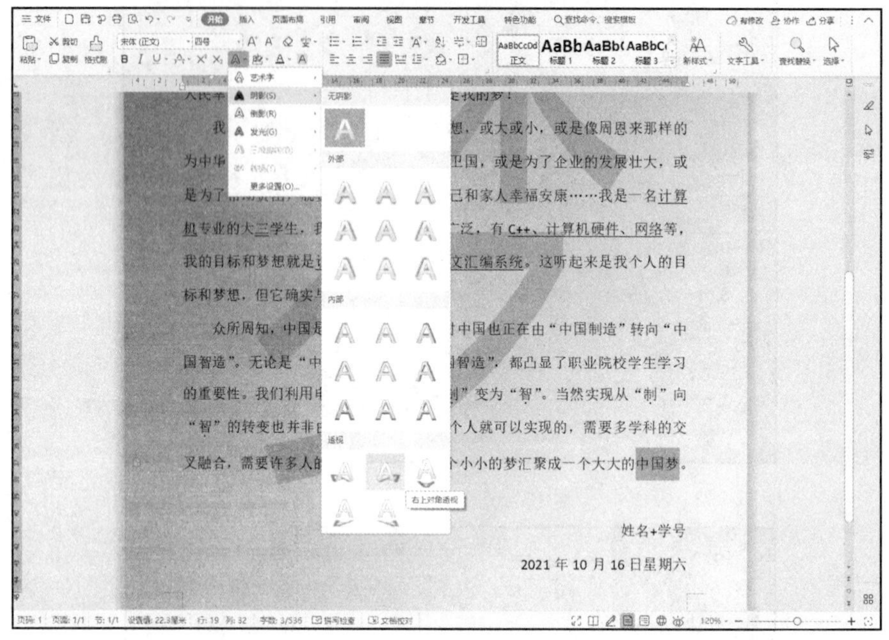

图 1-1-23　设置文字效果

四、相关知识

1. 一站式融合办公:WPS 开始页

WPS Office 2019 开始页中聚集了多样化服务快速入口,开启一站式融合办公的新模式,需要的功能一目了然,一触即达,如图 1-1-24 所示。

图 1-1-24　WPS 开始页

2. 搜索框

搜索框使得搜索文档、模板一次实现，方便快捷，如图 1-1-25 所示。

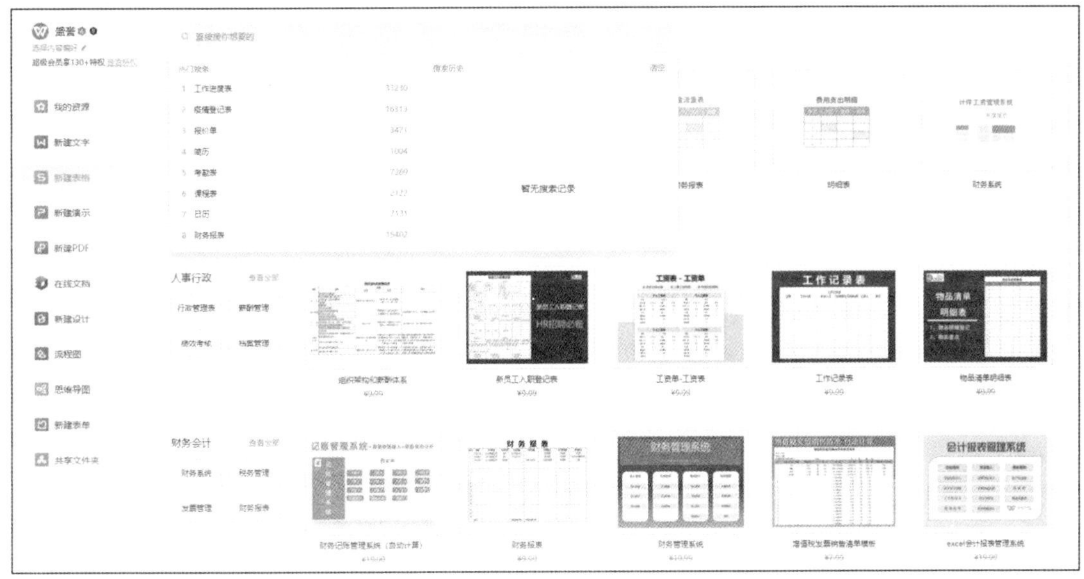

图 1-1-25　搜索框

3. 应用中心

常用办公服务固定到便捷启动栏，聚合精品应用，方便快捷，如图 1-1-26 所示。

图 1-1-26　应用列表

4. 位置列表

位置列表可以快速搜索云端和本地的办公文档，切换时只需单击对应的图标，即可快速切换到对应的文档存储位置，常用目录还可以直接固定，无须四处翻找。“最近访问”除了能快速找到用过的文档，还能同步到云。“云文档”可以直接访问云端的个人和团队文档，当需要在办公场所与家庭之间进行交替工作时，无须使用 U 盘拷贝，如图 1-1-27 所示。

图 1-1-27　位置列表

5. 消息中心

消息中心可以获取当日最新的工作状态和进度更新通知，尤其是团队协作时，可以及时收到团队文档的操作记录，单击即可直接打开文档，快捷省时，如图 1-1-28 所示。

图 1-1-28　消息中心

6. 客服中心

微信扫描二维码关注 WPS 售后服务公众号，即可拥有专属的客户服务通道，遇到疑问直接向客服咨询，获取每日教程，每日签到还可以抽取大奖或领取福利，如图 1-1-29 所示。

图 1-1-29 客服中心

7. 个人中心

登录“WPS”账号体验更丰富的云办公服务。登录后单击头像即可进入个人中心页面，查看或修改账号详细资料信息，如图 1-1-30、图 1-1-31 所示。

图 1-1-30 个人中心开启方式

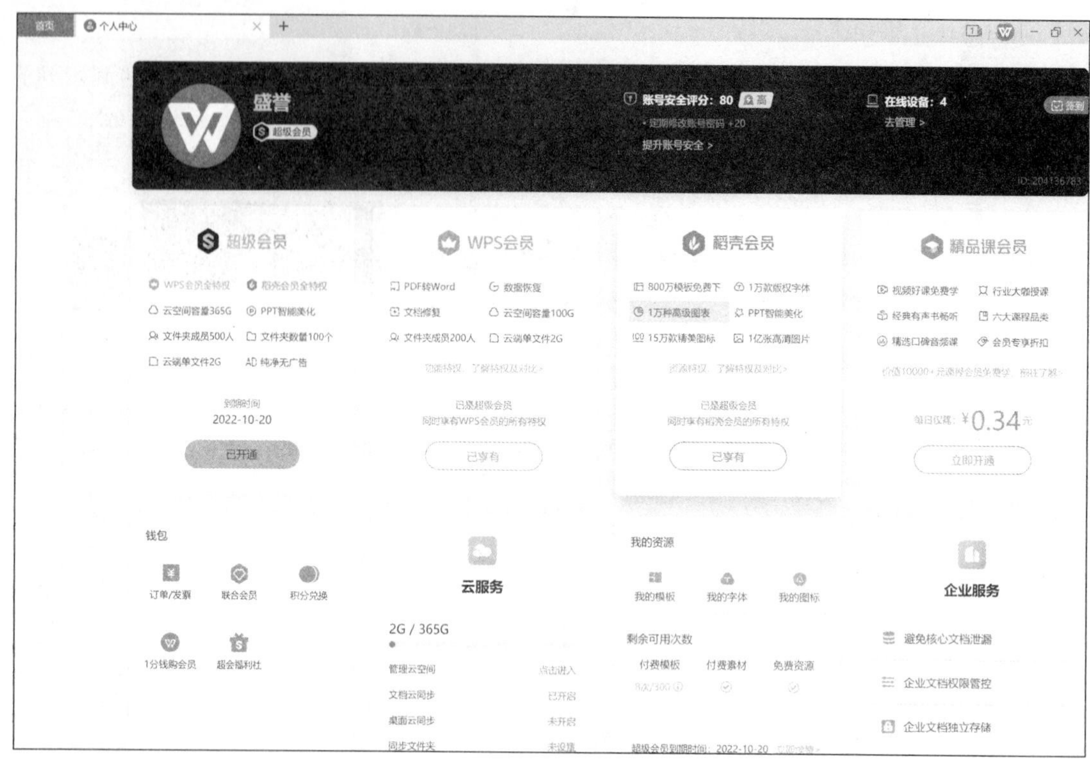

图 1-1-31 个人中心

8. WPS 浏览器

WPS Office 2019 内置了轻量化的 WPS 网页浏览器，查看网页内容时，无须再离开 WPS 软件窗口。内置的 WPS 浏览器除了拥有刷新、下载等基本浏览器功能外，还提供了“网页添加到 WPS 开始页”和“网页另存为 PDF”等特色功能，如图 1-1-32 所示。

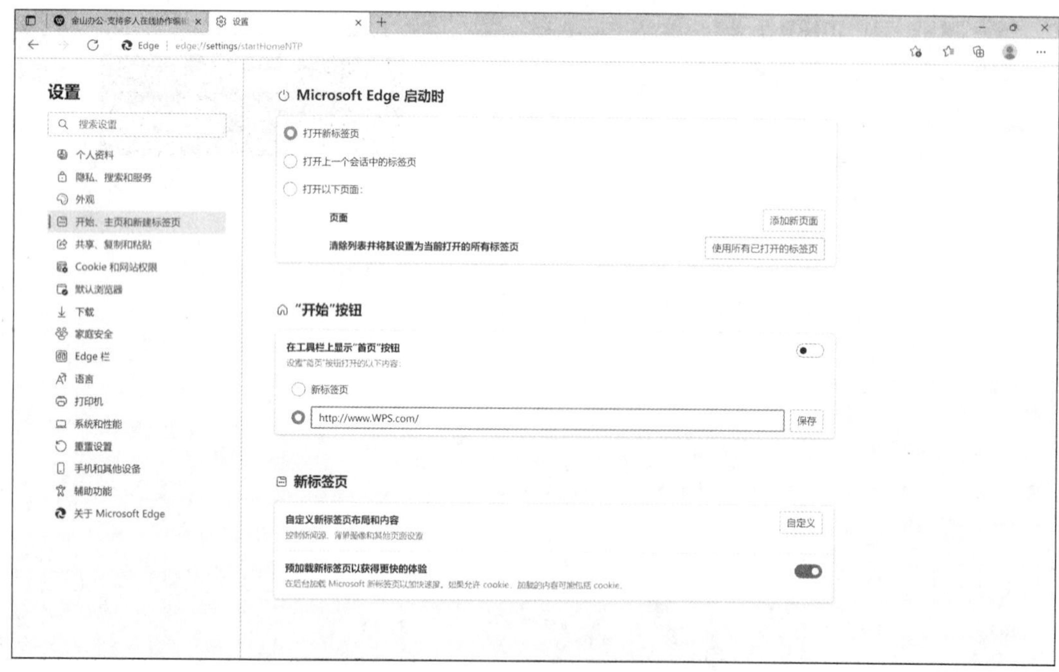

图 1-1-32 内置的 WPS 网页浏览器

9. 输出为 PDF

PDF 作为与平台无关的文本格式，是电子文档发行和数字化信息传播的理想文档格式。WPS Office 2019 全面支持 PDF 格式，让 PDF 文件阅读/编辑/打印更加快捷方便。

随着各政企单位对信息安全要求愈发严格，发布的 PDF 文件经常需要权限控制，例如仅供阅读和添加批注，禁止复制或打印。

WPS Office 2019 增强了将 WPS 文档输出为 PDF 格式的功能，不仅可以详细设定输出选项参数，还可以对文件的安全性进行自定义设置。如图 1-1-33 所示。

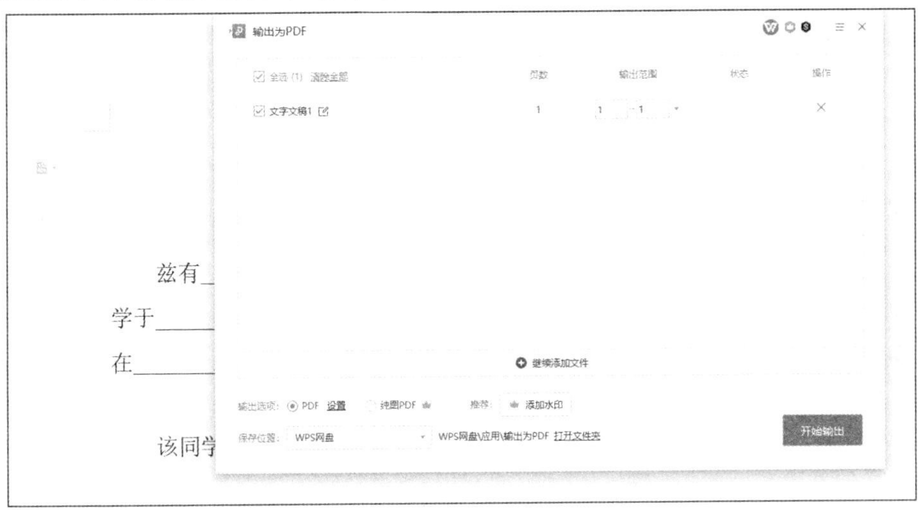

图 1-1-33 输出为 PDF

10. 输出为带权限控制的 PDF

单击“文件”按钮，选择“输出为 PDF”，常规中设定“页范围”和“输出选项”，权限设置中设定“密码”和“权限内容”，如图 1-1-34 所示。WPS Office 2019 专业版中的 PDF 组件多版本可配置，包括基础版本(PDF 阅读)或编辑版本(PDF 编辑)两种。

图 1-1-34 输出为带权限控制的 PDF

11. 输出为图片

WPS 集多种格式转换小工具的功能于一体，文件输出的形式非常多，如图 1-1-35 所示。WPS 文字可以输出文件为高清图片和长图，方便在社交网络上发布内容。单击“文件”按钮，选择“输出为图片”，逐页输出或者合成长图。

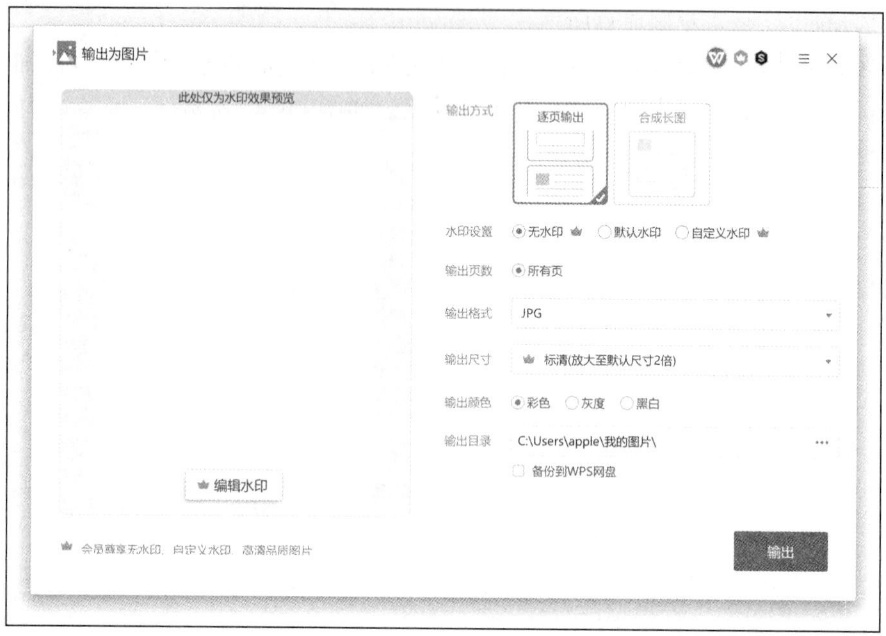

图 1-1-35 输出为图片

12. 在线服务云办公：云文档

WPS Office 2019 版本已实现与云存储的集成，登录账号后，文件可直接保存或上传到云端，并且可以通过任意计算机、手机随时随地打开、编辑、保存、分享云端文档，真正摆脱设备和地点的限制，如图 1-1-36 所示。

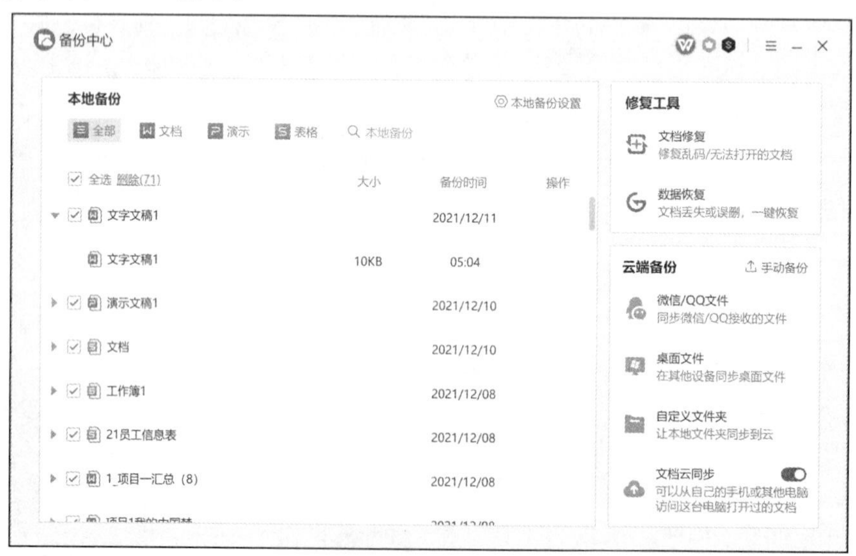

图 1-1-36 WPS 云文档

本地文件上传云端后，因个人办公计算机损坏而丢失的本地文件，可以在其他设备登录WPS+账号轻松找回，因编辑失误而丢失的原始文件，也可以在历史版本中一键还原。云服务选项卡可打开云文档/保存到云文档/历史版本。

13. 云协作

WPS 在线协作是以文档为中心的全平台协同办公服务，通过调用浏览器 Web Office 打开文档，支持多人同时对文档编辑和评论，在线协作功能可以应用于 WPS 文字和 WPS 表格。本地文件在使用在线协作时将会被先上传到云端，转换为协作文档。如图 1-1-37 所示。

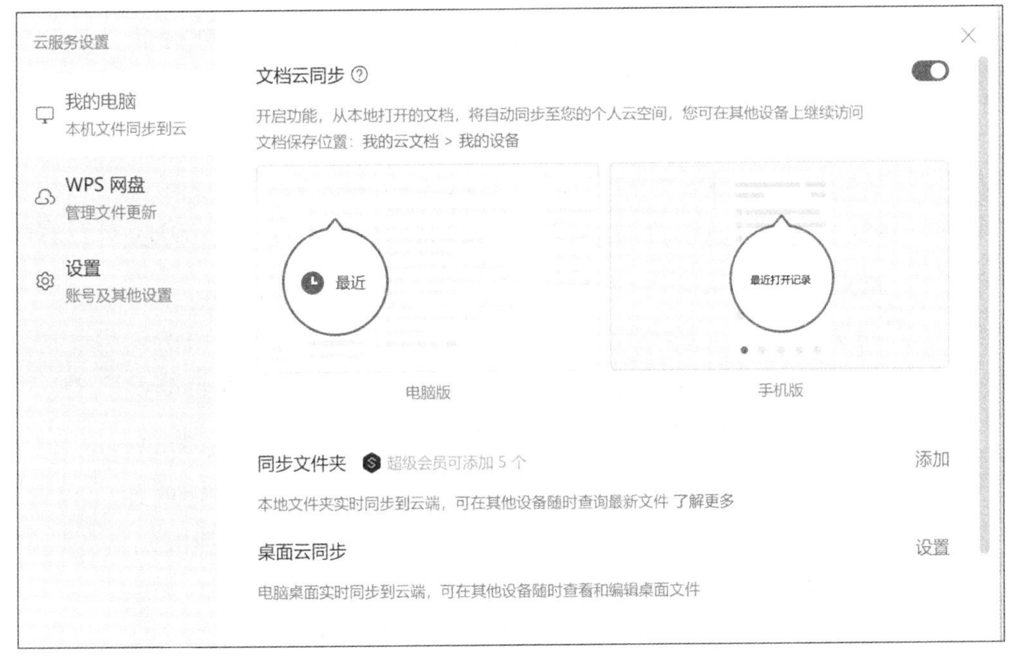

图 1-1-37 WPS 云协作

云协作功能让协作痕迹全程记录，历史版本任意恢复，修改完毕自动保存，告别反复传文件的烦恼，让团队轻松完成协作撰稿、方案讨论、会议记录和资料共享等工作。

五、创新作业

制作中国女排文字海报，如图 1-1-38 所示。要求如下：

1. 设置页面背景为纹理背景；
2. 设置页面边框，颜色红色，应用于整篇文档；
3. 设置页边距为自定义边距，上、下、左、右均为 2 cm；
4. 设置标题文字中国女排为 3 号，字体华文中宋；
5. 设置正文文字 4 号，设置段落格式特殊格式，首行缩进 2 字符，行距为单倍行距。

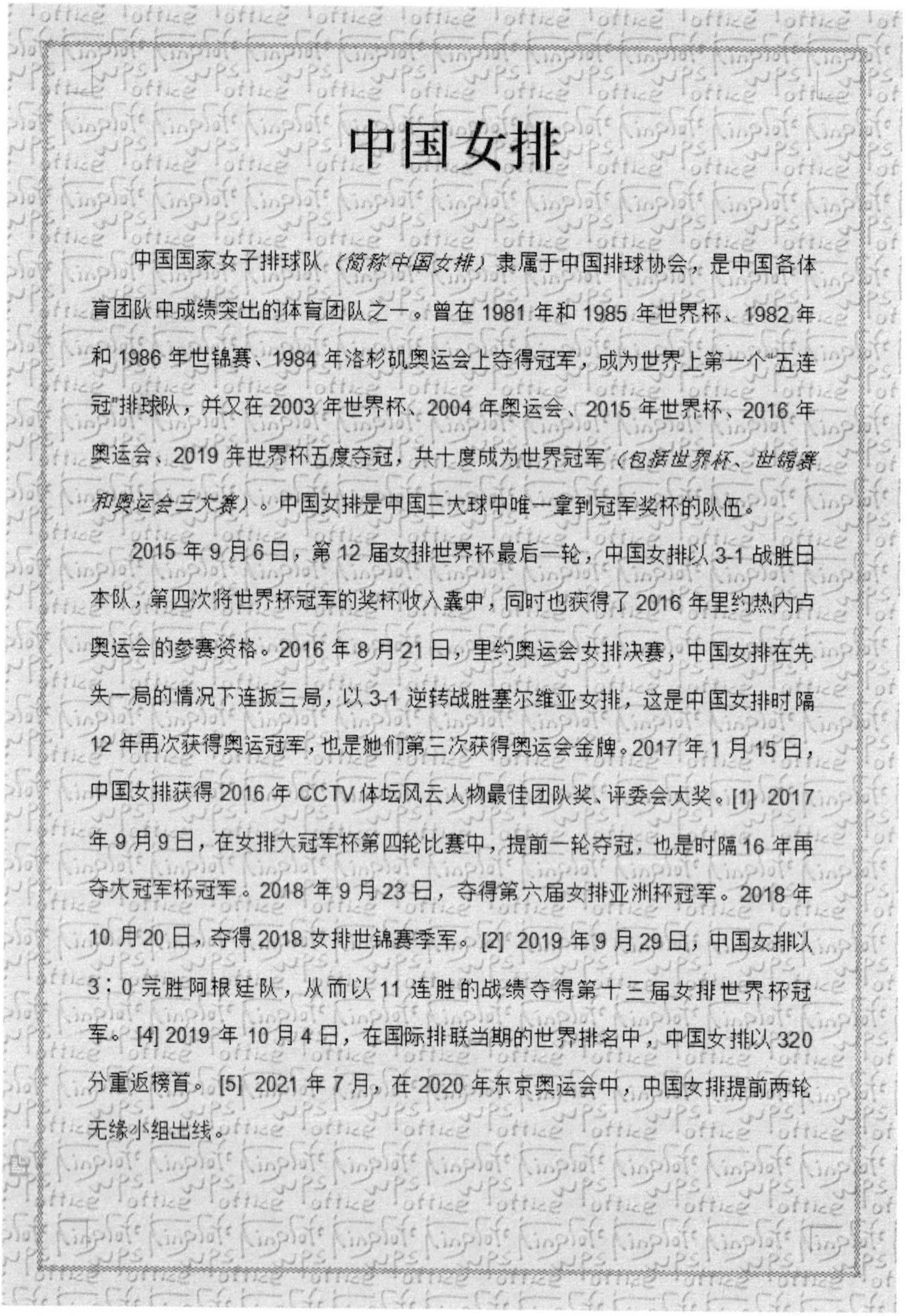

中国女排

中国国家女子排球队*（简称中国女排）*隶属于中国排球协会，是中国各体育团队中成绩突出的体育团队之一。曾在 1981 年和 1985 年世界杯、1982 年和 1986 年世锦赛、1984 年洛杉矶奥运会上夺得冠军，成为世界上第一个"五连冠"排球队，并又在 2003 年世界杯、2004 年奥运会、2015 年世界杯、2016 年奥运会、2019 年世界杯五度夺冠，共十度成为世界冠军*（包括世界杯、世锦赛和奥运会三大赛）*。中国女排是中国三大球中唯一拿到冠军奖杯的队伍。

2015 年 9 月 6 日，第 12 届女排世界杯最后一轮，中国女排以 3-1 战胜日本队，第四次将世界杯冠军的奖杯收入囊中，同时也获得了 2016 年里约热内卢奥运会的参赛资格。2016 年 8 月 21 日，里约奥运会女排决赛，中国女排在先失一局的情况下连扳三局，以 3-1 逆转战胜塞尔维亚女排，这是中国女排时隔 12 年再次获得奥运冠军，也是她们第三次获得奥运会金牌。2017 年 1 月 15 日，中国女排获得 2016 年 CCTV 体坛风云人物最佳团队奖、评委会大奖。[1] 2017 年 9 月 9 日，在女排大冠军杯第四轮比赛中，提前一轮夺冠，也是时隔 16 年再夺大冠军杯冠军。2018 年 9 月 23 日，夺得第六届女排亚洲杯冠军。2018 年 10 月 20 日，夺得 2018 女排世锦赛季军。[2] 2019 年 9 月 29 日，中国女排以 3：0 完胜阿根廷队，从而以 11 连胜的战绩夺得第十三届女排世界杯冠军。[4] 2019 年 10 月 4 日，在国际排联当期的世界排名中，中国女排以 320 分重返榜首。[5] 2021 年 7 月，在 2020 年东京奥运会中，中国女排提前两轮无缘小组出线。

图 1-1-38 作业样张

项目二　个性化课程表的制作——WPS 文字文稿图文表混排

一、项目描述

每学期开学我们都会收到学院下发的课程表，课程表是由学校教务处根据教育部、地方教育部门规定的课时，按照各科的内容以及同学们的认知、记忆规律，合理定制的。课程表的意义在于对所学课程提前规划、预习，根据课表学生可以合理安排自己的学习和休息时间，提高学习效率。

二、项目分析

学校下发的课程表往往千篇一律，不符合当代大学生对于个性和美观的需求，学生可以自己制作具有创新性和审美性的课程表，加入图片、文字来突出自己喜欢的元素，如图 1-2-1 所示。

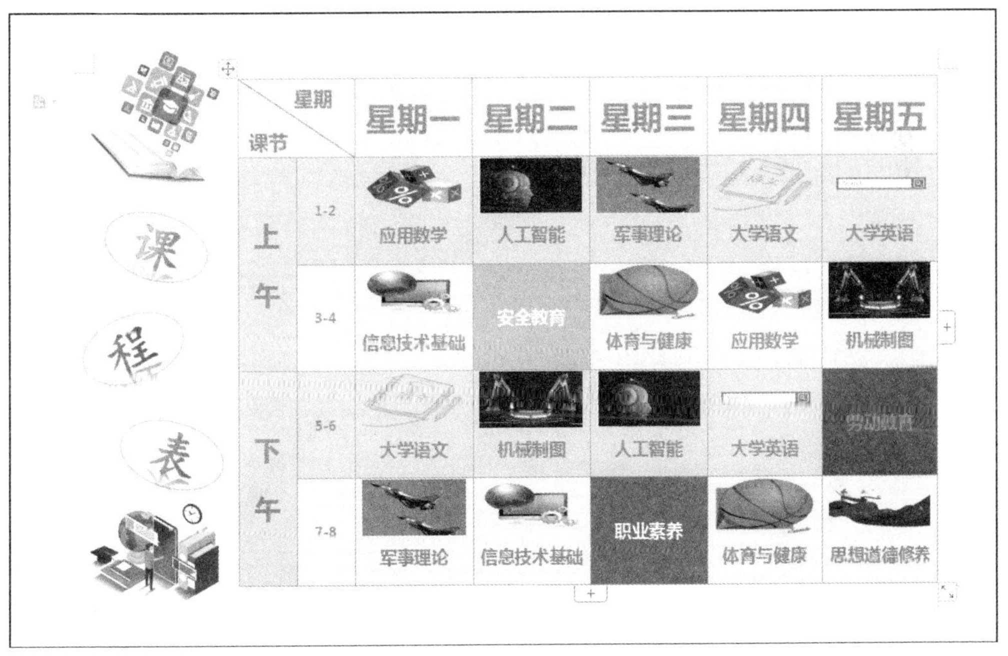

课节 \ 星期		星期一	星期二	星期三	星期四	星期五
上午	1-2	应用数学	人工智能	军事理论	大学语文	大学英语
	3-4	信息技术基础	安全教育	体育与健康	应用数学	机械制图
下午	5-6	大学语文	机械制图	人工智能	大学英语	劳动教育
	7-8	军事理论	信息技术基础	职业素养	体育与健康	思想道德修养

图 1-2-1　个性化课程表

任务一：课程表页面整体设计。

任务二：课程表标题制作，插入形状、艺术字。

任务三：课程表表格制作，插入图片、文字。

三、项目实现

课程表页面整体设计——标题制作

1. 课程表页面整体设计

启动 WPS 文字软件，单击“新建”按钮，自动创建一个空白文档——文字文稿 1。在“页面布局”选项卡中单击“纸张方向”，选择“横向”，如图 1-2-2 所示。

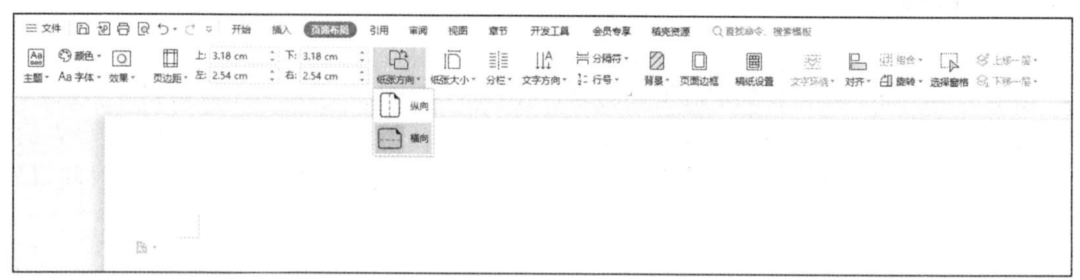

图 1-2-2 设置纸张方向

2. 课程表标题制作

(1)插入形状

选择“插入”选项卡，单击“形状”按钮，在下拉列表中选择“椭圆”，绘制三个椭圆形，如图 1-2-3 所示。

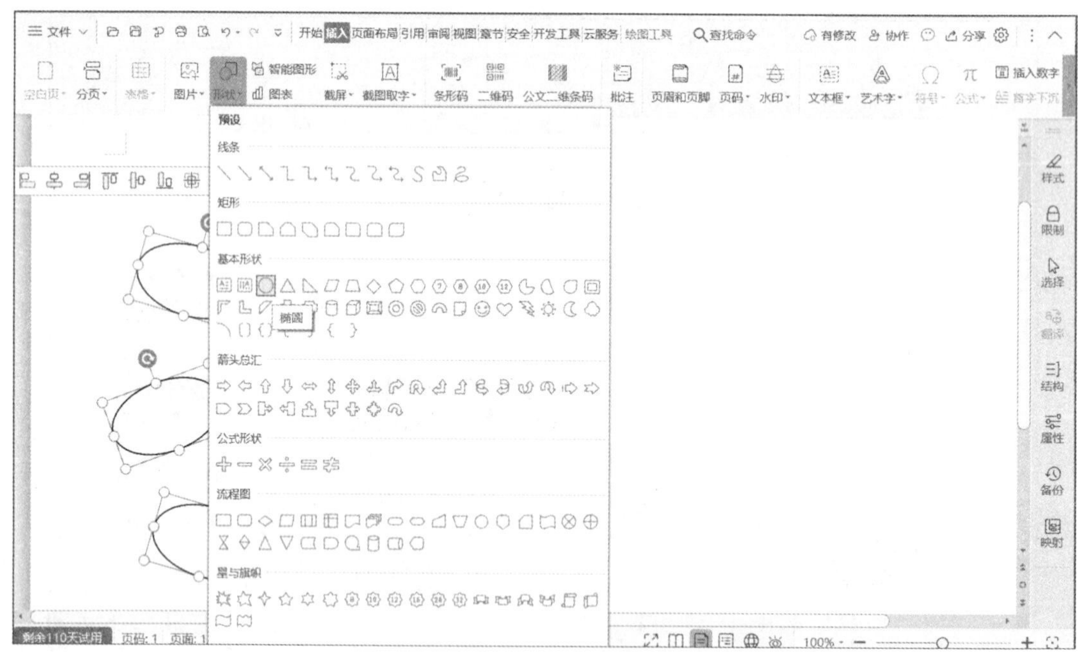

图 1-2-3 添加形状

按住 Ctrl 键的同时选定三个椭圆形，选择“绘图工具”选项卡，单击“轮廓”按钮，选择标准色“橙色”，如图 1-2-4 所示。

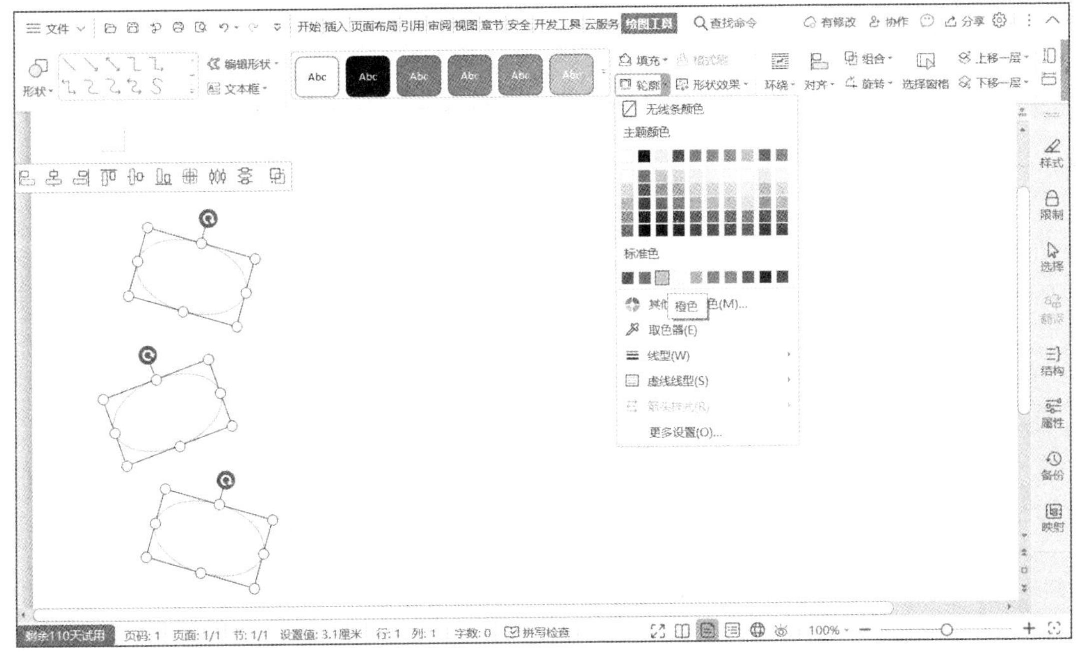

图 1-2-4 调整轮廓

(2)插入艺术字

选择“插入”选项卡，单击“艺术字”按钮，选择“预设样式”→“填充-橙色，着色 4，软边缘”样式，依次输入文字“课”“程”“表”，同时选定，设置字体为“楷体”，字号为“初号”，将艺术字旋转并调整位置，使之与椭圆形符合，如图 1-2-5 所示。

图 1-2-5 选择艺术字样式

选定“课”字，在“文本工具”选项卡中，单击“文本填充”按钮，选择“渐变填充”→“金色-暗橄榄绿渐变”，如图 1-2-6 所示。同样，将“程”字设置为“橙红色-褐色渐变”，“表”字设置为“中海洋绿-森林绿渐变”。

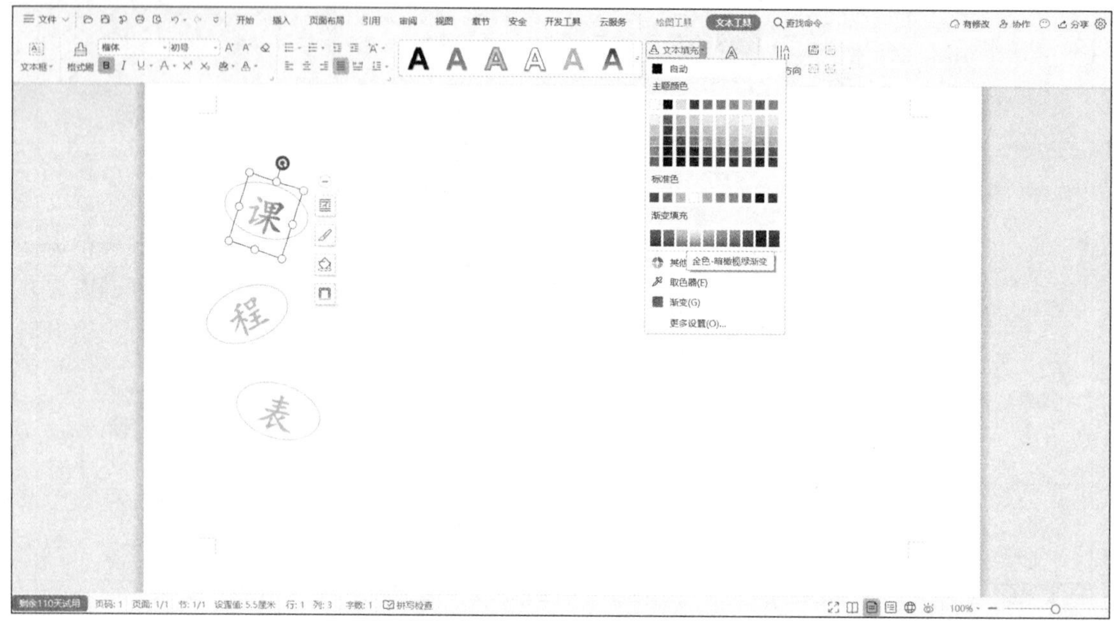

图 1-2-6　填充艺术字颜色

同时选定“课”“程”“表”，单击“文本效果”按钮，选择“倒影”→“倒影变体”→“紧密倒影，接触”，如图 1-2-7 所示。

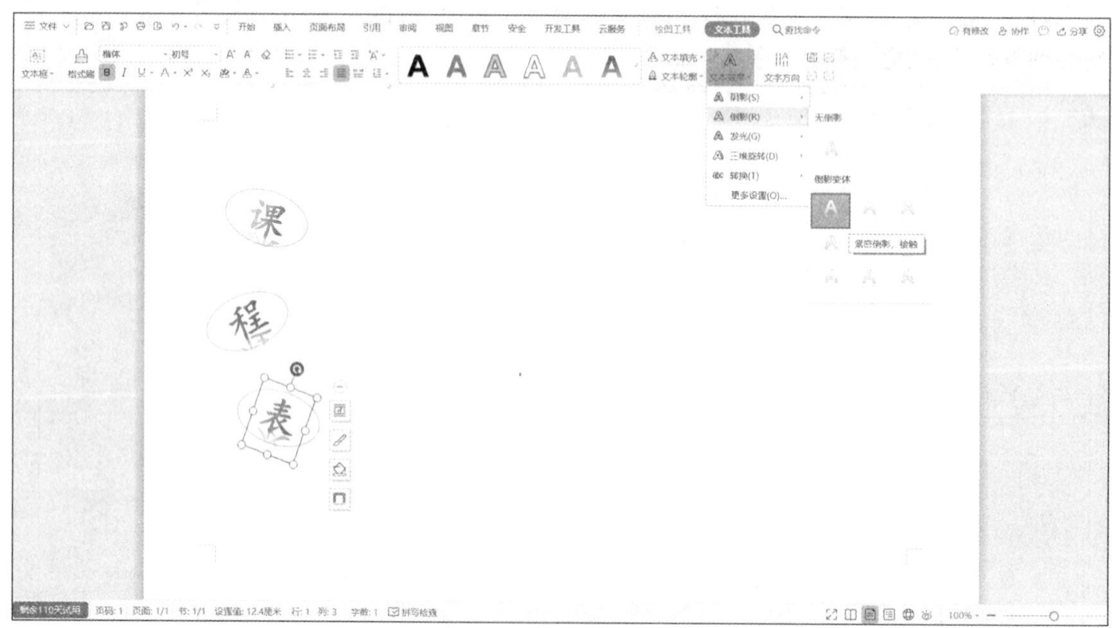

图 1-2-7　设置艺术字效果

(3)插入图片

选择“插入”选项卡，单击“图片”按钮，在“插入图片”对话框中选择素材图片“图 1”，如图 1-2-8 所示，单击“打开”按钮，旋转后放于合适位置。

图 1-2-8　插入图片

选择“图片工具”选项卡，单击“环绕”按钮，选择“浮于文字上方”，如图 1-2-9 所示。

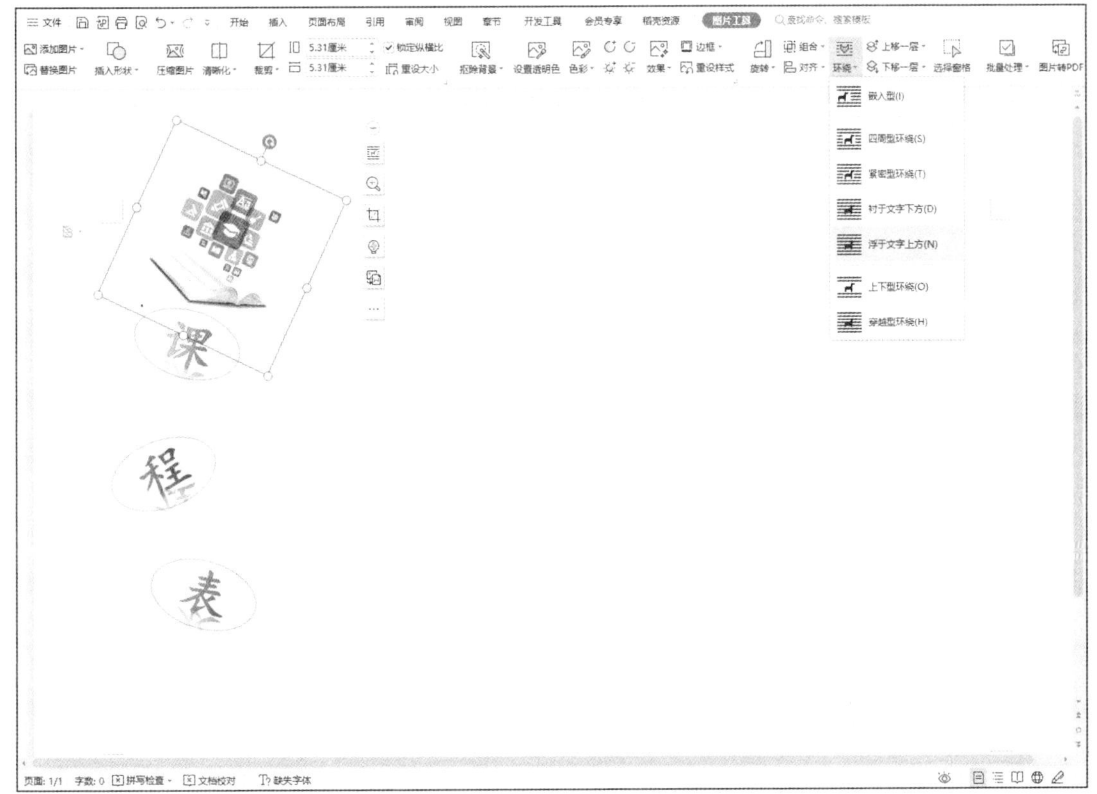

图 1-2-9　设置图片环绕方式

单击“设置透明色”按钮，单击图片白色位置即可去掉图片边框。如图 1-2-10 所示。

调整大小，插入“图 2”，操作同上，效果如图 1-2-11 所示。

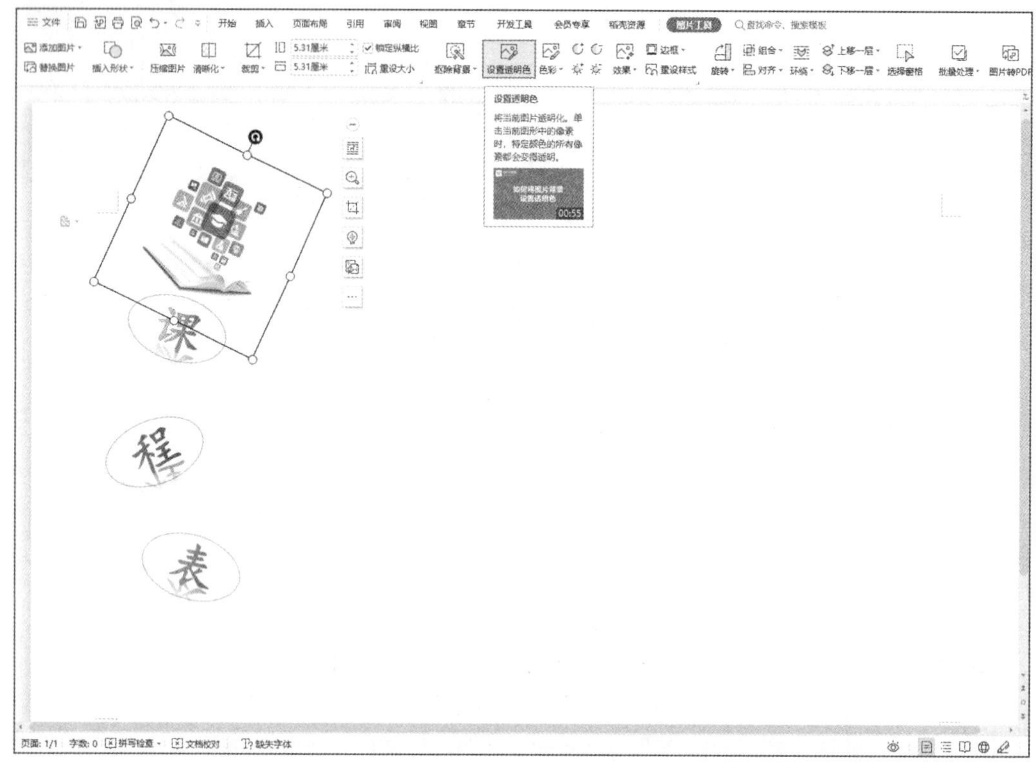

图 1-2-10 设置透明色

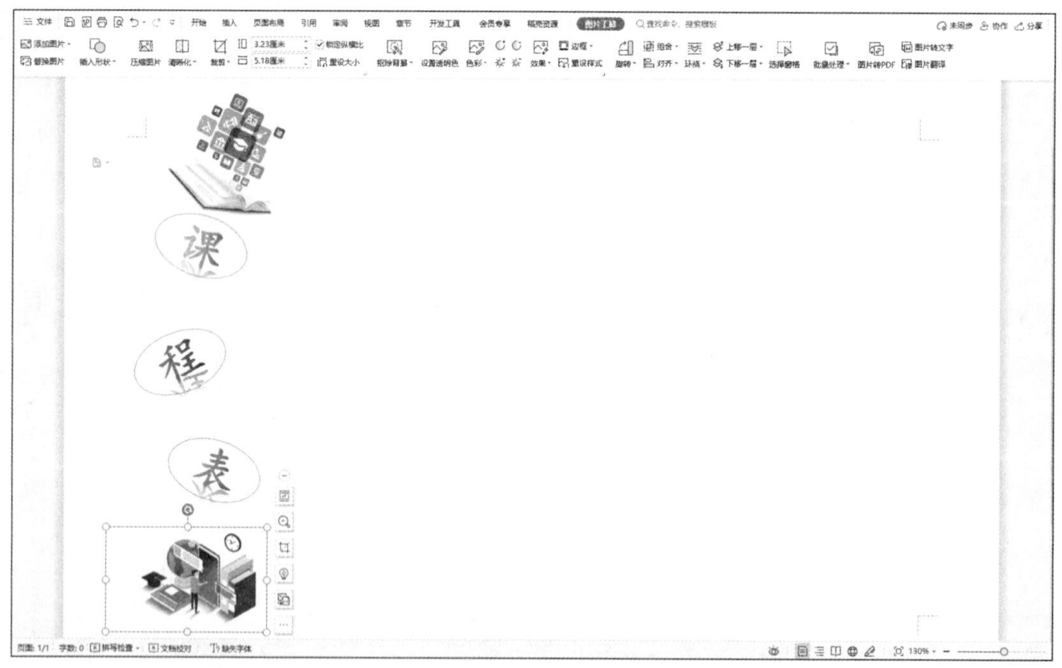

图 1-2-11 插入“图 2”并设置

3. 课程表表格制作

(1)插入表格

选择“插入”选项卡,单击“表格”按钮,选择“5 行 * 6 列 表格”,如图 1-2-12 所示。调整表格位置。

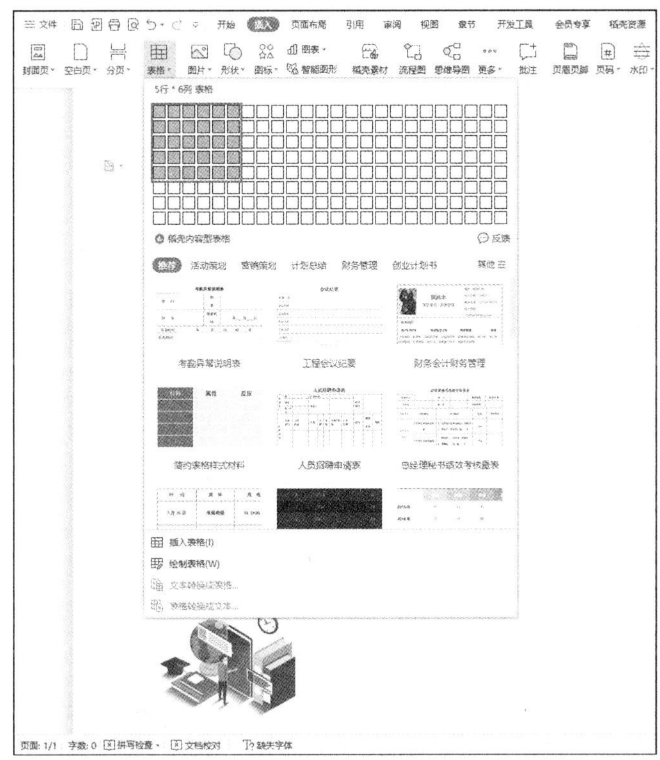

图 1-2-12　插入表格

全选表格，单击“表格工具”选项卡，在“宽度”文本框中输入“3.40 厘米”，选择表格第一行，在“高度”文本框中输入“2.20 厘米”，选择其他四行，在“高度”文本框中输入“3.00 厘米”，如图 1-2-13 所示。

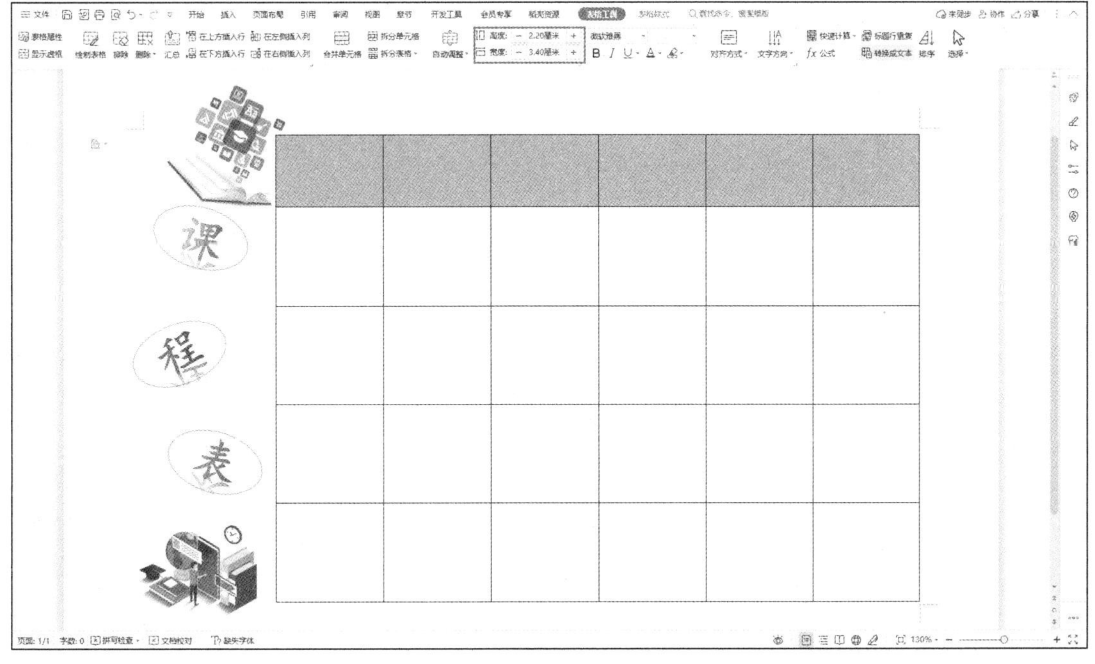

图 1-2-13　设置行高、列宽

(2)表格格式化

全选表格,在“表格样式”选项卡中选择“表格样式”下拉列表,选择“中度样式 4-强调 3”,如图 1-2-14 所示。

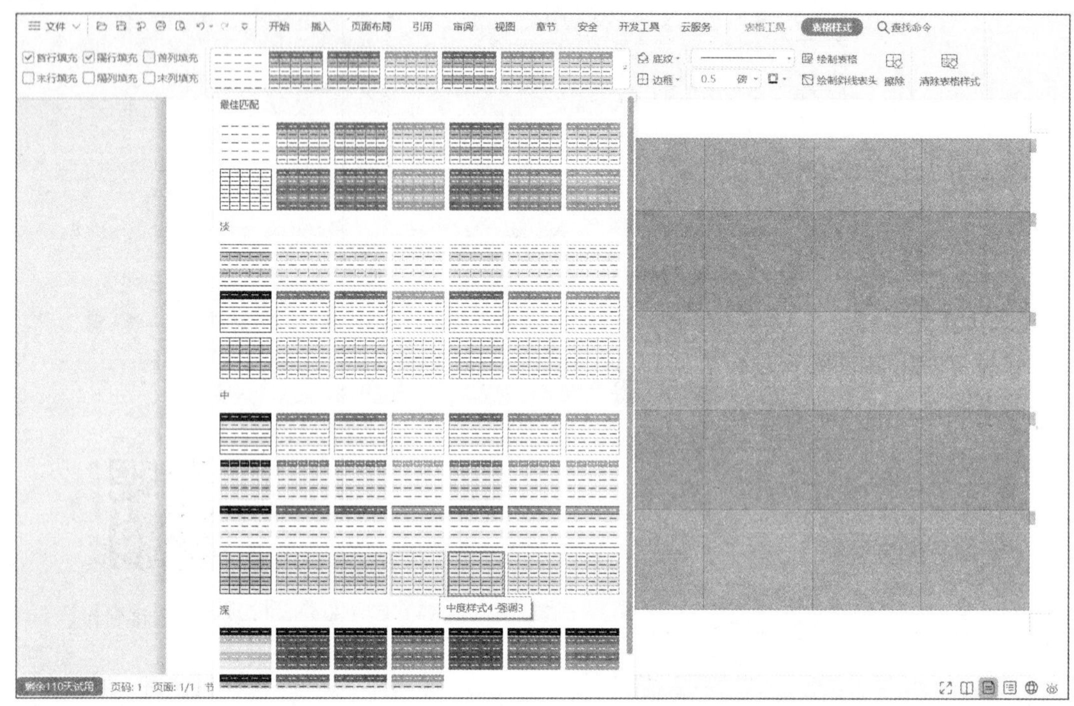

图 1-2-14　设置表格样式

选定左上角单元格,在“表格样式”选项卡中单击“绘制斜线表头”按钮,在“斜线单元格类型”中选择 1 行 2 列,如图 1-2-15 所示,单击“确定”按钮。

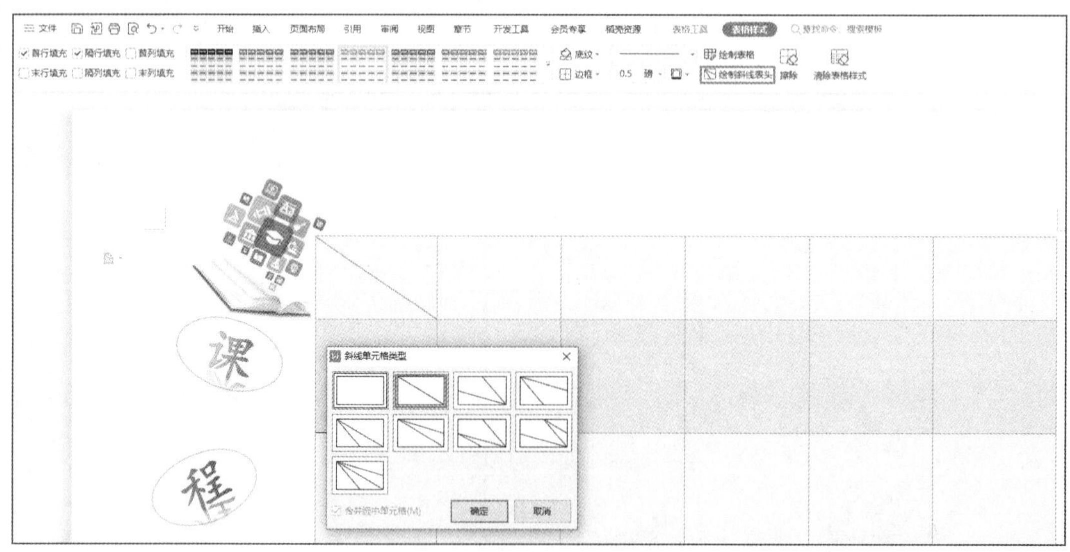

图 1-2-15　插入表格斜线表头

选中第二行第一列单元格，右键单击，在弹出的快捷菜单中选择“拆分单元格”选项，如图 1-2-16 所示。在“拆分单元格”对话框中设置“列数”为“2”，“行数”为“1”，如图 1-2-17 所示。第三行第一列单元格操作同上，结果如图 1-2-18 所示。

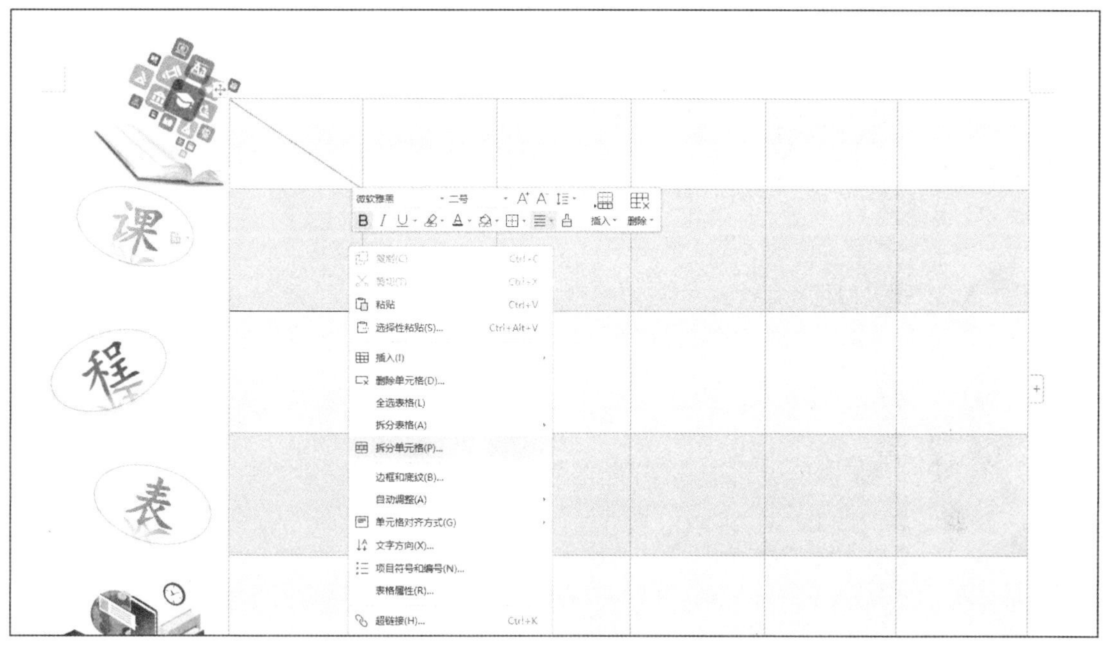

图 1-2-16　拆分单元格

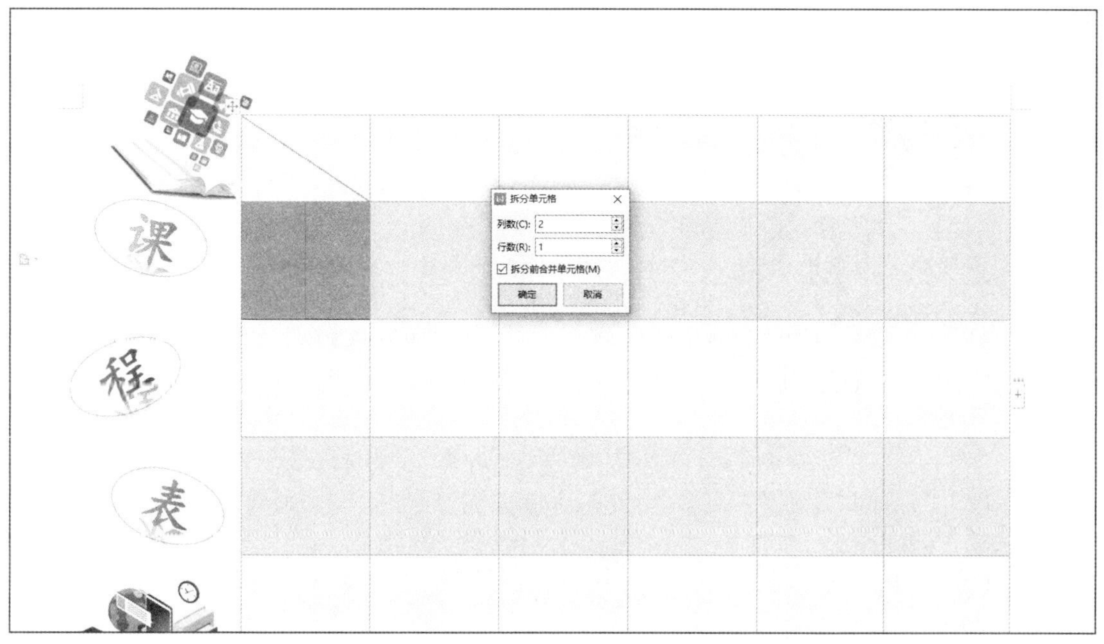

图 1-2-17　拆分单元格设置

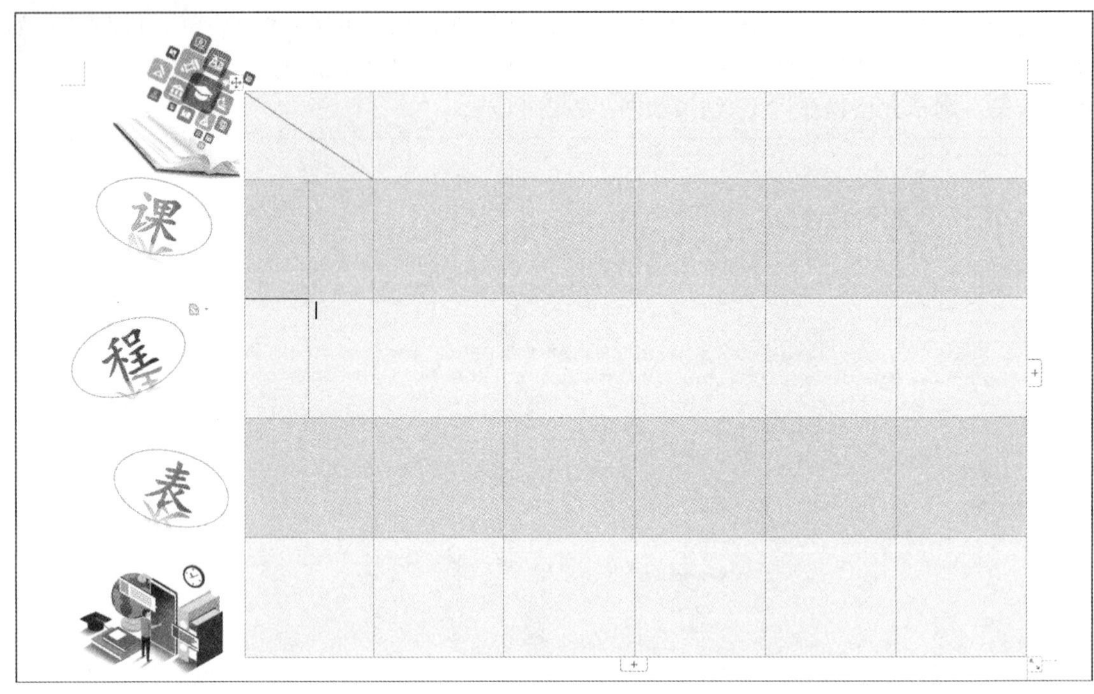

图 1-2-18 拆分单元格结果

在拆分后的表格中同时选择第二行第一列和第三行第一列，右键单击，在弹出的快捷菜单中选择“合并单元格”功能，如图 1-2-19 所示。第四行和第五行单元格操作同上，结果如图 1-2-20 所示。

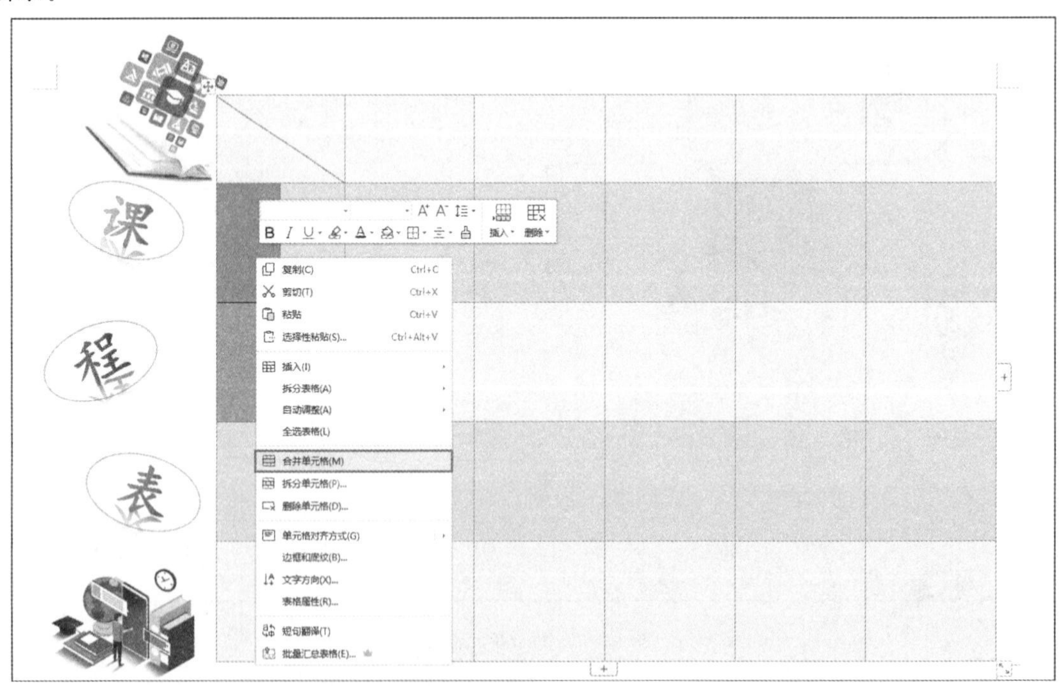

图 1-2-19 合并单元格

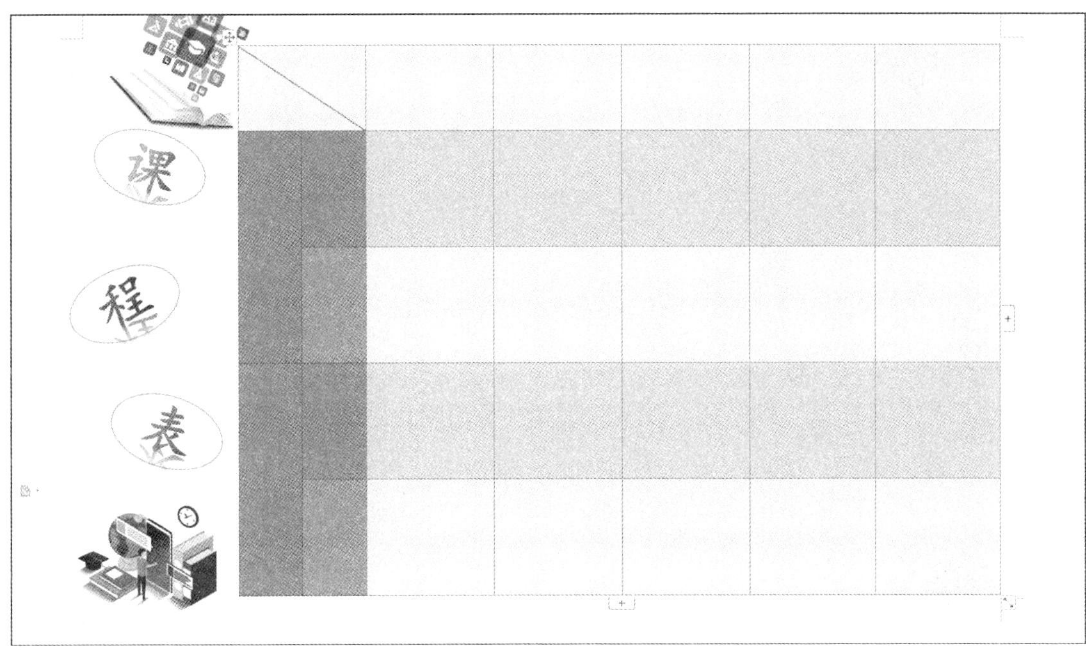

图 1-2-20 表格设置

(3)内容制作

在相应单元格中为课程表添加文字内容,“字体颜色”设置为“浅绿,着色 6”,根据单元格大小适当调整字体、字号。右键单击单元格,在弹出的快捷菜单中选择“单元格对齐方式”选项,设置文字在单元格中的对齐方式为“水平居中”,如图 1-2-21 所示。文字效果如图 1-2-22 所示。

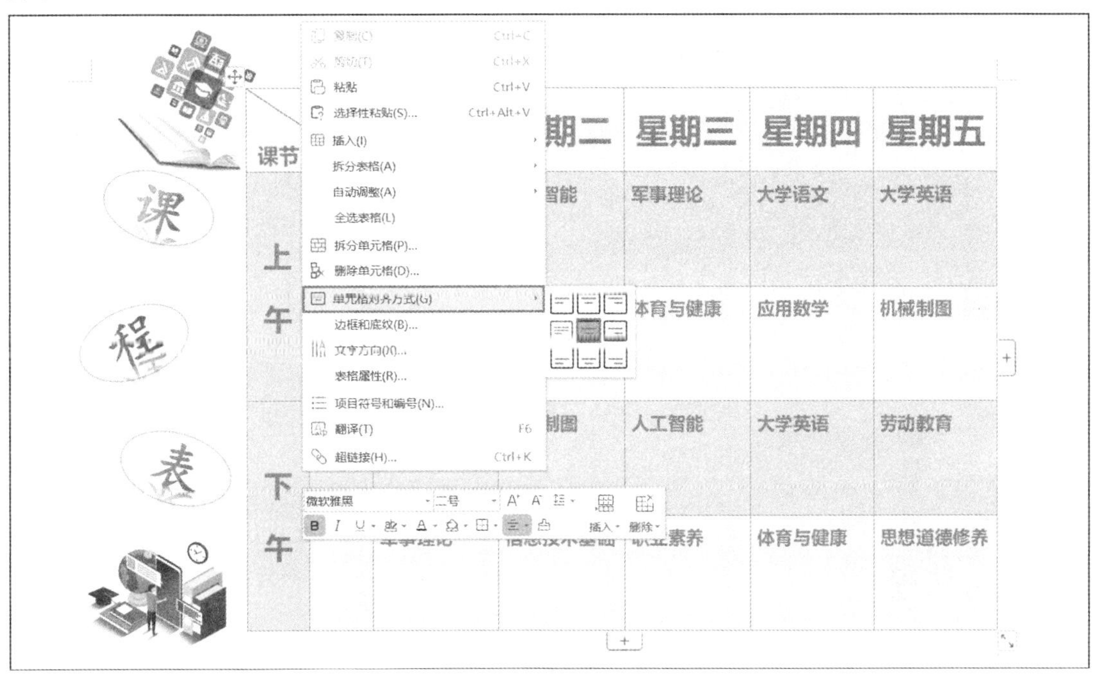

图 1-2-21 设置对齐方式

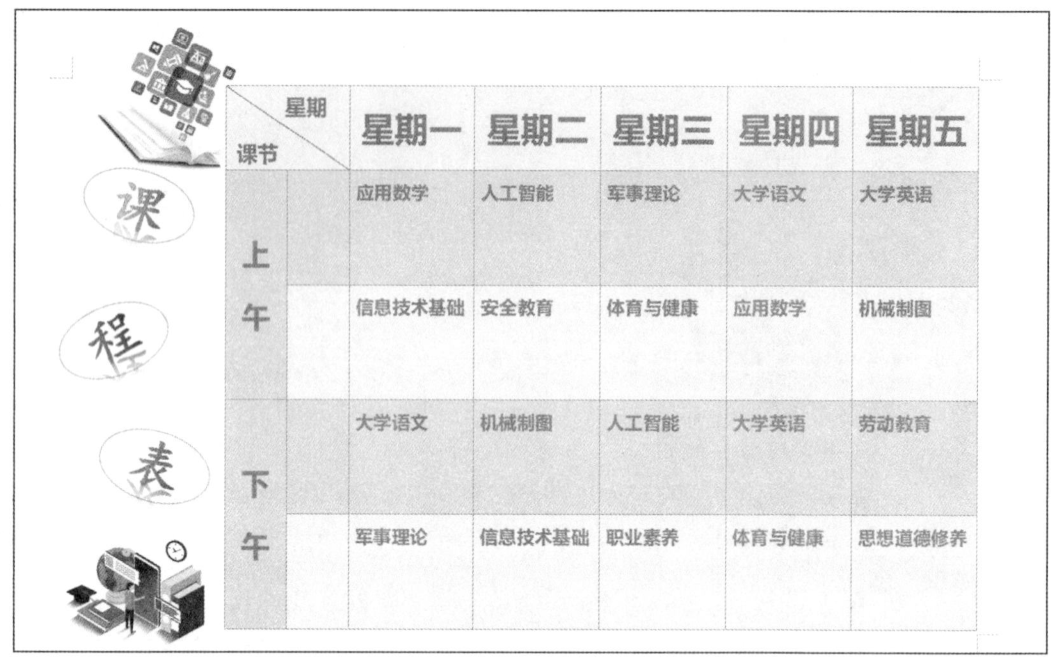

星期 课节		星期一	星期二	星期三	星期四	星期五
上午		应用数学	人工智能	军事理论	大学语文	大学英语
		信息技术基础	安全教育	体育与健康	应用数学	机械制图
下午		大学语文	机械制图	人工智能	大学英语	劳动教育
		军事理论	信息技术基础	职业素养	体育与健康	思想道德修养

图 1-2-22　文字效果

选择相应单元格,为“安全教育”、“劳动教养”和“职业素养”添加底纹。右键单击,在弹出的快捷菜单中选择“边框和底纹”选项,在“边框和底纹”对话框中,选择“底纹”选项卡,在“填充”下拉列表中分别选择标准颜色中的“橙色”、“蓝色”和“红色”,应用于“单元格”,如图 1-2-23 所示,“字体颜色”更改为“白色,背景 1”。

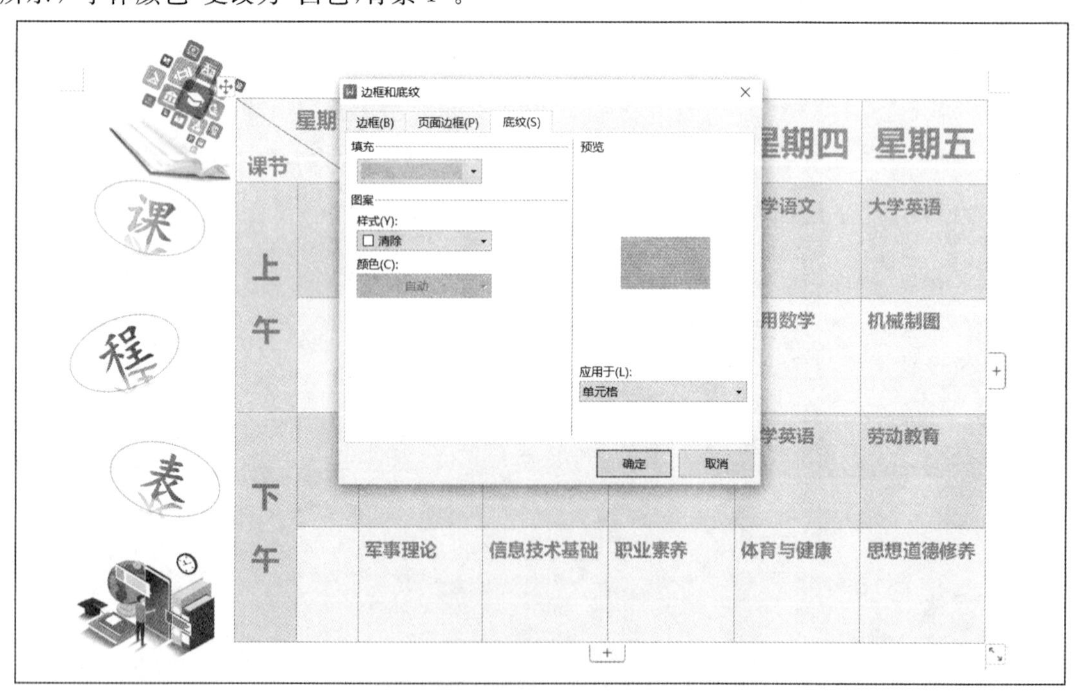

图 1-2-23　设置单元格底纹

依次插入相关图片,最终效果如图 1-2-1 所示。

四、相关知识

1. 软件基本设置:界面切换

WPS Office 2019 支持“2019 界面”和“经典界面”自由切换,旧版的“经典界面”采用的是“菜单＋菜单列表”风格,而默认的“2019 界面”采用的是“选项卡＋功能按钮”风格,新界面中重新绘制的图标更加简约、更具现代风。

另外,为了同时兼顾新老用户使用习惯,WPS 在新界面上的“文件”按钮旁增加了一个小小的下拉框,这样就可以同时使用“默认风格”和“经典风格”,实现双界面共存,单击 WPS 开始页的全局设置按钮设置皮肤外观,使皮肤切换生效。如图 1-2-24 所示。

图 1-2-24　更换皮肤外观

2. 界面设置

WPS Office 2019 全新的工作界面支持更灵活的设置,可以根据个人喜好自定义个性化的工作界面,如图 1-2-25 所示。

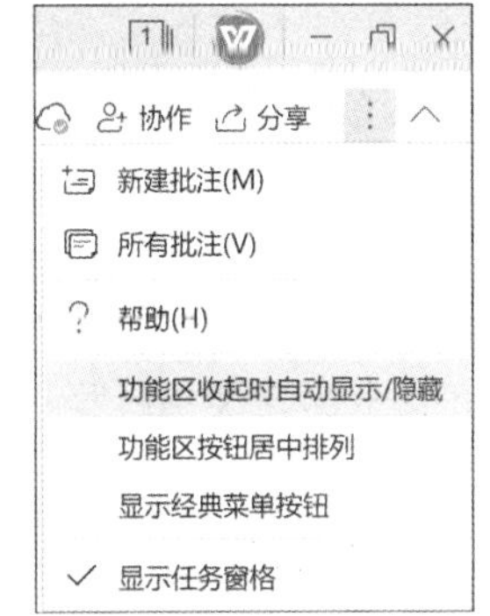

图 1-2-25　功能区按钮居中排列

3. 快速访问工具栏

新增“自定义快速访问工具栏”位置设置选项,除了“放置在顶端”,还可以按照个人习惯“放置在功能区之下”或者“作为浮动工具栏显示”,如图 1-2-26 所示。

4. 兼容设置

WPS Office 2019 默认存储格式全面升级为 OXML 国际标准(如 docx、xlsx、pptx 等格式),取代旧的二进制文档格式

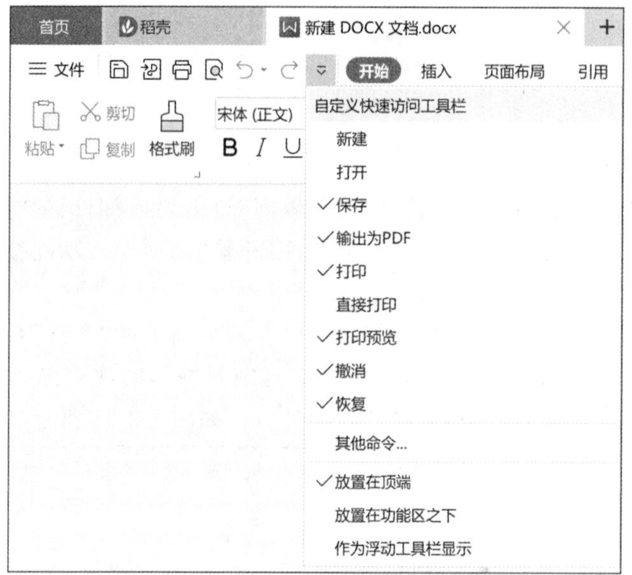

图 1-2-26 自定义快速访问工具栏位置设置

(doc、xls、ppt 等)。可以通过"兼容设置"修改默认存储格式、文件打开方式、希望二次开发接口和 Microsoft Office 更好兼容,如图 1-2-27 所示。

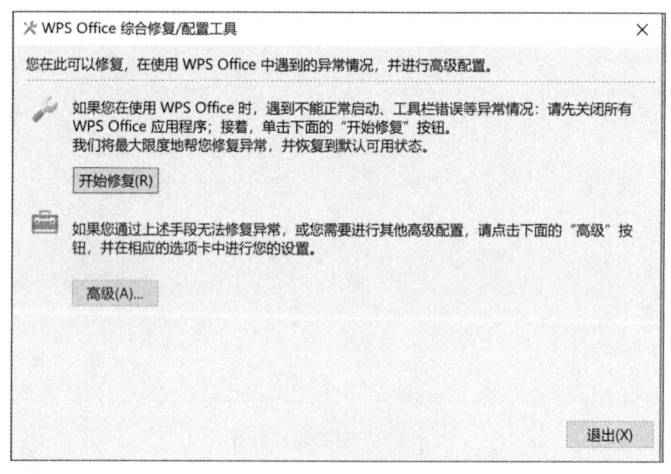

图 1-2-27 兼容设置

5. 备份管理

在日常进行文件编辑时,如遇到断电、忘记保存等情况,WPS 提供智能的备份管理,帮助找回丢失的文件,如图 1-2-28 所示。

6. 即点即输

在日常编辑文档过程中,有时候需要在其他任意位置输入内容,例如在右下角署名,"即点即输"功能此时可以避免手动大量地按 Enter 键和空格键,有效提高办公效率。

7. 字体预览

在 WPS Office 2019 中设置字体、字号时,文档区域直接支持更为直观的预览效果,如图 1-2-29 所示。

"字体预览"为 WPS Office 2019 三大组件通用功能,此处仅以 WPS 文字为例。

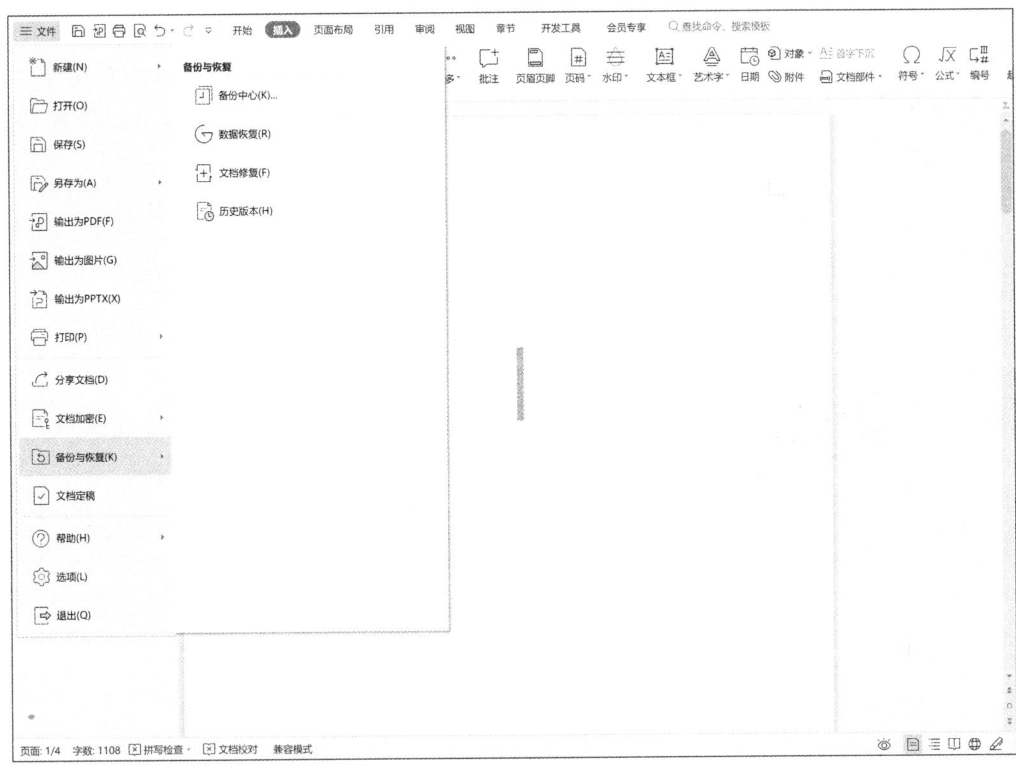

图 1-2-28　备份管理

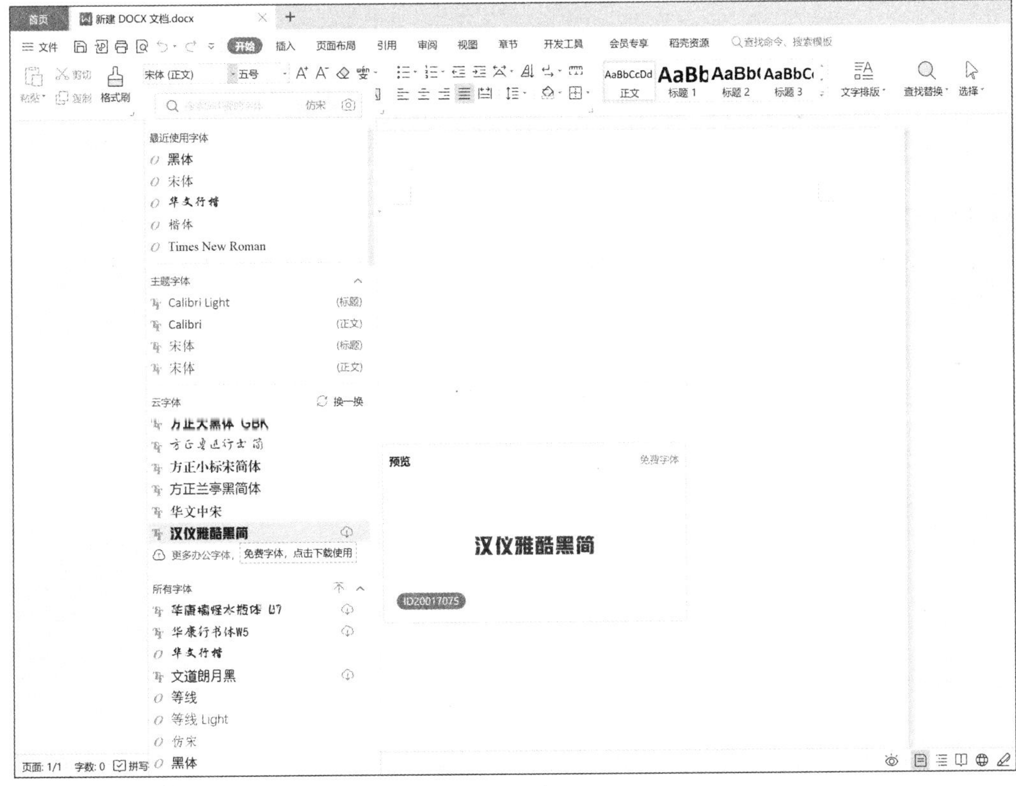

图 1-2-29　支持字体预览效果

8. 方框打钩

在 WPS Office 2019 文字的自定义符号栏中能轻松找到空方框和打钩、打叉方框等，并且智能识别文中所有方框，判断并开启打钩互动，支持直接单击方框打钩或取消打钩操作，如图 1-2-30 所示。

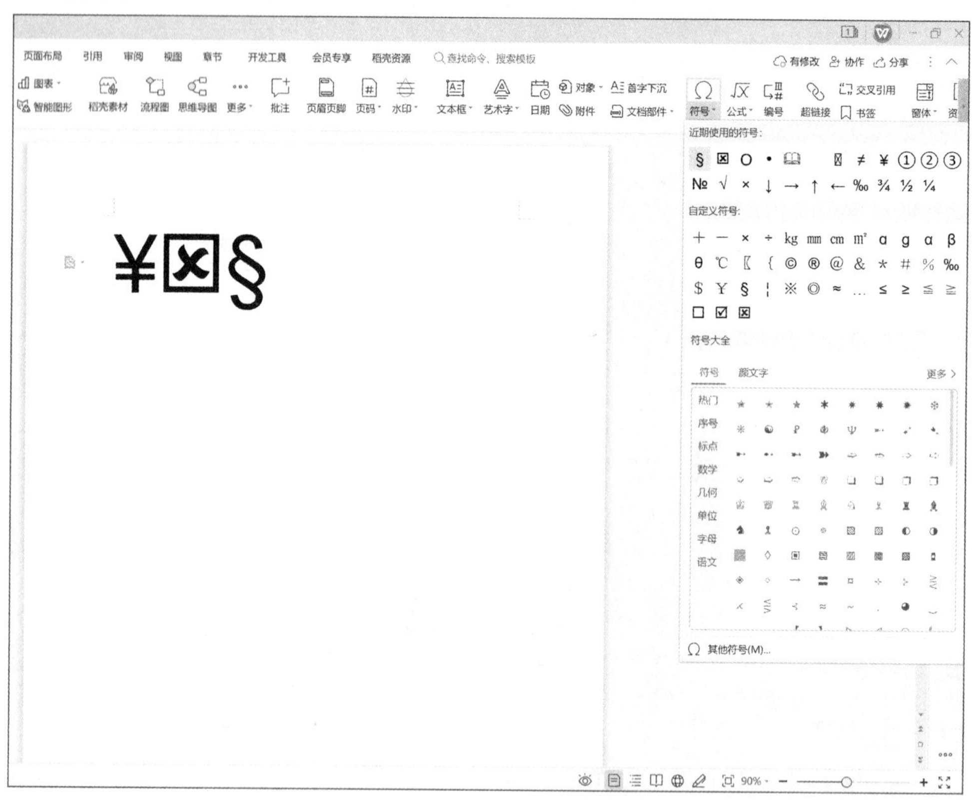

图 1-2-30 自定义符号栏

9. 数字转换

通过数字转换功能，可以实现金额小写数字转人民币大写模式，如图 1-2-31 所示。

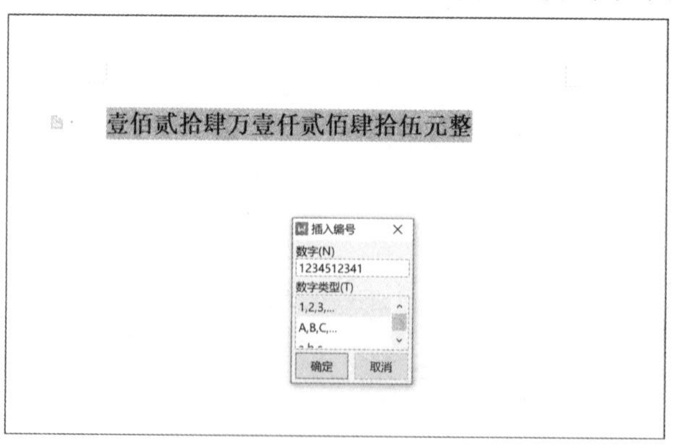

图 1-2-31 数字转换

10. 短句翻译

WPS 短句翻译功能支持同步划词进行翻译文字。“短句翻译”任务窗格展示翻译界面，并且支持中文、英语、日语、韩语、法语、德语、西班牙语等多种语言进行二次翻译，如图 1-2-32 所示。

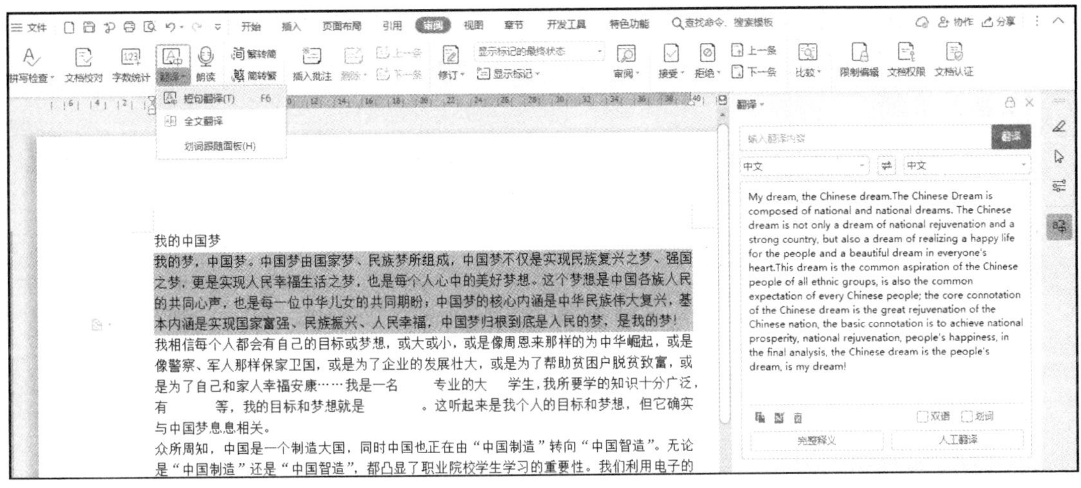

图 1-2-32 短句翻译

11. 视图模式

WPS Office 2019 可以利用六种视图，从多个层面观看文档，提高阅读与编辑的效率。

(1)全屏显示是 WPS 文字在整个 Windows 显示器上完整呈现文档，适合在演示汇报中进行查看，也可以在阅读文档中使用，整个视图将只显示文档内容。

(2)阅读版式(新增)可以方便快捷地以阅读图书的形式展示文档，自动布局内容，轻松翻阅文档，可以便捷使用文档结构图、显示批注、修订等功能，如图 1-2-33 所示。

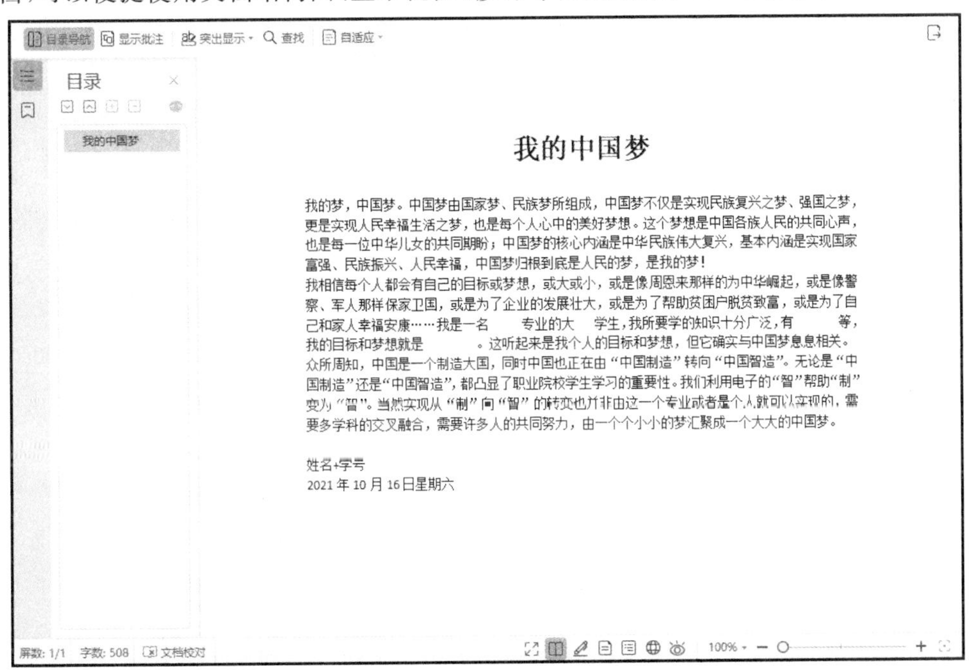

图 1-2-33 阅读版式

(3)页面视图(默认)可以显示文档的打印外观，主要包括页眉、页脚、图形对象、分栏设置、页面边距等元素，这是最接近打印结果的视图方式。

(4)大纲视图主要用于 WPS 文字文档结构的设置和浏览，使用大纲视图可以迅速了解文档的结构和内容梗概。

(5)Web 版式可通过网页的形式显示 WPS 文字文档,适用于发送电子邮件和创建网页。

(6)护眼模式采用绿色界面,保护视力,防止工作疲劳。

12. 插入水印

商务文档或公文的使用,有时候需要根据情况为文档内容增加水印,以体现文档的专业性。WPS Office 2019 可以添加文字水印和图片水印两种类型的水印,既可以选择如“严禁复制”等预设水印,也可以制作附有企业 Logo 等独特标记的自定义水印,如图 1-2-34 所示。

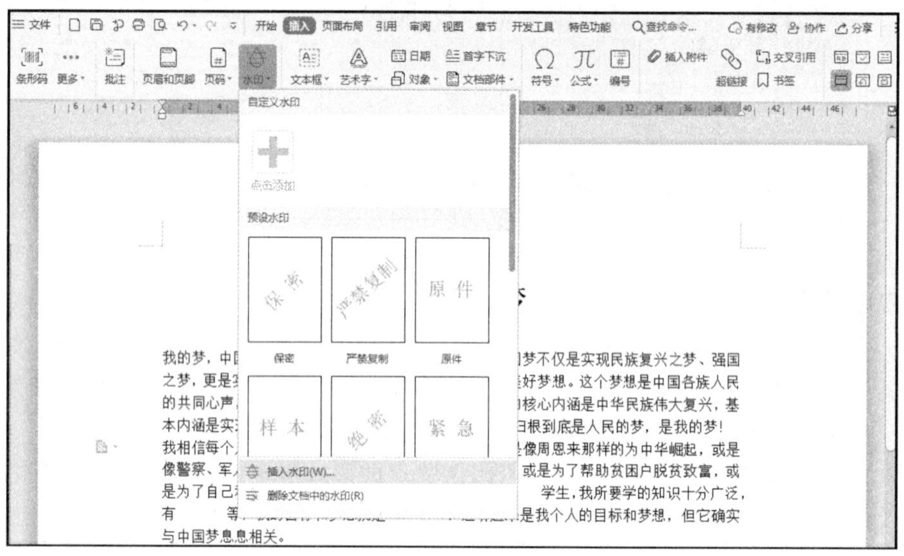

图 1-2-34 插入水印

13. 多重剪贴板

WPS 新增的多重剪贴板工具,把多次粘贴的内容分条记录下来,可以有选择性地进行粘贴,十分方便,如图 1-2-35 所示。

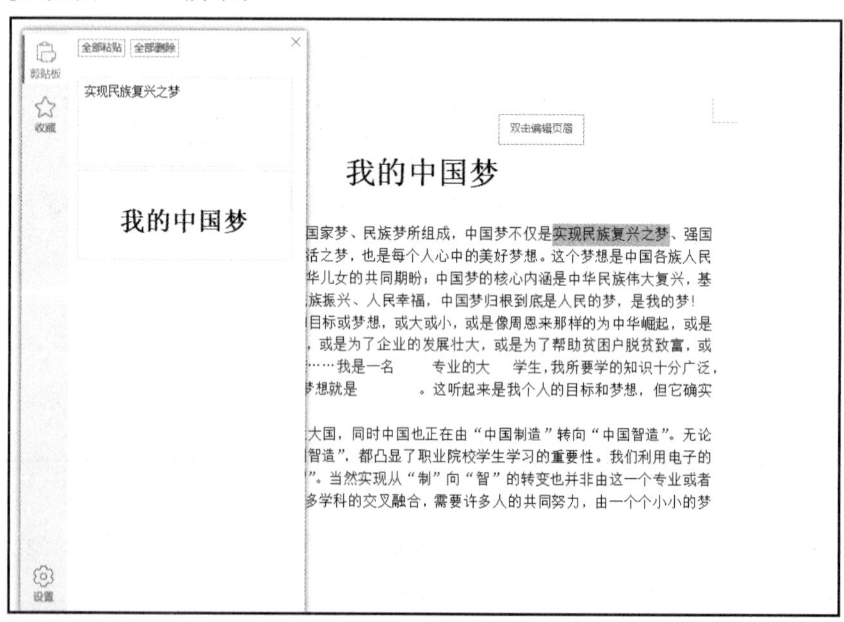

图 1-2-35 多重剪贴板及其入口

五、创新作业

制作个人简历模板，如图 1-2-36 所示。要求如下：

1. 标题文字字号为 3 号，字体为楷体；
2. 在页面中插入表格；
3. 按要求设置表格格式及大小；
4. 按需合并单元格；
5. 输入文字，字号为 4 号，字体为楷体，对齐方式为居中；
6. 输入个人信息。

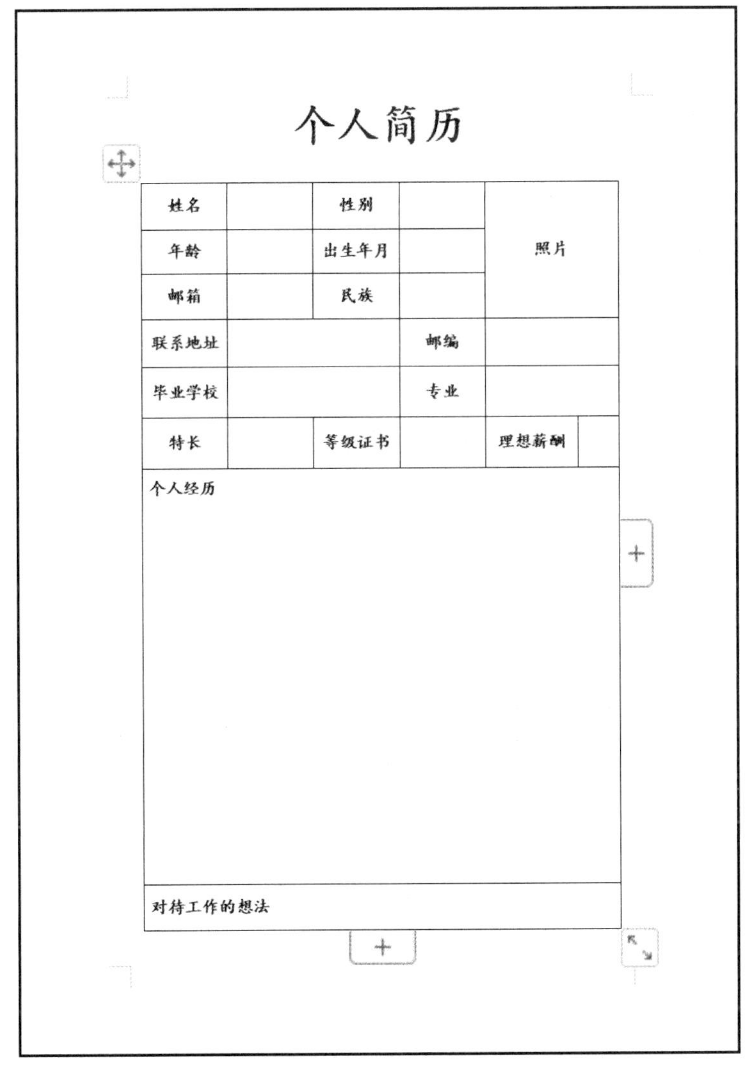

个人简历

姓名		性别		照片	
年龄		出生年月			
邮箱		民族			
联系地址			邮编		
毕业学校			专业		
特长		等级证书		理想薪酬	
个人经历					
对待工作的想法					

图 1-2-36　作业样张

项目三 企业邀请函制作——WPS 文字文稿邮件合并多文档

一、项目描述

在工作中经常会遇到各种大小会议或者活动的召开，常用的工作文档就是邀请函。制作一份精美的邀请函，送到参加活动的人员手中，显得特别重要。同时，也使得会议或活动的召开更加高效化、透明化。制作多份邀请函，这个工作量很大，采用 WPS 邮件合并功能，就方便快捷多了。

二、项目分析

任务一：设置页面，包括页面大小，纸张方向、背景等。

任务二：制作主文档，如图 1-3-1 所示。

图 1-3-1 企业邀请函

任务三：制作合并文档，如图 1-3-2 所示。

三、项目实现

1. 设置页面

设置页面

新建文字文稿，选择“页面布局”选项卡，单击“纸张方向”按钮，在下拉菜单中选择“横向”。

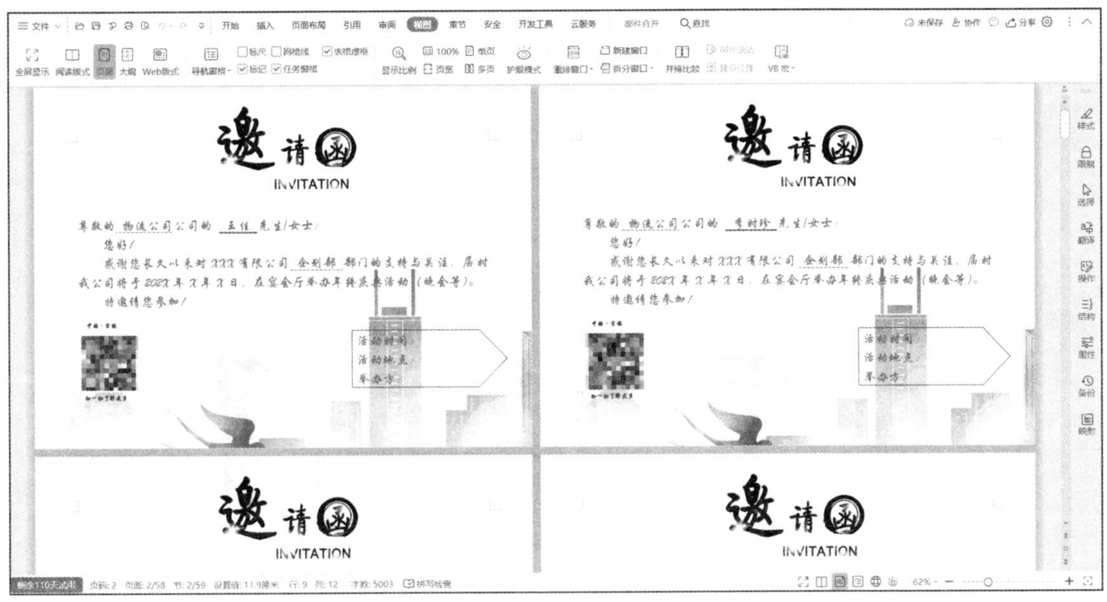

图 1-3-2 邮件合并结果

选择“页面布局”选项卡，单击“背景”下拉按钮，选择“图片背景”，如图 1-3-3 所示。在“填充效果”对话框中，选择“图片”选项卡，单击“选择图片”按钮，如图 1-3-4 所示。选择“背景图片 1”插入文档中。

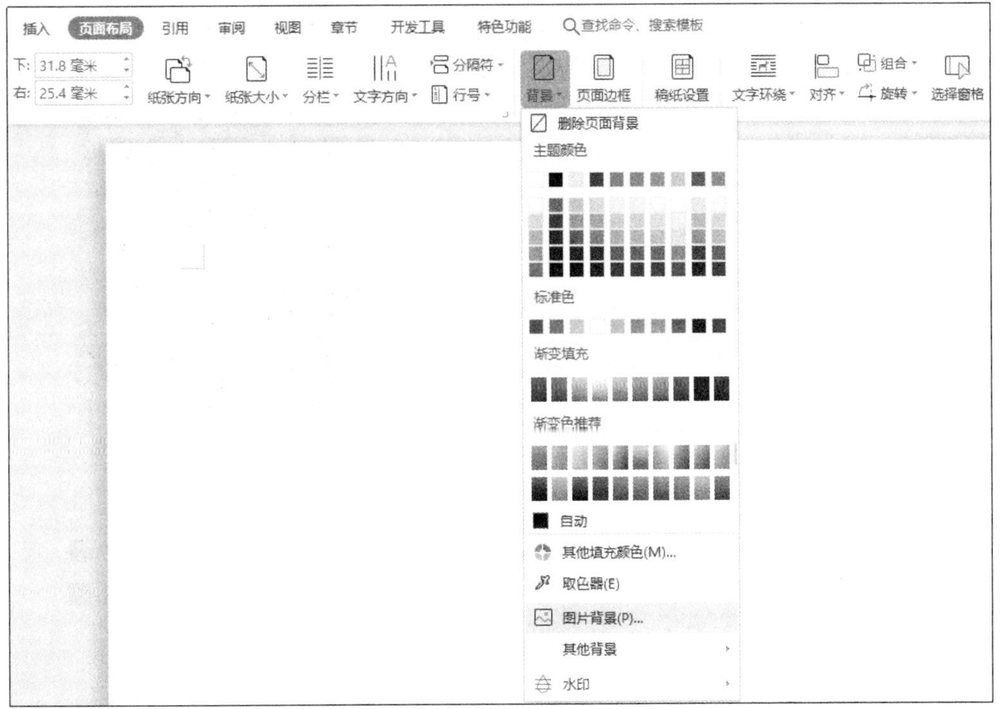

图 1-3-3 图片背景

图 1-3-4 选择图片

2. 制作邀请函主文档

在“插入”选项卡中单击“图片”按钮，在弹出的“插入图片”对话框中插入图片“邀请函”。单击“环绕”下拉按钮，选择“四周型环绕”，调整图片大小及位置。

在“插入”选项卡中单击“二维码”按钮，打开“插入二维码”对话框，如图 1-3-5 所示。输入文本、网址等内容。“二维码”图片“高度”“宽度”均为“3.50 厘米”，并调整至适当位置。

图 1-3-5 插入二维码

单击“插入文本框”下拉按钮，选择“横向”，如图 1-3-6 所示。分别拖曳鼠标绘制两个文本框，输入“中国 吉林”和“扫一扫了解更多”，字体设置为“华文行楷，五号，加粗”，如图 1-3-7 所示。

图 1-3-6　插入文本框

图 1-3-7　编辑文本框

在“插入”选项卡下单击“形状”按钮，选择“箭头总汇”类别下的“五边形”，如图 1-3-8 所示。绘制“五边形”形状，添加文字，如图 1-3-9 所示。

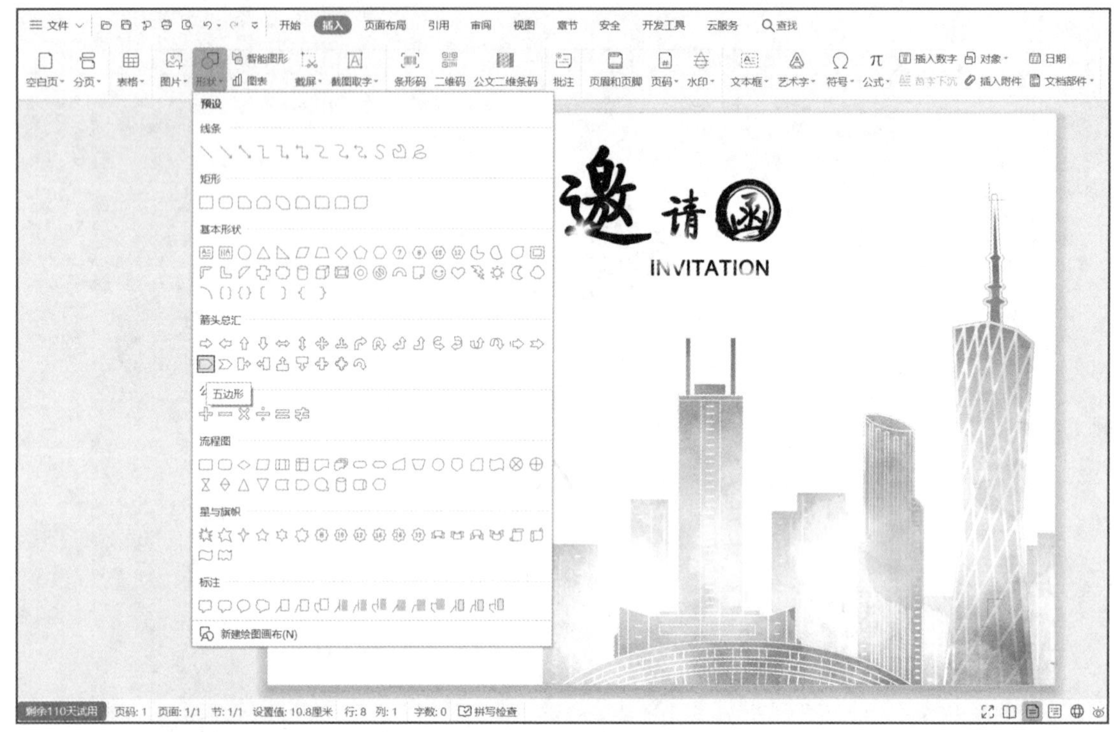

图 1-3-8 选择形状

图 1-3-9 编辑形状

输入文字，设置字体和字号为“华文行楷，二号”，设置文字颜色为标准色中的“紫色”。设置段落格式为“首行缩进，2 字符”，“行距”为“2 倍行距”，如图 1-3-1 所示。

3. 使用邮件合并功能批量制作邀请函

在“引用”选项卡下，单击“邮件”按钮，进入“邮件合并”选项卡，如图 1-3-10 所示。

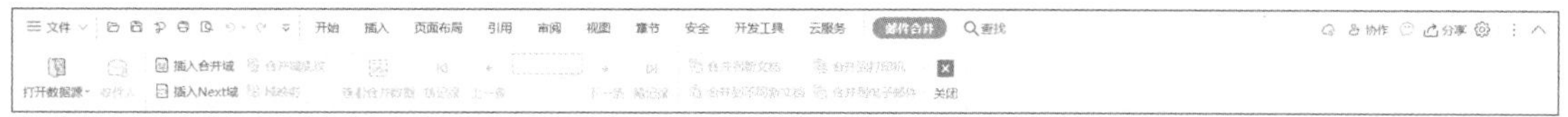

图 1-3-10 “邮件合并”选项卡

左侧单击“打开数据源”按钮，在“选择数据源”对话框中选择“邀请名单”，如图 1-3-11 所示，单击“打开”按钮。

邮件合并

图 1-3-11 选择数据源

单击“收件人”按钮，在“邮件合并收件人”对话框中确认信息后，单击“确定”按钮。如图 1-3-12 所示。

图 1-3-12 确认邮件合并收件人

将光标移动到文档下划线处，在“邮件合并”选项卡下，单击“插入合并域”按钮，在弹出的“插入域”对话框中分别选择“公司名称”“姓名”“部门”，单击“插入”按钮，关闭“插入域”对话框。如图 1-3-13 所示。

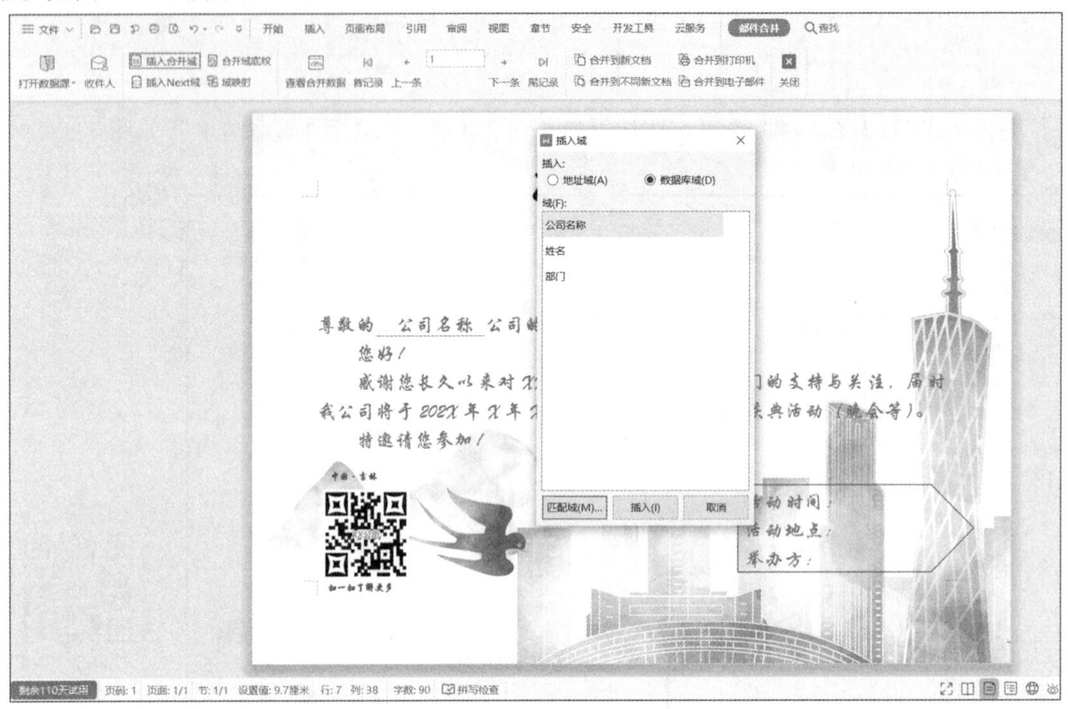

图 1-3-13 插入域

单击“合并到新文档”按钮，在弹出的对话框中选择“全部”，单击“确定”按钮。如图 1-3-14 所示。

图 1-3-14 合并文档

完成邮件合并，检查无误后保存文档。“邀请函”完成效果如图 1-3-2 所示。

四、相关知识

1. 制作主信函

工作中经常会遇到这样的一种情况，就是需要创建大量相同或相似的信函。利用邮件合并功能，可以直接从数据表中拿出一批数据，合并到信函内容中，这样就不需要人工组合，节省了大量的时间。主文档就是信函的主体部分，包括套用信函的正文和格式等。在文档中将统一的文字信息输入并完成排版，在表格中将数据内容整理完毕。

2. 指定数据源

邮件合并的第二步是指定在合并中使用的数据源，其包含了合并文档中所需信息，如图 1-3-15 所示。

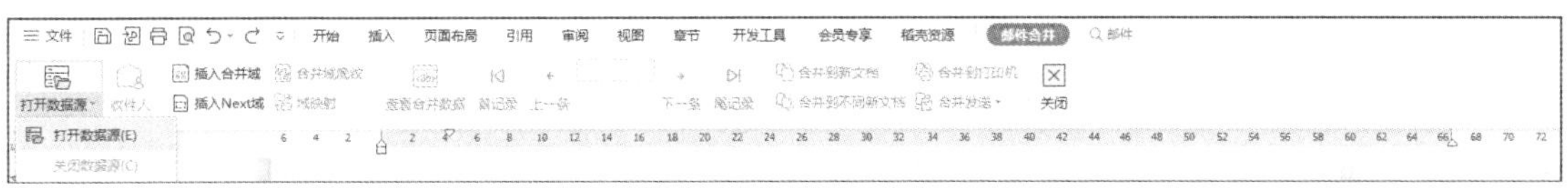

图 1-3-15 打开数据源

3. 插入合并域

创建了主文档，打开了数据源之后，需要将数据源以合并的形式插入主文档中，如图 1-3-16 所示。

将光标定位在需要插入的位置，插入“域”(需要插入的项目字段)。

4. 合并到文档

创建了主文档、数据源文件，并且在主文档中插入了合并域之后，就可以合并数据和文档，输出结果到新文档、打印机或电子邮件。

5. 商务文档规范

一份专业的商务文档，正文排版需要遵循特定的规范标准。在没有特定需求的情况下，一般可采用以下长文档规范标准：

行间距：1.5 倍。

段落间距：段前 0.5，段后 0.5。

首行缩进：2 个字符。

6. 段落布局

WPS Office 2019 提供了直观易懂的、所见即所得的段落布局快速调整功能，可针对内容的特色版面进行快捷排版，如图 1-3-17 所示。

单击段落左侧的段落布局按钮，开启段落调整框。拖动“方向箭头”，调整段前/后间距、左/右缩进。拖动“小竖线”，调整首行缩进、悬挂缩进。功能启用后，也可以在激活的“段落布局”选项卡中对段落的样式、格式、行距、网络线等进行更精细的设置。

7. 分栏设置

使用分栏可以将页面纵向划分为若干区域，为文档进行特殊的排版。

选定文字，在“页面布局”选项卡中单击“分栏”，可直接选择需要的栏数，也可以选择“更多

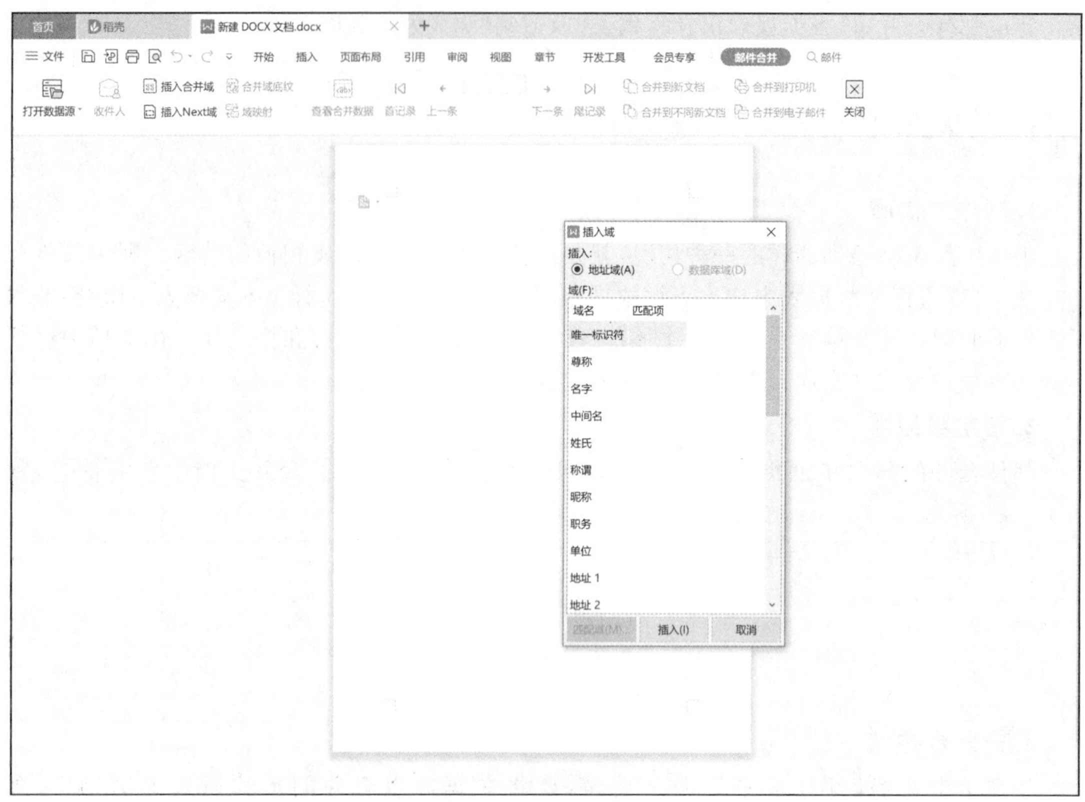

图 1-3-16　插入合并域

我的中国梦

我的梦，中国梦。中国梦由国家梦、民族梦所组成，中国梦不仅是实现民族复兴之梦、强国之梦，更是实现人民幸福生活之梦，也是每个人心中的美好梦想。这个梦想是中国各族人民的共同心声，也是每一位中华儿女的共同期盼；中国梦的核心内涵是中华民族伟大复兴，基本内涵是实现国家富强、民族振兴、人民幸福，中国梦归根到底是人民的梦，是我的梦！

我相信每个人都会有自己的目标或梦想，或大或小，或是像周恩来那样的为中华崛起，或是像警察、军人那样保家卫国，或是为了企业的发展壮大，或是为了帮助贫困户脱贫致富，或是为了自己和家人幸福安康……我是一名　　专业的大　　学生，我所要学的知识十分广泛，有　　　等，我的目标和梦想就是　　　。这听起来是我个人的目标和梦想，但它确实与中国梦息息相关。

众所周知，中国是一个制造大国，同时中国也正在由“中国制造”转向“中国智造”。无论是“中国制造”还是“中国智造”，都凸显了职业院校学生学习的重要性。我们利用电子的“智”帮助“制”变为“智”。当然实现从“制”向“智”的转变也并非由这一个专业或者是个人就可以实现的，需要多学科的交叉融合，需要许多人的共同努力，由一个个小小的梦汇聚成一个大大的中国梦。

姓名+学号

2021 年 10 月 16 日星期六

图 1-3-17　调整段落布局

分栏”进行选定设置，如图 1-3-18 所示。

8. 横向页面

WPS 文字中可以自由选择插入横向或竖向空白页，无须使用烦琐的分节符。当一份竖向页面的长文档中出现宽表格等内容时，往往需要单独插入部分横向页面，传统方式是先手动为文档内容分节，再针对切割出来的小节单独设置纸张方向。WPS 文字中可以直接插入横向页面，且横向页面自动单独成节。

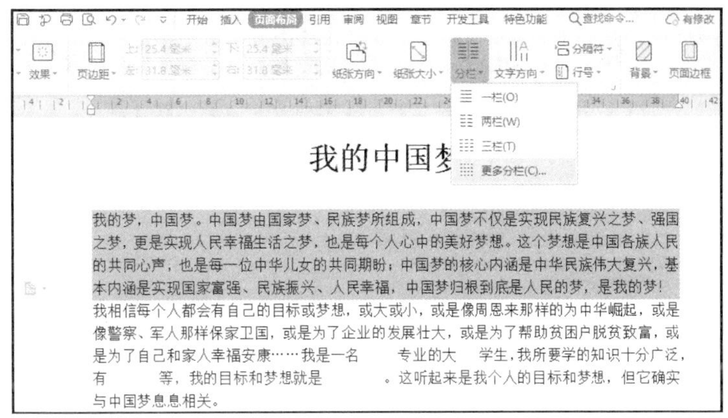

图 1-3-18　分栏设置

9. 制表位对齐

制表位功能是在不使用表格的情况下在垂直方向按列快速对齐文本，制表位用符号表示即为制表符。制表位根据对齐方式有以下四类，其类型图标以及功能见表 1-3-1。

表 1-3-1　　制表符对齐方式

图标	制表位对齐方式
	左对齐：在左对齐制表位上输入的文字将以该位置为左边界进行对齐
	居中对齐：在居中制表位上输入的字符将以该位置为中心而排列
	右对齐：在右对齐制表位上输入的字符将以该位置为右边界进行对齐
	小数点对齐：小数点对齐制表位能够把数字在小数点的位置上对齐

五、创新作业

使用邮件合并功能，批量制作获奖证书，如图 1-3-19 所示。要求如下：

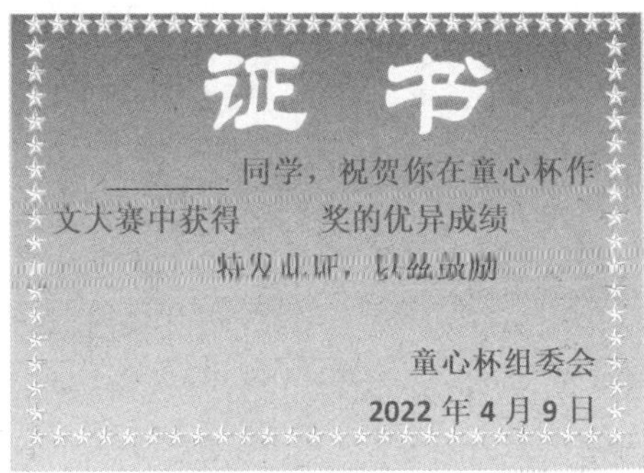

图 1-3-19　作业样张

1. 插入页面背景，渐变为金色；
2. 插入页面边框，线型为五星；
3. 插入艺术字“证书”，字号为 160 号，字体为华文隶书，加粗，填充颜色为白色；
4. 输入文字，字号为初号，字体为宋体，加粗，颜色为灰色；
5. 开始邮件合并。

项目四　中国航天日公益宣传海报制作——WPS 文字文稿的综合应用

一、项目描述

随着中国航天科技的发展，越来越多的航天器被送上太空，这是一辈又一辈科研人员付出心血而得到的成绩。航天精神蕴涵着大无畏的精神，更是中国历史上可歌可泣的精神，将深深地影响我国人民的思想和价值取向，应对其进行学习总结并宣传。

本任务制作“弘扬航天精神 拥抱星辰大海”主题海报，不仅要体现出航天精神博大而丰富的内涵，更要让当代青年从中得到深刻的体会。

二、项目分析

任务一：页面总体设计——页面背景、页眉。

任务二：设计海报第一页——艺术字、图片、文字混排等，如图 1-4-1 所示。

图 1-4-1　中国航天日公益宣传海报(1)

任务三：设计海报第二页——文字分栏、公式、表格和底纹等，如图 1-4-2 所示。

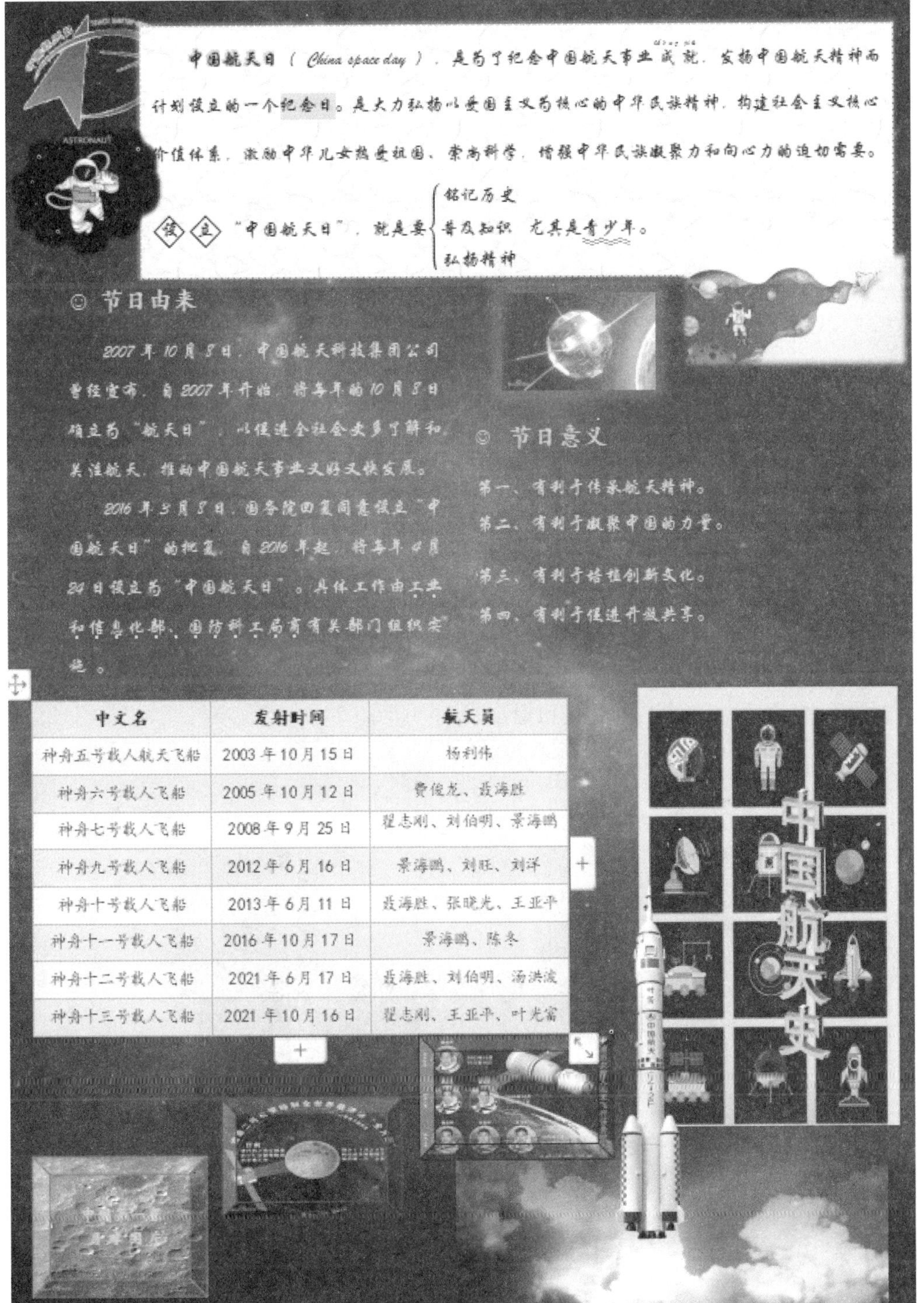

中文名	发射时间	航天员
神舟五号载人航天飞船	2003年10月15日	杨利伟
神舟六号载人飞船	2005年10月12日	费俊龙、聂海胜
神舟七号载人飞船	2008年9月25日	翟志刚、刘伯明、景海鹏
神舟九号载人飞船	2012年6月16日	景海鹏、刘旺、刘洋
神舟十号载人飞船	2013年6月11日	聂海胜、张晓光、王亚平
神舟十一号载人飞船	2016年10月17日	景海鹏、陈冬
神舟十二号载人飞船	2021年6月17日	聂海胜、刘伯明、汤洪波
神舟十三号载人飞船	2021年10月16日	翟志刚、王亚平、叶光富

图 1-4-2　中国航天日公益宣传海报(2)

三、项目实现

1. 页面设置

新建文字文稿，在“页面布局”选项卡中设置“页边距”，上、下为“2.54 cm”，左、右为“1.5 cm”，如图 1-4-3 所示。

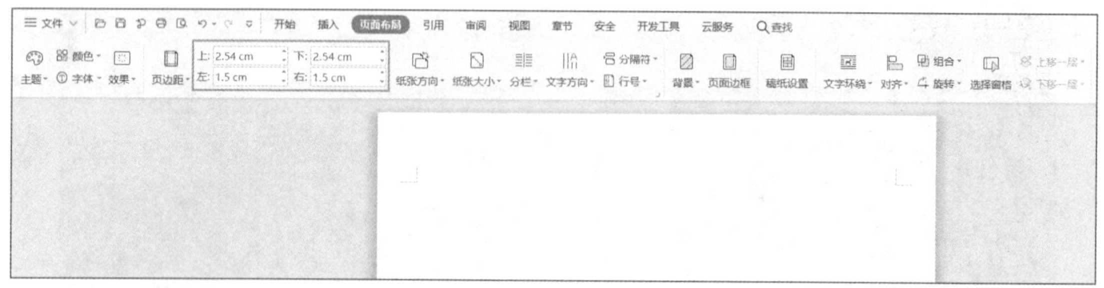

图 1-4-3 设置页边距

选择“页面布局”选项卡，单击“背景”按钮，设置页面背景为素材文件中的“星空背景”图片。

页面整体设计

选择“插入”选项卡，单击“页眉和页脚”按钮，如图 1-4-4 所示。在“页眉和页脚”选项卡单击“图片”按钮，插入“航天日标志”图片。在“图片工具”选项卡下单击“环绕”下拉菜单，选择“浮于文字上方”，调整页眉图片的大小及位置，如图 1-4-5 所示。单击“关闭”按钮退出。

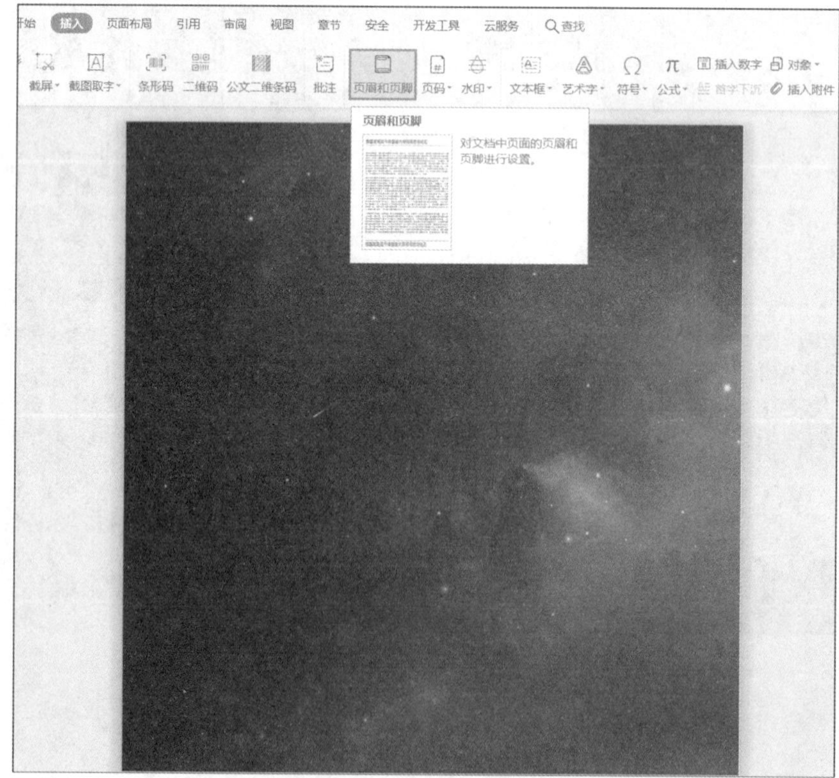

图 1-4-4 插入页眉和页脚

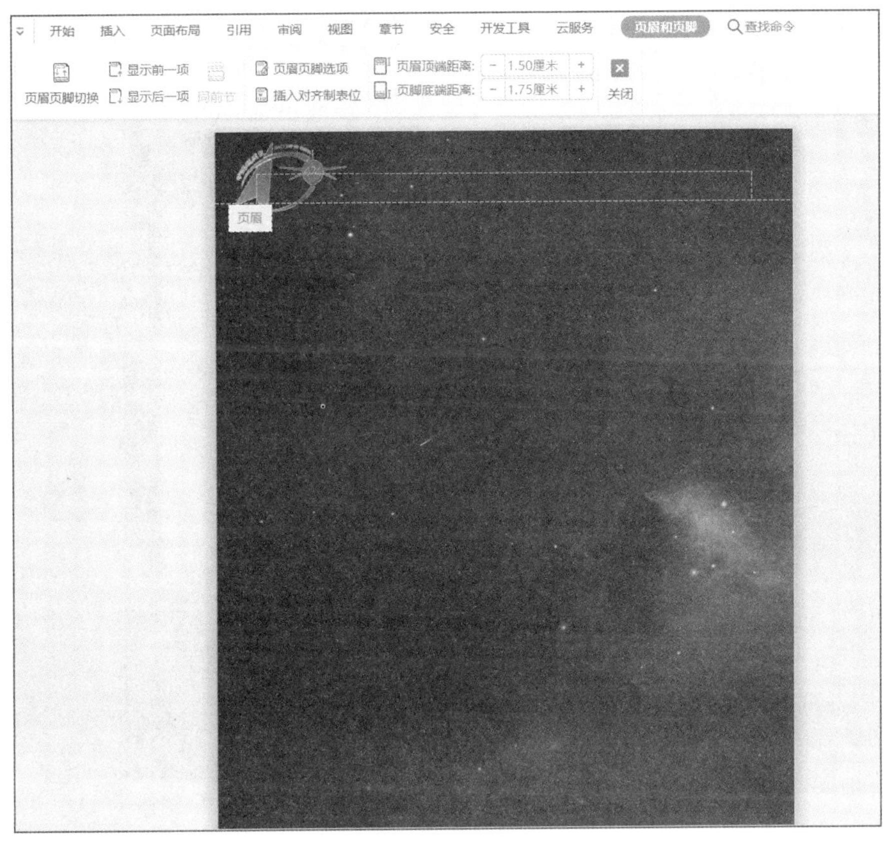

图 1-4-5　调整页眉

2. 制作第一页海报

(1)插入图片

选择"插入"选项卡,单击"图片"按钮,插入"卫星"图片。在"图片工具"选项卡单击"设置透明色"按钮,去掉白色背景,如图 1-4-6 所示。在"环绕"下拉菜单中选择"紧密型环绕",如图 1-4-7 所示。调整大小及位置。同样方法插入"嫦娥""火箭"图片,调整大小及位置,如图 1-4-8 所示。

制作第一页海报

插入"地球"图片,在"图片工具"选项卡"下移一层"列表中选择"置于底层",如图 1-4-9 所示。输入高度值"11.00 厘米"。

插入"宇航员"图片,单击"环绕"下拉菜单,选择"四周型环绕"。右键单击图片,在弹出的快捷菜单中选择"置于顶层"。左键按住图片上方中间的旋转箭头,旋转图片,如图 1-4-10 所示。

插入"长城"图片,在"图片工具"选项卡下"旋转"下拉菜单中选择"水平翻转",如图 1-4-11 所示。

(2)插入艺术字

在"插入"选项卡下单击"艺术字"按钮,在艺术字"预设样式"中选择"渐变填充-金色,轮廓-着色 4",如图 1-4-12 所示。输入文字"弘扬航天精神 拥抱星辰大海"。

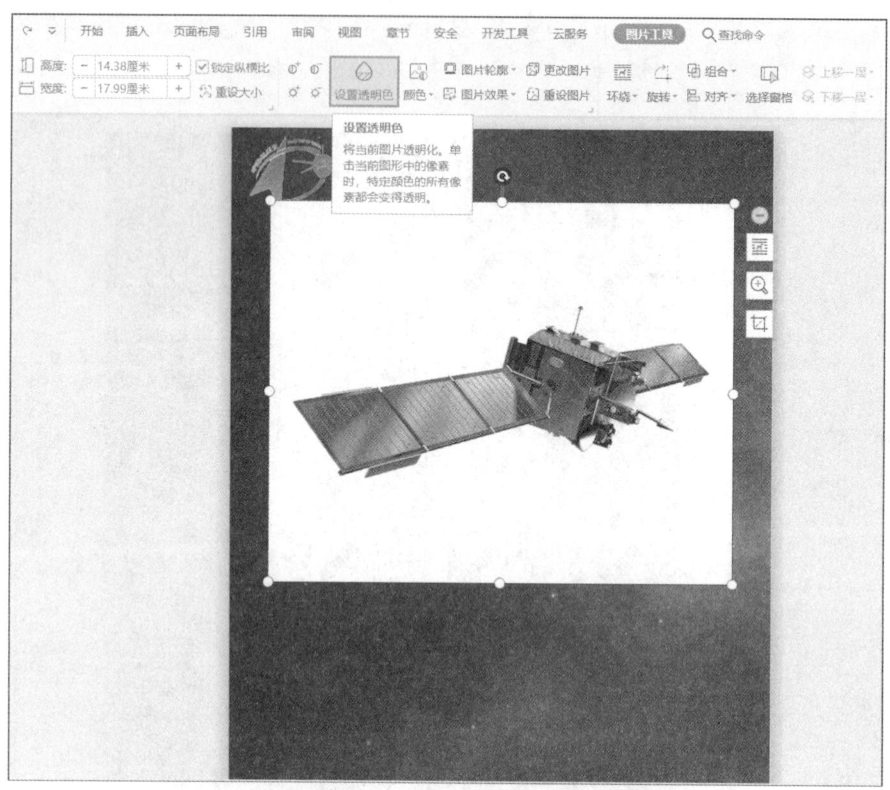

图 1-4-6 设置透明色

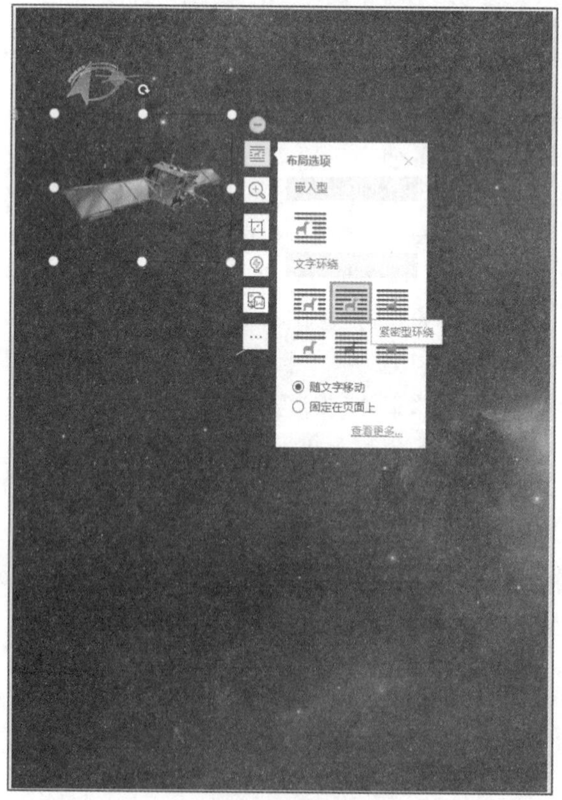

图 1-4-7 图片布局

图 1-4-8 图片效果

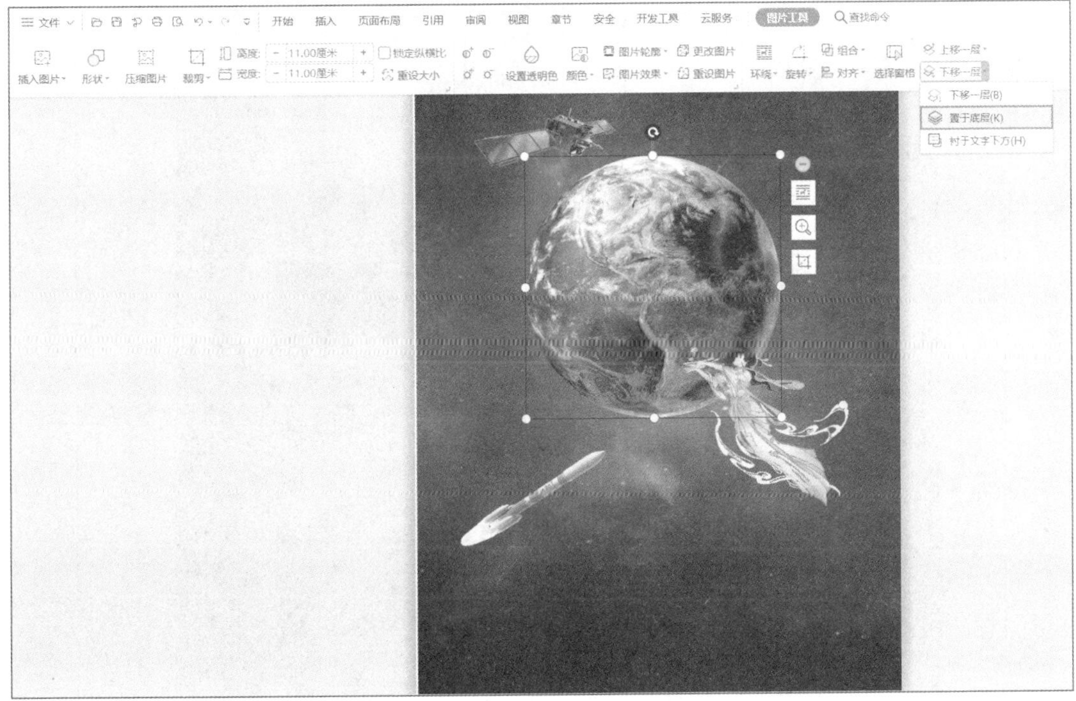

图 1-4-9 调节图片层级

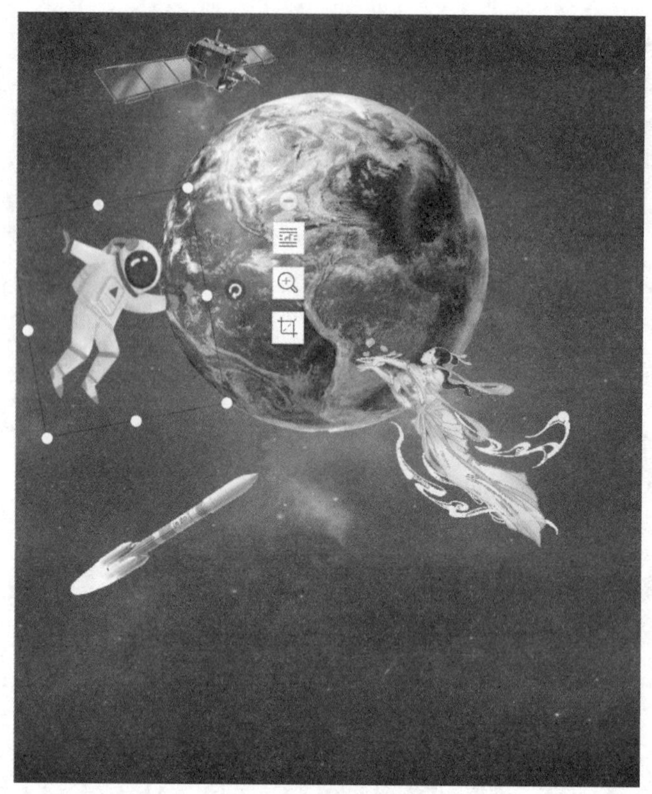

图 1-4-10 旋转图片

图 1-4-11 水平翻转

图 1-4-12　选择艺术字样式

在“开始”选项卡下设置字体为“华文琥珀”，字号为“80”，加粗，选择“文本工具”选项卡，单击“文本填充”按钮，在打开的“属性”任务窗格中设置艺术字，效果如图 1-4-13 所示。

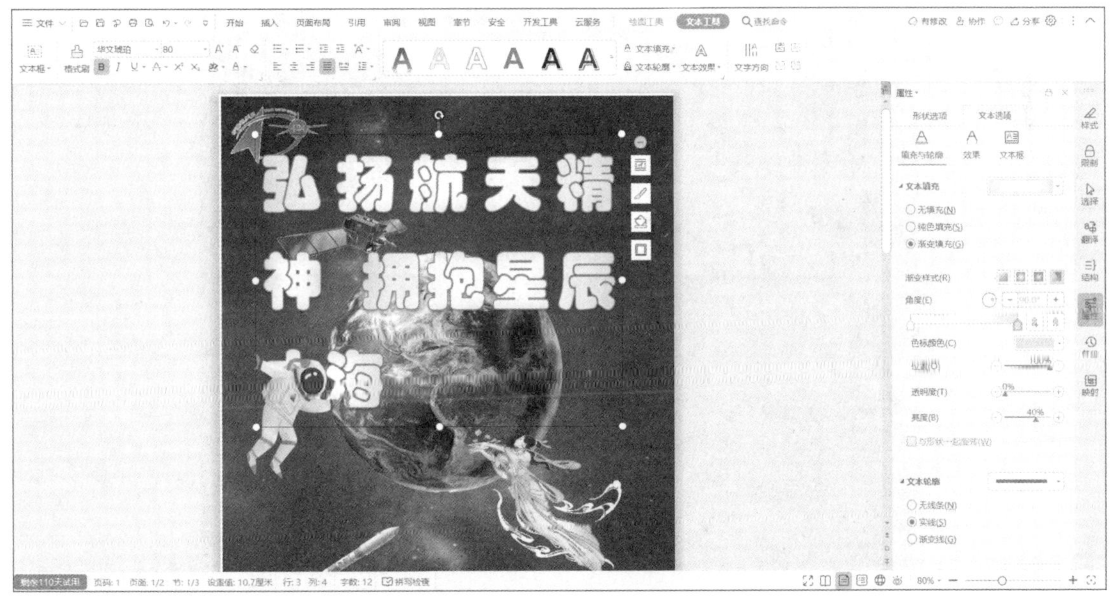

图 1-4-13　艺术字填充效果

单击“文字效果”按钮，选择“转换”→“跟随路径”→“上弯弧”，如图 1-4-14 所示。调整艺术字位置，如图 1-4-15 所示。

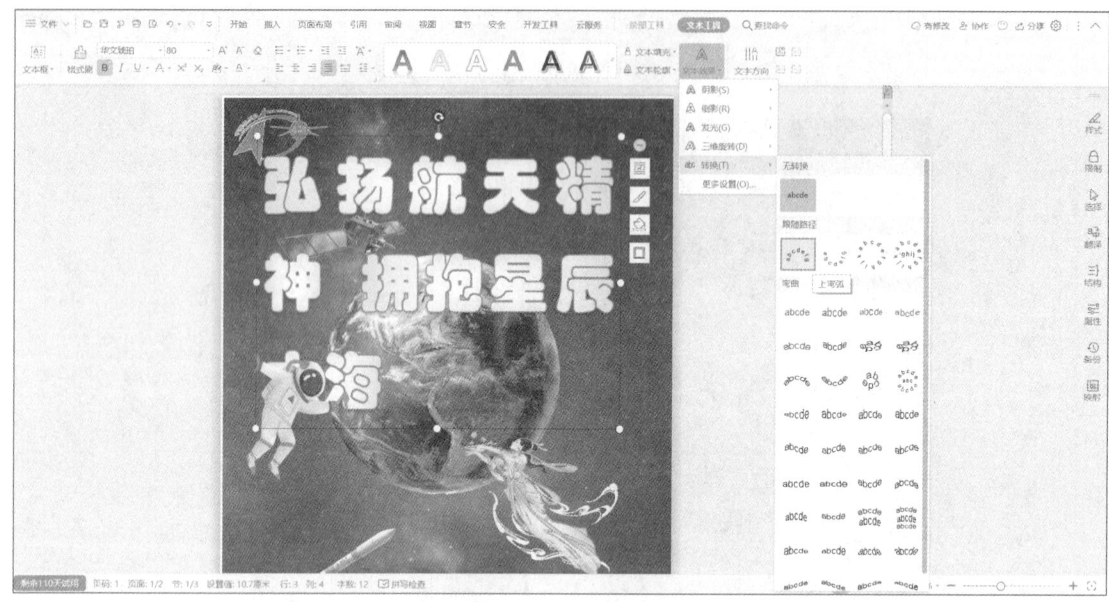

图 1-4-14　艺术字转换效果

图 1-4-15　艺术字效果

在“插入”选项卡下单击“艺术字”按钮，在艺术字“预设样式”中选择“填充-白色，轮廓-着色 1”，如图 1-4-16 所示。输入文字“CHINA SPACE DAY”，设置字体为“Calibri”，选择字号为“小初”，加粗。单击“文本效果”下拉按钮，选择“发光”→“发光变体”→“橙色，8pt 发光，着色 4”，如图 1-4-17 所示。

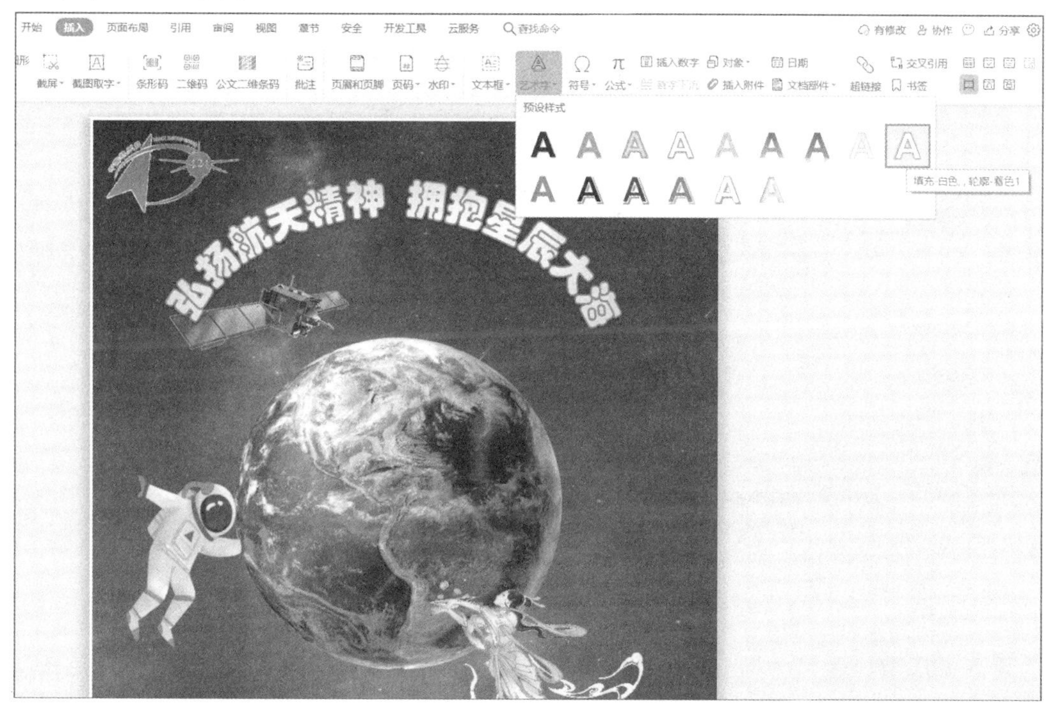

图 1-4-16 设置艺术字样式

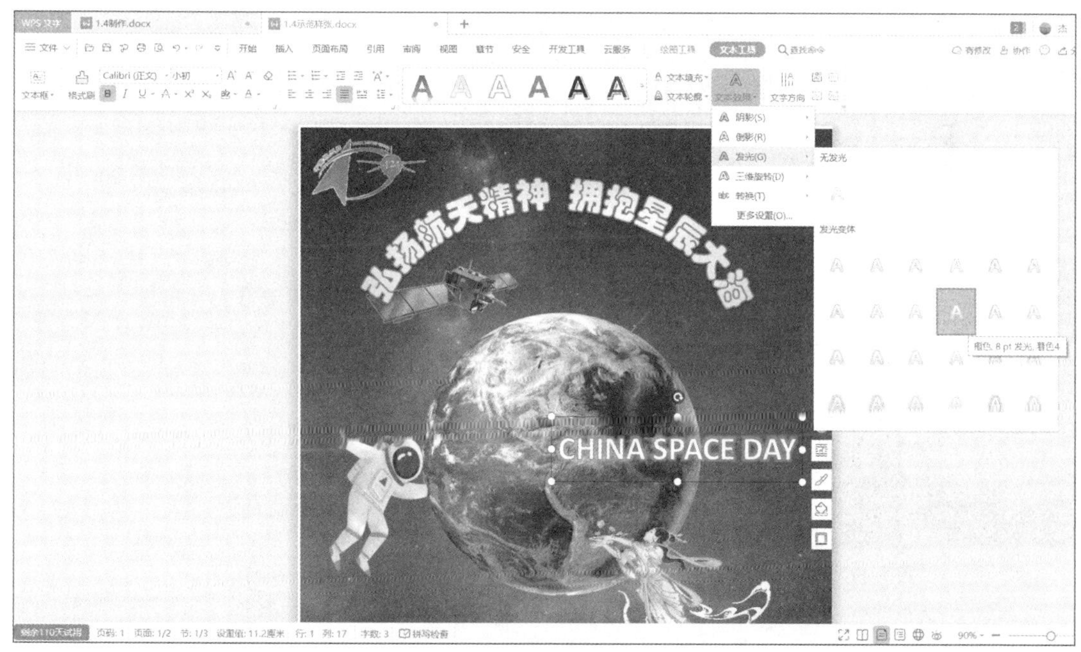

图 1-4-17 设置艺术字效果

(3)插入形状

在“插入”选项卡下单击“形状”下拉按钮，选择“基本形状”→“云形”，如图 1-4-18 所示，输入并编辑文字。

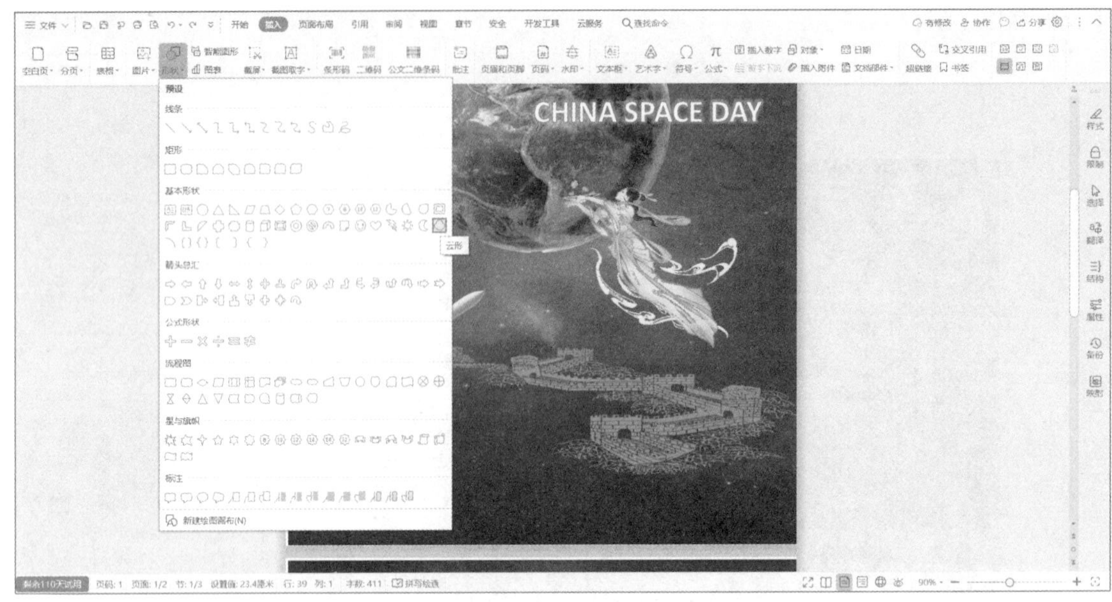

图 1-4-18 插入形状

设置云形填充颜色为“白色，背景 1”，“透明度”为“40％”，“线条”为“钢蓝，着色 5”，如图 1-4-19 所示。

图 1-4-19 形状效果设置

(4)双行合一

在“插入”选项卡下单击“文本框”按钮，绘制文本框，输入文字：“发展航天事业 建设航天强国”，设置字体为“华文行楷”，字号为“一号”。

选中文字“航天事业”，在“开始”选项卡下单击“中文版式”按钮，选择“双行合一”，如图 1-4-20 所示。在“双行合一”对话框中调整文字效果，如图 1-4-21 所示。单击“确定”按钮，同样制作“航天强国”文字效果。

图 1-4-20　双行合一

3. 制作第二页海报

(1)制作文本框及其文字效果

在“插入”选项卡下单击“文本框”按钮，拖曳鼠标绘制一个横向文本框。

在“绘图工具”选项卡下单击“填充”按钮，在下拉菜单中选择“图片或纹理”，选择“预设图片”下“纸纹 2”，如图 1-4-22 所示。“轮廓”为标准色中的“橙色”，“虚线线型”为“方点”。

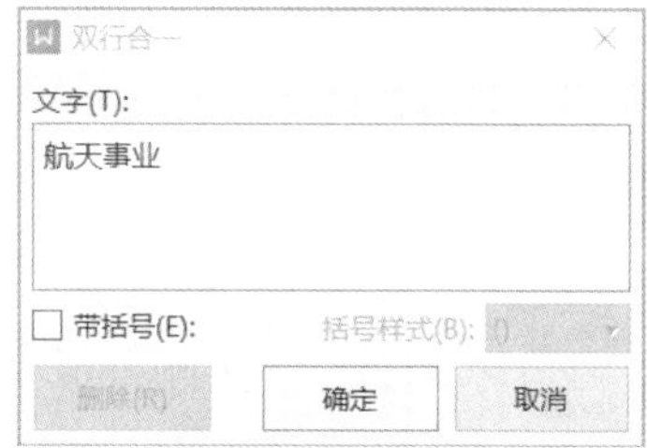

图 1-4-21　调整效果

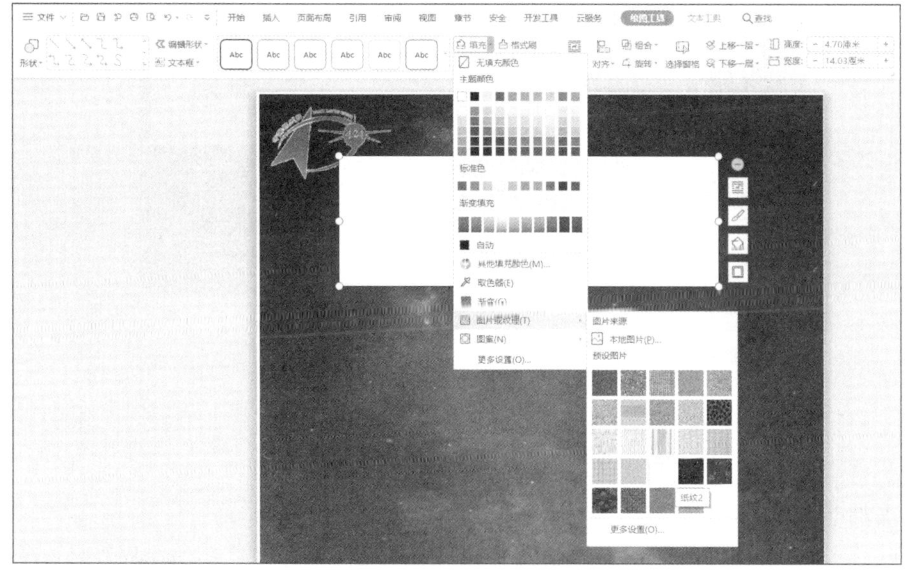

图 1-4-22　填充纹理

制作第二页海报

复制文字，字体设置为“华文行楷，小四”。将段落格式设置为“首行缩进 2 字符”。

为文字“中国航天日”设置文字效果为“发光”→“巧克力黄，8 pt 发光，着色 2”。如图 1-4-23 所示。

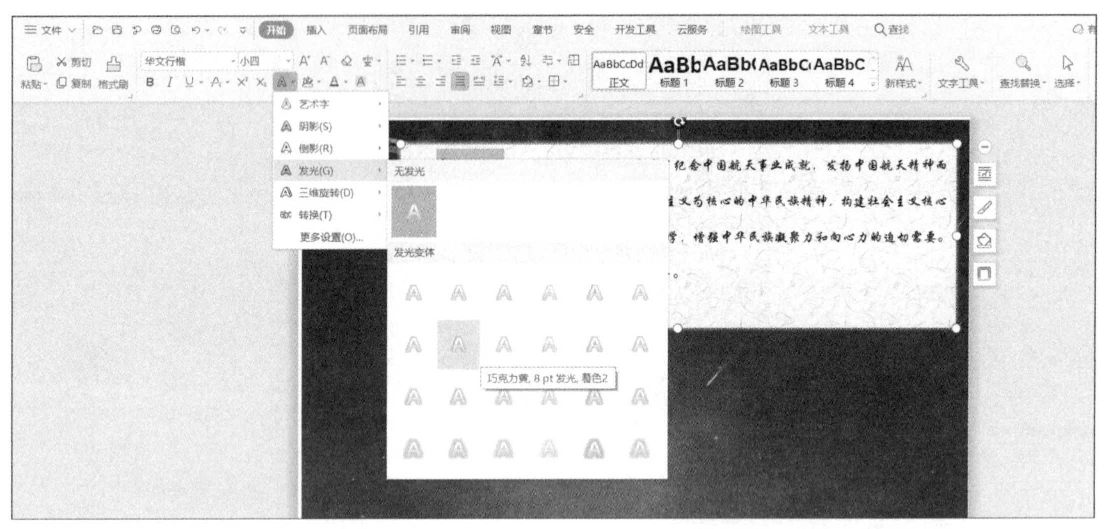

图 1-4-23 文字效果

选择“成就”，在“开始”选项卡下单击“其他选项”下拉按钮，如图 1-4-24 所示。

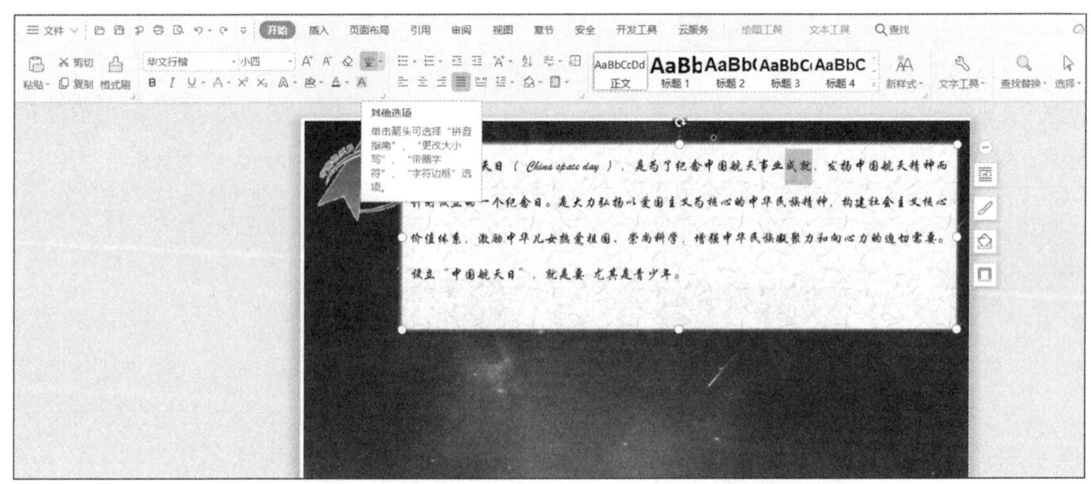

图 1-4-24 “其他选项”下拉按钮

选择“拼音指南”。在弹出的“拼音指南”对话框中，设置“对齐方式”为“居中”，“偏移量”为“0 磅”，“字号”为“6 磅”，如图 1-4-25 所示。单击“确定”按钮。

选择“纪念日”，单击“边框和底纹”按钮，在弹出的“边框和底纹”对话框中选择“底纹”标签，“填充”颜色为标准颜色中的“橙色”，应用于“文字”，如图 1-4-26 所示。

分别选择“设”“立”，在“开始”选项卡下单击“其他选项”下拉按钮，选择“带圈字符”，如图 1-4-27 所示。在“带圈字符”对话框中选择“增大圈号”，如图 1-4-28 所示。

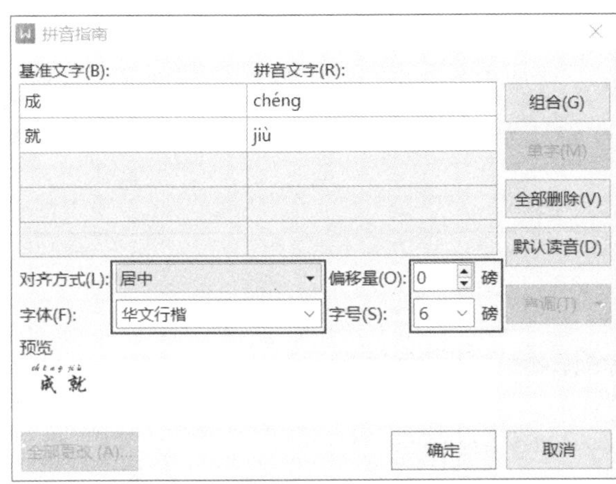

图 1-4-25 “拼音指南”对话框

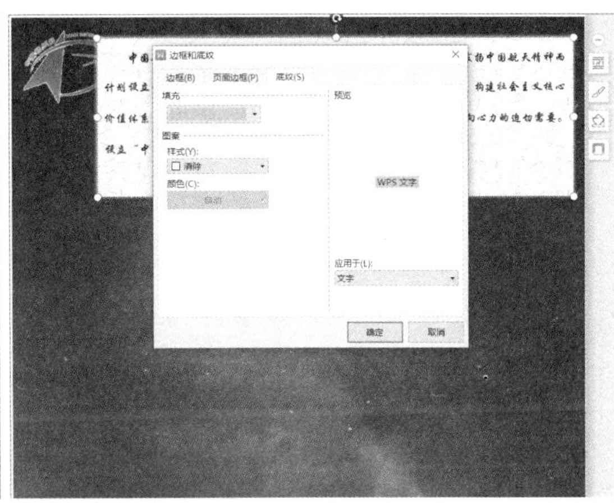

图 1-4-26 设置文字底纹

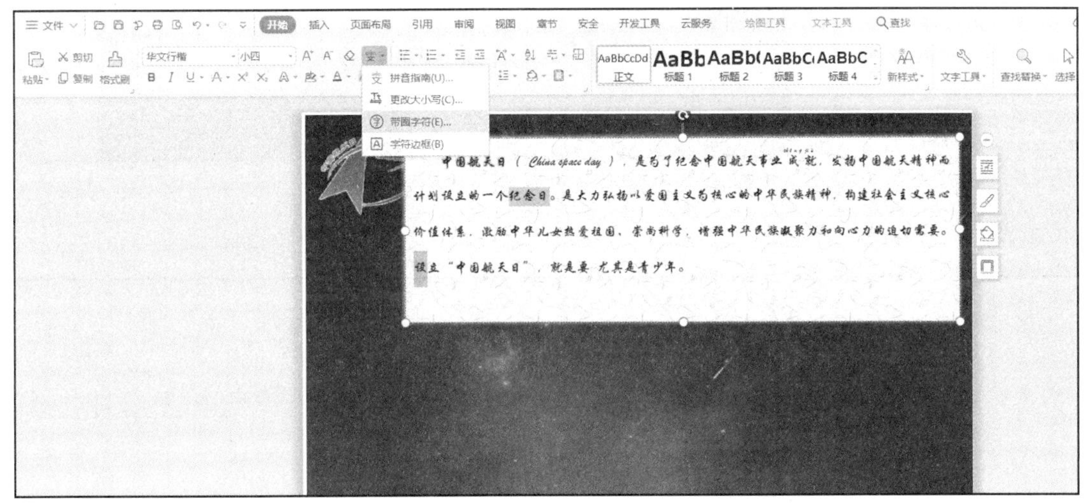

图 1-4-27 打开“带圈字符”功能

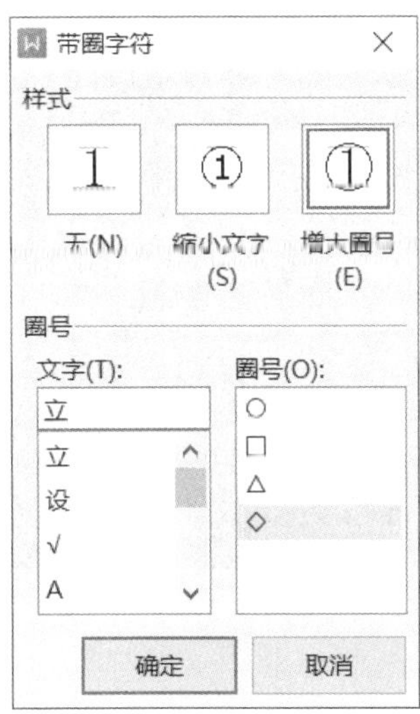

图 1-4-28 “带圈字符”对话框

在“插入”选项卡下单击“公式”按钮，如图 1-4-29 所示。在“公式工具”选项卡下，单击“括号”下拉按钮，选择“单方括号”，如图 1-4-30 所示。选中虚线方框，单击“矩阵”下拉按钮，选择“3×1 空矩阵”，如图 1-4-31 所示。在虚线方框内添加文字，双击“格式刷”按钮，设置文字效果。

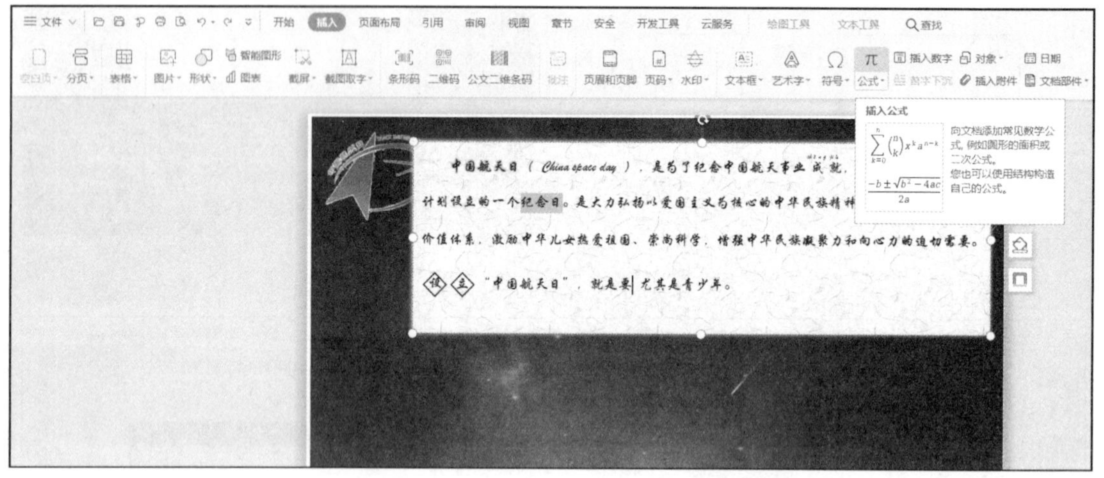

图 1-4-29 插入公式

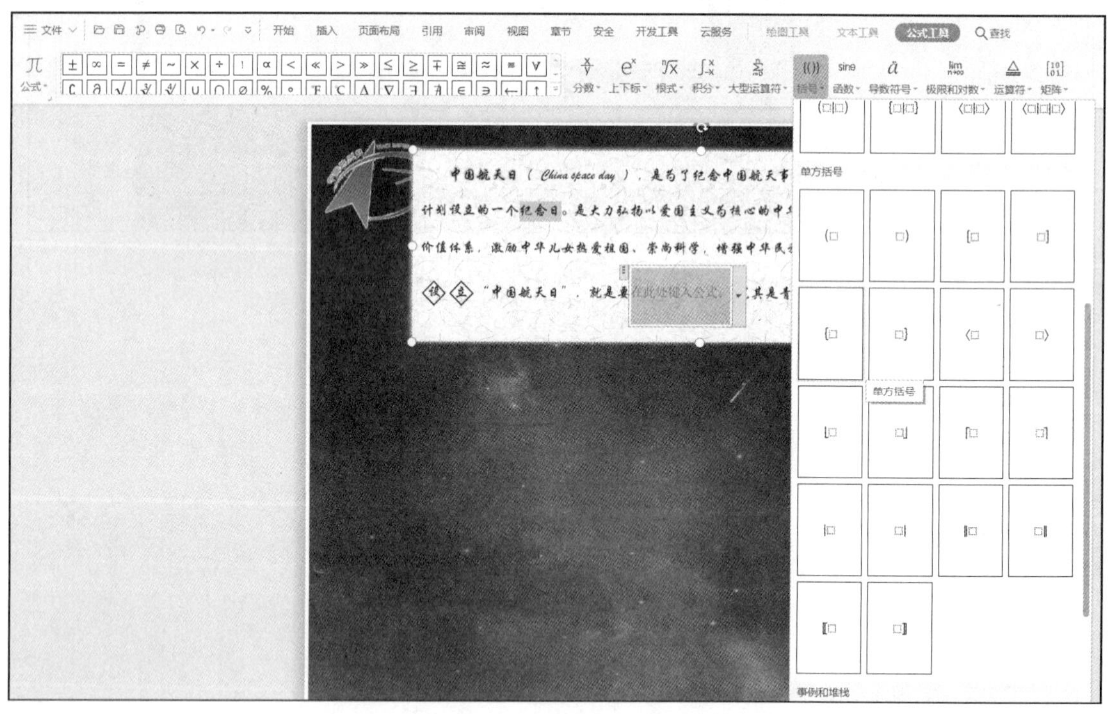

图 1-4-30 选择“单方括号”

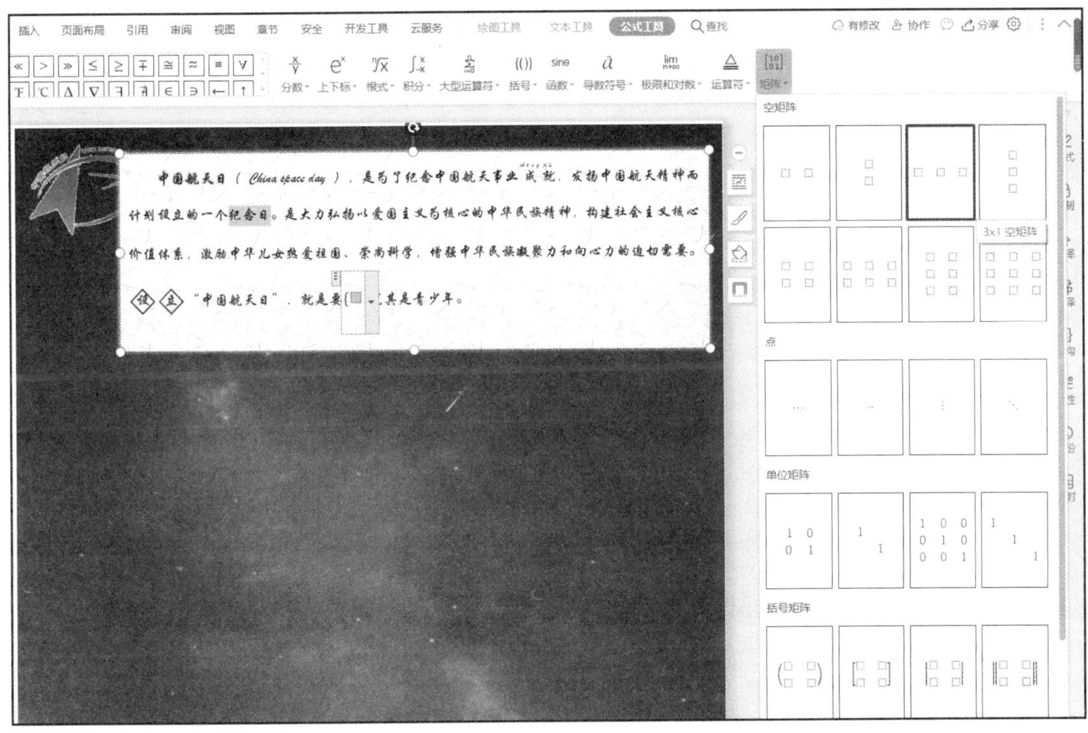

图 1-4-31 插入矩阵

选择“青少年”，在“开始”选项卡下单击“下划线”下拉按钮，选择“其他下划线”，如图 1-4-32 所示。在弹出的“字体”对话框中，“下划线线型”选择“双层波浪线”，“下划线颜色”选择“巧克力黄，着色 2，深色 25%”，如图 1-4-33 所示。

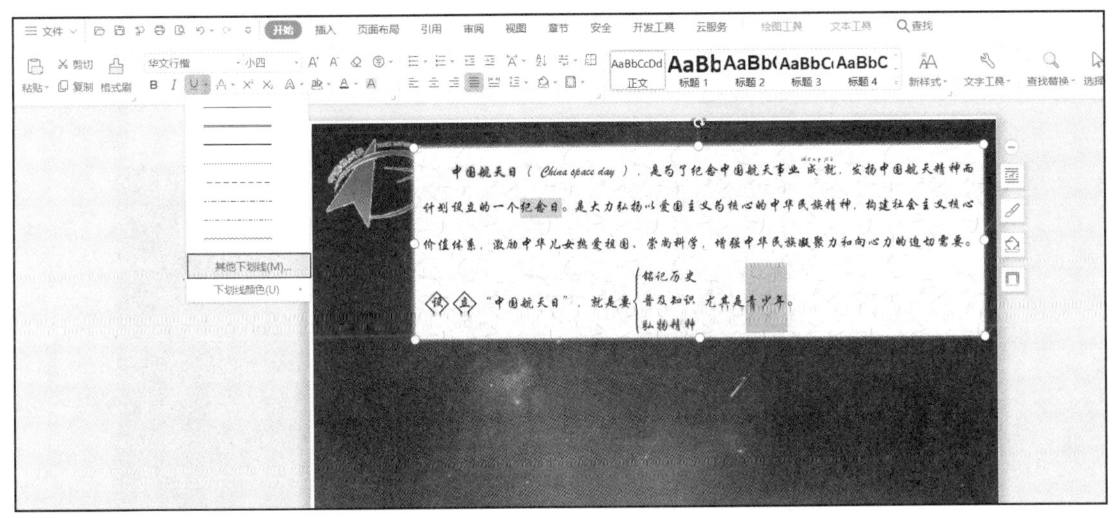

图 1-4-32 选择“其他下划线”

(2)设置文字分栏效果

复制文字，设置文字格式为“华文行楷，小四”，颜色设置为“白色，背景 1，深色 15%”。段落格式设置为“首行缩进 2 字符”，“行距”为“固定值 25 磅”。

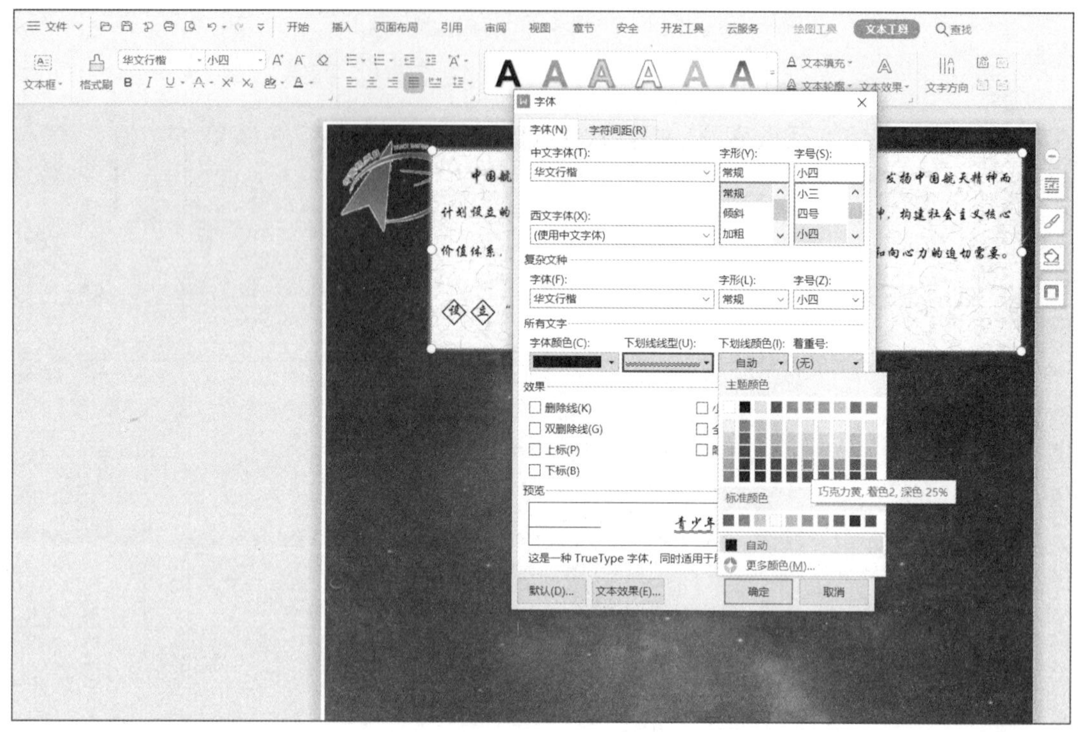

图 1-4-33 设置下划线

选定文字，在“页面布局”选项卡下单击“分栏”下拉按钮，选择“两栏”，如图 1-4-34 所示。

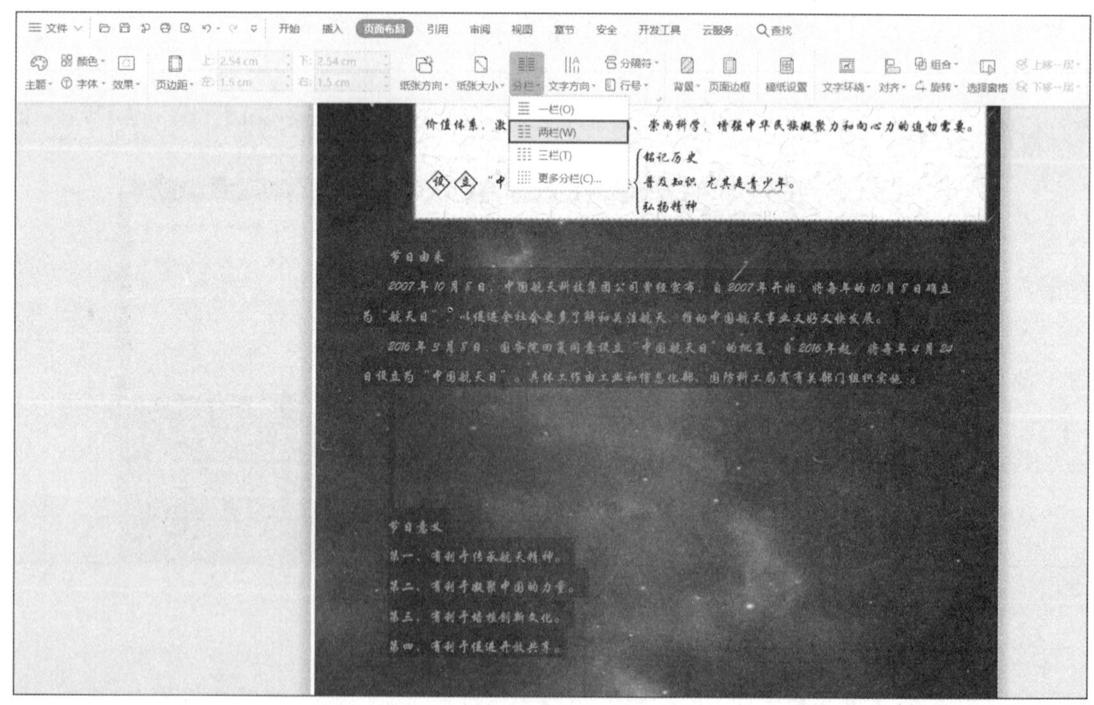

图 1-4-34 分栏

同时选定“节日由来”“节日意义”，在“开始”选项卡下单击“项目符号”下拉按钮，选择“自定义项目符号”，如图 1-4-35 所示。在“项目符号和编号”对话框中，选择“项目符号”选项卡，选择一种样式，单击“自定义”按钮，如图 1-4-36 所示。在“自定义项目符号列表”对话框中，单击“字符”按钮，如图 1-4-37 所示。在“符号”对话框中找到相应符号，如图 1-4-38 所示。单击“插入”按钮后，更改颜色。设置段落中文字着重号效果。

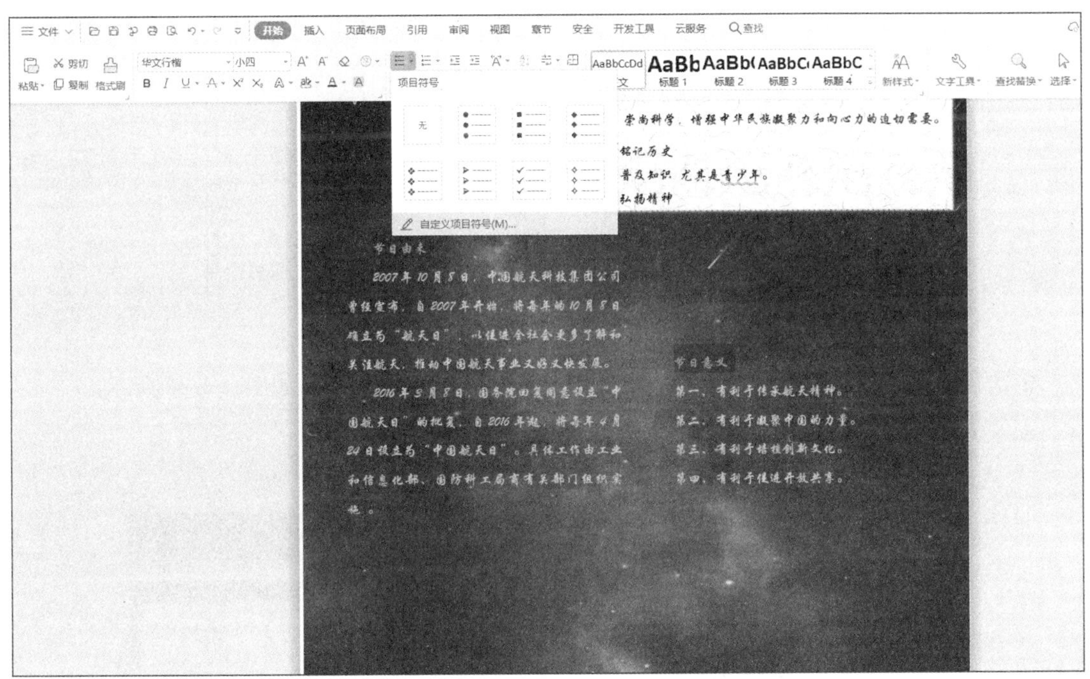

图 1-4-35　自定义项目符号(1)

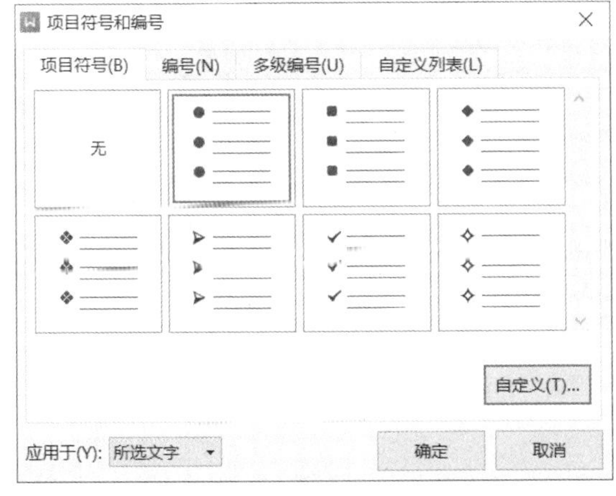

图 1-4-36　自定义项目符号(2)

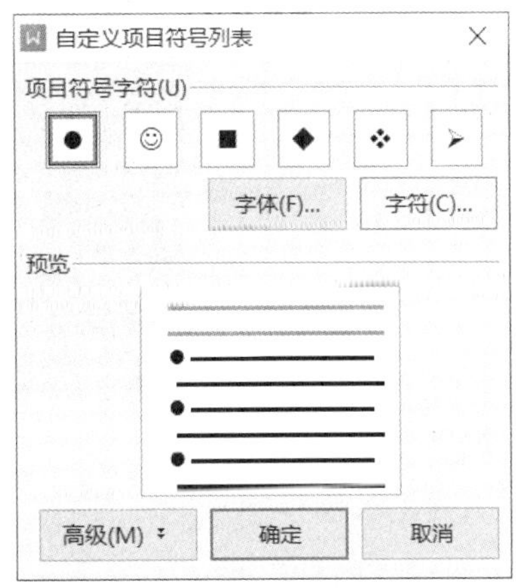

图 1-4-37　选择项目符号(1)

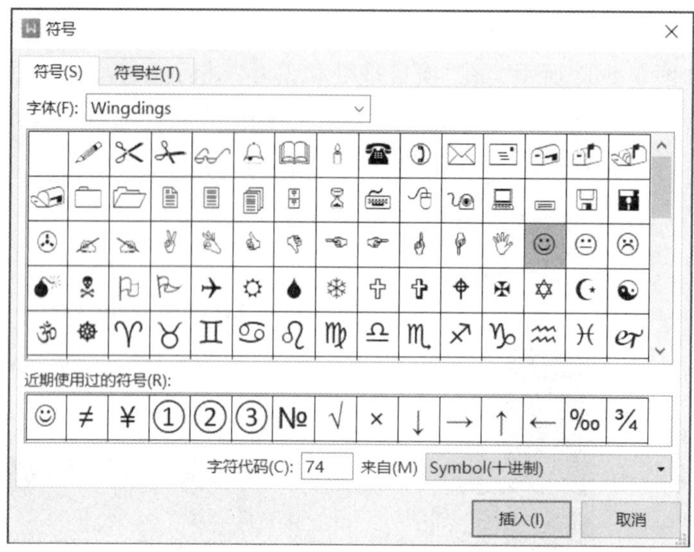

图 1-4-38　选择项目符号(2)

依次插入“宇航员 3”“中国卫星”“宇宙”三张图片，图文混排效果如图 1-4-39 所示。

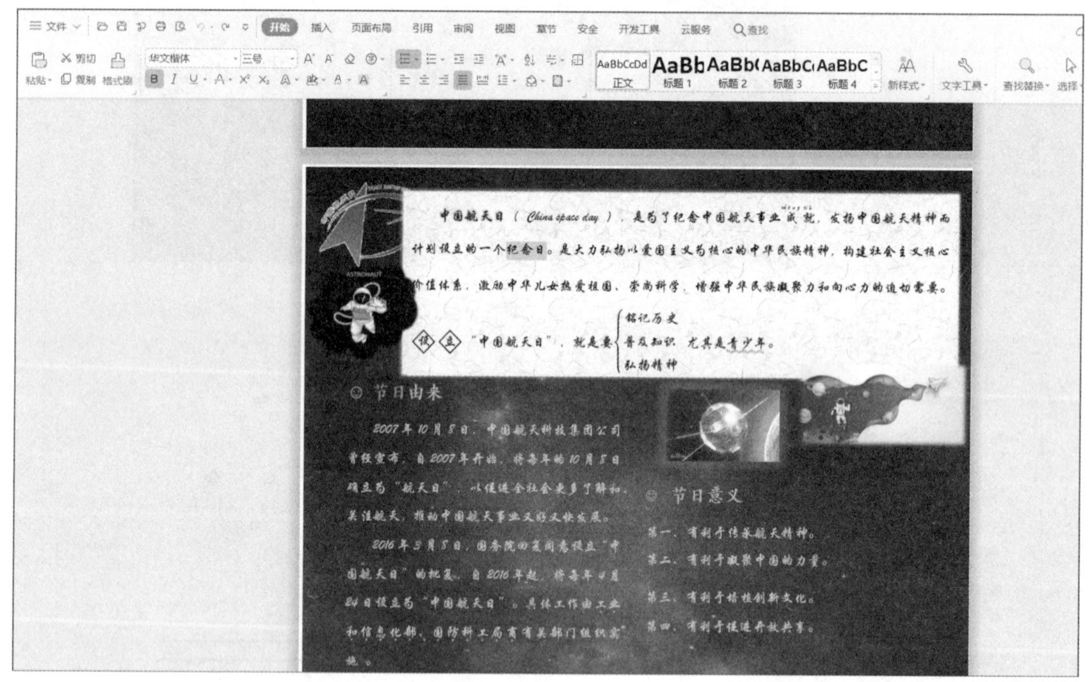

图 1-4-39　图文混排效果

(3)制作表格

复制表格所需文字素材，在“插入”选项卡下单击“表格”下拉按钮，单击“文本转换成表格”，如图 1-4-40 所示。在“将文字转换成表格”对话框中，设置如图 1-4-41 所示。单击“确定”按钮。

全选表格，在“表格样式”选项卡下单击“表格样式”下拉按钮，选择“中度样式 4-强调 6”，如图 1-4-42 所示。

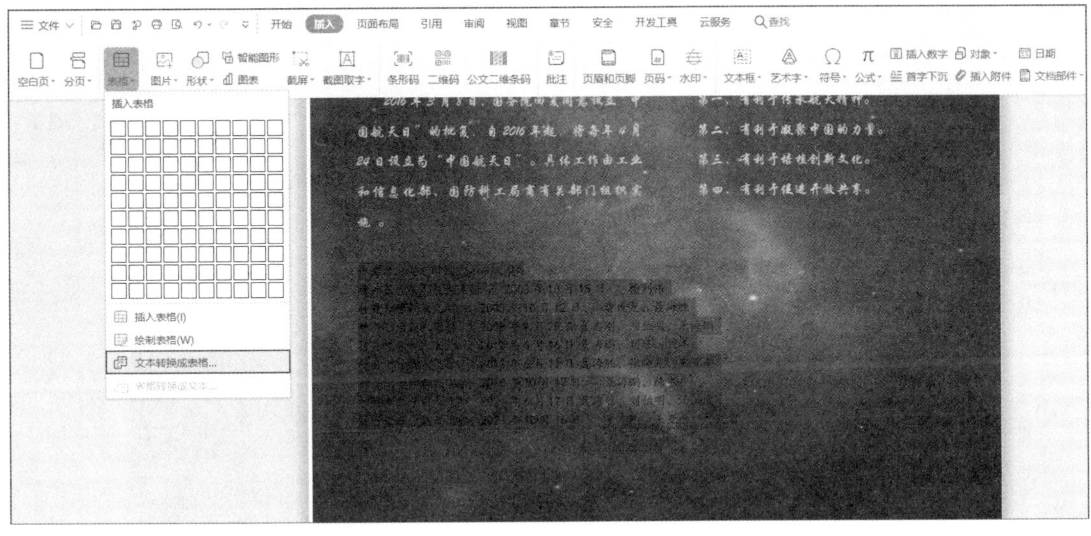

图 1-4-40 转换表格

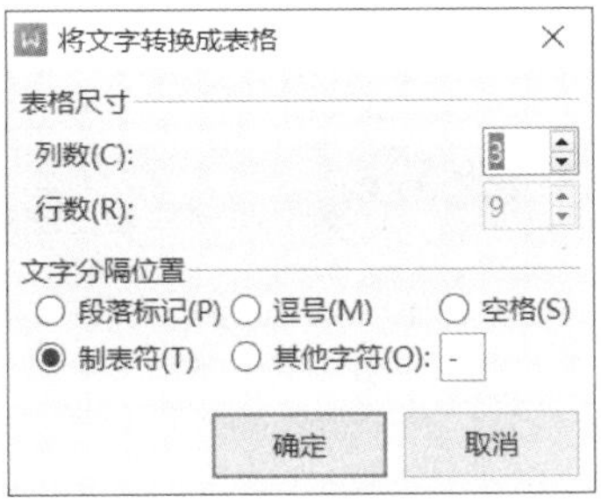

将文字转换成表格

表格尺寸

列数(C): 3

行数(R): 9

文字分隔位置

○ 段落标记(P) ○ 逗号(M) ○ 空格(S)

◉ 制表符(T) ○ 其他字符(O): -

确定 取消

图 1-4-41 设置表格

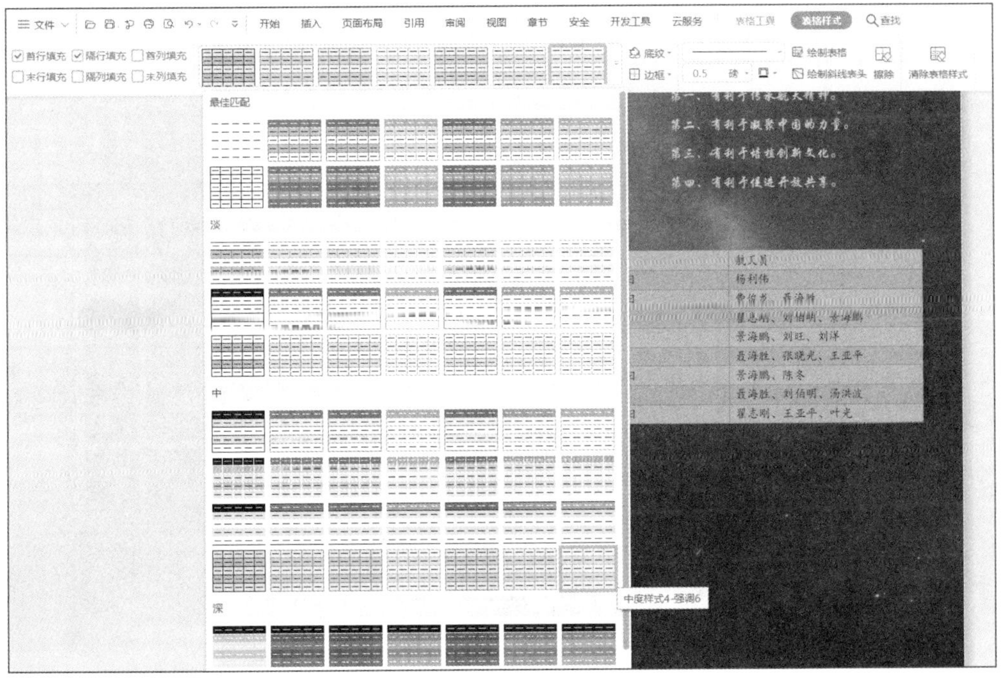

图 1-4-42 表格样式

适当调整表格行高和列宽，设置表格中文字格式，效果如图 1-4-43 所示。

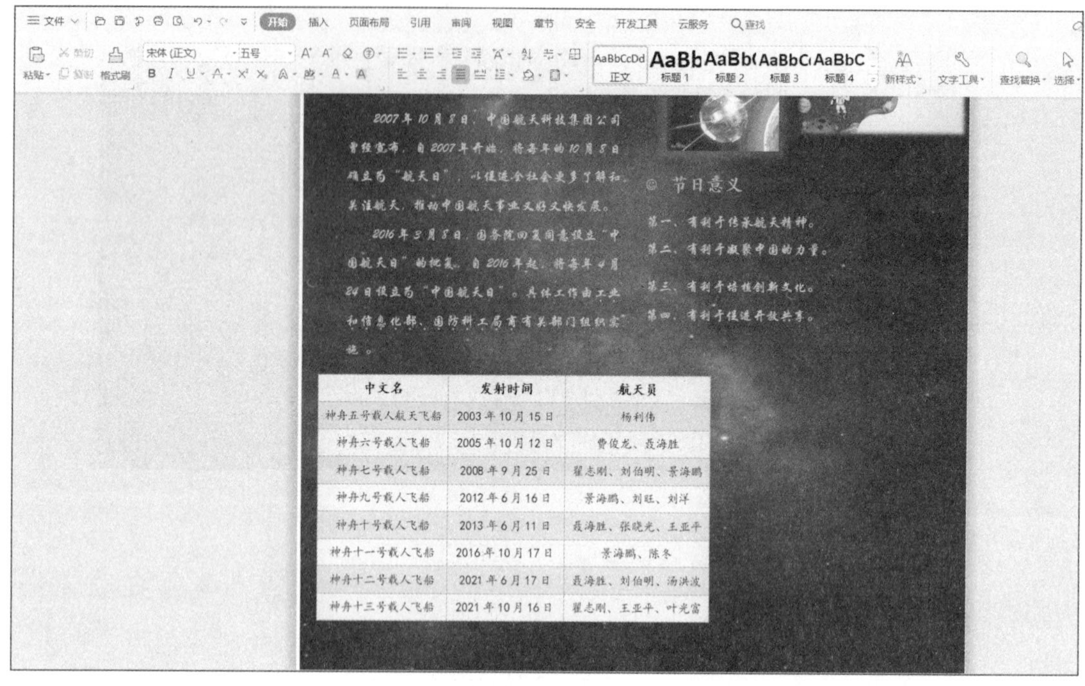

中文名	发射时间	航天员
神舟五号载人航天飞船	2003 年 10 月 15 日	杨利伟
神舟六号载人飞船	2005 年 10 月 12 日	费俊龙、聂海胜
神舟七号载人飞船	2008 年 9 月 25 日	翟志刚、刘伯明、景海鹏
神舟九号载人飞船	2012 年 6 月 16 日	景海鹏、刘旺、刘洋
神舟十号载人飞船	2013 年 6 月 11 日	聂海胜、张晓光、王亚平
神舟十一号载人飞船	2016 年 10 月 17 日	景海鹏、陈冬
神舟十二号载人飞船	2021 年 6 月 17 日	聂海胜、刘伯明、汤洪波
神舟十三号载人飞船	2021 年 10 月 16 日	翟志刚、王亚平、叶光富

图 1-4-43　表格效果

(4)制作图片和艺术字

依次插入“月球图片”“嫦娥二号”“中国宇航员”“合集 11”“升空火箭”图片，剪裁尺寸到合适大小，并将其调整到合适位置，如图 1-4-44 所示。

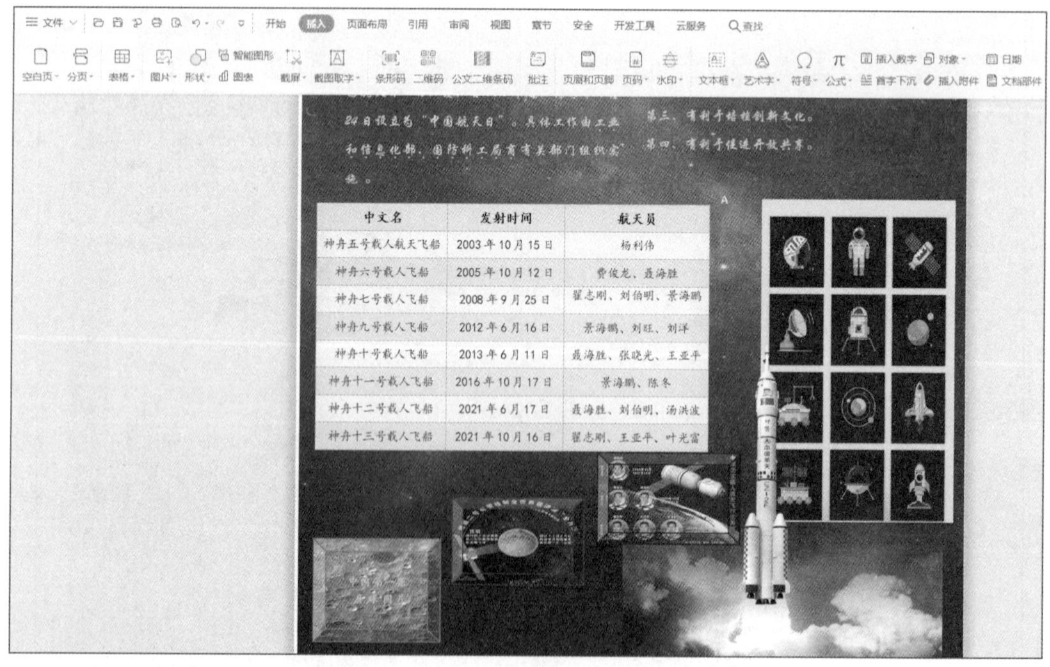

中文名	发射时间	航天员
神舟五号载人航天飞船	2003 年 10 月 15 日	杨利伟
神舟六号载人飞船	2005 年 10 月 12 日	费俊龙、聂海胜
神舟七号载人飞船	2008 年 9 月 25 日	翟志刚、刘伯明、景海鹏
神舟九号载人飞船	2012 年 6 月 16 日	景海鹏、刘旺、刘洋
神舟十号载人飞船	2013 年 6 月 11 日	聂海胜、张晓光、王亚平
神舟十一号载人飞船	2016 年 10 月 17 日	景海鹏、陈冬
神舟十二号载人飞船	2021 年 6 月 17 日	聂海胜、刘伯明、汤洪波
神舟十三号载人飞船	2021 年 10 月 16 日	翟志刚、王亚平、叶光富

图 1-4-44　图片效果

在“插入”选项卡下单击“艺术字”下拉按钮，选择“预设样式”中的“填充-橙色，着色 4，软边缘”，如图 1-4-45 所示。

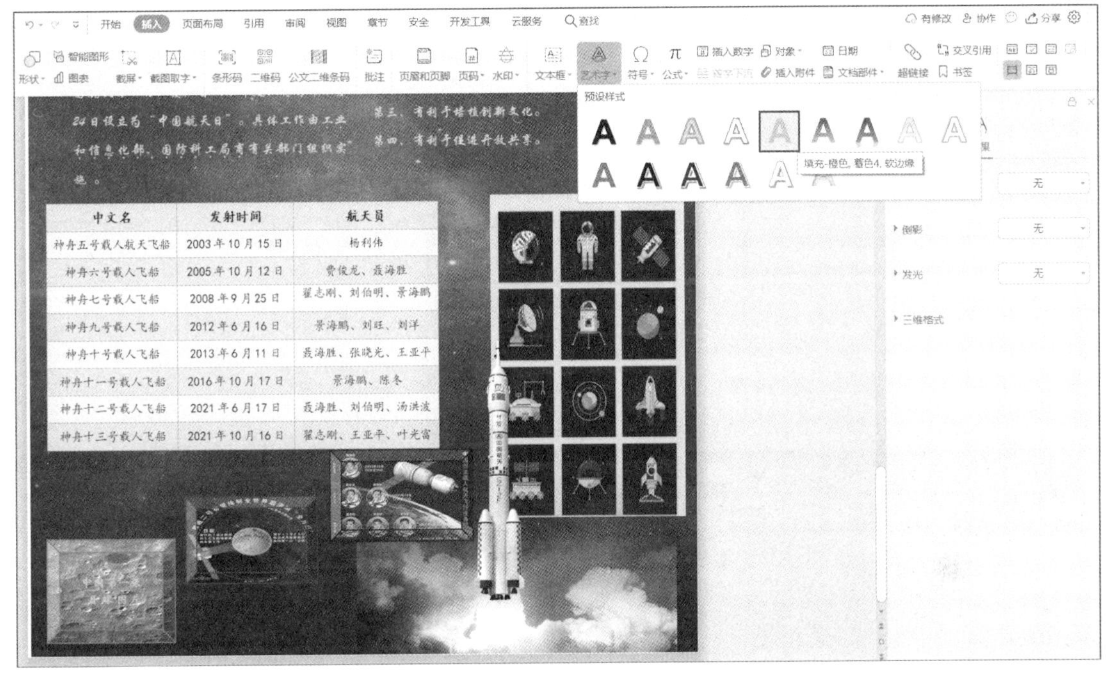

图 1-4-45 艺术字样式

输入文字，设置文字为“等线，小初”，“文本填充”为主题颜色“橙色，着色 4”，文本轮廓为“浅绿，着色 6，浅色 40%”。

选定艺术字，单击“文字方向”按钮，设置为纵向，如图 1-4-46 所示。

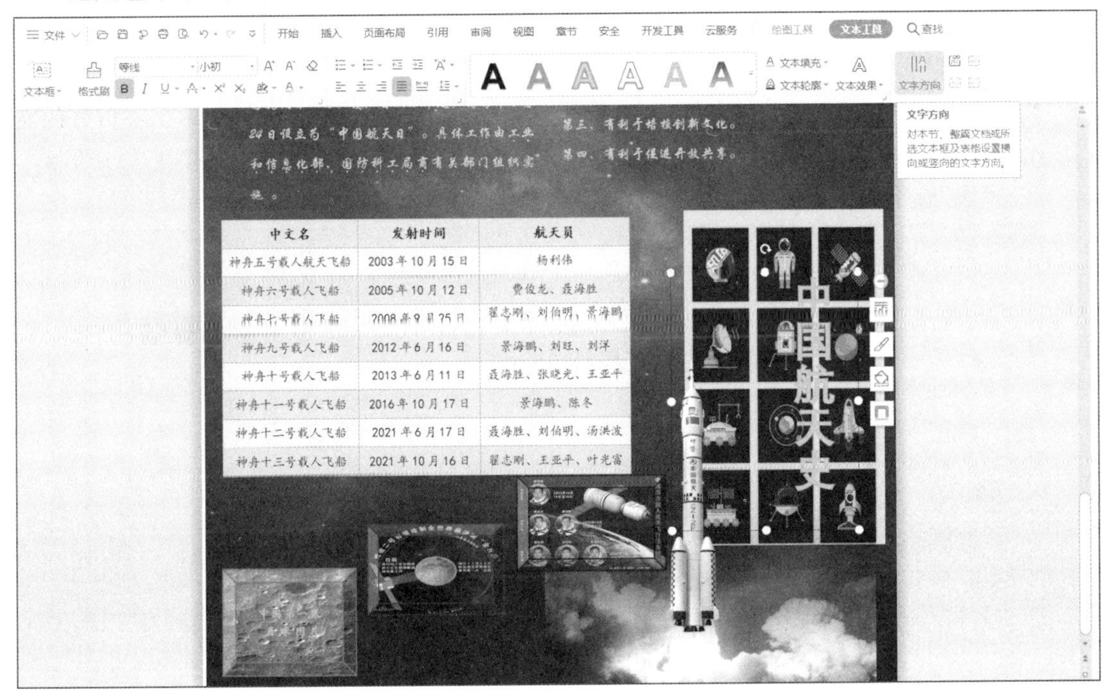

图 1-4-46 更改艺术字方向

在“文本工具”选项卡下单击“文字效果”下拉按钮，选择“三维旋转”→“平行”→“离轴 2 左”，如图 1-4-47 所示。

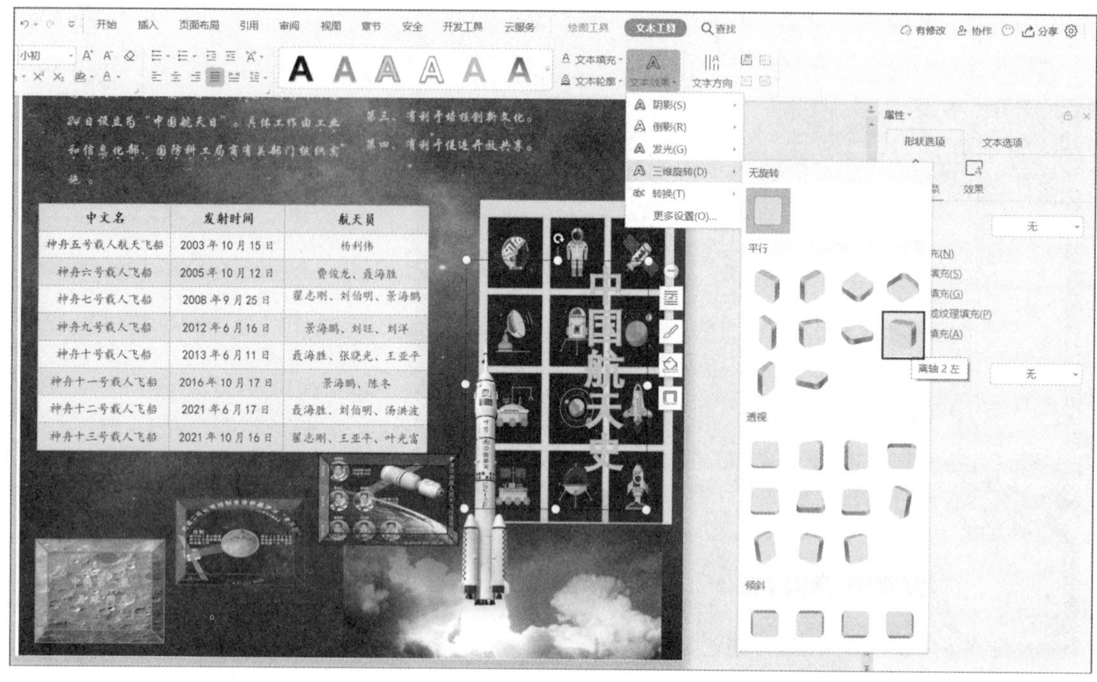

图 1-4-47 艺术字效果

制作效果如图 1-4-2 所示。

四、相关知识

1. 应用修订

修订功能可以记录对文档的所有改动，如对文字内容的插入、删除和格式更改。将做好的文档发给其他同事，如果其他同事在上面做了修改，想知道改了什么地方？可以直接使用该功能。

在“审阅”选项卡下单击“修订”按钮，即可进入修订状态，如图 1-4-48 所示。

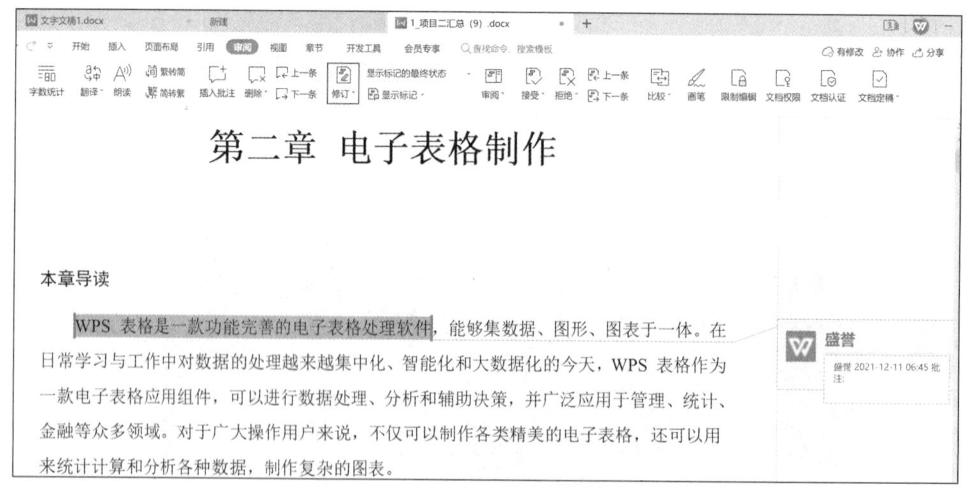

图 1-4-48 应用修订

2. 接受或拒绝修订

对文档所做的所有修订，可以按需部分或全部选择接受或拒绝，如图 1-4-49 所示。

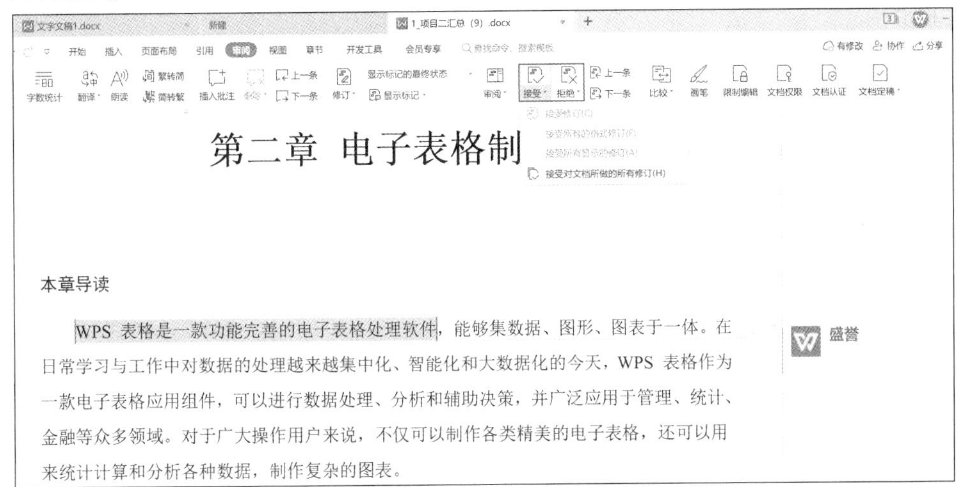

图 1-4-49 接受或拒绝修订

当同事针对文档内容进行修改，通过修订功能可以显示修改了哪些内容，同意或不同意修改，均可以“接受”或“拒绝”。

3. 显示修订

在“审阅”选项下还可以选择文档修订后的显示方式，以及文档中显示的标记类型，如图 1-4-50 所示。

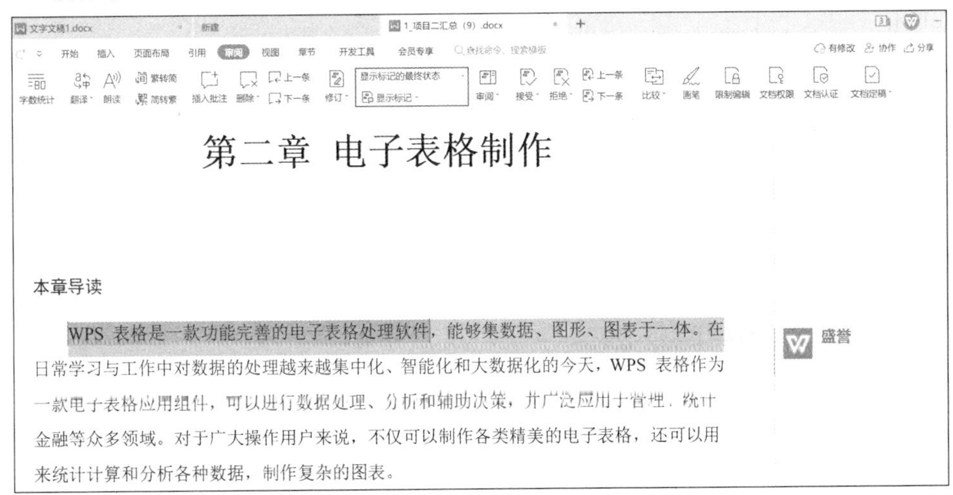

图 1-4-50 显示修订

由于使用修订功能，界面上会有修改后所遗留的突出标志，我们可以通过修改“显示以供审阅”和“显示标记”，来选择希望的修订项显示方式和内容。

4. 保护修订

保护修订后，可以强制跟踪修改痕迹，防止恶意取消修订状态，如图 1-4-51 所示。

修订的目的是保留修改痕迹，但是，如果其他人在使用的过程中，将“修订”功能取消，那么，就算对方做了修改，也不能体现效果。因此，为了防止其他人取消修订，可使用保护修订的方法，设置密码，让文档只能处于修订状态，想要取消修订，除非输入正确的密码。

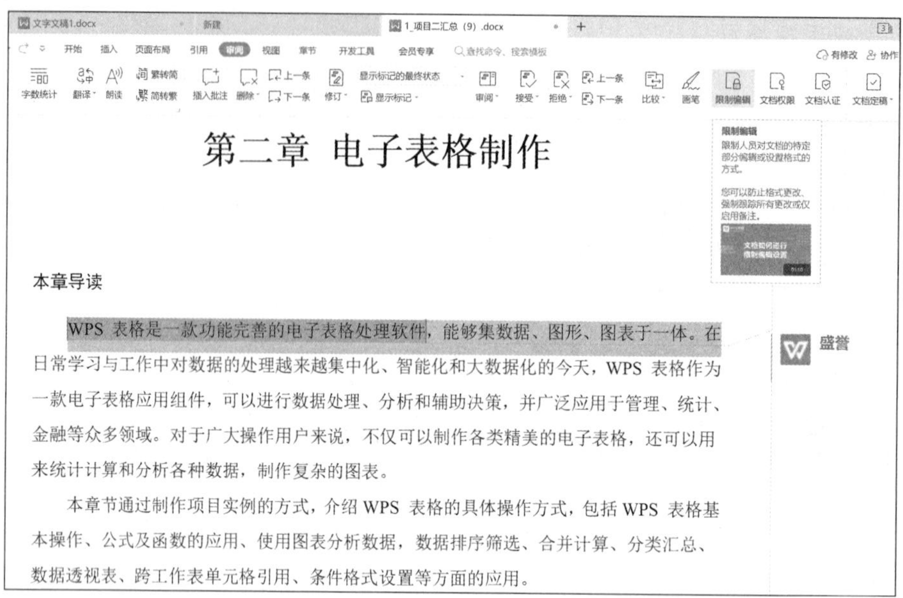

图 1-4-51　设置文档保护

在“审阅”选项卡单击“限制编辑”按钮，弹出“限制编辑”任务窗格，勾选设置文档的保护方式。

5. 设置打印效果

在日常工作和生活中，打印是和我们息息相关的，在打印中也会有各种需求，如：打印时不显示背景和图像等，打印设置功能都可以解决。单击“文件”菜单，选择“选项”，在弹出的“选项”对话框中可设置打印选项，如图 1-4-52 所示。

图 1-4-52　打印选项设置

6. 设置视图效果

(1)显示文档内容

在使用过程中，我们需要对 WPS 或者 WPS 的组件设置总的视图效果，以达到不同的功能需求,增加工作效率。在“选项”对话框中选择“视图”选项卡,如图 1-4-53 所示,即可进行相应设置。

图 1-4-53 显示文档内容

(2)格式标记

在文档中出现大量空格、换行符、占位符时,可以快速地进行标记,以区分相应操作,这些都离不开格式标记功能。

在“选项”对话框的“视图”选项卡中,找到“格式标记”,将“空格”复选框取消勾选即可。若在文档中段落太多看不清楚分了几段时,可在“格式标记”中,勾选“段落标记”复选框,如图 1-4-54 所示。

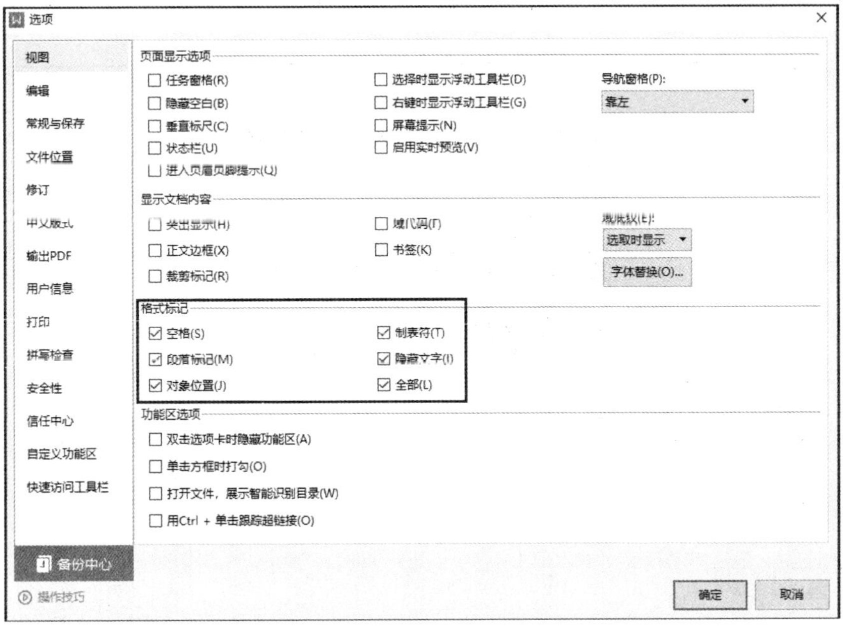

图 1-4-54 格式标记

7. 设置修订效果

在使用软件的过程中，我们需要对 WPS 或者 WPS 的组件设置总的修订效果。

（1）以 WPS 文字组件为例，依次单击“文件”→“选项”，在弹出的“选项”对话框中选择“修订”选项卡。在此选项卡下可以设置“标记”、“批注框”与“打印”的效果，如图 1-4-55 所示。

图 1-4-55 设置修订

（2）若需要对插入、删除的内容，批注进行标记，我们可以在“标记”选项组中进行设置。

针对插入或者删除的内容，可以设置下划线、加粗等样式来进行标注。

对于修改的内容，还可以选择特定标注颜色。

修订行处我们也可以设置相应的框线以及颜色。

除此之外，若平常批注功能使用得多，也可以根据所需对批注、编号颜色进行设置，如图 1-4-56 所示。

图 1-4-56 设置修订颜色

(3)除了设置批注的颜色,还可以设置批注框效果,可以在“使用批注框”下拉列表中选择显示修订内容的形式。

指定宽度、边距以及是否显示与文字的连线,可以根据所需进行选择,如图 1-4-57 所示。

图 1-4-57　设置批注框效果

若在修订过程中需要将内容进行打印,在打印处我们可以对纸张方向进行设置,如图 1-4-58 所示。

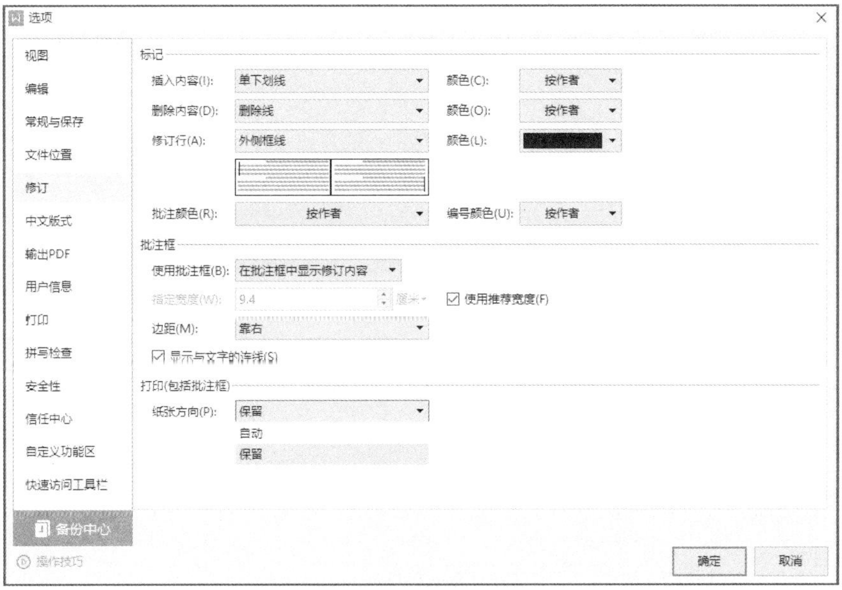

图 1-4-58　修订打印设置

8. 给空格尾部添加下划线

在输入文档内容时,可以快速高效地制作空白下划线。在“选项”对话框的“常规与保存”选项卡的“兼容性选项”中勾选“为尾部空格添加下划线”复选项,这样空格处则会显示下划线,如图 1-4-59 所示。

图 1-4-59　给空格尾部添加下划线

9. 文档插入图片保持原始大小

在进行文稿图片保存时，可将文稿中插入的图片，使用原始图片大小进行保存，不会进行图片的压缩处理，保证了图片的清晰度，如图 1-4-60 所示。

图 1-4-60　文档插入图片保持原始大小

五、创新作业

制作中国航天日宣传海报，如图 1-4-61 所示。要求如下：

图 1-4-61 作业样张

1. 设置页面背景为深蓝色渐变；

2. 设置艺术字“四月二十四日”“中国航天日”，字号为 72 号，字体为宋体、加粗，颜色为橙色；

3. 插入火箭图片并设置四周型环绕；

4. 插入宇宙图片，并设置环绕为置于文字下方，图片大小为高 11 cm，宽 30 cm。

项目五 ××科技有限公司员工规章制度制作——WPS 文字文稿长文档编辑

一、项目描述

所谓“没有规矩不成方圆”，每一个企业对于员工都有不同的要求，将这些要求汇总成一个文档，就成为员工规章制度。员工规章制度可以使员工清楚明白地知道自己工作的各项要求，也可以方便整个公司的运作与管理。员工规章制度应该制作得条理清晰，逻辑清楚，这样才会方便员工更快地理解公司的规章制度，也使得公司在管理上有参考依据。

二、项目分析

任务一：页面整体结构设计——分隔符。

任务二：封面页设计制作——艺术字、图片、页脚。

任务三：正文文本设计制作——字体、段落、页码、样式。

任务四：目录设计制作——目录的生成、更新。

制作结果，如图 1-5-1～图 1-5-5 所示。

XX 科技有限公司
员 工 规 章 制 度

领航新时代

时代变革/科技生活/智能改变

图 1-5-1 ××科技有限公司员工规章制度(1)

目录

图 1-5-2 ××科技有限公司员工规章制度(2)

XX科技有限公司员工规章制度

一、入职指引

（一）入职与试用

用人原则：重选拔、重潜质、重品德。

（二）招聘条件

1.具体要求

合格的应聘者应具备应聘岗位所要求的年龄在8岁以上、学历高中或中专以上文化水平。

2.综合素质

同时具备敬业精神、协作精神、学习精神和创新精神。

二、考勤管理

（一）工作时间

周一至周五：

上午：9：00-12：00

下午：13：30-18：00

周六：

上午：8：30-12：00

实行轮班制的部门作息时间经上级审查后可以实施。

（二）考勤

1.考勤规定

所有专职员工必须严格遵守公司考勤制度，上下班亲自签到(午休不签到)，不得代替他人签到。

2.迟到、早退、旷工

迟到或早退30分钟以内者，每次扣发薪金10元。30分钟以上1小时以内者，每次扣发薪金20元。超过2小时以上者必须提前办理请假手续，否则按旷工处理。

3.惩罚办法

月迟到、早退累计达五次者，扣除相应薪金后，计旷工一次。旷工一次扣发一天双倍薪金，年度内旷工三天及以上者予以辞退。

1

图1-5-3 ××科技有限公司员工规章制度(3)

4.病事假制度

员工病假须于上班开始的前30分钟内，即8：30-9：00致电部门负责人，请假一天以上的，病愈上班后须补假、县级以上医院就诊证明。紧急突发事故可由自己或委托他人告知部门负责人批准，其余请假均应填写《请假单》，经权责领导核准，报人事部门备案，方可离开工作岗位，否则按旷工论处。事假期间不计发工资。

5.出差

员工出差前填好《出差申请单》领导批准后，报人事部门备案，否则按事假进行考勤。出差人员原则上须在规定时间内返回，如需延期应告知部门负责人，返回后在《出差申请单》上注明事由，经权责领导签字按出差考勤。

（三）加班工资按以下标准计算：

工作日加班费=加班天数×基数×150%

休息日加班费=加班天数×基数× 200%

法定节日加班费=加班天数×基数×300%

人事部门负责审查加班的合理性及效率。

（四）考勤记录及检查

1.考勤流程

考勤负责人需对公司员工出勤情况于每月五日前(遇节假日顺延)将上月考勤予以上报，经部门领导审核后，报人事部门汇总，并对考勤准确性负责。

2.考勤行使权

人事部门对公司考勤行使检查权，各部门领导对本部门行使检查权。检查分例行检查(每月至少两次)和随机检查。

三、人事异动

（一）调动流程

由调入部门填写《员工内部调动通知单》，由调出及调入部门负责人双方同意并报人事部门经理批准，部门经理以上人员调动由总裁(子公司由总经理)批准。批准后，人事部门应提前以书面形式通知本人，并以人事变动发文通报。普通员工须在三天之内，部门负责人在七天之内办理好工作交接手续。

人事部门将根据该员工于新工作岗位上的工作职责，对其进行人事考核，评价员工的异动结果。

2

图 1-5-4 ××科技有限公司员工规章制度(4)

（二）辞职管理

公司员工因故辞职时，本人应提前三十天向直接上级提交《辞职申请表》，经批准后转送人事部门审核，高级员工、部门经理以上管理人员辞职必须经总裁批准。

收到员工辞职申请报告后，人事部门负责了解员工辞职的真实原因，并将信息反馈给相关部门，以保证及时进行有针对性的工作改进。员工填写《离职手续办理清单》，办理工作移交和财产清还手续，并到财务部办理相关手续，领取薪金。

四、行为规范

（一）职业准则

公司倡导正大光明、诚实敬业的职业道德，要求全体员工自觉遵守国家政策法规和公司规章制度。员工的一切职务行为，必须以公司利益为重，对社会负责。不做有损公司形象或名誉的事。公司提倡简单友好、坦诚平等的人际关系，员工之间应互相尊重，相互协作。

（二）行为准则

工作期间衣着、发式整洁，大方得体，禁止奇装异服或过于曝露的服装。男士不得留长发、怪发，女士不留怪异发型，不浓妆艳抹。

办公时间不从事与本岗位无关的活动，不准在上班时间吃零食、睡觉、干私活、浏览与工作无关的网站、看与工作无关的书籍报刊。

禁止在办公区内吸烟，随时保持办公区整洁。

文具领取应登记名称、数量，并由领取人签名。严禁将任何办公文具取回家私用。员工有义务爱惜公司一切办公文具，并节约使用。

（三）奖惩相关规定

行政奖励和经济奖励可同时执行，行政处罚和经济处罚可同时执行，奖惩轻重酌情而定。

表扬三次等于记功一次，记功三次等于大功一次 ，记过三次等于大过一次。

各级员工奖惩由所在部门或监督部门列举事实，填写《奖惩申报单》，集团总部员工及各子公司中级以上员工奖惩，经人事部门查证后核定，记功(记过)以上奖惩需经总裁审批，子公司其余员工奖惩由人事部门查证后，经总经理审批。

（四）保密义务

员工有义务保守公司的经营机密，务必妥善保管所持有的涉密文件。

员工未经授权或批准，不准对外提供公司密级文件、技术配方、工艺以及其他未经公开的经营情况、业务数据等。

3

图 1-5-5　××科技有限公司员工规章制度(5)

三、项目实现

1. 页面整体结构设计

打开文字素材，选定起始位置，选择“页面布局”选项卡，单击“分隔符”下拉按钮，选择“下一页分节符”，如图 1-5-6 所示。操作两次，插入两页空白页，分别用于制作封面和目录。

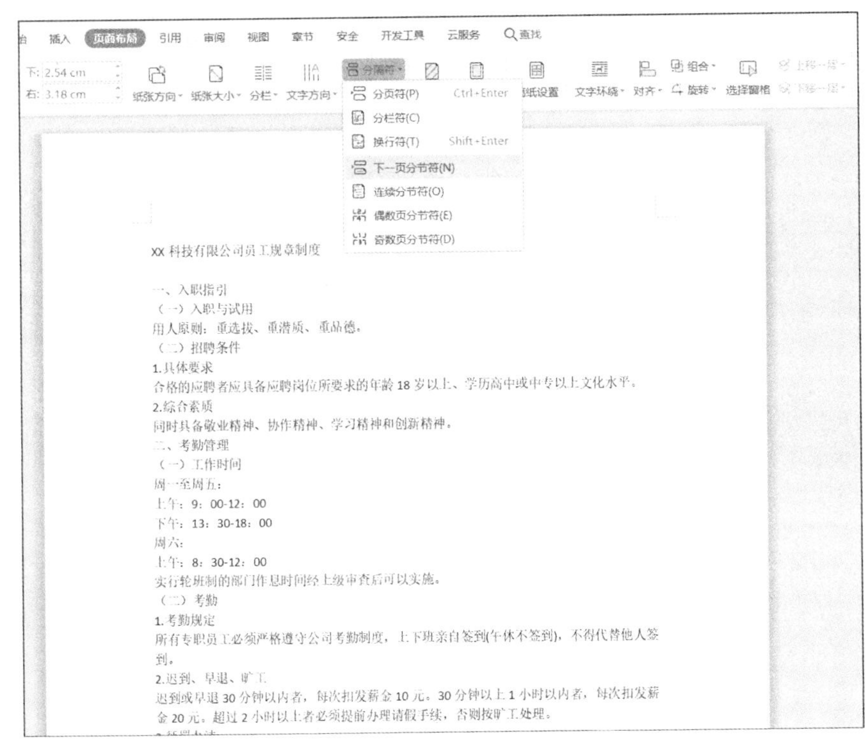

图 1-5-6　为文档添加空白页

页面整体结构设计

2. 封面页制作

封面页制作

在第一页空白页中插入图片“图标”，在“图片工具”选项卡下单击“环绕”下拉按钮，选择“衬于文字下方”。调整图片大小及位置。

在“插入”选项卡下选择“艺术字”样式，输入“COMPANY”，设置字体为“Calibri”，字号为“小初、加粗”。艺术字“文本填充”为主题颜色“浅绿，着色 6”。“文本效果”为“倒影”→“紧密倒影”→“接触”。

制作标题“××科技有限公司员工规章制度”，字体为“黑体、初号、加粗”，分散对齐。

选择“插入”选项卡，单击“页眉和页脚”按钮，如图 1-5-7 所示。在“页眉和页脚”选项卡下单击“页眉页脚切换”按钮，如图 1-5-8 所示。单击“图片”按钮，插入背景图片，单击“环绕”下拉按钮，选择“衬于文字下方”，调整大小及位置。

选择第二页页脚图片，在“页眉和页脚”选项卡下单击“同前节”按钮，如图 1-5-9 所示。删除第一页以外的背景图片，单击“关闭”按钮，退出页眉、页脚的编辑。

图 1-5-7 单击“页眉和页脚”按钮

图 1-5-8 页眉页脚切换

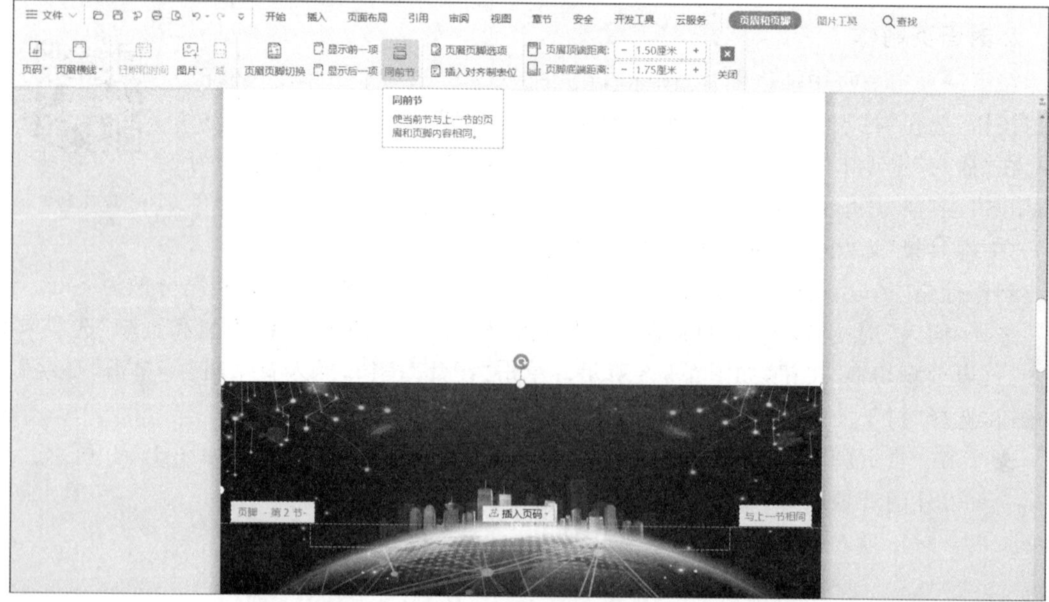

图 1-5-9 取消“同前节”

插入“领航新时代”艺术字，样式为“填充-白色，轮廓-着色 2，清晰阴影-着色 2”，字体为“华文行楷、65 号、加粗”，“文本轮廓”为“橙色”→“文本效果”为“发光”→“橙色，5pt 发光，着色 4”。

在文档底部插入文本框，输入文字“时代变革/科技生活/智能改变”，字体为“华文新魏、二号、加粗”。

封面页效果如图 1-5-1 所示。

3. 制作正文

选择第三页文字，设置文字格式为“中文字体”为“楷体”，“西文字体”为“Times New Roman”，“字号”为“五号”，如图 1-5-10 所示。

字体
字体(N)　字符间距(R)
中文字体(T):　楷体
字形(Y):　常规　倾斜　加粗
字号(S):　五号　五号　小五　六号
西文字体(X):　Times New Roman
复杂文种
字体(F):　Times New Roman　字形(L):　常规　字号(Z):　五号
所有文字
字体颜色(C):　自动　下划线线型(U):　(无)　下划线颜色(I):　自动　着重号:　(无)
效果
☐ 删除线(K)　☐ 小型大写字母(M)
☐ 双删除线(G)　☐ 全部大写字母(A)
☐ 上标(P)　☐ 隐藏文字(H)
☐ 下标(B)
预览
WPS 让办公更轻松
这是一种 TrueType 字体，同时适用于屏幕和打印机。
默认(D)...　文本效果(E)...　确定　取消

制作正文

图 1-5-10　设置字体格式

设置段落格式为“首行缩进 2 字符”，“行距”为“1.5 倍行距”，如图 1-5-11 所示。

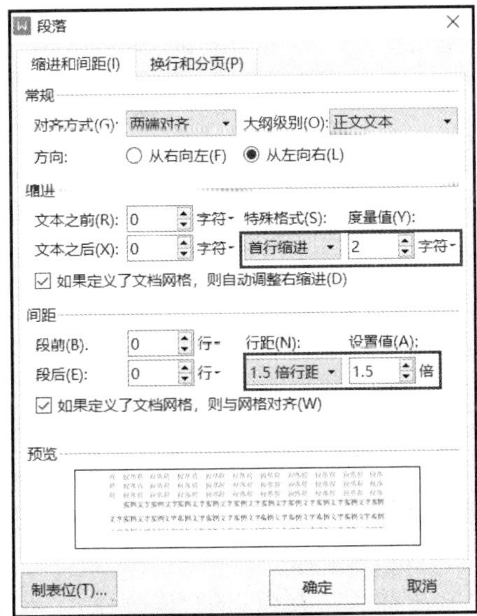

图 1-5-11　设置段落格式

标题字体格式为“楷体，三号，加粗，居中”。

由于 WPS 文字自带的样式无法满足格式要求，因此需要修改样式。

在“开始”选项卡下右键单击“标题 1”，选择“修改样式”，如图 1-5-12 所示。在弹出的“修改样式”对话框中，设置字体为“楷体”，字号为“四号”，字形为“加粗”，如图 1-5-13 所示。在其左下方单击“格式”按钮，在出现的列表中选择“段落”，弹出“段落”对话框，在间距中，段前、段后均设为“0 行”，特殊格式为“首行缩进 2 字符”，“行距”为“1.5 倍行距”，如图 1-5-14 所示，单击“确定”按钮两次。

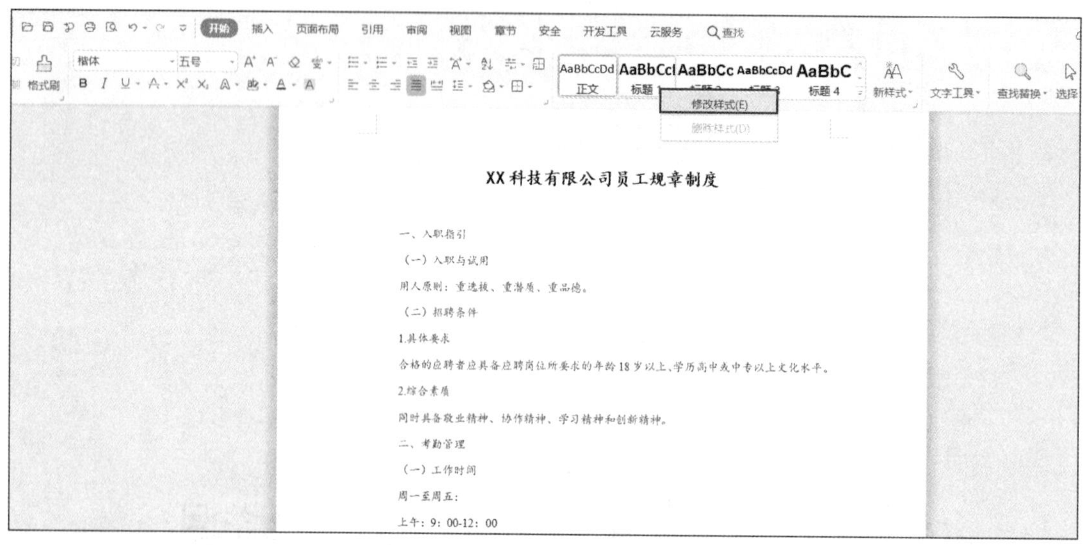

图 1-5-12 “标题 1”快捷菜单

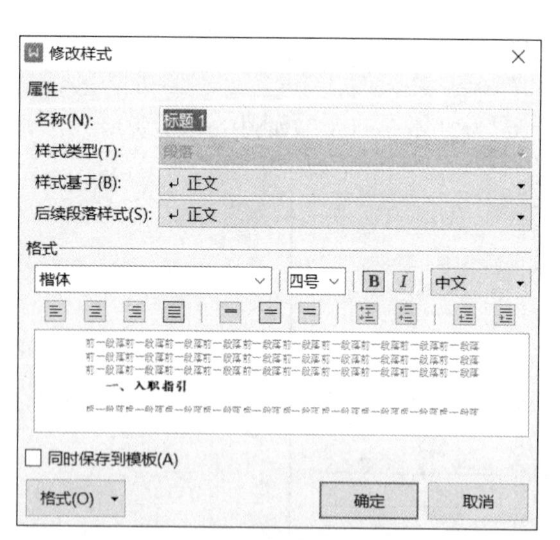

图 1-5-13 “修改样式”对话框

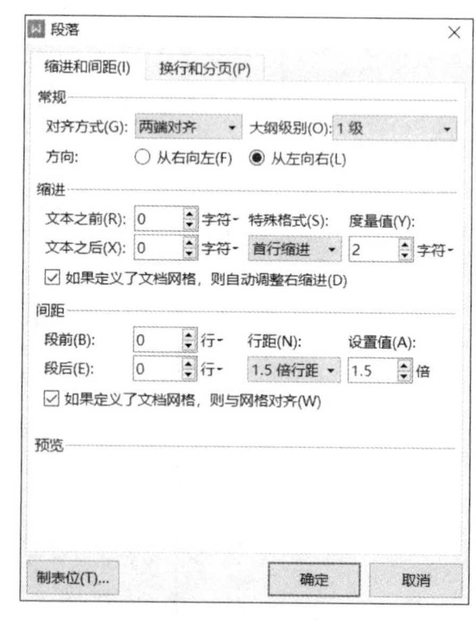

图 1-5-14 “段落”对话框

右键单击“标题 2”，选择“修改样式”，在弹出的“修改样式”对话框中，将字号设为“小四”，其他设置同“标题 1”。

右键单击“标题 3”，选择“修改样式”，在弹出的“修改样式”对话框中，将字号设为“五号”，其他设置同“标题 1”。

在正文中，选中文字“一、入职指引”，在“开始”选项卡样式库中应用“标题 1”，如图 1-5-15 所示。选中文字“(一)入职与试用”，在样式库中应用“标题 2”。选中文字“1. 具体要求”，在样式库中应用“标题 3”。以此类推，凡是带大写数字“一”的标题都应用样式库中的“标题 1”；凡是带括号大写数字 “(一)”的标题都应有样式库中的“标题 2”；凡是带小写数字“1.”的标题都应用样式库中“标题 3”。

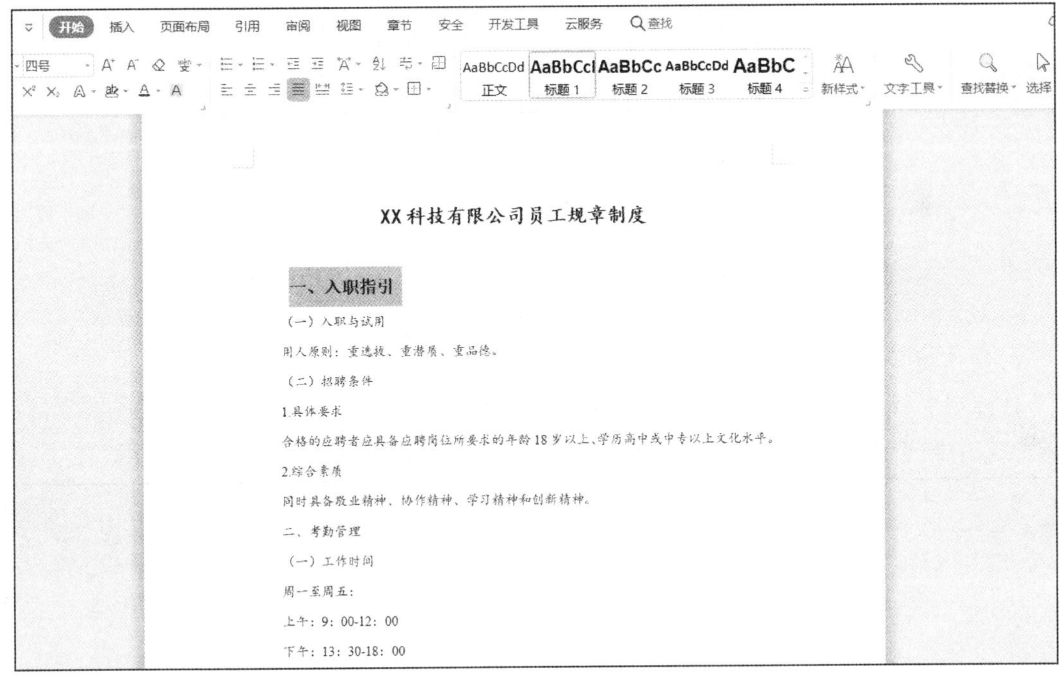

图 1-5-15 应用样式

选择正文页，在“插入”选项卡下单击“页码”按钮，选择“页码”，如图 1-5-16 所示。在弹出的“页码”对话框中，设置“位置”为“底端居中”，在“页码编号”下单击“起始页码”，输入“1”，应用范围选择“本页及以后”，如图 1-5-17 所示。

图 1-5-16 插入“页码”

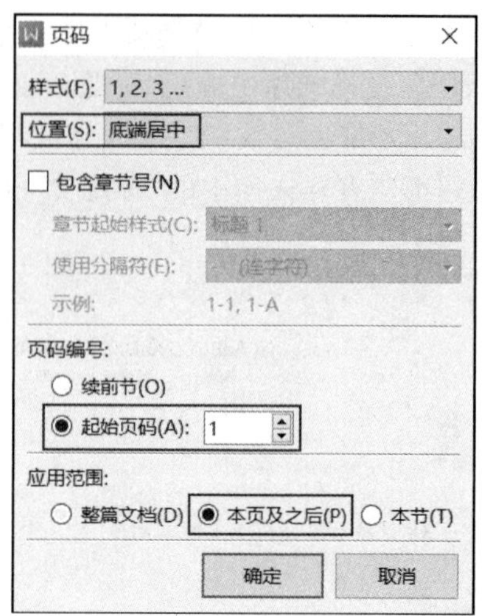

图 1-5-17　设置页码

4. 制作目录

选择第二页文档，输入“目录”，字体格式为“楷体，三号，加粗，居中对齐”。

在“引用”选项卡中单击“目录”下拉按钮，选择“自定义目录”，如图 1-5-18 所示。

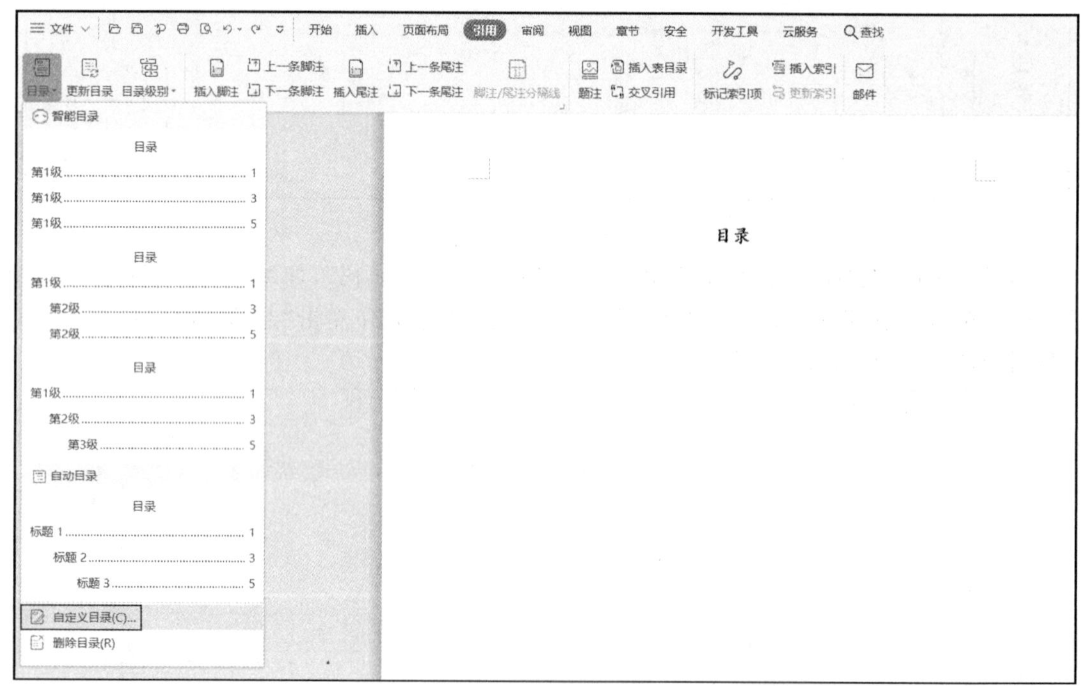

图 1-5-18　自定义目录

在弹出的“目录”对话框中设置格式，如图 1-5-19 所示。

设置目录格式为：“楷体，小四，1.5 倍行距”，目录效果如图 1-5-2 所示。

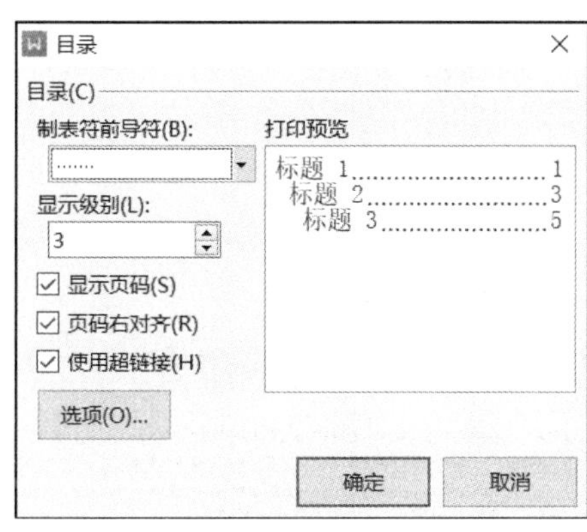

图 1-5-19 设置目录

制作目录

四、相关知识

1. 常规编号和项目符号

应用项目符号和编号时，可以通过 Tab 快捷键快速地升级或降级。

2. 标题样式与多级编号

用 WPS 文字编辑文档的一个好处就是能够很方便地进行格式设定，可以按照自己的需要，对字符和段落设置不同的格式。然而如果希望修改某些相同级别的文档格式，而文档又很长，将会是一件非常麻烦的事情。WPS 文字提供了一种称作“样式”的方法，来解决相同级别文档的自动格式化特性问题。

在“开始”选项卡“编号”下拉列表中选择带“标题”字样的多级编号样式或直接单击“样式和格式”窗格中的“标题 1”“标题 2”……为文档标题设定级别，如图 1-5-20 所示。

图 1-5-20 标题样式与多级编号

3. 自动目录

应用样式的一个好处就是便于管理长文档，例如为各级标题应用样式以后，就可以生成自动目录，这是在实际应用中很有用的一个工具，如图 1-5-21 所示。

图 1-5-21 生成自动目录

自动目录信息并不会随着文档修改操作(例如标题增减、页面更换等)而“全自动”更新,我们可以单击“引用”选项卡中的“更新目录”按钮,来更新目录域。

4. 首页不同

在正规长文档的编排中,需要有封面的展现。封面通常有自己独有的页眉、页脚格式,例如不需要页眉横线和页码,因此可以将首页的排版独立出来,避免影响后期的排版工作。

双击页眉、页脚任意位置进入“页眉页脚编辑状态”,在“页眉页脚”选项卡中单击“页眉页脚选项”按钮,在弹出的“页眉/页脚设置”对话框中勾选“首页不同”复选框,如图 1-5-22 所示。

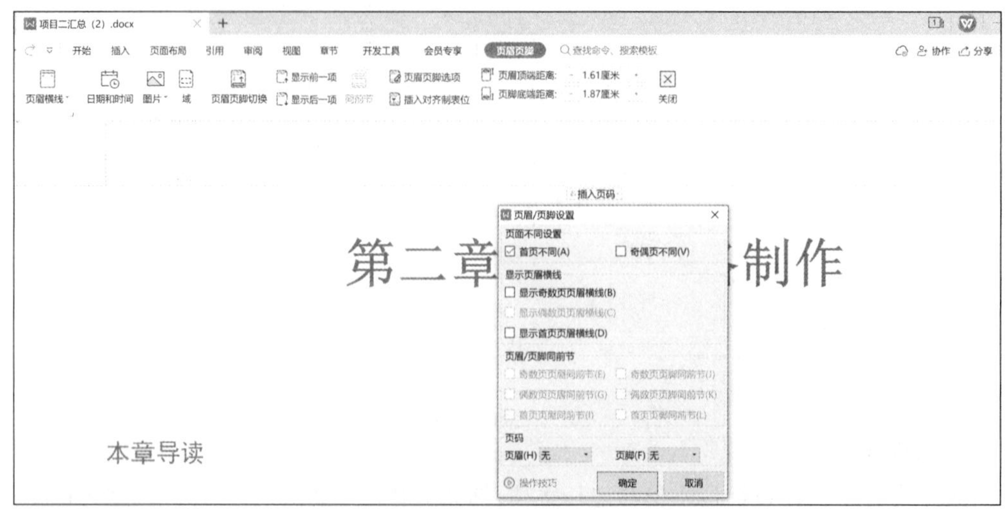

图 1-5-22 设置首页不同

5. 页码工具

在 WPS 中,对于页码的插入与调整,方式更为人性化。页码工具中就重新编号、页码设置和删除页码做出了各种细致的调整,一目了然,减少了许多不必要的操作。

双击页眉、页脚任意位置进入"页眉页脚编辑状态",插入点处出现"插入页码"按钮,在其下拉列表中设置"样式"、"位置"和"应用范围",按需插入页码。插入页码后,插入点处出现"重新编号"、"页码设置"和"删除页码"三个按钮,可按需调整页码,如图 1-5-23 所示。

图 1-5-23 页码工具

6. 页码始于正文

长文档的正文部分之前,往往还含有封面、目录和摘要等,但是我们通常希望从正文第一页才开始插入页码。在 WPS 文字中插入页码时,可以自由选择"应用范围",例如将页码插入"本页及之后",应用之后文档将会在页码起始页处自动"分节"。

7. 导航窗格

WPS Office 2019 文字中,将常用的"文档结构图"和 WPS 特色的"章节导航"整合进了全新的"导航窗格"中,"目录、章节、书签"合而为一,更为简洁和高效。"目录标签页"可以更加直观地查看整个文档结构框架,自由跳转查看内容。"章节标签页"可以使文档分节情况一览无余,快速进行分节操作。"书签标签页"记录了文档中的所有标签,单击即可跳转到书签位置。

"目录标签页"提供了"智能识别目录"功能,即使全文未设置样式和大纲级别,也可以智能识别全文的目录结构,并展示在导航窗格的目录页,可以对目录层级进行升级、降级、删除、新增等操作。"章节标签页"以缩略图的形式展示章节内含页面,可以轻松对章节进行展开、收缩、新增(插入一个新的分节符)、删减、重命名等操作,如图 1-5-24 所示。

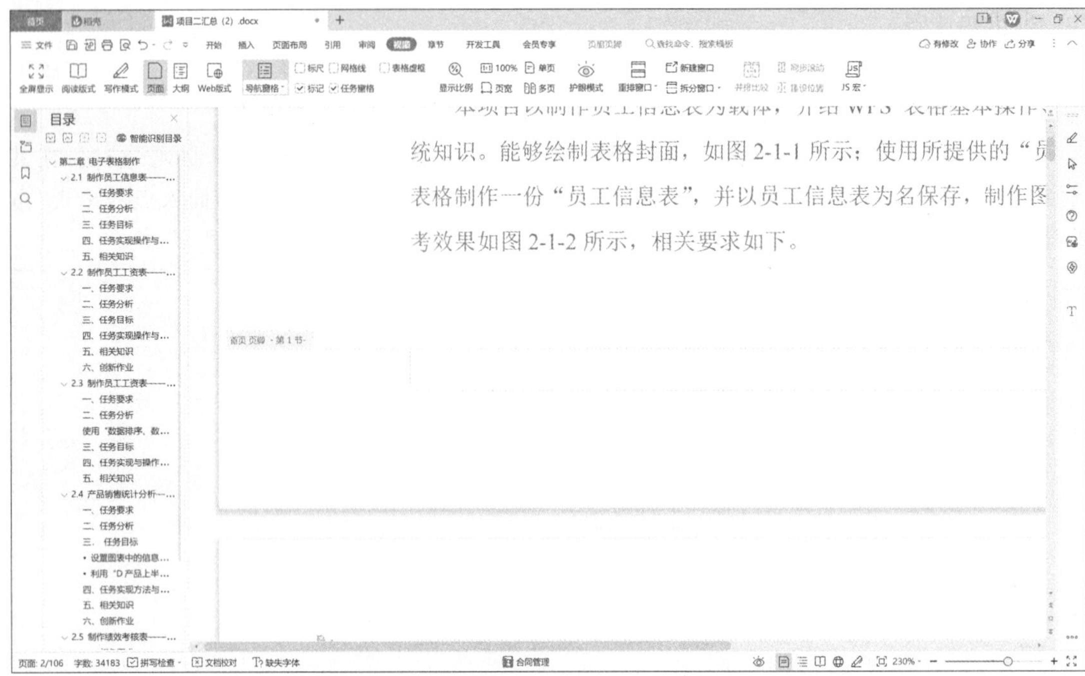

图 1-5-24 导航窗格

五、创新作业

制作精美文档，如图 1-5-25 所示。要求如下：

了解中华传统文化

思想与哲学有儒家、佛家、道家三家思想为主。行为规范有：仁、义、礼、智、信、忠、孝、悌、节、恕、勇、让；艺术形式有：琴棋书画、三百六十行、四大发明、民间禁忌、精忠报国、自然养生、竹、民谣、黄土、长江、黄河、红、月亮。民俗有：鼠、牛、虎、兔、龙、蛇、马、羊、猴、鸡、狗、猪十二生肖。建筑有：皇宫、佛寺、佛塔等。

琴棋书画

笛子、二胡、古筝、箫笛、鼓、古琴、琵琶。十大名曲（《高山流水》、《广陵散》、《平沙落雁》、《梅花三弄》、《十面埋伏》、《夕阳箫鼓》、《胡笳十八拍》、《汉宫秋月》、《阳春白雪》、《渔樵问答》）；中国象棋、中国围棋，棋子、棋盘；中国书法、篆刻印章、文房四宝（毛笔、墨、砚台、宣纸）、木版水印、；国画、山水画、大损图。

传统文学

主要是指诗、词、曲、赋、小说，如《诗经》、《楚辞》；先秦诗歌、汉赋、汉乐府、民歌（南北朝时期）、唐诗、宋词、元曲、明

1

清小说、四大名著（《西游记》《红楼梦》《三国演义》《水浒传》）《聊斋志异》等。

传统节日

中国有各种各样的传统节日，很多事情有各种礼仪和习俗。汉民族传统节日近50个。如下是15个主要节日：春节、上元节（元宵节）、花朝节（百花生日）、上巳节（三月三）、寒食节、清明节、端午节、七夕节、盂兰盆（鬼节）、中秋节、重阳节、冬至节、腊八节、祭灶日（小年）、除夕。每个地方还有地方的特色。

建筑

传统建筑有：皇宫、佛寺、佛塔、民间古建筑等。

中国戏剧

传统佛塔：西安大雁塔

2

图 1-5-25 作业样张

1.复制文字;

2.对文字段落进行设置,字号为四号,字体为华文仿宋,段落为特殊格式,首行缩进2字符;

3.在页脚中插入页码;

4.在合适的位置插入图片。

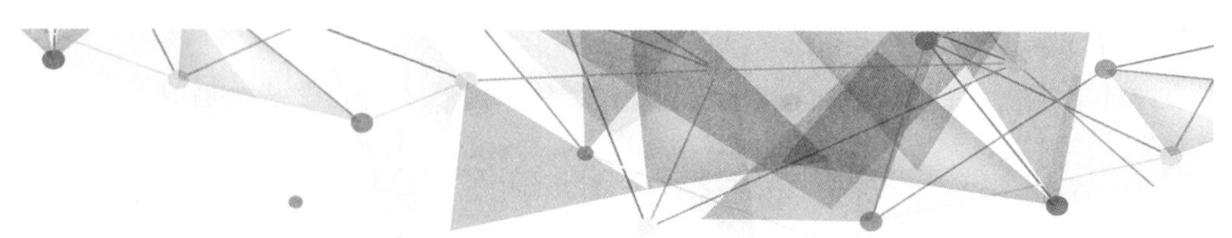

模块二
电子表格制作

WPS表格是一款功能完善的电子表格处理软件，能够集数据、图形、图表于一体。在日常学习与工作中，对数据的处理越来越集中化、智能化。WPS表格作为重要工具，可以进行数据处理、分析和辅助决策，并广泛应用于管理、统计、金融等众多领域。对于广大操作用户来说，WPS表格不仅可以制作各类精美的电子表格，还可以用来统计和分析各种数据，制作复杂的图表。

本模块通过制作项目实例的方式，介绍WPS表格的具体操作方法，包括WPS表格基本操作、公式及函数的应用、使用图表分析数据，数据排序筛选、合并计算、分类汇总、数据透视表、跨工作表单元格引用、条件格式设置等。

项目一　员工信息表——WPS表格数据的录入与编辑

一、项目描述

员工信息表是日常办公中的必备文件，是各工作单位管理部门，对在职员工的信息整理、收集和查阅的重要方式之一。在员工信息表中，工作单位会对员工的联系方式、基本信息等相关信息进行汇总。根据所在单位对员工信息的不同查阅需求，可以进行个性化的编辑，以便于找到统一高效的管理方式，有助于更好地进行人力资源规划。除此之外，员工信息表也可以反映出员工的基本素养、工作经验和工作技能等详细信息，以便工作单位以此来制定不同的工作方式和绩效考核规则，实现高效办公。

本项目以制作员工信息表为载体，介绍WPS表格基本操作、数据录入及格式化的相关知识。该项目制作完成的员工信息表封面和员工信息表内页，如图2-1-1和图2-1-2所示。

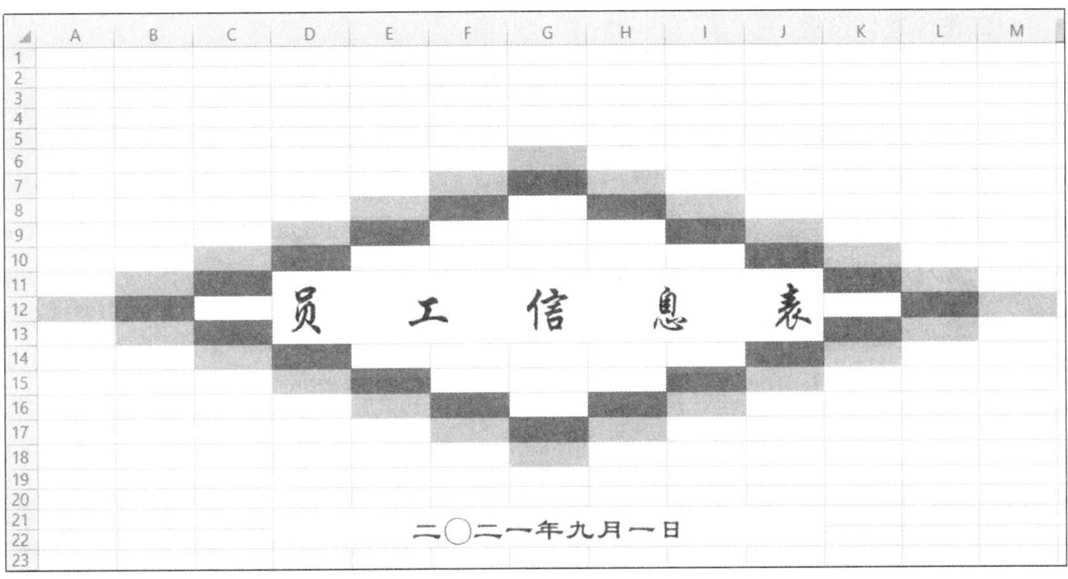

图 2-1-1 员工信息表封面

员 工 信 息 表

							第	1/2	页
序号	员工编号	姓名	性别	籍贯	职务	学历	入职时间	身份证号	手机号码
1	ZY0001	徐 畅	女	山东青岛	出纳	本科	2014/7/11	**************1520	123-4567-8912
2	ZY0002	李佳桐	男	四川广汉	销售主管	本科	2015/6/20	**************2231	123-4567-8913
3	ZY0003	代晚霞	男	吉林长春	销售代表	本科	2016/6/15	**************4312	123-4567-8914
4	ZY0004	刘 莹	男	云南昆明	会计	本科	2014/6/10	**************1231	123-4567-8915
5	ZY0005	张 宇	男	福建福州	销售代表	本科	2016/6/15	**************1520	123-4567-8916
6	ZY0006	张梓萌	男	湖南长沙	销售代表	研究生	2014/7/15	**************2131	123-4567-8917
7	ZY0007	李成利	女	湖北武汉	销售代表	大专	2015/6/20	**************2132	123-4567-8918
8	ZY0008	蒋秉文	男	山西大同	行政助理	研究生	2016/6/15	**************1221	123-4567-8919
9	ZY0009	费天宇	男	山东烟台	销售代表	本科	2015/6/20	**************1520	123-4567-8920
10	ZY0010	苗立鑫	女	山东青岛	出纳	研究生	2016/6/15	**************2143	123-4567-8921
11	ZY0011	孙 璐	男	辽宁沈阳	销售主管	本科	2014/7/10	**************1521	123-4567-8922
12	ZY0012	宋俊南	女	黑龙江哈尔滨	行政助理	本科	2014/6/10	**************4313	123-4567-8923
13	ZY0013	王佳鑫	男	山西大同	销售代表	本科	2015/6/20	**************1232	123-4567-8924
14	ZY0014	刘士博	男	山东临沂	销售代表	研究生	2015/6/20	**************2335	123-4567-8925
15	ZY0015	谢振廷	男	山东淄博	会计	本科	2014/6/10	**************2331	123-4567-8926
16	ZY0016	王 涛	男	四川绵阳	销售代表	大专	2015/6/20	**************1133	123-4567-8927
17	ZY0017	汪婷婷	女	湖南株洲	销售代表	本科	2016/6/15	**************1134	123-4567-8928
18	ZY0018	李 想	男	吉林长春	销售主管	本科	2015/6/20	**************1332	123-4567-8929

图 2-1-2 员工信息表内页

二、项目分析

本项目以某企业部分人员通信信息为案例，介绍电子表格的操作及数据编辑。根据员工信息表样文内容组成，对本项目任务分析如下：

1. 工作簿整体设置

工作簿的创建及保存，添加删除工作表，重命名工作表及设置工作表标签颜色，页面设置方式。

2. 员工信息表封面的制作

单元格区域选择方式，工作表行列设置，文字录入及格式化，单元格的合并及拆分，日期数据格式设置。

3. 员工信息表内页制作

行、列单元格的选择及插入方式，行高、列宽调整，表格边框底纹设置，数据录入方式及格式化操作，序列填充。

三、项目实现

1. 工作簿整体设置

(1)启动 WPS 应用软件，新建表格，如图 2-1-3 所示。创建工作簿 1，将工作簿保存到指定位置，并将其命名为"员工信息表. et"。

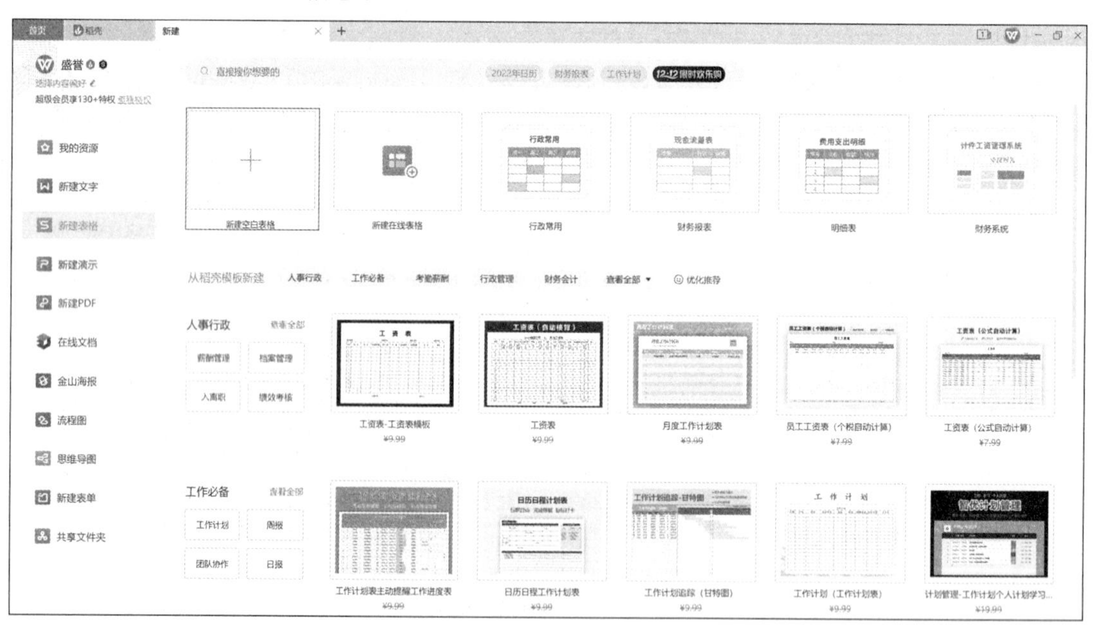

图 2-1-3 新建表格

(2)添加/删除新工作表，编辑工作表名称及标签颜色。

鼠标右键单击工作表 sheet1，弹出如图 2-1-4 所示快捷菜单。执行"插入工作表"命令，可以在当前位置添加新的空白工作表 Sheet2。

鼠标右键单击工作表 Sheet1，执行"重命名"命令，"Sheet1"处于文字选中状态，输入"封面"。并将 Sheet2 工作表重命名为"内页"。

执行“工作表标签颜色”命令，在“设置工作表标签颜色”面板中，选择相应颜色即可，如图 2-1-5 所示。

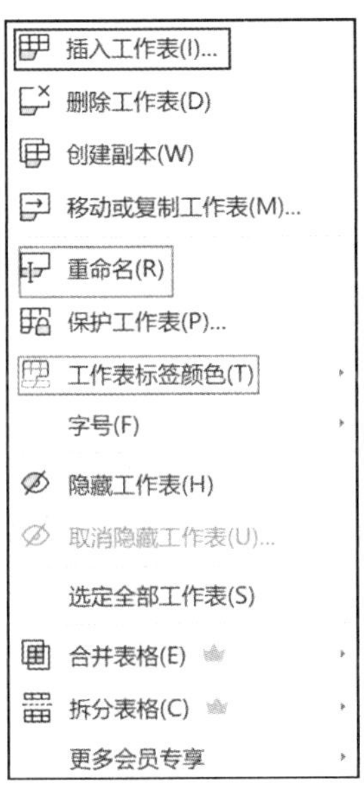

图 2-1-4 快捷菜单

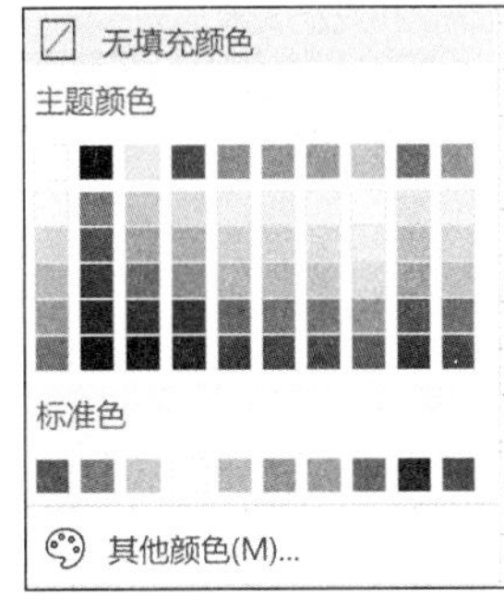

图 2-1-5 设置工作表标签颜色

采用同样操作，使工作簿包含两张标签颜色不同的工作表——“封面”和“内页”。执行完毕后，工作簿中工作表标签如图 2-1-6 所示。

图 2-1-6 工作表标签

(3)工作表页面设置。

鼠标右键单击工作表“封面”，在弹出的菜单中选择“选定全部工作表”或按住 Ctrl 键的同时依次单击所有工作表，选中全部工作表。

单击“页面布局”选项卡中对话框启动器按钮◲，如图 2-1-7 所示。在打开的“页面设置”对话框的“页边距”选项卡中设置边距宽度，上、下、左、右均为 2 cm。在“页面”选项卡中设置“方向”为“横向”，如图 2-1-8 所示。

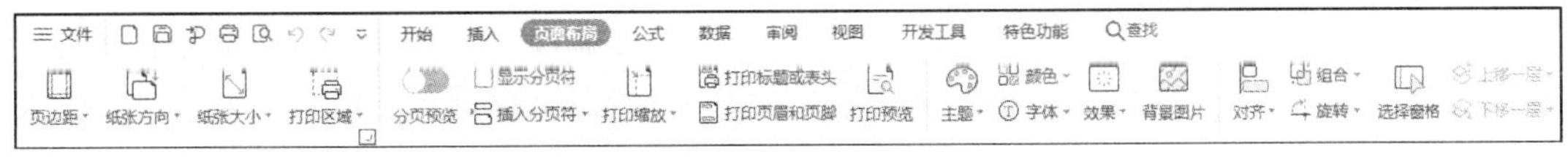

图 2-1-7 对话框按钮

2. 制作“员工信息表”封面

(1)表格封面的文字录入及格式化

在工作表中，选择“封面”工作表。选择 D11:J13 单元格区域，单击“开始”选项卡，在功能区中单击“合并居中”按钮，完成 D11:J13 单元格区域合并。在合并后的单元格中输入“员工信息表”。文字格式设置为“华文行楷、36 号、紫色，垂直居中、分散对齐”，如图 2-1-9 所示。

封面的制作

图 2-1-8　在“页面设置”对话框中设置纸张方向

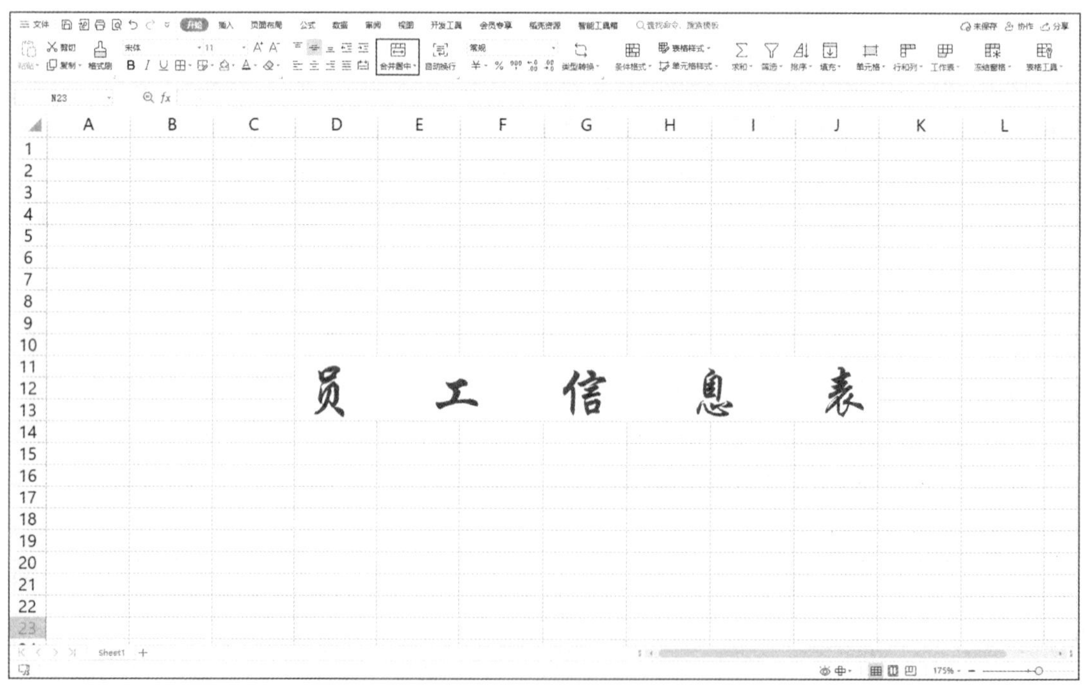

图 2-1-9　表格封面标题制作

选择 D21:J22 单元格区域，单击“合并居中”按钮，输入“2021/9/1”，单击“开始”选项卡，在功能区中单击“数字格式”下拉按钮，在下拉列表中单击“其他数字格式”，如图 2-1-10 所示；在弹出的“单元格格式”对话框中，在“分类”列表框中选择“日期”选项，在“类型”列表框中选择“二〇〇一年三月七日”，单击“确定”按钮，如图 2-1-11 所示。设置文字格式为“隶书、20 号、紫色、垂直居中、水平居中”。

图 2-1-10　单元格数字格式设置(1)

(2)表格封面图案的填充

鼠标右键单击 C11 单元格，打开快捷菜单，选择“设置单元格格式”选项，如图 2-1-12 所示；在弹出的对话框中选择“图案”选项卡，在下方调色板中选择颜色“标准色”中的“红色”进行单元格颜色填充，如图 2-1-13 所示；完成单个单元格颜色填充后，在“开始”选项卡功能区中双击“格式刷”按钮，批量填充单元格颜色。重复以上步骤，填充“标准色”中的“橙色”，封面图案的填充效果如图 2-1-14 所示。

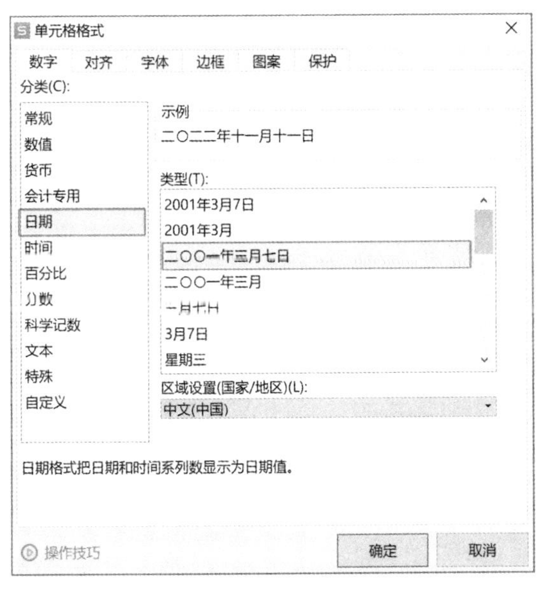

图 2-1-11　单元格数字格式设置(2)

图 2-1-12　设置单元格格式(1)

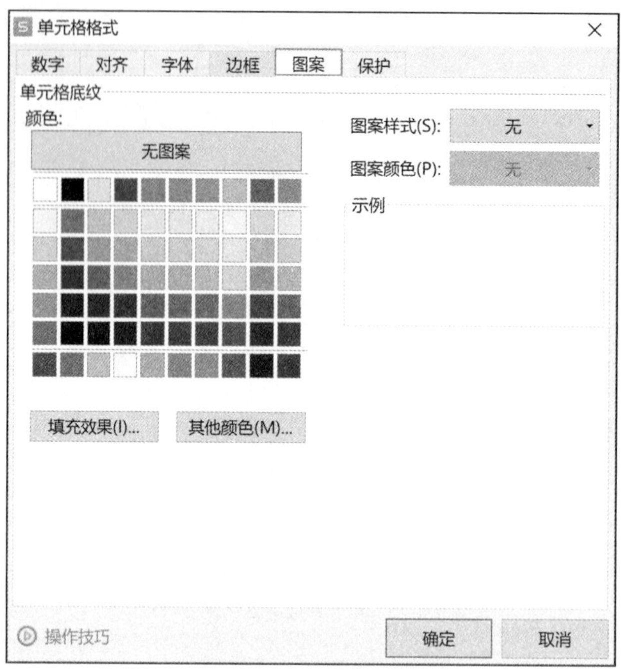

图 2-1-13 填充单元格颜色

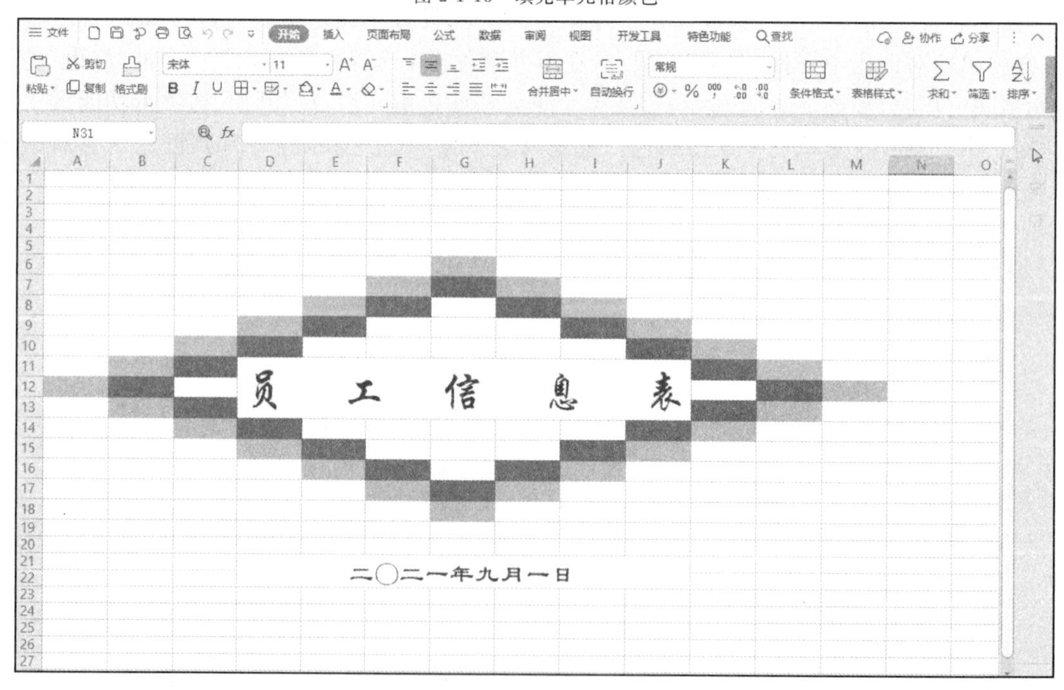

图 2-1-14 表格封面图案填充

3. 员工信息表制作

(1)录入信息

打开"内页"工作表,分别输入表格标题"员工信息表"和表头文字,如图 2-1-15 所示;依次填充表格数据信息,如图 2-1-16 所示。

	A	B	C	D	E	F	G	H	I	J	K	L
1	员 工 信 息 表											
2	序号	员工编号	姓名	性别	籍贯	职务	学历	入职时间	身份证号	手机号码		
3												
4												
5												
6												

图 2-1-15　输入图表“表头”信息

	A	B	C	D	E	F	G	H	I	J
1	员 工 信 息 表									
2	序号	员工编号	姓名	性别	籍贯	职务	学历	入职时间	身份证号	手机号码
3			徐　畅		山东青岛	出纳	本科	2014年7月11日	**************1520	12345678912
4			李佳桐		四川广汉	销售主管	本科	2015年6月20日	**************2231	12345678913
5			代晚霞		吉林长春	销售代表	本科	2016年6月15日	**************4312	12345678914
6			刘　莹		云南昆明	会计	本科	2014年6月10日	**************1231	12345678915
7			张　宇		福建福州	销售代表	本科	2016年6月15日	**************1520	12345678916
8			张梓萌		湖南长沙	销售代表	研究生	2014年7月15日	**************2131	12345678917
9			李成利		湖北武汉	销售代表	大专	2015年6月20日	**************2132	12345678918
10			蒋秉文		山西大同	行政助理	研究生	2016年6月15日	**************1221	12345678919
11			费天宇		山东烟台	销售代表	本科	2015年6月20日	**************1520	12345678920
12			苗立鑫		山东青岛	出纳	研究生	2016年6月15日	**************2143	12345678921
13			孙　璐		辽宁沈阳	销售主管	本科	2014年7月10日	**************1521	12345678922
14			宋俊南		黑龙江哈尔滨	行政助理	本科	2014年6月10日	**************4313	12345678923
15			王佳鑫		山西大同	销售代表	本科	2015年6月20日	**************1232	12345678924
16			刘士博		山东临沂	销售代表	研究生	2015年6月20日	**************2335	12345678925
17			谢振廷		山东淄博	会计	本科	2014年6月10日	**************2331	12345678926
18			王　涛		四川绵阳	销售代表	大专	2015年6月20日	**************1133	12345678927
19			汪婷婷		湖南株洲	销售代表	本科	2016年6月15日	**************1134	12345678928
20			李　想		吉林长春	销售主管	本科	2015年6月20日	**************1332	12345678929

图 2-1-16　输入图表信息

选择 A1:J1 单元格区域，右键单击，选择“设置单元格格式”，如图 2-1-17 所示；在弹出的“单元格格式”对话框中，选择“对齐”选项卡，设置“文本对齐方式”下水平对齐和垂直对齐均为“居中”，再勾选“文本控制”下的“合并单元格”复选框，单击“确定”按钮，如图 2-1-18 所示。

图 2-1-17　设置单元格格式(2)

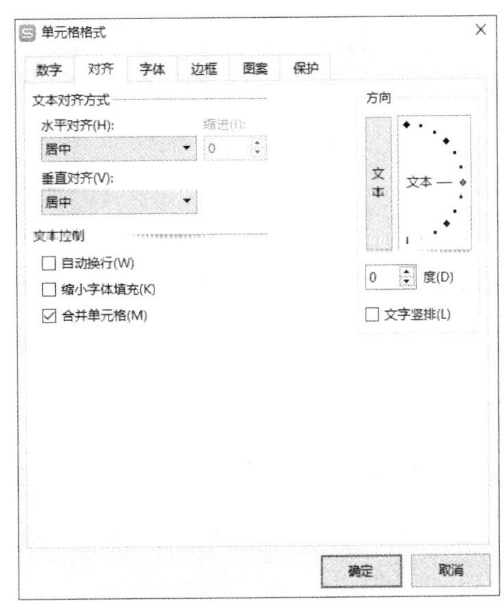

图 2-1-18　单元格对齐方式设置

右击第 2 行行号，打开快捷菜单，单击“插入”，如图 2-1-19 所示。

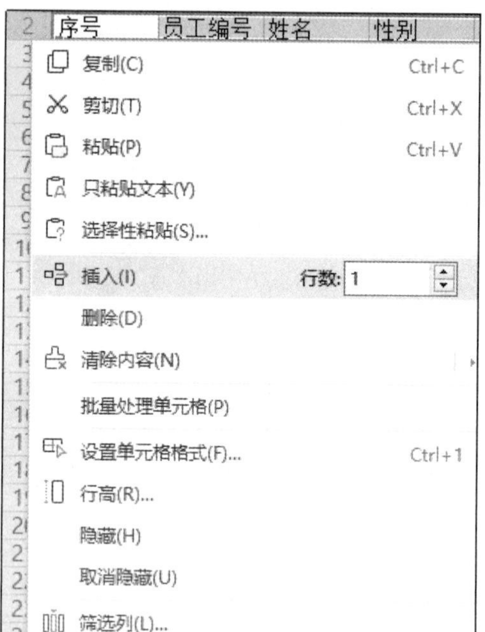

表格和文字格式化

图 2-1-19　插入一行单元格

单击 H2 单元格，输入“第”，单击 J2 单元格，输入“页”，如图 2-1-20 所示。

	A	B	C	D	E	F	G	H	I	J
1						员　工　信　息　表				
2								第		页
3	序号	员工编号	姓名	性别	籍贯	职务	学历	入职时间	身份证号	手机号码
4			徐　畅		山东青岛	出纳	本科	2014年7月11日	**************1520	12345678912
5			李佳桐		四川广汉	销售主管	本科	2015年6月20日	**************2231	12345678913
6			代晓霞		吉林长春	销售代表	本科	2016年6月15日	**************4312	12345678914
7			刘　莹		云南昆明	会计	本科	2014年6月10日	**************1231	12345678915
8			张　宇		福建福州	销售代表	本科	2016年6月15日	**************1520	12345678916
9			张梓萌		湖南长沙	销售代表	研究生	2014年7月15日	**************2131	12345678917
10			李成利		湖北武汉	销售代表	大专	2015年6月20日	**************2132	12345678918
11			蒋秉文		山西大同	行政助理	研究生	2016年6月15日	**************1221	12345678919
12			费天宇		山东烟台	销售代表	本科	2015年6月20日	**************1520	12345678920
13			苗立鑫		山东青岛	出纳	研究生	2016年6月15日	**************2143	12345678921
14			孙　璐		辽宁沈阳	销售主管	本科	2014年7月10日	**************1521	12345678922
15			宋俊南		黑龙江哈尔滨	行政助理	本科	2014年6月10日	**************4313	12345678923
16			王佳鑫		山西大同	销售代表	本科	2015年6月20日	**************1232	12345678924
17			刘士博		山东临沂	销售代表	研究生	2015年6月20日	**************2335	12345678925
18			谢振廷		山东淄博	会计	本科	2014年6月10日	**************2331	12345678926
19			王　涛		四川绵阳	销售代表	大专	2015年6月20日	**************1133	12345678927
20			汪婷婷		湖南株洲	销售代表	本科	2016年6月15日	**************1134	12345678928
21			李　想		吉林长春	销售主管	本科	2015年6月20日	**************1332	12345678929

图 2-1-20　输入表头文字信息

(2)设置图表格式

右击第 1 行行号，打开快捷菜单，选择“行高”选项，更改数值为“30”磅；重复以上步骤依次设置第 2 行“行高”为“20”磅；“标题”所在行“行高”为“18”磅；第 4～21 行“行高”为“15”磅。效果如图 2-1-21 所示。

	A	B	C	D	E	F	G	H	I	J
1						员　工　信　息　表				
2								第		页
3	序号	员工编号	姓名	性别	籍贯	职务	学历	入职时间	身份证号	手机号码
4			徐　畅		山东青岛	出纳	本科	2014年7月11日	**************1520	12345678912
5			李佳桐		四川广汉	销售主管	本科	2015年6月20日	**************2231	12345678913
6			代晚霞		吉林长春	销售代表	本科	2016年6月15日	**************4312	12345678914
7			刘　莹		云南昆明	会计	本科	2014年6月10日	**************1231	12345678915
8			张　宇		福建福州	销售代表	本科	2016年6月15日	**************1520	12345678916
9			张梓萌		湖南长沙	销售代表	研究生	2014年7月15日	**************2131	12345678917
10			李成利		湖北武汉	销售代表	大专	2015年6月20日	**************2132	12345678918
11			蒋秉文		山西大同	行政助理	研究生	2016年6月15日	**************1221	12345678919
12			费天宇		山东烟台	销售代表	本科	2015年6月20日	**************1520	12345678920
13			苗立鑫		山东青岛	出纳	研究生	2016年6月15日	**************2143	12345678921
14			孙　璐		辽宁沈阳	销售主管	本科	2014年7月10日	**************1521	12345678922
15			宋俊南		黑龙江哈尔滨	行政助理	本科	2014年6月10日	**************4313	12345678923
16			王佳鑫		山西大同	销售代表	本科	2015年6月20日	**************1232	12345678924
17			刘士博		山东临沂	销售代表	研究生	2015年6月20日	**************2335	12345678925
18			谢振廷		山东淄博	会计	本科	2014年6月10日	**************2331	12345678926
19			王　涛		四川绵阳	销售代表	大专	2015年6月20日	**************1133	12345678927
20			汪婷婷		湖南株洲	销售代表	本科	2016年6月15日	**************1134	12345678928
21			李　想		吉林长春	销售主管	本科	2015年6月20日	**************1332	12345678929
22										

图 2-1-21　设置行高效果

(3)表格中数据的输入与设置

单击 A4 单元格，输入“1”，将鼠标指针移动到单元格右下角，当鼠标指针变成“＋”时拖动鼠标至 A21 单元格，填充效果如图 2-1-22 所示。

	A	B	C	D	E	F	G	H	I	J
1						员　工　信　息　表				
2								第		页
3	序号	员工编号	姓名	性别	籍贯	职务	学历	入职时间	身份证号	手机号码
4	1		徐　畅		山东青岛	出纳	本科	2014年7月11日	**************1520	12345678912
5			李佳桐		四川广汉	销售主管	本科	2015年6月20日	**************2231	12345678913
6			代晚霞		吉林长春	销售代表	本科	2016年6月15日	**************4312	12345678914
7			刘　莹		云南昆明	会计	本科	2014年6月10日	**************1231	12345678915
8			张　宇		福建福州	销售代表	本科	2016年6月15日	**************1520	12345678916
9			张梓萌		湖南长沙	销售代表	研究生	2014年7月15日	**************2131	12345678917
10			李成利		湖北武汉	销售代表	大专	2015年6月20日	**************2132	12345678918
11			蒋秉文		山西大同	行政助理	研究生	2016年6月15日	**************1221	12345678919
12			费天宇		山东烟台	销售代表	本科	2015年6月20日	**************1520	12345678920
13			苗立鑫		山东青岛	出纳	研究生	2016年6月15日	**************2143	12345678921
14			孙　璐		辽宁沈阳	销售主管	本科	2014年7月10日	**************1521	12345678922
15			宋俊南		黑龙江哈尔滨	行政助理	本科	2014年6月10日	**************4313	12345678923
16			王佳鑫		山西大同	销售代表	本科	2015年6月20日	**************1232	12345678924
17			刘士博		山东临沂	销售代表	研究生	2015年6月20日	**************[illegible]	12345678925
18			谢振廷		山东淄博	会计	本科	2014年6月10日	**************2331	12345678926
19			王　涛		四川绵阳	销售代表	大专	2015年6月20日	**************1133	12345678927
20			汪婷婷		湖南株洲	销售代表	本科	2016年6月15日	**************1134	12345678928
21			李　想		吉林长春	销售主管	本科	2015年6月20日	**************1332	12345678929
22		18								
23										

图 2-1-22　拖曳填充数字信息

选择“员工编号”列 B4:B21 单元格区域，右击打开快捷菜单，选择“设置单元格格式”，如图 2-1-23 所示；在“单元格格式”对话框中选择“数字”选项卡，选择“自定义”，在“类型”下面输入“"LY2022"000”，单击“确定”按钮，如图 2-1-24 所示。在 B4 单元格中输入“001”，向下拖曳至 B21 单元格，依次填充“员工编号”所在列。

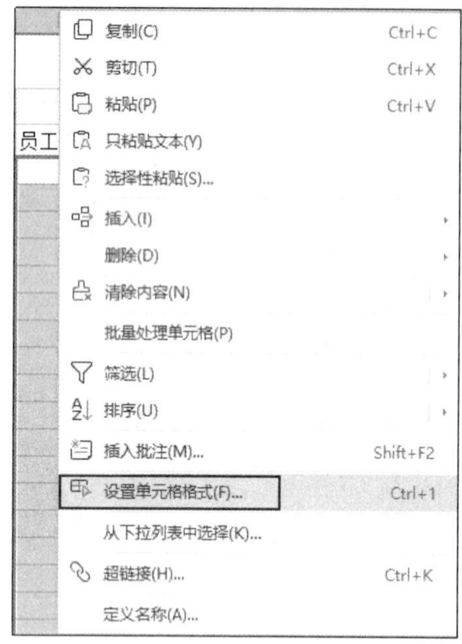

图 2-1-23 设置单元格格式(3)

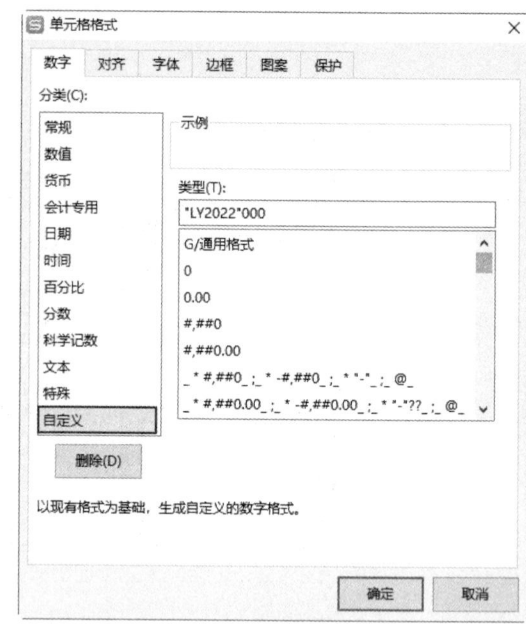

图 2-1-24 自定义单元格格式

在 D4 单元格中输入“男”，将鼠标指针移动到单元格右下角，当鼠标指针变成“+”时拖动鼠标至 D21 单元格，为 D4:D21 单元格区域填充“男”。按住 Ctrl 键不放，用鼠标单击选择 D4、D10、D13、D15、D20 这五个单元格，松开 Ctrl 键。在最后选择的 D20 单元格中输入“女”，按 Ctrl+Enter 组合键，则选中的五个单元格中的数据均改为“女”，如图 2-1-25 所示。

	A	B	C	D	E	F	G	H	I	J
1					员 工 信 息 表					
2								第		页
3	序号	员工编号	姓名	性别	籍贯	职务	学历	入职时间	身份证号	手机号码
4	1	LY2022001	徐 畅	女	山东青岛	出纳	本科	2014年7月11日	**************1520	12345678912
5	2	LY2022002	李佳桐	男	四川广汉	销售主管	本科	2015年6月20日	**************2231	12345678913
6	3	LY2022003	代晚霞	男	吉林长春	销售代表	本科	2016年6月15日	**************4312	12345678914
7	4	LY2022004	刘 莹	男	云南昆明	会计	本科	2014年6月10日	**************1231	12345678915
8	5	LY2022005	张 宇	男	福建福州	销售代表	本科	2016年6月15日	**************1520	12345678916
9	6	LY2022006	张梓萌	男	湖南长沙	销售代表	研究生	2014年7月15日	**************2131	12345678917
10	7	LY2022007	李成利	女	湖北武汉	销售代表	大专	2015年6月20日	**************2132	12345678918
11	8	LY2022008	蒋秉文	男	山西大同	行政助理	研究生	2016年6月15日	**************1221	12345678919
12	9	LY2022009	费天宇	男	山东烟台	销售代表	本科	2015年6月20日	**************1520	12345678920
13	10	LY2022010	苗立鑫	女	山东青岛	出纳	研究生	2016年6月15日	**************2143	12345678921
14	11	LY2022011	孙 璐	男	辽宁沈阳	销售主管	本科	2014年7月10日	**************1521	12345678922
15	12	LY2022012	宋俊南	女	黑龙江哈尔滨	行政助理	本科	2014年6月10日	**************4313	12345678923
16	13	LY2022013	王佳鑫	男	山西大同	销售代表	本科	2015年6月20日	**************1232	12345678924
17	14	LY2022014	刘士博	男	山东临沂	销售代表	研究生	2015年6月20日	**************2335	12345678925
18	15	LY2022015	谢振廷	男	山东淄博	会计	本科	2014年6月10日	**************2331	12345678926
19	16	LY2022016	王 涛	男	四川绵阳	销售代表	大专	2015年6月20日	**************1133	12345678927
20	17	LY2022017	汪婷婷	女	湖南株洲	销售代表	本科	2016年6月15日	**************1134	12345678928
21	18	LY2022018	李 想	男	吉林长春	销售主管	本科	2015年6月20日	**************1332	12345678929
22										

图 2-1-25 填充“性别”数据

选择“入职时间”所在列 H4:H21 单元格区域，在功能区中单击“数字格式”下拉按钮，在下拉列表中单击“短日期”选项，如图 2-1-26 所示。

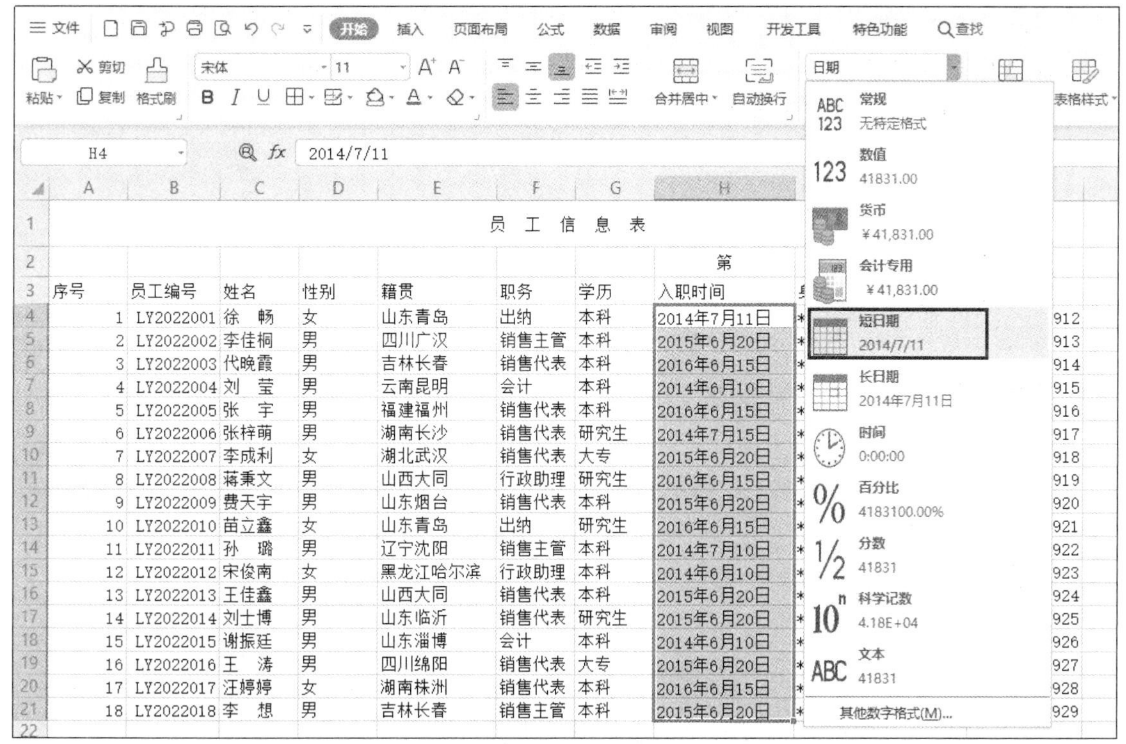

图 2-1-26 更改数据格式类型

选择“手机号码”所在列 J4:J21 单元格区域，右击，打开快捷菜单，选择“设置单元格格式”，在“单元格格式”对话框中选择“数字”选项卡，选择“自定义”，在“类型”下面输入“000-0000-0000”，单击“确定”按钮。更改“手机号码”所在列单元格格式，如图 2-1-27 所示。

图 2-1-27 设置数据类型格式

当单元格的数据以“＃＃＃”形式显示时，说明列宽太窄而内容太多，需要调整列宽。

选择 I2 单元格，输入“0 1/2”，则 I2 中显示“1/2”分数形式，但其值是 0.5。

(4)“员工信息表”格式化操作。

①文字格式化

文字格式化具体要求：

标题：华文行楷、26 号、紫色、加粗、居中。

页码：华文琥珀、11 号、紫色、居中。

表头：宋体、10 号、白色、加粗、居中。

数据区域：仿宋、10 号、紫色、居中。

②表格格式化

选择 A3:J21 单元格区域，在“开始”选项卡功能区中设置表格样式(中色系，表样式中等深浅 12)；“页码”所在行，单元格颜色填充为“培安紫，着色 4，浅色 60%”。在 A2:J21 单元格区域绘制“白色，加粗”内边框和“紫色，加粗”外边框，如图 2-1-28 所示。

	A	B	C	D	E	F	G	H	I	J
1	员工信息表									
2								第	1/2	页
3	序号	员工编号	姓名	性别	籍贯	职务	学历	入职时间	身份证号	手机号码
4	1	LY2022001	徐　畅	女	山东青岛	出纳	本科	2014/7/11	**************1520	123-4567-8912
5	2	LY2022002	李佳桐	男	四川广汉	销售主管	本科	2015/6/20	**************2231	123-4567-8913
6	3	LY2022003	代晚霞	男	吉林长春	销售代表	本科	2016/6/15	**************4312	123-4567-8914
7	4	LY2022004	刘　莹	男	云南昆明	会计	本科	2014/6/10	**************1231	123-4567-8915
8	5	LY2022005	张　宇	男	福建福州	销售代表	本科	2016/6/15	**************1520	123-4567-8916
9	6	LY2022006	张梓萌	男	湖南长沙	销售代表	研究生	2014/7/15	**************2131	123-4567-8917
10	7	LY2022007	李成利	女	湖北武汉	销售代表	大专	2015/6/20	**************2132	123-4567-8918
11	8	LY2022008	蒋秉文	男	山西大同	行政助理	研究生	2016/6/15	**************1221	123-4567-8919
12	9	LY2022009	费天宇	男	山东烟台	销售代表	本科	2015/6/20	**************1520	123-4567-8920
13	10	LY2022010	苗立鑫	女	山东青岛	出纳	研究生	2016/6/15	**************2143	123-4567-8921
14	11	LY2022011	孙　璐	男	辽宁沈阳	销售主管	本科	2014/7/10	**************1521	123-4567-8922
15	12	LY2022012	宋俊南	女	黑龙江哈尔滨	行政助理	本科	2014/6/10	**************4313	123-4567-8923
16	13	LY2022013	王佳鑫	男	山西大同	销售代表	本科	2015/6/20	**************1232	123-4567-8924
17	14	LY2022014	刘士博	男	山东临沂	销售代表	研究生	2015/6/20	**************2335	123-4567-8925
18	15	LY2022015	谢振廷	男	山东淄博	会计	本科	2014/6/10	**************2331	123-4567-8926
19	16	LY2022016	王　涛	男	四川绵阳	销售代表	大专	2015/6/20	**************1133	123-4567-8927
20	17	LY2022017	汪婷婷	女	湖南株洲	销售代表	本科	2016/6/15	**************1134	123-4567-8928
21	18	LY2022018	李　想	男	吉林长春	销售主管	本科	2015/6/20	**************1332	123-4567-8929
22										

图 2-1-28　员工信息表内页

四、相关知识

1. 单元格和区域的选择方式

(1)选择一个单元格

要选取某个单元格使之成为活动单元格，只需要通过鼠标或者键盘按键等方式激活目标单元格即可。使用鼠标直接单击目标单元格，可将目标单元格切换为当前活动单元格，按键盘方向键及“Page Up”“Page Down”等键，也可以在工作簿中移动选取活动单元格。

如图 2-1-29 所示，B2 单元格即为当前被激活(被选择)的活动单元格，活动单元格的边框显示为绿色矩形线框，在 WPS 表格工作窗口的名称框中会显示此活动单元格的地址，在编辑栏中则会显示此单元格中的内容。活动单元格的行列标签会高亮显示。

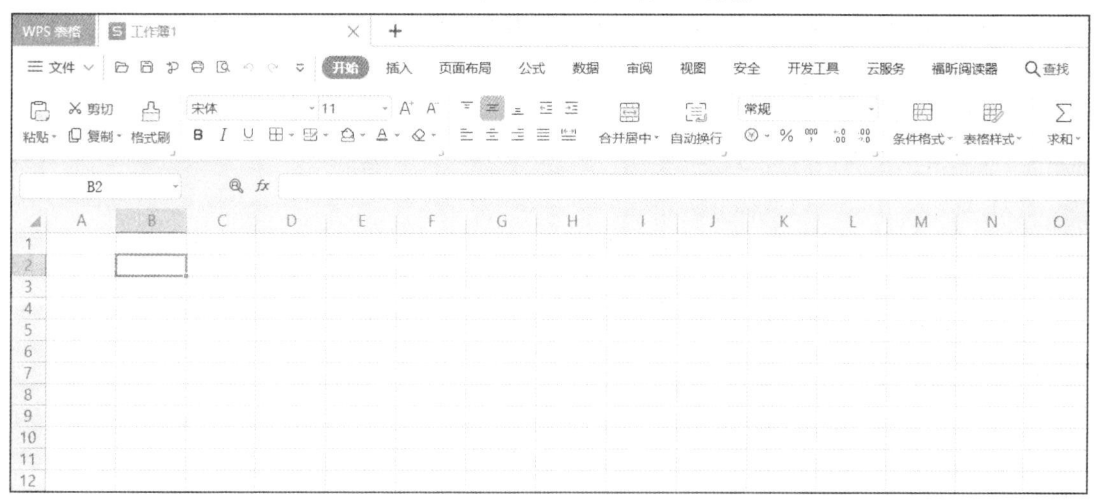

图 2-1-29 活动单元格示意

除了上述方式外，在工作窗口的名称框中直接输入目标单元格地址也可以快速定位到目标单元格所在位置，同时激活目标单元格为当前活动单元格。与此操作效果相似的是使用“定位”的方式：在 WPS 表格功能区上依次单击“开始”→“查找”→“定位”，或者在键盘上按下 Ctrl+G组合键，在弹出的“定位”对话框中进行设置，如图 2-1-30 所示，最后单击“确定”按钮完成操作。

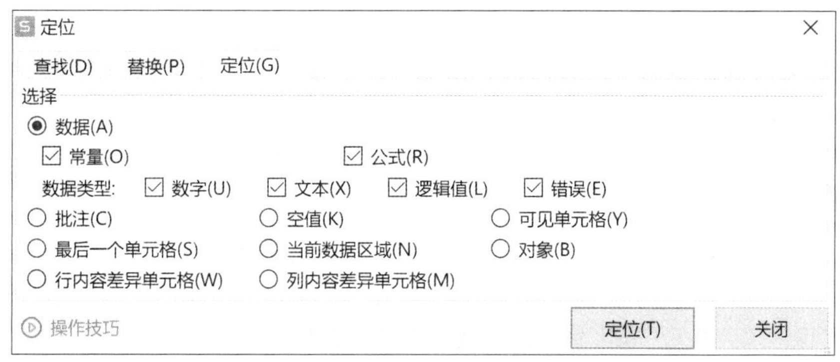

图 2-1-30 “定位”对话框

(2)选择单元格区域

①连续区域的选取

对于连续单元格，有以下几种方式可以实现选取操作。

- 先选择一个单元格，按住鼠标左键直接在工作簿中拖曳来选取相邻的连续区域。
- 先选择一个单元格，按住 Shift 键，然后使用方向键在工作簿中选择相邻的连续区域。
- 在工作窗口的名称框中直接输入区域地址，例如“A2:F10”，按 Enter 键确认后，即可选取并定位到目标区域。

②不连续区域的选取

选择一个单元格，按住 Ctrl 键，然后使用鼠标左键单击或者拖拉选择多个单元格或者连续区域，在这种情况下，鼠标最后一次单击的单元格，或者在最后一次拖拉开始之前选择的单元格就是此选择区域的活动单元格。

在工作窗口的名称框中输入多个单元格或者区域地址，地址之间用半角状态下的逗号隔开，例如“A1，A2:G8”，按 Enter 键确认后即可选取并定位到目标区域。在这种情况下，最后输入的一个连续区域的左上角或者最后输入的单元格为区域中的活动单元格。

③行、列、整个工作表的选取

整行：单击工作表中的行号。

整列：单击工作表中的列标。

相邻的行或列：在工作簿行号或列标上按下鼠标左键，并拖曳选择要选择的所有行或列。

不相邻的行或列：单击第一个行号或列标，按住 Ctrl 键，再单击其他行号或列标。

整个工作表：单击工作表行号和列标的交叉处，即全选按钮。

2. 单元格区域与地址

(1)单元格地址

每个单元格都有一个地址，单元格地址也就是单元格在工作簿中的位置。单元格地址由单元格所在的列号和行号组成。例如，第 2 行 A 列的单元格的地址是 A2。

(2)单元格区域的地址

矩形单元格区域的地址表示为“左上角单元格地址：右下角单元格地址”。例如，左上角单元格是 A1，右下角单元格是 B7 的单元格区域，它的地址用“A1:B7”表示。

(3)绝对地址

单元格地址的另一种表示为“$列号$行号”，称为绝对地址。如“$B$4”表示 B 列 4 行单元格的绝对地址。

3. 工作簿中数据的输入

在单元格中输入数据，首先需要选择单元格，然后再向其中输入数据，所输入的数据将会显示在编辑栏和单元格中。可以用以下三种方式来向单元格中输入数据：

(1)双击单元格，在单元格中的原有内容后会出现竖线光标显示，提示当前进入编辑模式，光标所在的位置为数据插入位置，在内容中不同位置单击鼠标或者使用左右方向键，可以移动光标插入点的位置。用户可在单元格中直接对其内容进行编辑修改。

(2)激活目标单元格后按 F2 快捷键。效果与上面相同。

(3)激活目标单元格，然后单击 WPS 表格工作窗口的编辑栏内部。这样可以将竖线光标定位在编辑栏内，激活编辑栏的编辑模式。用户可在编辑栏内对单元格原有的内容进行编辑修改。

4. 文本和数字的输入

(1)选择要输入文本的单元格，直接在其中输入文本内容，按 Enter 键或单击另外一个单元格即可完成输入。

(2)在单元格中输入数字时，不必输入人民币符号、美元符号或者其他符号，可以使 WPS 表格自动添加相应的符号，下面以输入货币数值为例：

选择需要输入数字的单元格或单元格区域，单击“开始”→“格式”下拉列表中的“单元格”，打开“单元格格式”对话框，在其“数字”选项卡的分类列表中选择“货币”，设置“小数位数”为 2，在“货币符号”下拉列表中选择￥选项，如图 2-1-31 所示。

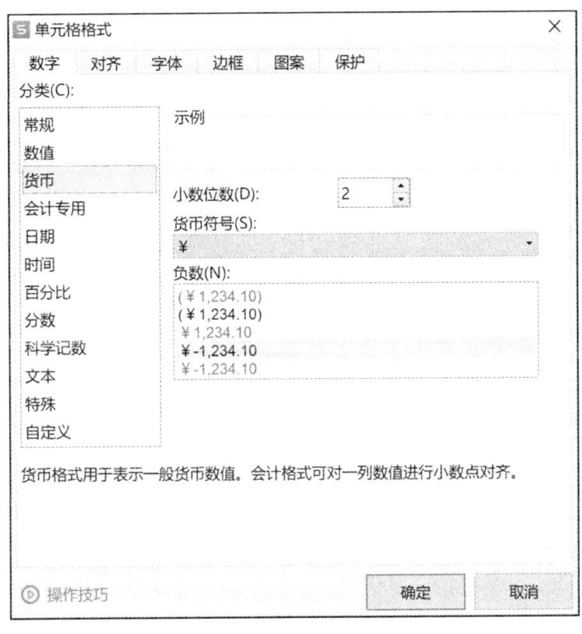

图 2-1-31 设置货币格式

单击“确定”按钮，在当前单元格中输入数字即可转换为货币数值。

5. 日期和时间的输入

在 WPS 表格中，当在单元格中输入系统可识别的时间和日期型数据时，单元格的格式就会自动转换为相应的“时间”或者“日期”格式，而不需要专门设置。如果系统不能识别输入的日期或时间格式，则输入的内容将被视为文本。若要使用其他的日期和时间格式，可在“单元格格式”对话框中进行设置。

6. 编辑工作簿

(1)编辑单元格

①插入行(多行)、插入列(多列)

插入行：单击某行行号，单击“开始”选项卡“行和列”下拉按钮，在下拉列表中选择“插入单元格”，单击“插入行”，如图 2-1-32 所示。

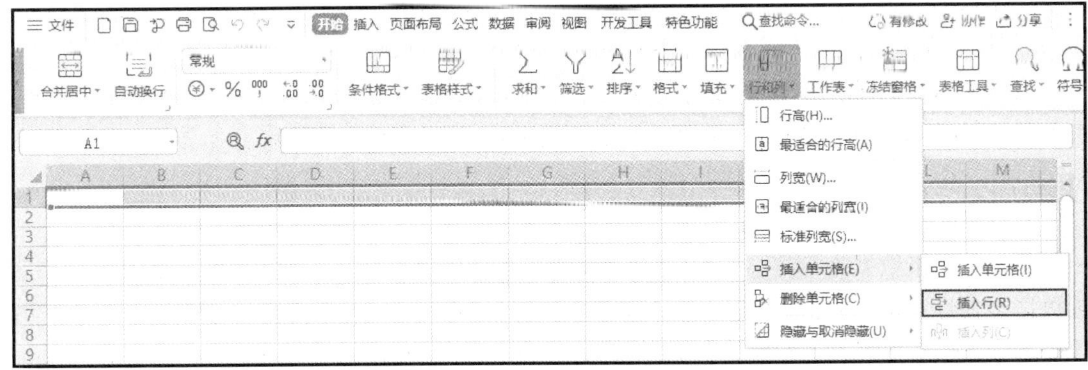

图 2-1-32 通过工作窗口操作插入行

插入列的方式与此类似。

插入多行：在插入操作之前选择连续多行，则执行操作后，会在选择位置之前插入与选择的行数相同的行。

插入多列的方式与此类似。

如果在插入操作之前选择的是非连续的多行或者多列，也可以同时执行插入行或者列的操作，并且新插入的空白行或者列也是非连续的，与选择的行、列数相同。

②删除行、列

对于一些不再需要的行列内容，用户可以选择删除整行或者整列来进行清除，删除行的操作方式如下。

选择目标整行或者多行，单击“开始”选项卡“行和列”下拉按钮，在下拉列表中选择“删除单元格”，单击“删除行”；或者单击鼠标右键，在弹出的快捷菜单中选择“删除”命令。如果选择的不是整行，而是行中的单元格，则会在执行“删除单元格”命令时，弹出如图 2-1-33 所示的“删除”对话框，在此对话框中选择“整行”单选按钮，然后单击“确定”按钮即可完成目标行的删除。

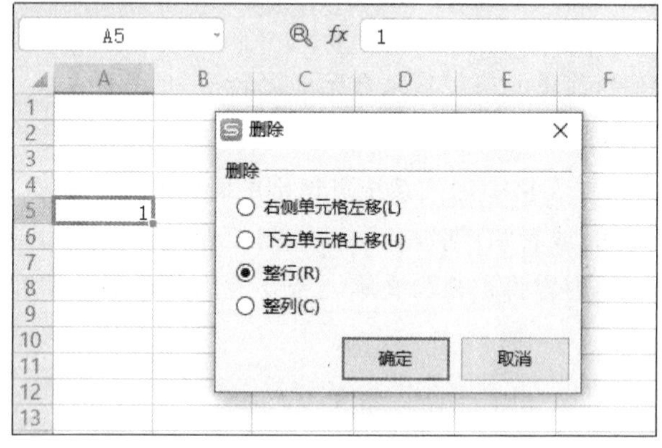

图 2-1-33 “删除”对话框

删除列的操作与此类似。

③删除单元格内容

要删除单元格中的内容，可以先选择该单元格再按 Delete 键；要删除多个单元格中的内容，先使用前面介绍过的方式选择这些单元格，然后按 Delete 键。

当按 Delete 键删除单元格(或一组单元格)时，只从单元格中删除输入的内容，单元格的其他属性(如格式、内容等)仍然保留。如果想完全地控制对单元格的删除操作，需要单击“开始”选项卡“格式”下拉按钮，在下拉列表中选择“清除”，如图 2-1-34 所示。

(2)移动或复制单元格数据

移动单元格数据是指将某些单元格中的数据移至其他单元格中，复制单元格或单元格区域数据是指将某个单元格或单元格区域数据复制到指定的位置，原位置的数据仍然存在。在 WPS 表格中，不但可以复制整个单元格，还可以复制单元格中的指定内容，例如，可以只复制公式的计算结果而不复制公式，或者只复制公式而不复制计算结果。

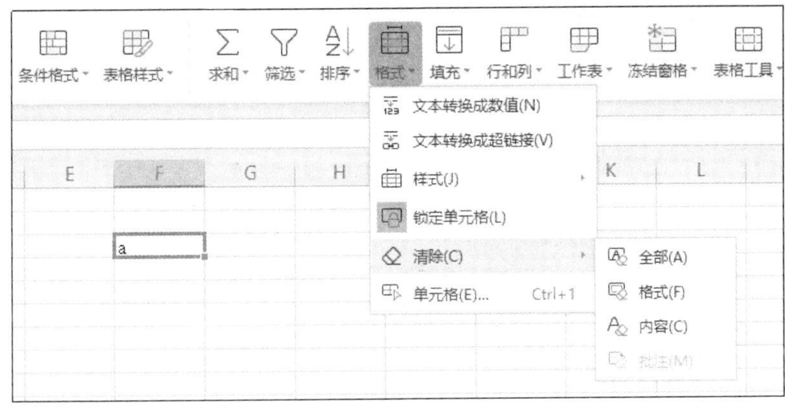

图 2-1-34　“清除”选项

移动或复制单元格(单元格区域)的方式基本相同,具体操作步骤如下:

选择要移动或复制数据的单元格(单元格区域),右键单击,选择“剪切”,此时当前选择的单元格(单元格区域)会显示出虚线边框。

选择数据的目标位置。

右键单击,选择“粘贴”,即可完成复制或者移动单元格(单元格区域)的操作。

7. 操作工作表

(1)插入新工作表

选择当前工作簿,在“开始”选项卡中单击“工作表”下拉按钮,单击“插入工作表”命令,如图 2-1-35 所示。

图 2-1-35　插入工作表

(2)删除工作簿

在工作表标签上右键单击,选择“删除工作表”命令,如图 2-1-36 所示。

如果用户删除的工作表中包含数据,则会弹出如图 2-1-37 所示的提示对话框。

图 2-1-36 通过右键快捷方式删除工作簿

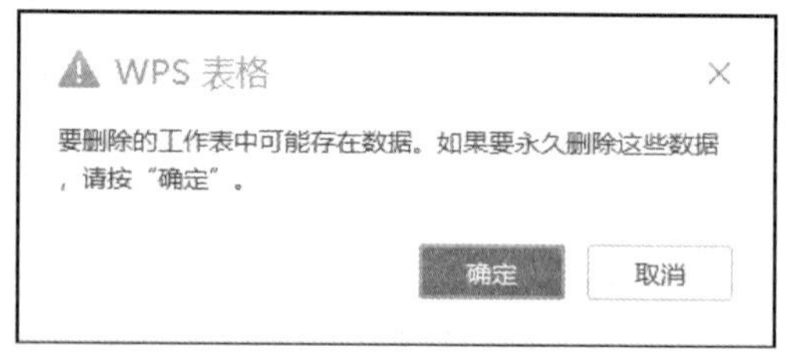

图 2-1-37 删除有数据的工作簿提示对话框

(3)重命名工作表

双击要更改名称的工作表标签，这时可以看到工作表标签以高亮度显示，在其中输入新的名称并按 Enter 键即可。

也可以在工作表标签上右键单击，选择"重命名"命令，实现工作表的重命名操作。

8. 数据格式化

(1)设置字体

单元格字体格式包括字体、字号、颜色等，WPS 表格中文版的默认设置为：字体为"宋体"、"字号"为 11 号。

单击"文件"选项卡中的"选项"命令，打开"WPS 表格选项"对话框，可以在"常规与保存"选项中修改默认字体、字号等。

打开"单元格格式"对话框，"字体"选项卡选项的具体设置如下：

①字体：在"字体"列表框中列出了 Windows 系统自带的各种字体，也可自行安装。

②字形：包括"常规"、"斜体"、"粗体"和"加粗 倾斜"。

③字号：字号是指文字显示的大小，可以在“字号”列表中选择字号，也可以直接在文本框中输入字号的磅数。

“字体”选项卡如图 2-1-38 所示。

(2)设置对齐

打开“单元格格式”对话框，选择“对齐”选项卡，显示如图 2-1-39 所示。

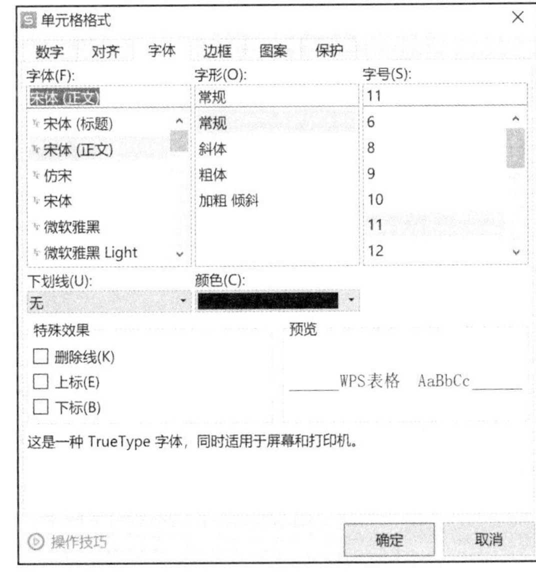

图 2-1-38 “字体”选项卡

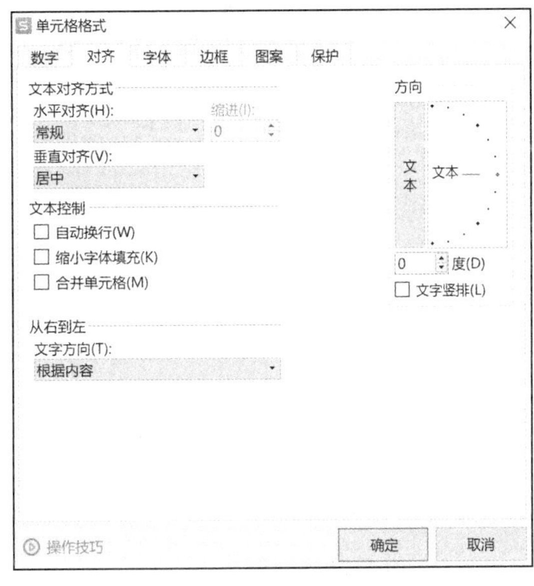

图 2-1-39 “对齐”选项卡

①水平对齐：包括“常规”、“靠左(缩进)”、“居中”、“靠右(缩进)”、“填充”、“两端对齐”、“跨列居中”和“分散对齐(缩进)”，如图 2-1-40 所示。

②垂直对齐：包括“靠上”、“居中”、“靠下”、“两端对齐”和“分散对齐”缩进。如图 2-1-41 所示。

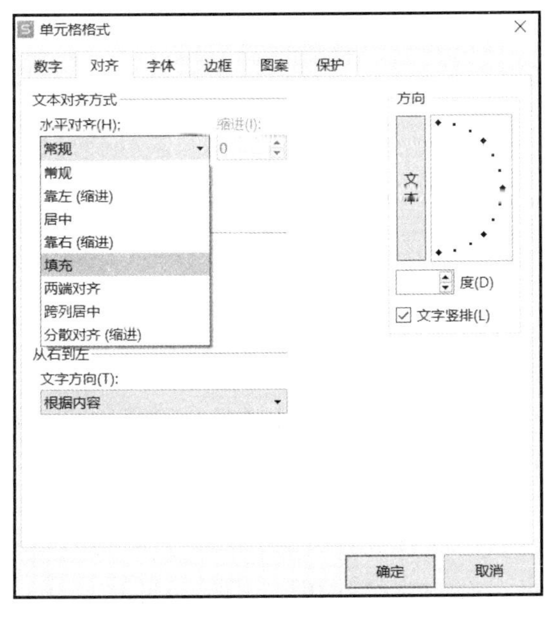

图 2-1-40 水平对齐

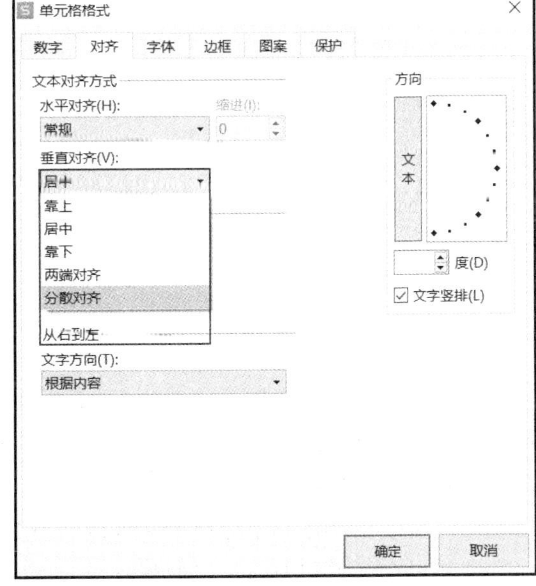

图 2-1-41 垂直对齐

③文本控制：在设置文本对齐的同时，还可以对文本进行输出控制，包括“自动换行”、“缩小字体填充”和“合并单元格”，如图 2-1-42 所示。

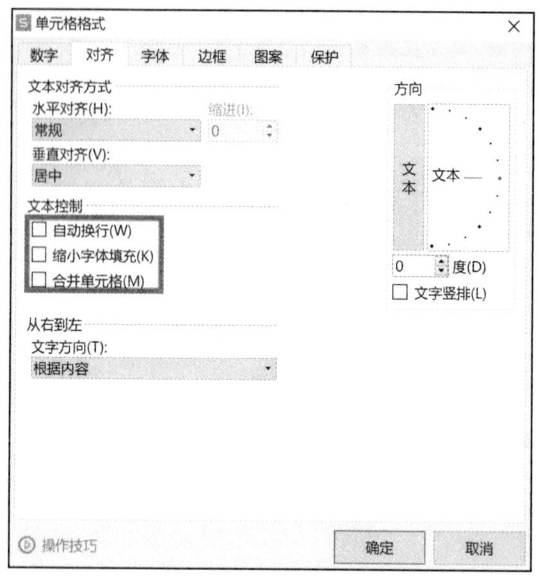

图 2-1-42　文本控制

9. 格式化表格

(1)调整行高和列宽

①精确设置行高和列宽

设置行高前，先选择目标行(单行或者多行)整行或者行中单元格，然后在 WPS 表格功能区上依次单击“开始”→“行和列”→“行高”，如图 2-1-43 所示，在弹出的“行高”对话框中输入所需设定的行高的具体数值，最后单击“确定”按钮完成操作。设置列宽的方法与此类似。

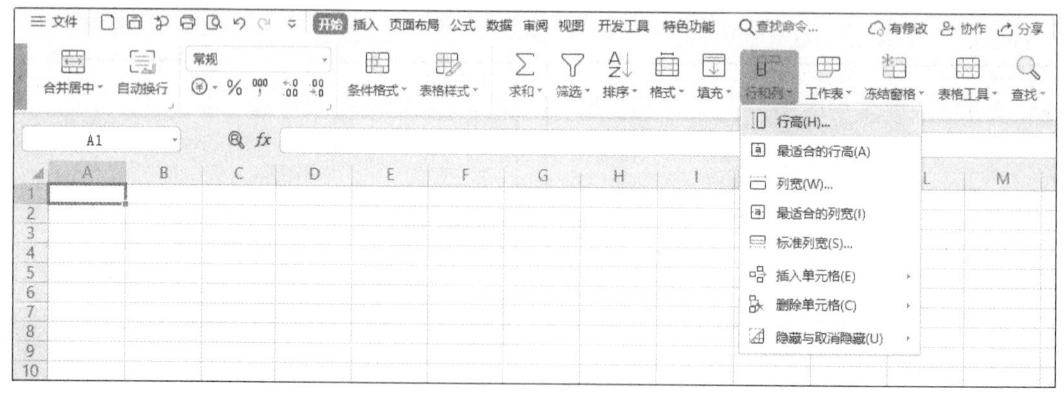

图 2-1-43　设置行高

另一种方式是在选择行或者列后，右键单击，在弹出的快捷菜单中选择“行高”(或者“列宽”)命令，然后进行相应的操作，如图 2-1-44 所示。

②直接改变行高和列宽

可以直接在工作簿中拖曳鼠标来改变行高和列宽。在工作簿中选中单列或者多列，当鼠标指针放置在选中的列与相邻的列标签之间，此时在列标签之间的中线上鼠标指针显示为一个黑色双向箭头。按住鼠标左键不放，向左或者向右拖曳鼠标，此时在列标签上方会出现一个

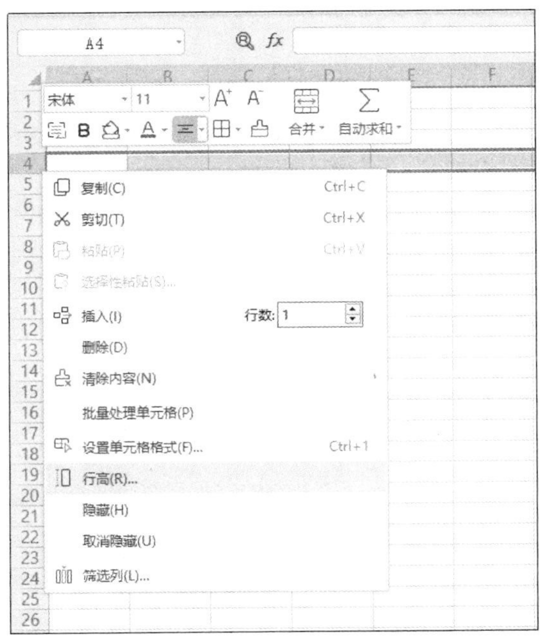

图 2-1-44 通过右键菜单设置行高

提示框,在其中显示当前的列宽。调整到所需的列宽时,松开鼠标左键即可完成列宽的设置。设置行高的方法与此操作类似。

(2)隐藏和显示行列

选择目标行(单行或者多行)整行或者行中的单元格,在 WPS 表格功能区上依次单击"开始"→"行和列"→"隐藏与取消隐藏"→"隐藏行",即可完成目标行的隐藏。隐藏列的操作与此类似。

如果选择的对象是整行或者整列,也可以通过单击右键,在弹出的快捷菜单中选择"隐藏"命令来实现隐藏行列的操作。

从实质上来说,被隐藏的行实质上就是行高设置为零的行,同样的,被隐藏的列实际上就是列宽设置为零的列。所以,也可以通过将目标行高或者列宽设置为零来隐藏目标行或列。

如果要重新显示被隐藏的行列,可以使用"取消隐藏"命令取消隐藏。在工作簿中,选择包括隐藏行的区域,在 WPS 表格功能区上依次单击"开始"→"行和列"→"隐藏与取消隐藏"→"取消隐藏行",即可将其中隐藏的行恢复显示。也可以使用设置行高、列宽的方式取消隐藏。

(3)添加边框和填充

①边框

在"开始"选项卡上,单击"设置边框"下拉按钮田 ▾,在下拉列表中提供了 13 种边框设置方案,如图 2-1-45 所示。

用户还可以通过"单元格格式"对话框中的"边框"选项卡来设置更多的边框效果,如图 2-1-46 所示。

②填充

用户可以通过"单元格格式"对话框的"图案"选项卡,对单元格的底色进行填充修饰。

单击"填充效果"按钮,可对填充效果进行设置。此外,用户还可以在"图案样式"下拉列表中选择单元格图案填充,并可以在"图案颜色"下拉列表设置填充图案的颜色。如图 2-1-47 所示。

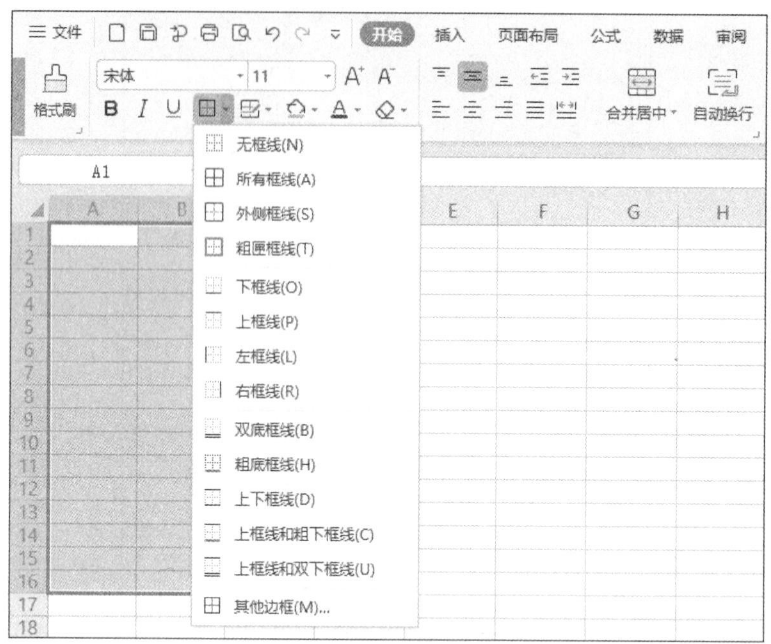

图 2-1-45 边框设置下拉列表

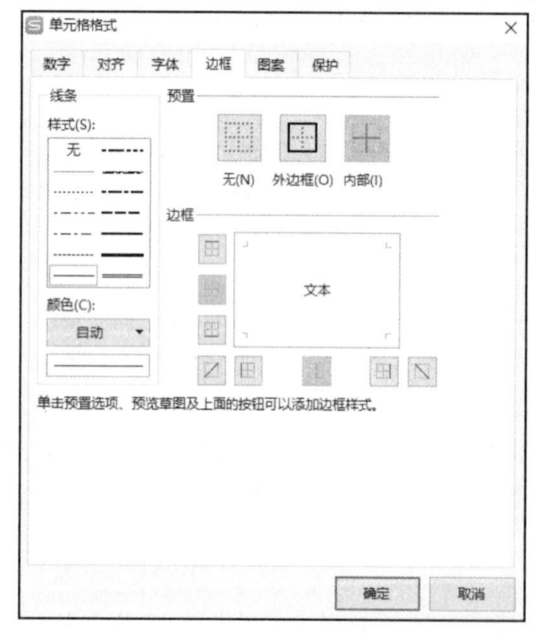

图 2-1-46 “边框”选项卡

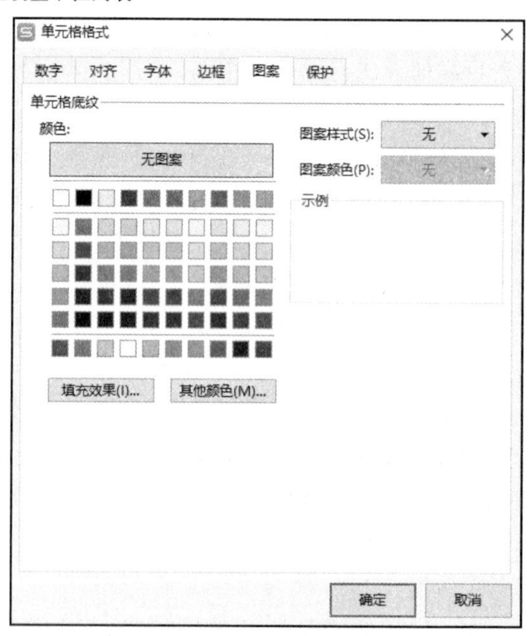

图 2-1-47 “图案”选项卡

10. 使用“表格样式”快速格式化数据表

WPS 表格的“表格样式”功能提供了多种表格格式，为用户格式化数据表提供了更为丰富的选择。具体步骤如下。

(1)选中数据表中的任意单元格，在“开始”选项卡单击“表格样式”。

(2)在展开的下拉列表中，单击需要的表格格式，如图 2-1-48 所示。为数据表应用样式。

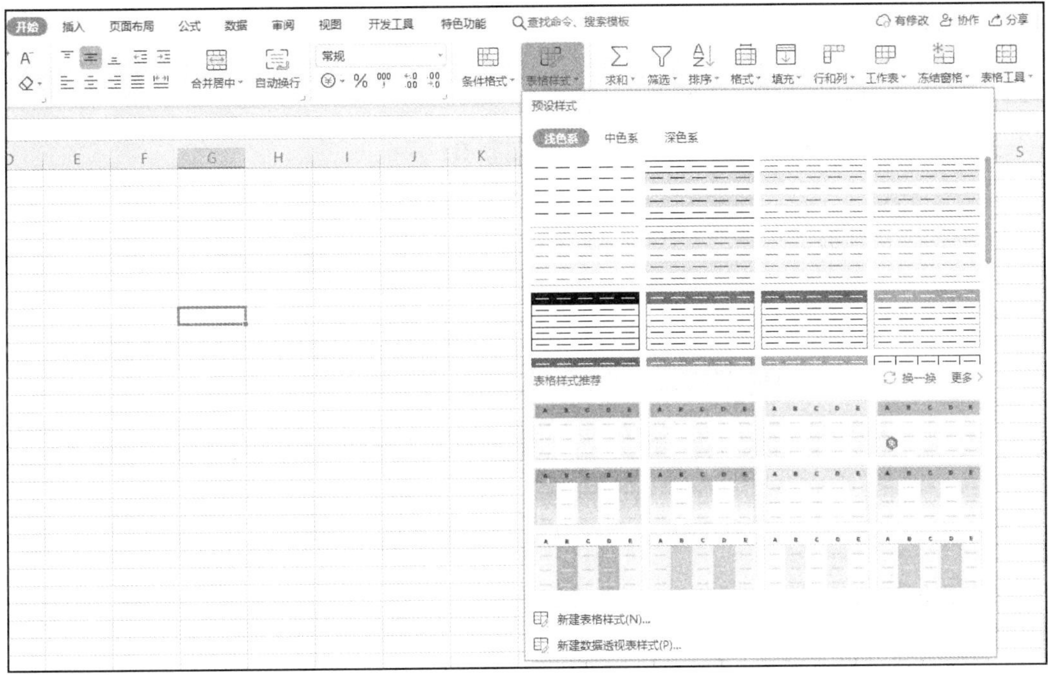

图 2-1-48 “表格样式”

五、创新作业

按如下要求完成，结果如图 2-1-49 所示。

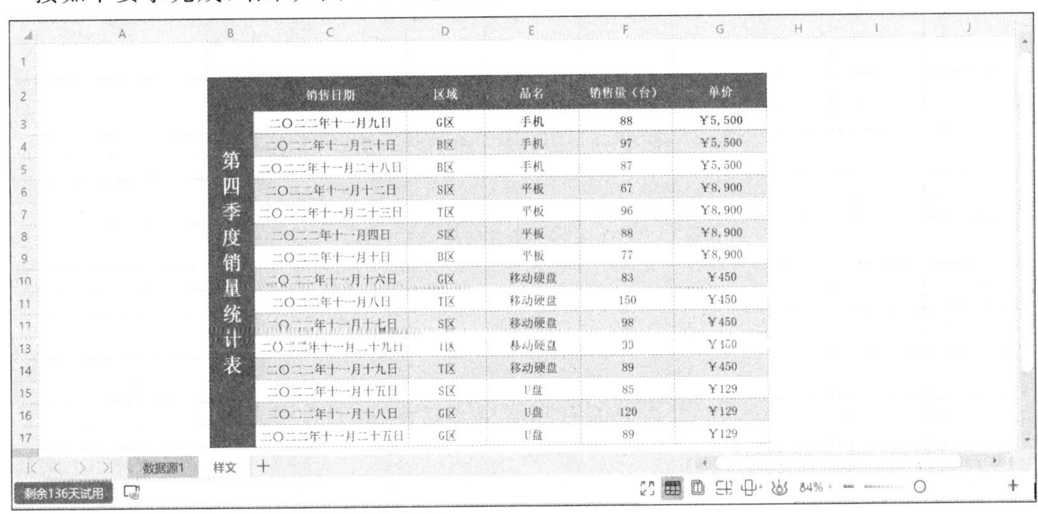

第四季度销量统计表	销售日期	区域	品名	销售量（台）	单价
	二〇二二年十一月九日	G区	手机	88	¥5,500
	二〇二二年十一月二十日	B区	手机	97	¥5,500
	二〇二二年十一月二十八日	B区	手机	87	¥5,500
	二〇二二年十一月十二日	S区	平板	67	¥8,900
	二〇二二年十一月二十三日	T区	平板	96	¥8,900
	二〇二二年十一月四日	S区	平板	88	¥8,900
	二〇二二年十一月十日	B区	平板	77	¥8,900
	二〇二二年十一月十六日	G区	移动硬盘	83	¥450
	二〇二二年十一月八日	T区	移动硬盘	150	¥450
	二〇二二年十一月十七日	S区	移动硬盘	98	¥450
	二〇二二年十一月二十九日	T区	移动硬盘	99	¥450
	二〇二二年十一月十九日	T区	移动硬盘	89	¥450
	二〇二二年十一月十五日	S区	U盘	85	¥129
	二〇二二年十一月十八日	G区	U盘	120	¥129
	二〇二二年十一月二十五日	G区	U盘	89	¥129

图 2-1-49 作业样张

1. 标题文字

(1)合并单元格：将单元格区域 B2:B17 合并后居中，并填充颜色样式为“白色，背景 1，深色 15%”。

(2)文字格式：合并后的单元格文本加粗，设置文字为竖排文字。

2. 表格文字

(1)将单元格区域 C3:C17 的数字格式设置为“日期”类型,类型为“二〇〇一年三月十四日”。

(2)为“产品单价”列数据设置货币格式,保留整数。

3. 表格格式

(1)设置表格数据为居中。

(2)设置表格样式,参照样文,设置表格绘图边框网格和绘图边框。

项目二　员工工资表——WPS 表格使用公式和函数计算数据

一、项目描述

本项目以制作员工工资表为载体,介绍 WPS 表格基本公式和函数的相关操作。通过本项目的学习,学生能够通过函数批量处理数据;使用所提供的“员工工资素材”,利用 WPS 表格制作一份“员工工资表”,并以“员工工资表”为名保存,参考效果如图 2-2-1 所示。

员工工资表(9月份)

员工编号	姓名	职务	部门	加班时长	加班费用	出勤天数	岗位工资	绩效工资	奖金	应发工资	扣款	实发工资	是否全勤
ZY-07654	张鑫鑫	经理	财务	20	120	23	3500	2400	500	6400	280	6120	全勤
ZY-03214	刘 强	员工	销售	15	80	22	2000	1200	300	3500	160	3340	
ZY-09601	李思怡	经理	培训	18	120	23	3500	2160	500	6160	280	5880	全勤
ZY-05601	魏 来	员工	生产	16	80	20	2000	1280	300	3580	160	3420	
ZY-05030	郝 云	副经理	生产	25	100	23	2500	2500	500	5500	200	5300	全勤
ZY-06702	齐 雷	经理	管理	24	120	23	3500	2880	500	6880	280	6600	全勤
ZY-08020	谢 宇	经理	技术	23	120	21	3500	2760	800	7060	280	6780	
ZY-03607	田 心	副经理	管理	22	100	19	2500	2200	300	5000	200	4800	
ZY-09056	潘晓晓	副经理	培训	20	100	23	2500	2000	500	5000	200	4800	全勤
ZY-01057	边 嘉	员工	财务	21	80	23	2000	1680	500	4180	160	4020	全勤
ZY-03226	周 晶	员工	销售	26	80	23	2000	2080	500	4580	160	4420	全勤
ZY-02353	霍艳艳	员工	财务	24	80	20	2000	1920	800	4720	160	4560	
ZY-07235	卢 含	员工	技术	24	80	23	2000	1920	500	4420	160	4260	全勤
ZY-08086	刘 喜	员工	管理	20	80	23	2000	1600	500	4100	160	3940	全勤
ZY-02156	温 馨	员工	培训	15	80	22	2000	1200	300	3500	160	3340	

全勤条件:出勤天数等于23天为全勤

数据计算	
员工人数	15
工资总和	71580
平均工资	4772
最高工资	6780
最低工资	3340

计算各部门人数	
财务	3
销售	2
培训	3
生产	2
技术	2
管理	3

图 2-2-1　表格效果

二、项目分析

本项目首先需要将“原始信息”表中的对应信息填充到“员工工资表”。根据图 2-2-1,需要进行的分析任务有:计算员工人数、工资总和、平均工资、最高工资和最低工资,填充“计算各部门人数”表生成“各部门人数统计”图表。

本项目操作步骤分析如下:

任务一:原始数据处理,将“原始信息”表中的相关信息填充到“员工工资表”中。

任务二:“员工工资表”数据统计分析。

三、项目实现

1. 处理原始数据

(1)打开所提供的员工工资素材文件,选择员工工资表模板,将其另存为“员工工资表.et”。

具体操作:单击功能区“文件”按钮,在下拉菜单中选择“另存为”→“WPS 表格文件(*.et)”选项。在弹出的“另存文件”对话框中设置文件保存位置,给文件命名为“员工工资表.et”,单击“保存”按钮。如图 2-2-2 所示。

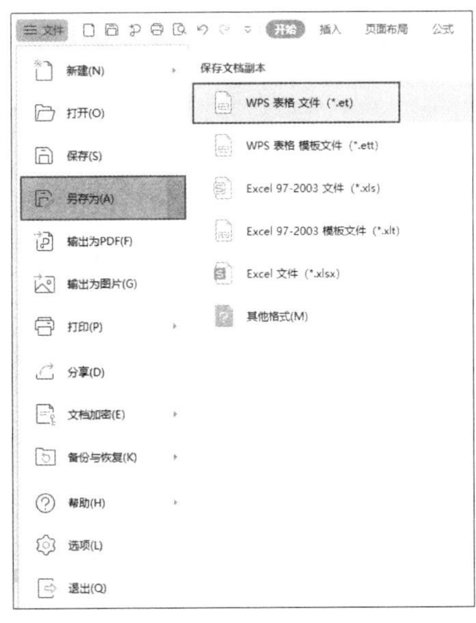

图 2-2-2　保存员工工资表

(2)根据“模板”表中所给出的各个对应“表头”,在“原始信息”表中选取相对应的数据素材,使用复制功能依次将信息素材复制到对应单元格中。“扣款”列信息复制后,右键单击,选择“粘贴为数值”,如图 2-2-3 所示。

员工工资表(9月份)

员工编号	姓名	职务	部门	加班时长	加班费用	出勤天数	岗位工资	绩效工资	奖金	应发工资
ZY-07654	张鑫鑫	经理	财务	20	120	23	3500		500	
ZY-03214	刘　强	员工	销售	15	80	22	2000		300	
ZY-09601	李思怡	经理	培训	18	120	23	3500		500	
ZY-05601	魏　来	员工	生产	16	80	20	2000		300	
ZY-05030	郝　云	副经理	生产	25	100	23	2500		500	
ZY-06702	齐　雪	经理	管理	24	120	23	3500		500	
ZY-08020	谢　宇	经理	技术	23	120	21	3500		800	
ZY-03607	田　心	副经理	管理	22	100	19	2500		300	
ZY-09056	潘晓晓	副经理	培训	20	100	23	2500		500	
ZY-01057	边　嘉	员工	财务	21	80	23	2000		500	
ZY-03226	周　晶	员工	销售	26	80	23	2000		500	
ZY-02353	霍艳艳	员工	财务	24	80	20	2000		800	
ZY-07235	卢　含	员工	技术	24	80	23	2000		500	
ZY-08086	刘　喜	员工	管理	20	80	23	2000		500	
ZY-02156	温　馨	员工	培训	15	80	22	2000		300	

全勤条件:出勤天数等于23天为全勤

图 2-2-3　粘贴数据信息

2.“员工工资表(9 月份)”数据计算

工资表计算

(1)计算员工“绩效工资”所在列的单元格区域数据。绩效工资＝加班时长×加班费用。单击 J4 单元格，输入公式“＝F4 * G4”，按 Enter 键计算出结果，如图 2-2-4 所示；将鼠标指针移动到单元格右下角，当鼠标指针变成“＋”时拖动鼠标至 J18 单元格，如图 2-2-5 所示。

员工工资表（9月份）

员工编号	姓名	职务	部门	加班时长	加班费用	出勤天数	岗位工资	绩效工资	奖金	应发工资	扣款	实发工资	是否全勤
ZY-07654	张鑫鑫	经理	财务	20	120	23	3500	=F4*G4	500		280		
ZY-03214	刘强	员工	销售	15	80	22	2000		300		160		
ZY-09601	李思怡	经理	培训	18	120	23	3500		500		280		
ZY-05601	魏来	员工	生产	16	80	20	2000		300		160		
ZY-05030	郝云	副经理	生产	25	100	23	2500		500		200		
ZY-06702	齐雪	经理	管理	24	120	23	3500		500		280		
ZY-08020	谢宇	经理	技术	23	120	21	3500		800		280		
ZY-03607	田心	副经理	管理	22	100	19	2500		300		200		
ZY-09056	潘晓晓	副经理	培训	20	100	23	2500		500		200		
ZY-01057	边嘉	员工	财务	21	80	23	2000		500		160		
ZY-03226	周晶	员工	销售	26	80	23	2000		500		160		
ZY-02353	霍艳艳	员工	财务	24	80	20	2000		800		160		
ZY-07235	卢含	员工	技术	24	80	23	2000		500		160		
ZY-08086	刘喜	员工	管理	20	80	23	2000		500		160		
ZY-02156	温馨	员工	培训	15	80	22	2000		300		160		

全勤条件：出勤天数等于23天为全勤

图 2-2-4　使用公式计算绩效工资

员工工资表（9月份）

员工编号	姓名	职务	部门	加班时长	加班费用	出勤天数	岗位工资	绩效工资	奖金	应发工资	扣款	实发工资	是否全勤
ZY-07654	张鑫鑫	经理	财务	20	120	23	3500	2400	500		280		
ZY-03214	刘强	员工	销售	15	80	22	2000	1200	300		160		
ZY-09601	李思怡	经理	培训	18	120	23	3500	2160	500		280		
ZY-05601	魏来	员工	生产	16	80	20	2000	1280	300		160		
ZY-05030	郝云	副经理	生产	25	100	23	2500	2500	500		200		
ZY-06702	齐雪	经理	管理	24	120	23	3500	2880	500		280		
ZY-08020	谢宇	经理	技术	23	120	21	3500	2760	800		280		
ZY-03607	田心	副经理	管理	22	100	19	2500	2200	300		200		
ZY-09056	潘晓晓	副经理	培训	20	100	23	2500	2000	500		200		
ZY-01057	边嘉	员工	财务	21	80	23	2000	1680	500		160		
ZY-03226	周晶	员工	销售	26	80	23	2000	2080	500		160		
ZY-02353	霍艳艳	员工	财务	24	80	20	2000	1920	800		160		
ZY-07235	卢含	员工	技术	24	80	23	2000	1920	500		160		
ZY-08086	刘喜	员工	管理	20	80	23	2000	1600	500		160		
ZY-02156	温馨	员工	培训	15	80	22	2000	1200	300		160		

全勤条件：出勤天数等于23天为全勤

图 2-2-5　使用拖曳填充单元格区域(1)

(2)计算员工“应发工资”所在列单元格区域数据，应发工资＝岗位工资＋绩效工资＋奖金。单击 L4 单元格，单击“公式”选项卡，在功能区中单击“插入函数”选项，在弹出的“插入函数”对话框中搜索“SUM”函数，单击“确定”按钮。打开“函数参数”对话框，如图 2-2-6 所示。选择 I4:K4 单元格区域，单击“确定”按钮计算出结果，如图 2-2-7 所示；将鼠标指针移动到单元格右下角，当鼠标指针变成“＋”时拖动鼠标至 L18 单元格，如图 2-2-8 所示。

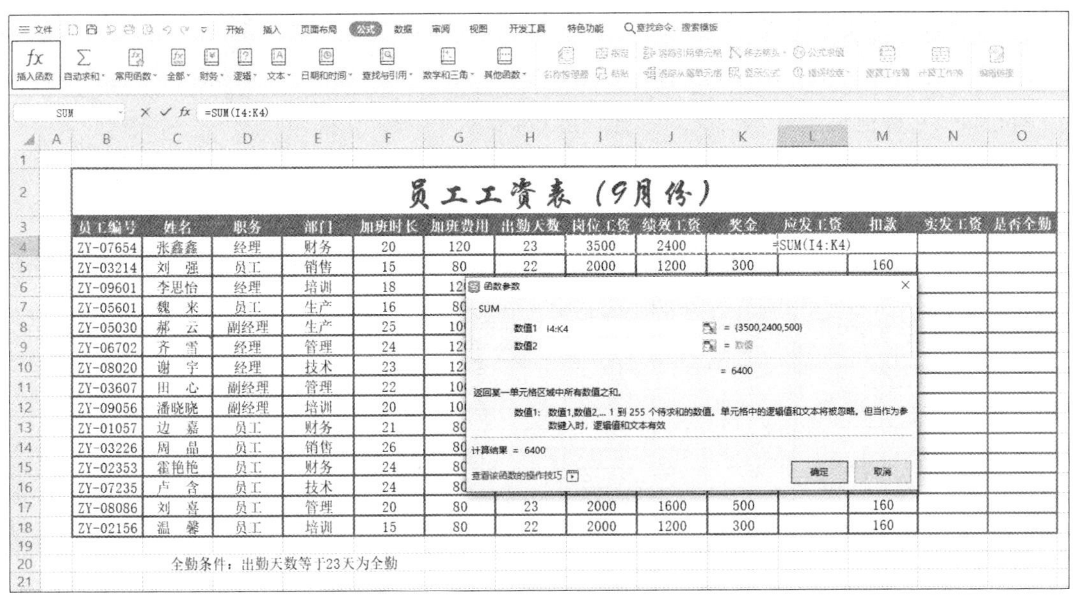

图 2-2-6 调用“SUM”函数

员工工资表（9月份）

员工编号	姓名	职务	部门	加班时长	加班费用	出勤天数	岗位工资	绩效工资	奖金	应发工资	扣款	实发工资	是否全勤
ZY-07654	张鑫鑫	经理	财务	20	120	23	3500	2400	500	6400	280		
ZY-03214	刘　强	员工	销售	15	80	22	2000	1200	300		160		
ZY-09601	李思怡	经理	培训	18	120	23	3500	2160	500		280		
ZY-05601	魏　来	员工	生产	16	80	20	2000	1280	300		160		
ZY-05030	郝　云	副经理	生产	25	100	23	2500	2500	500		200		
ZY-06702	齐　雪	经理	管理	24	120	23	3500	2880	500		280		
ZY-08020	谢　宇	经理	技术	23	120	21	3500	2760	800		280		
ZY-03607	田　心	副经理	管理	22	100	19	2500	2200	300		200		
ZY-09056	潘晓晓	副经理	培训	20	100	23	2500	2000	500		200		
ZY-01057	边　嘉	员工	财务	21	80	23	2000	1680	500		160		
ZY-03226	周　晶	员工	销售	26	80	23	2000	2080	500		160		
ZY-02353	霍艳艳	员工	财务	24	80	20	2000	1920	800		160		
ZY-07235	卢　含	员工	技术	24	80	23	2000	1920	500		160		
ZY-08086	刘　喜	员工	管理	20	80	23	2000	1600	500		160		
ZY-02156	温　馨	员工	培训	15	80	22	2000	1200	300		160		

全勤条件：出勤天数等于23天为全勤

图 2-2-7 使用函数计算应发工资

员工工资表（9月份）

员工编号	姓名	职务	部门	加班时长	加班费用	出勤天数	岗位工资	绩效工资	奖金	应发工资	扣款	实发工资	是否全勤
ZY-07654	张鑫鑫	经理	财务	20	120	23	3500	2400	500	6400	280		
ZY-03214	刘　强	员工	销售	15	80	22	2000	1200	300	3500	160		
ZY-09601	李思怡	经理	培训	18	120	23	3500	2160	500	6160	280		
ZY-05601	魏　来	员工	生产	16	80	20	2000	1280	300	3580	160		
ZY-05030	郝　云	副经理	生产	25	100	23	2500	2500	500	5500	200		
ZY-06702	齐　雪	经理	管理	24	120	23	3500	2880	500	6880	280		
ZY-08020	谢　宇	经理	技术	23	120	21	3500	2760	800	7060	280		
ZY-03607	田　心	副经理	管理	22	100	19	2500	2200	300	5000	200		
ZY-09056	潘晓晓	副经理	培训	20	100	23	2500	2000	500	5000	200		
ZY-01057	边　嘉	员工	财务	21	80	23	2000	1680	500	4180	160		
ZY-03226	周　晶	员工	销售	26	80	23	2000	2080	500	4580	160		
ZY-02353	霍艳艳	员工	财务	24	80	20	2000	1920	800	4720	160		
ZY-07235	卢　含	员工	技术	24	80	23	2000	1920	500	4420	160		
ZY-08086	刘　喜	员工	管理	20	80	23	2000	1600	500	4100	160		
ZY-02156	温　馨	员工	培训	15	80	22	2000	1200	300	3500	160		

全勤条件：出勤天数等于23天为全勤

图 2-2-8 使用拖曳填充单元格区域(2)

(3)计算员工"实发工资"所在列单元格区域数据，实发工资＝应发工资－扣款。单击 N4 单元格，输入公式"＝L4－M4"，按 Enter 键计算出结果，如图 2-2-9 所示；将鼠标放到该单元格右下角处，左键拖曳填充 N4:N18 单元格区域，如图 2-2-10 所示。

员工工资表（9月份）

员工编号	姓名	职务	部门	加班时长	加班费用	出勤天数	岗位工资	绩效工资	奖金	应发工资	扣款	实发工资	是否全勤
ZY-07654	张鑫鑫	经理	财务	20	120	23	3500	2400	500	6400	280	=L4-M4	
ZY-03214	刘　强	员工	销售	15	80	22	2000	1200	300	3500	160		
ZY-09601	李思怡	经理	培训	18	120	23	3500	2160	500	6160	280		
ZY-05601	魏　来	员工	生产	16	80	20	2000	1280	300	3580	160		
ZY-05030	郝　云	副经理	生产	25	100	23	2500	2500	500	5500	200		
ZY-06702	齐　雪	经理	管理	24	120	23	3500	2880	500	6880	280		
ZY-08020	谢　宇	经理	技术	23	120	21	3500	2760	800	7060	280		
ZY-03607	田　心	副经理	管理	22	100	19	2500	2200	300	5000	200		
ZY-09056	潘晓晓	副经理	培训	20	100	23	2500	2000	500	5000	200		
ZY-01057	边　嘉	员工	财务	21	80	23	2000	1680	500	4180	160		
ZY-03226	周　晶	员工	销售	26	80	23	2000	2080	500	4580	160		
ZY-02353	霍艳艳	员工	财务	24	80	20	2000	1920	800	4720	160		
ZY-07235	卢　含	员工	技术	24	80	23	2000	1920	500	4420	160		
ZY-08086	刘　喜	员工	管理	20	80	23	2000	1600	500	4100	160		
ZY-02156	温　馨	员工	培训	15	80	22	2000	1200	300	3500	160		

全勤条件：出勤天数等于23天为全勤

图 2-2-9　使用公式计算实发工资

员工工资表（9月份）

员工编号	姓名	职务	部门	加班时长	加班费用	出勤天数	岗位工资	绩效工资	奖金	应发工资	扣款	实发工资	是否全勤
ZY-07654	张鑫鑫	经理	财务	20	120	23	3500	2400	500	6400	280	6120	
ZY-03214	刘　强	员工	销售	15	80	22	2000	1200	300	3500	160	3340	
ZY-09601	李思怡	经理	培训	18	120	23	3500	2160	500	6160	280	5880	
ZY-05601	魏　来	员工	生产	16	80	20	2000	1280	300	3580	160	3420	
ZY-05030	郝　云	副经理	生产	25	100	23	2500	2500	500	5500	200	5300	
ZY-06702	齐　雪	经理	管理	24	120	23	3500	2880	500	6880	280	6600	
ZY-08020	谢　宇	经理	技术	23	120	21	3500	2760	800	7060	280	6780	
ZY-03607	田　心	副经理	管理	22	100	19	2500	2200	300	5000	200	4800	
ZY-09056	潘晓晓	副经理	培训	20	100	23	2500	2000	500	5000	200	4800	
ZY-01057	边　嘉	员工	财务	21	80	23	2000	1680	500	4180	160	4020	
ZY-03226	周　晶	员工	销售	26	80	23	2000	2080	500	4580	160	4420	
ZY-02353	霍艳艳	员工	财务	24	80	20	2000	1920	800	4720	160	4560	
ZY-07235	卢　含	员工	技术	24	80	23	2000	1920	500	4420	160	4260	
ZY-08086	刘　喜	员工	管理	20	80	23	2000	1600	500	4100	160	3940	
ZY-02156	温　馨	员工	培训	15	80	22	2000	1200	300	3500	160	3340	

全勤条件：出勤天数等于23天为全勤

图 2-2-10　使用拖曳填充单元格区域(3)

(4)填充"是否全勤"所在列单元格区域数据。判断是否全勤的标准为"出勤天数等于 23 天"，使用函数"IF"进行统计。选定 O4 单元格，单击"公式"选项卡，在功能区中单击"插入函数"，在弹出的"插入函数"对话框中搜索"IF"函数，如图 2-2-11 所示；单击"确定"按钮，在弹出的"函数参数"对话框中，"测试条件"文本框输入"H4＝23"，"真值"文本框中输入""全勤""，在"假值"文本框中按一下空格键，如图 2-2-12 所示，单击"确定"按钮，显示出结果；将鼠标放到 O4 单元格右下角处，左键拖曳填充 O4:O18 单元格区域，如图 2-2-13 所示。

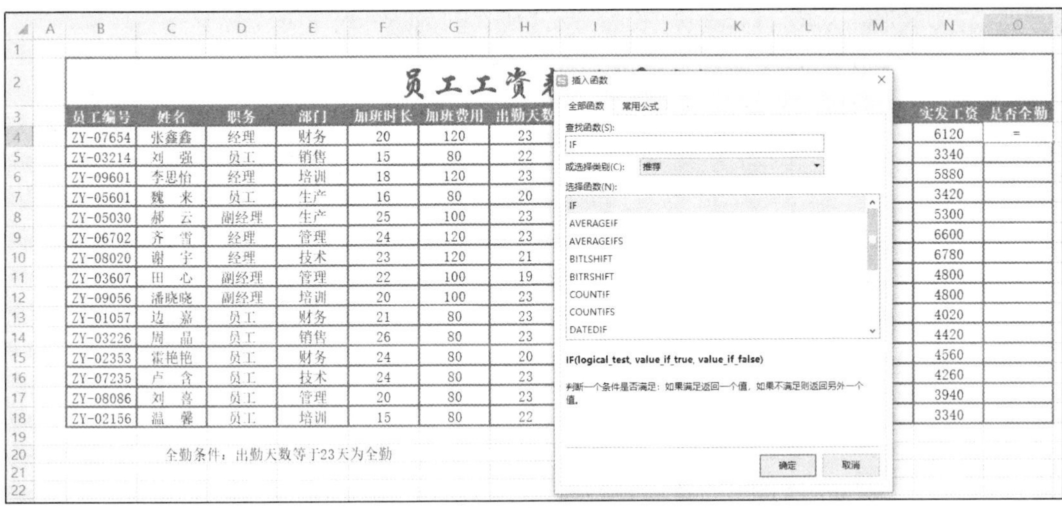

图 2-2-11 调用“IF”函数

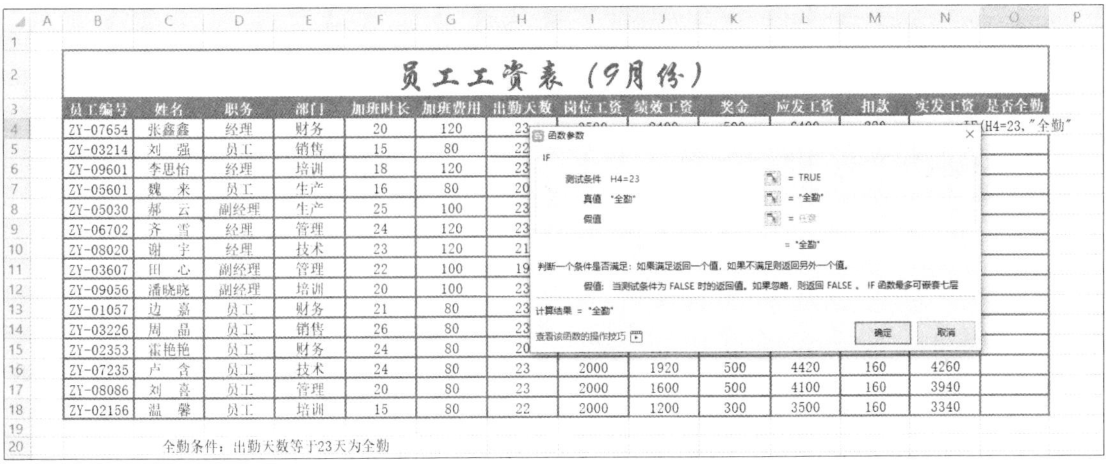

员工工资表（9月份）

员工编号	姓名	职务	部门	加班时长	加班费用	出勤天数	岗位工资	绩效工资	奖金	应发工资	扣款	实发工资	是否全勤
ZY-07654	张鑫鑫	经理	财务	20	120	23							=IF(H4=23,"全勤"
ZY-03214	刘 强	员工	销售	15	80	22							
ZY-09601	李思怡	经理	培训	18	120	23							
ZY-05601	魏 来	员工	生产	16	80	20							
ZY-05030	郝 云	副经理	生产	25	100	23							
ZY-06702	齐 雪	经理	管理	24	120	23							
ZY-08020	谢 宇	经理	技术	23	120	21							
ZY-03607	田 心	副经理	管理	22	100	19							
ZY-09056	潘晓晓	副经理	培训	20	100	23							
ZY-01057	边 嘉	员工	财务	21	80	23							
ZY-03226	周 晶	员工	销售	26	80	23							
ZY-02353	霍艳艳	员工	财务	24	80	20							
ZY-07235	卢 含	员工	技术	24	80	23	2000	1920	500	4420	160	4260	
ZY-08086	刘 喜	员工	管理	20	80	23	2000	1600	500	4100	160	3940	
ZY-02156	温 馨	员工	培训	15	80	22	2000	1200	300	3500	160	3340	

全勤条件：出勤天数等于23天为全勤

函数参数

IF

测试条件 H4=23 = TRUE

真值 "全勤" = "全勤"

假值 = 任意

= "全勤"

判断一个条件是否满足：如果满足返回一个值，如果不满足则返回另外一个值。

假值：当测试条件为 FALSE 时的返回值。如果忽略，则返回 FALSE 。IF 函数最多可嵌套七层

计算结果 = "全勤"

查看该函数的操作技巧

确定 取消

图 2-2-12 使用函数筛选是否全勤

员工工资表（9月份）

员工编号	姓名	职务	部门	加班时长	加班费用	出勤天数	岗位工资	绩效工资	奖金	应发工资	扣款	实发工资	是否全勤
ZY-07654	张鑫鑫	经理	财务	20	120	23	3500	2400	500	6400	280	6120	全勤
ZY-03214	刘 强	员工	销售	15	80	22	2000	1200	300	3500	160	3340	
ZY-09601	李思怡	经理	培训	18	120	23	3500	2160	500	6160	280	5880	全勤
ZY-05601	魏 来	员工	生产	16	80	20	2000	1280	300	3580	160	3420	
ZY-05030	郝 云	副经理	生产	25	100	23	2500	2500	500	5500	200	5300	全勤
ZY-06702	齐 雪	经理	管理	24	120	23	3500	2880	500	6880	280	6600	全勤
ZY-08020	谢 宇	经理	技术	23	120	21	3500	2760	800	7060	280	6780	
ZY-03607	田 心	副经理	管理	22	100	19	2500	2200	300	5000	200	4800	
ZY-09056	潘晓晓	副经理	培训	20	100	23	2500	2000	500	5000	200	4800	全勤
ZY-01057	边 嘉	员工	财务	21	80	23	2000	1680	500	4180	160	4020	全勤
ZY-03226	周 晶	员工	销售	26	80	23	2000	2080	500	4580	160	4420	全勤
ZY-02353	霍艳艳	员工	财务	24	80	20	2000	1920	800	4720	160	4560	
ZY-07235	卢 含	员工	技术	24	80	23	2000	1920	500	4420	160	4260	全勤
ZY-08086	刘 喜	员工	管理	20	80	23	2000	1600	500	4100	160	3940	全勤
ZY-02156	温 馨	员工	培训	15	80	22	2000	1200	300	3500	160	3340	

全勤条件：出勤天数等于23天为全勤

图 2-2-13 使用拖曳填充单元格区域(4)

(5)定义单元格区域名称，选择“实发工资”所在列的 N4:N18 单元格区域，单击“公式”选项卡，在功能区中单击“名称管理器”，在弹出的“名称管理器”对话框中单击“新建”按钮，如图 2-2-14 所示。在“名称”文本框中输入“实发工资”，单击“确定”按钮，如图 2-2-15 所示。返回“名称管理器”对话框，单击“关闭”按钮。

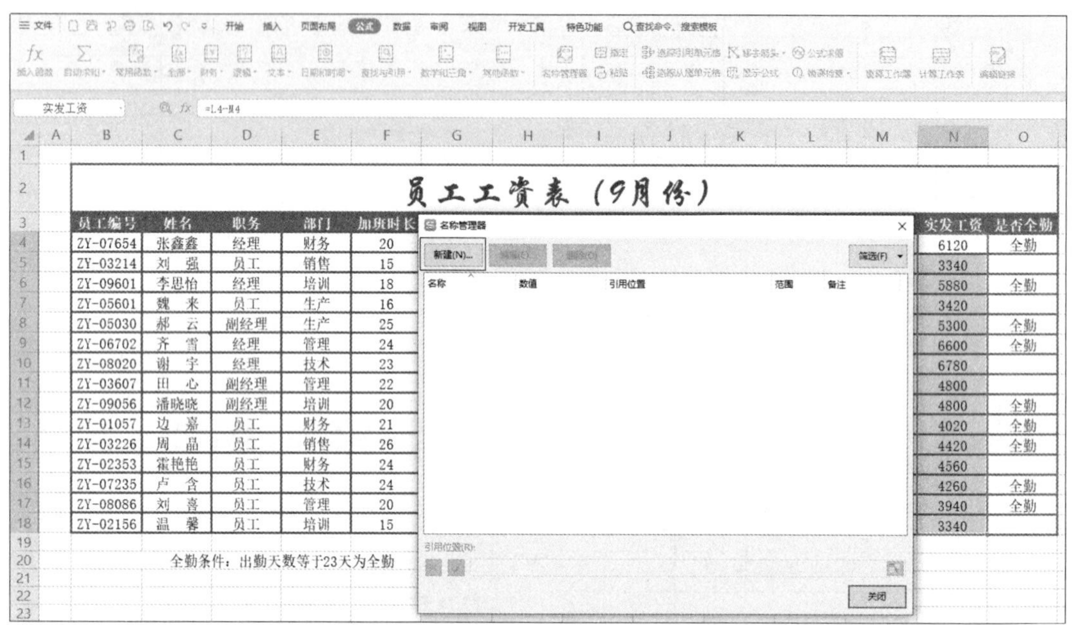

员工编号	姓名	职务	部门	加班时长	实发工资	是否全勤
ZY-07654	张鑫鑫	经理	财务	20	6120	全勤
ZY-03214	刘　强	员工	销售	15	3340	
ZY-09601	李思怡	经理	培训	18	5880	全勤
ZY-05601	魏　来	员工	生产	16	3420	
ZY-05030	郝　云	副经理	生产	25	5300	全勤
ZY-06702	齐　雪	经理	管理	24	6600	全勤
ZY-08020	谢　宇	经理	技术	23	6780	
ZY-03607	田　心	副经理	管理	22	4800	
ZY-09056	潘晓晓	副经理	培训	20	4800	全勤
ZY-01057	边　嘉	员工	财务	21	4020	全勤
ZY-03226	周　晶	员工	销售	26	4420	全勤
ZY-02353	霍艳艳	员工	财务	24	4560	
ZY-07235	卢　含	员工	技术	24	4260	全勤
ZY-08086	刘　喜	员工	管理	20	3940	全勤
ZY-02156	温　馨	员工	培训	15	3340	

图 2-2-14　新建名称

(6)计算“员工人数”信息。选定 R4 单元格，单击“公式”选项卡，在功能区中单击“插入函数”选项，在弹出的“插入函数”对话框中搜索“COUNT”，如图 2-2-16 所示；单击“确定”按钮，在“函数参数”对话框的“值 1”文本框中输入“实发工资”，如图 2-2-17 所示。单击“确定”按钮。

图 2-2-15　设置名称　　　　图 2-2-16　调用“COUNT”函数

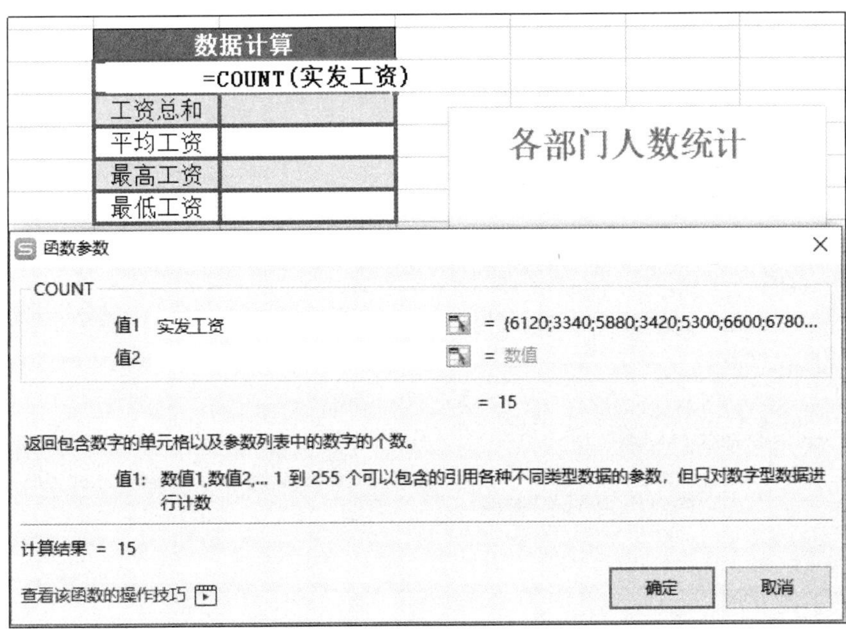

图 2-2-17 使用函数计算员工人数

(7)计算“工资总和”，选定 R5 单元格，单击“公式”选项卡，在功能区中单击“插入函数”选项，搜索“SUM”函数，如图 2-2-18 所示；单击“确定”按钮，在“函数参数”对话框的“数值 1”文本框中输入“实发工资”，如图 2-2-19 所示。单击“确定”按钮，计算出结果。

插入函数
全部函数 常用公式
查找函数(S):
SUM
或选择类别(C): 推荐
选择函数(N):
SUM
DSUM
IMSUM
SERIESSUM
SUMIF
SUMIFS
SUMPRODUCT
SUMSQ
SUM(number1, number2, ...)
返回某一单元格区域中所有数值之和。
确定 取消

数据计算	
员工人数	15
工资总和	=
平均工资	
最高工资	
最低工资	

计算各部门人数	
财务	
销售	
培训	
生产	
技术	
管理	

图 2-2-18 调用“SUM”函数

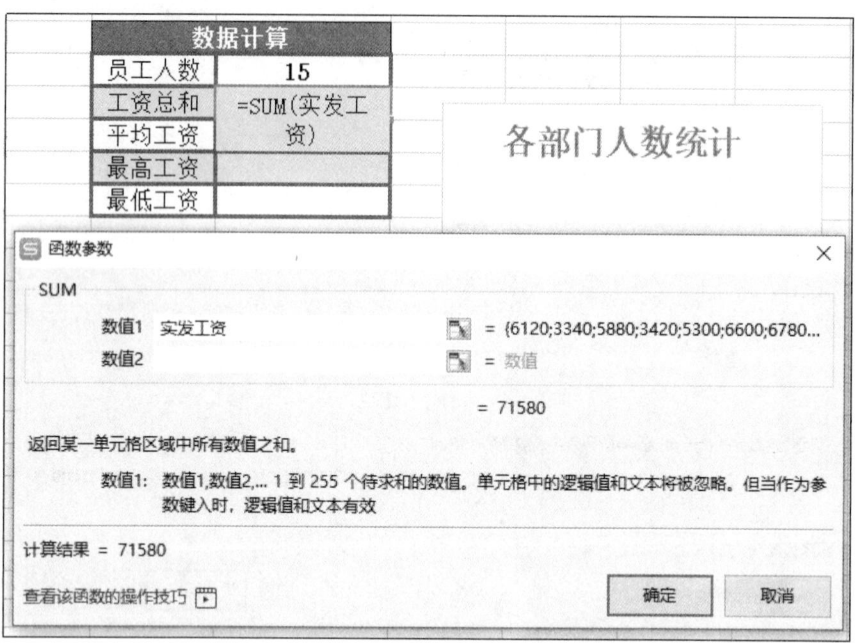

图 2-2-19 使用函数计算工资总和

(8)计算“平均工资”信息，选定 R6 单元格，单击“公式”选项卡，在功能区中单击“插入函数”选项，搜索“AVERAGE”函数，如图 2-2-20 所示；单击“确定”按钮，在“函数参数”对话框的“数值 1”文本框中输入“实发工资”，如图 2-2-21 所示。单击“确定”按钮计算出结果。

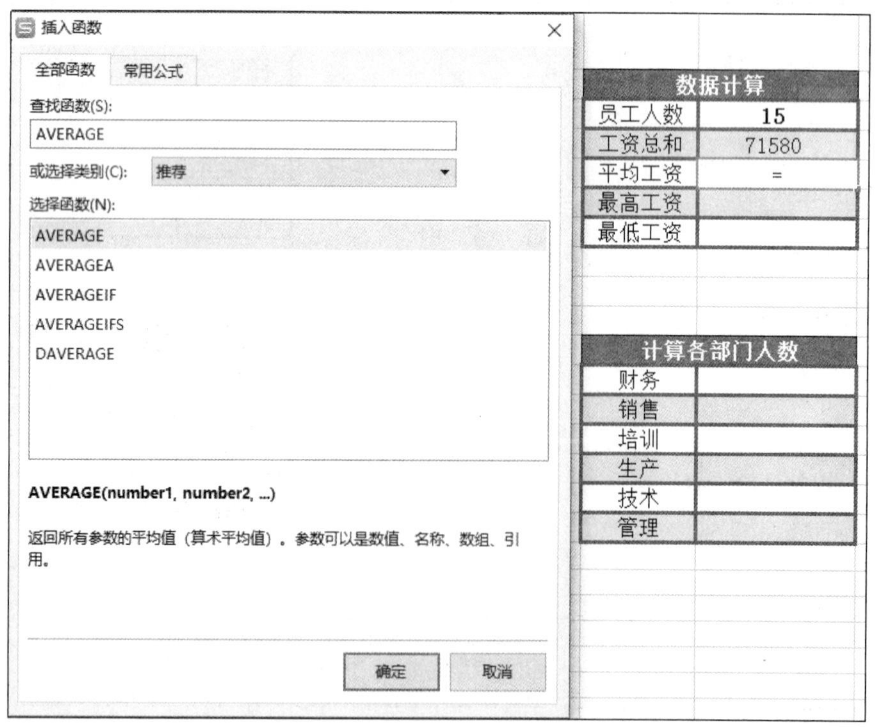

图 2-2-20 调用“AVERAGE”函数

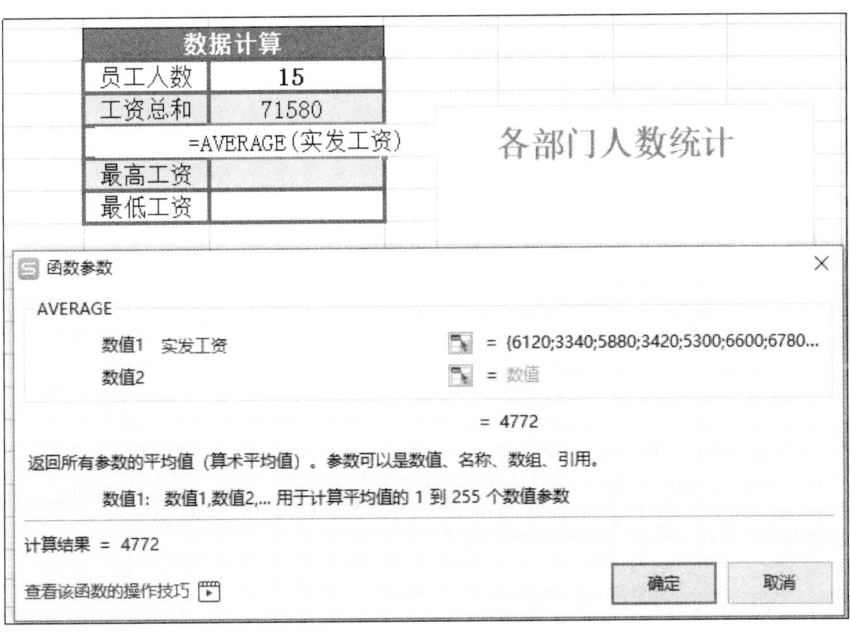

图 2-2-21 使用函数计算平均工资

(9)计算“最高工资”信息，选定 R7 单元格，单击“公式”选项卡，在功能区中单击“插入函数”选项，搜索“MAX”函数，如图 2-2-22 所示；单击“确定”按钮，在“函数参数”对话框的“数值 1”文本框中输入“实发工资”，如图 2-2-23 所示。单击“确定”按钮计算出结果。

插入函数

全部函数 常用公式

查找函数(S):

MAX

或选择类别(C): 推荐

选择函数(N):

MAX

DMAX

MAXA

MAXIFS

MAX(number1, number2, ...)

返回参数列表中的最大值，忽略文本值和逻辑值。

确定 取消

数据计算	
员工人数	15
工资总和	71580
平均工资	4772
最高工资	=
最低工资	

计算各部门人数	
财务	
销售	
培训	
生产	
技术	
管理	

图 2-2-22 调用“MAX”函数

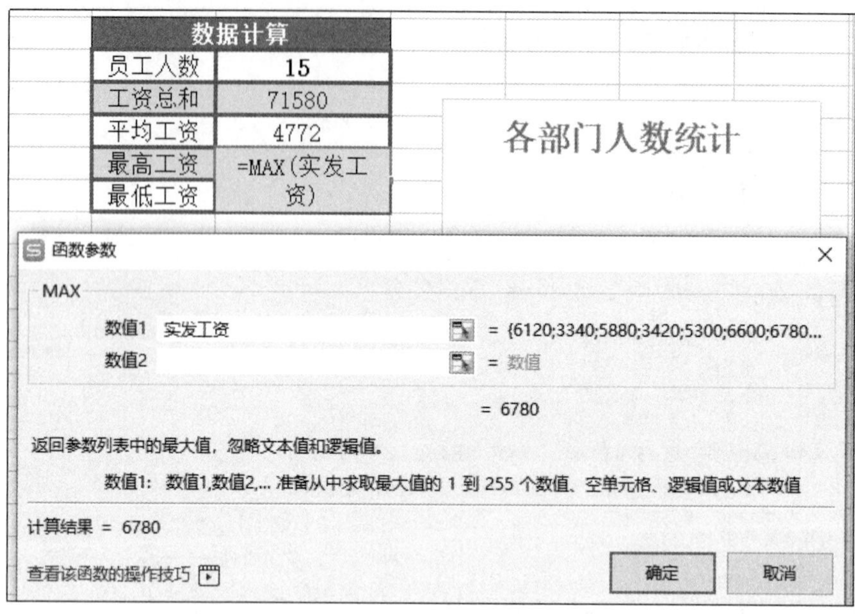

图 2-2-23 使用函数计算最高工资

(10)计算“最低工资”信息,选定 R8 单元格,单击“公式”选项卡,在功能区中单击“插入函数”选项,搜索“MIN”函数,如图 2-2-24 所示;单击“确定”按钮,在“函数参数”对话框的“数值 1”文本框中输入“实发工资”,如图 2-2-25 所示。单击“确定”按钮计算出结果。

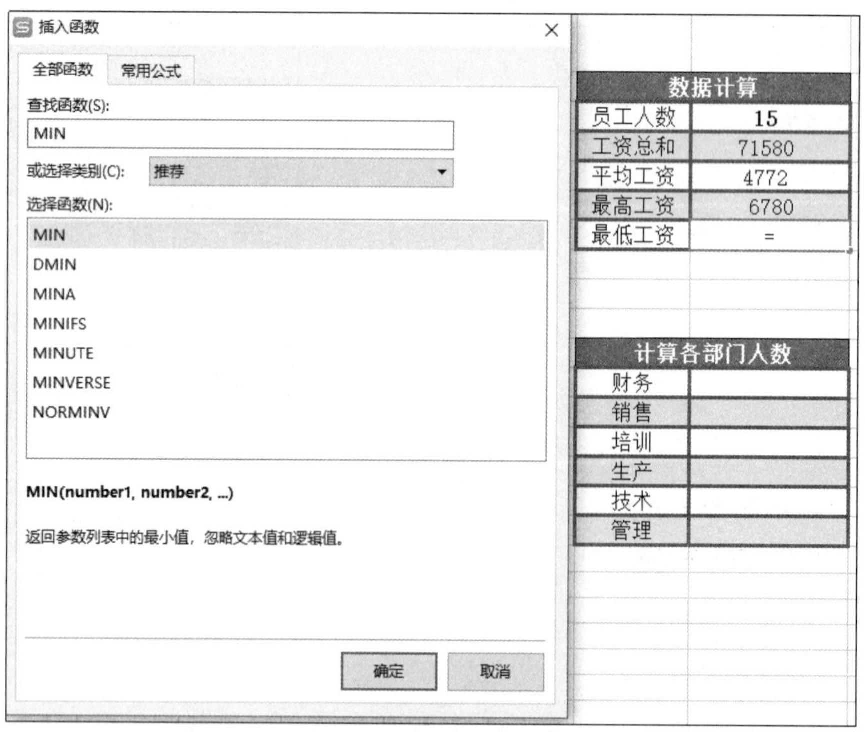

图 2-2-24 调用“MIN”函数

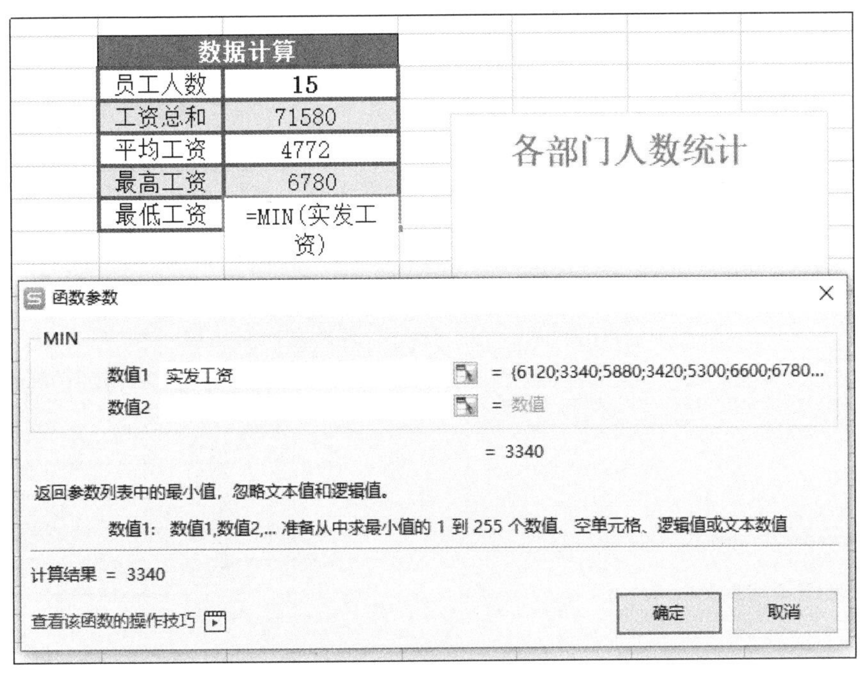

图 2-2-25　使用函数计算最低工资

(11)计算各部门人数，使用“COUNTIF”函数分别计算各部门人数。选择 E4:E18 单元格区域，单击选项卡中“公式”选项卡，在功能区中单击“名称管理器”，单击“新建”按钮，在“名称”文本框中输入“部门”，如图 2-2-26 所示，单击“确定”按钮，再单击“关闭”按钮。使用函数填充数据计算表格中各部门人数信息，单击 R13 单元格，单击“公式”选项卡，在功能区中单击“插入函数”选项，搜索“COUNTIF”函数，如图 2-2-27 所示。单击“确定”按钮，在“函数参数”对话框的“区域”文本框中输入“部门”，“条件”文本框中输入“"财务"”，如图 2-2-28 所示；单击“确定”按钮计算出结果。重复上一步骤，依次完成各个部门人数计算。计算出结果后，会自动生成图表，如图 2-2-29 所示。

员工工资表（9月份）

员工编号	姓名	职务	部门	加班时长	加班费用	出勤天数	岗位工资	绩效工资	奖金	应发工资	扣款	实发工资	是否全勤
ZY-07654	张鑫鑫	经理	财务	20	120	23	3500	2400	500	6400	280	6120	全勤
ZY-03214	刘　强	员工	销售						300	3500	160	3340	
ZY-09601	李思怡	经理	培训						500	6160	280	5880	全勤
ZY-05601	魏　来	员工	生产						300	3580	160	3420	
ZY-05030	郝　云	副经理	生产						500	5500	200	5300	全勤
ZY-06702	齐　雪	经理	管理						500	6880	280	6600	全勤
ZY-08020	谢　宇	经理	技术						800	7060	280	6780	
ZY-03607	田　心	副经理	管理						300	5000	200	4800	
ZY-09056	潘晓晓	副经理	培训						500	5000	200	4800	全勤
ZY-01057	边　嘉	员工	财务						500	4180	160	4020	全勤
ZY-03226	周　晶	员工	销售						500	4580	160	4420	全勤
ZY-02353	霍艳艳	员工	财务						800	4720	160	4560	
ZY-07235	卢　含	员工	技术	24	80	23	2000	1920	500	4420	160	4260	全勤
ZY-08086	刘　喜	员工	管理	20	80	23	2000	1600	500	4100	160	3940	全勤
ZY-02156	温　馨	员工	培训	15	80	22	2000	1200	300	3500	160	3340	

全勤条件：出勤天数等于23天为全勤

新建名称
名称(N):　部门
范围(S):　工作簿
备注(O):
引用位置(R):　=模板!$E$4:$E$18
确定　取消

图 2-2-26　新建数据标签

插入函数

全部函数 常用公式

查找函数(S): COUNTIF

或选择类别(C): 推荐

选择函数(N):
COUNTIF
COUNTIFS

COUNTIF(range, criteria)

计算区域中满足给定条件的单元格的个数。

确定 取消

数据计算	
员工人数	15
工资总和	71580
平均工资	4772
最高工资	6780
最低工资	3340

计算各部门人数	
财务	=
销售	
培训	
生产	
技术	
管理	

图 2-2-27 调用"COUNTIF"函数

函数参数

COUNTIF

区域 部门 = {"财务";"销售";"培训";"生产";"生产";"管理...

条件 "财务" = "财务"

= 3

计算区域中满足给定条件的单元格的个数。

条件: 以数字、表达式或文本形式定义的条件

计算结果 = 3

查看该函数的操作技巧

确定 取消

计算各部门人数	
=COUNTIF(部门,"财务"	
销售	
培训	
生产	
技术	
管理	

部门人数计算

图 2-2-28 使用函数计算部门人数

员工工资表（9月份）

员工编号	姓名	职务	部门	加班时长	加班费用	出勤天数	岗位工资	绩效工资	奖金	应发工资	扣款	实发工资	是否全勤
ZY-07654	张鑫鑫	经理	财务	20	120	23	3500	2400	500	6400	280	6120	全勤
ZY-03214	刘　强	员工	销售	15	80	22	2000	1200	300	3500	160	3340	
ZY-09601	李思怡	经理	培训	18	120	23	3500	2160	500	6160	280	5880	全勤
ZY-05601	魏　来	员工	生产	16	80	20	2000	1280	300	3580	160	3420	
ZY-05030	郝　云	副经理	生产	25	100	23	2500	2500	500	5500	200	5300	全勤
ZY-06702	齐　雪	经理	管理	24	120	23	3500	2880	500	6880	280	6600	全勤
ZY-08020	谢　宇	经理	技术	23	120	21	3500	2760	800	7060	280	6780	
ZY-03607	田　心	副经理	管理	22	100	19	2500	2200	300	5000	200	4800	
ZY-09056	潘晓晓	副经理	培训	20	100	23	2500	2000	500	5000	200	4800	全勤
ZY-01057	边　嘉	员工	财务	21	80	23	2000	1680	500	4180	160	4020	全勤
ZY-03226	周　晶	员工	销售	26	80	23	2000	2080	500	4580	160	4420	全勤
ZY-02353	霍艳艳	员工	财务	24	80	20	2000	1920	800	4720	160	4560	
ZY-07235	卢　含	员工	技术	24	80	23	2000	1920	500	4420	160	4260	全勤
ZY-08086	刘　喜	员工	管理	20	80	23	2000	1600	500	4100	160	3940	全勤
ZY-02156	温　馨	员工	培训	15	80	22	2000	1200	300	3500	160	3340	

全勤条件：出勤天数等于23天为全勤

数据计算	
员工人数	15
工资总和	71580
平均工资	4772
最高工资	6780
最低工资	3340

计算各部门人数	
财务	3
销售	2
培训	3
生产	2
技术	2
管理	3

图 2-2-29　完成样张

四、相关知识

1. VLOOKUP

格式：VLOOKUP(lookup_value,table_array,col_index_num,range_lookup)

功能：在表格或数值数组（参数 table_array 指定单元格区域或数值数组）的首列查找指定的数值（参数 lookup_value 指定数值），并由此返回表格或数组当前行中指定列（参数 col_index_num 指定列号）处的数值。

参数：

lookup_value 为需要在数据单元格区域第一列中查找的数值。lookup_value 可以为数值、引用或文本字符串。

table_array 为需要在其中查找数据的数据表。可以使用对区域或区域名称的引用。

col_index_num 为 table_array 中待返回的匹配值的列序号。col_index_num 为 1 时，返回 table_array 第一列中的数值；col_index_num 为 2，返回 table_array 第二列中的数值，以此类推。如果 col_index_num 小于 1，函数 VLOOKUP 返回错误值 #VALUE!；如果 col_index_num 大于 table_array 的列数，函数 VLOOKUP 返回错误值 #REF!。

range_lookup 为逻辑值 TRUE 或 FALSE，指明函数 VLOOKUP 返回时是精确匹配还是近似匹配。如果为 TRUE 或省略，则返回近似匹配值，也就是说，如果找不到精确匹配值，则返回小于 lookup_value 的最大数值；如果 range_value 为 FALSE，函数 VLOOKUP 将返回精确匹配值。如果找不到，则返回错误值 #N/A。

2. TEXT 函数与设置单元格格式的区别

单击“开始”选项卡“数字”组中的按钮，或在“单元格格式”对话框“数字”选项卡中设置有关格式后，单元格的数字将按设置的方式予以显示。WPS 表格还提供了 TEXT 函数来设置数字格式。

但是两者有着本质的区别。

设置单元格的格式，仅仅是数字所显示外观的改变，其实质仍然是数值本身，仍然可以进一步直接用于求和等运算；如果单元格中输入的是带撇号(')的强制以文本形式存储的数字，无法通过设置单元格格式方式改变，得到的效果是“显示”效果。

使用 TEXT 函数可以将数值转换为带格式的文本，其实质已经是文本，即使除了数字之外不包含其他字符，也是以文本形式存储的数字而不能直接作为数值用于求和等运算；得到的效果是“现实”效果。

3.“符号”基本功能描述

公式是指以等号“＝”为引导，使用运算符并按照一定的顺序组合进行数据运算的等式，通常包含运算符、单元格引用、数值、工作表函数等元素。公式可以用在单元格中，也可以用于条件格式、数据验证、名称等其他允许使用公式的地方。

函数是预先定义并按照特定的顺序和结构，来执行计算、分析等数据处理任务的功能模块。函数具有简化公式、提高编辑效率的特点。调用函数的语法形式为：＝函数名(参数 1，参数 2，参数 3……)。

“公式记忆键入”功能能够根据用户输入公式时的关键字，显示备选的函数和已定义的名称列表，按上、下方向键可以选择要使用的函数，按 Tab 或 Enter 键可以快速补齐函数名称，或直接用鼠标选择函数并双击插入。

“参数中文提示”功能可以帮助用户了解函数语法中的参数名称、可选参数或必需参数等，函数屏幕提示工具条会自动悬浮在函数编辑位置附近。

4.常用函数介绍

(1)逻辑函数

①＝AND(条件 1，[条件 2]...[条件 n])

所有条件成立返回 TRUE，所有条件都不成立返回 FALSE。

②＝OR(条件 1，[条件 2]...[条件 n])

所有条件都不成立返回 FALSE，任意条件成立返回 TRUE。

③＝IF(测试条件，真返回值，[假返回值])

判断一个条件是否满足，如果满足返回一个值，否则返回另一个值。

(2)日期时间函数

①＝DATE(年，月，日)

组合日期，例如＝DATE(2019，1，2)则返回日期 2019－1－2。

②＝TIME(小时，分，秒)

组合时间，例如＝TIME(10，50，13)则返回时间 10:50:13。

③＝TODAY()

返回当前日期。

④＝DATEDIF(开始日期，终止日期，比较单位)

计算两个日期相距的年月日。其中，比较单位为“Y”、“M”或“D”，Y 代表年，M 代表月，D 代表天，只能按其中一个单位计算相距的长度。

(3)文本函数

①=LEN(字符串)

返回字符个数。

②=LEFT(字符串,[字符个数])

从字符串左边开始取字符。

③=RIGHT(字符串,[字符个数])

从字符串右边开始取字符。

④=MID(字符串,开始位置,字符个数)

从字符串的指定位置取字符。

(4)查找引用函数

①=VLOOKUP(查找值,数据表,列序数,[匹配条件])

数据匹配。其中,匹配条件为 0 或者 1,当为 0 时代表精确查找(常用于查找文本条件),为 1 时代表模糊查找(常用于查找数字区间)。

②=MATCH(查找值,查找区域,[匹配类型])

返回指定内容在指定区域的次序。其中,匹配条件为 0 或者 1,当为 0 时代表精确查找(常用于查找文本条件),为 1 时代表模糊查找(常用于查找数字区间)。

③=INDEX(数组,行序数,[列序数],[区域序数])

返回指定区域内指定次序的内容。

五、创新作业

按如下要求完成,结果如图 2-2-30 所示。

商品销售情况统计表							
编号	产品名称	所属国家	合作时间	销售数量	产品单价	销售额	销售情况
1	水果	美国	8	1240	1700	2108000	一般
2	化妆品	俄罗斯	3	4570	900	4113000	突出
3	汽车	日本	9	3677	300	1103100	一般
4	零件	美国	6	2186	1000	2186000	一般
5	坚果	俄罗斯	8	3685	1500	5527500	一般
6	日用品	美国	8	7358	1600	11772800	突出
7	水产	美国	6	3467	1300	4507100	一般
8	粮食	日本	6	3329	1400	4660600	一般
9	手机	俄罗斯	9	2430	800	1944000	一般
10	电器	美国	7	3430	1560	5350800	一般

销售数量最高值	7358
销售数量最低值	1240
所有商品总销售额	43272900

图 2-2-30 商品销售情况统计表

1. 定义单元格区域名称

(1)定义“销售数量”一列数据区域单元格名称为“销售数量”。

(2)定义“销售额”一列数据区域单元格名称为“销售额”。

2. 公式

在单元格区域 G3:G12 中使用公式统计出“销售额”。(提示:销售额=销售数量 * 产品单价)

3. 函数

(1)IF 函数:在单元格区域 H3:H12 中使用函数统计出“销售情况”,若“销售数量”大于 4 000,则“销售情况”为“突出”,否则为“一般”。

(2)MAX 函数:在单元格区域 E14 中使用函数统计出“销售数量最高值”。

(3)MIN 函数:在单元格区域 E15 中使用函数统计出“销售数量最低值”。

(4)SUM 函数:在单元格区域 E16 中使用函数统计出“所有商品销售额”。

项目三 产品销售统计表——WPS 表格数据分析及处理

一、项目描述

在对表格数据进行查看和分析时,常常需要让表格当中的数据按照一定顺序进行排列或者列举出符合一定条件的数据,以及对数据进行分类汇总等操作。WPS 表格也可以将表格中的数据转换成不同类型的图表,让数据更加直观地进行展示。当数据量较大、数量项目较多时,可以创建数据透视表和数据透视图,快速分析不同数据项目的情况。

本项目以“202×年 1 季度产品销售统计表”为载体介绍 WPS 表格中的数据排序、数据筛选操作,分类汇总的使用技巧,合并计算数据的方法,数据透视表的应用技巧及利用数据透视图分析数据。

二、项目分析

按照“202×年 1 季度产品销售统计表”的数据信息,对销售记录进行整理与分析,利用 WPS 表格的强大功能,快速对数据进行分析。

任务一:数据排序。

在“数据排序”工作表中,对“销售人员”进行“升序”排列。在“数据自定义排序”工作表中,以“销售人员”为主要关键字进行升序,“产品名称”为次要关键字进行降序排序操作,如图 2-3-1 所示。

	A	B	C	D	E	F
1		202X年1季度产品销售统计表				
2		销售人员	产品名称	销售数量	销售单价	销售总额
3		顾凌	一体机	10	3799	37990
4		顾凌	台式机	13	5899	76687
5		顾凌	平板电脑	15	2199	32985
6		顾凌	笔记本电脑	20	6599	131980
7		顾凌	智能周边	30	100	3000
8		李琳	一体机	8	3799	30392
9		李琳	平板电脑	12	2199	26388
10		李琳	笔记本电脑	18	6599	118782
11		李琳	台式机	20	5899	117980
12		李琳	智能周边	24	100	2400
13		刘菲菲	智能周边	45	100	4500
14		刘菲菲	台式机	12	5899	70788
15		刘菲菲	笔记本电脑	14	6599	92386
16		刘菲菲	一体机	12	3799	45588
17		刘菲菲	平板电脑	18	2199	39582
18		王志军	一体机	11	3799	41789
19		王志军	智能周边	50	100	5000
20		王志军	台式机	14	5899	82586
21		王志军	平板电脑	16	2199	35184
22		王志军	笔记本电脑	21	6599	138579
23		叶子航	智能周边	86	100	8600
24		叶子航	笔记本电脑	18	6599	118782
25		叶子航	一体机	20	3799	75980
26		叶子航	台式机	23	5899	135677
27		叶子航	平板电脑	25	2199	54975
28		张萍	台式机	15	5899	88485
29		张萍	一体机	19	3799	72181
30		张萍	智能周边	44	100	4400
31		张萍	平板电脑	20	2199	43980
32		张萍	笔记本电脑	23	6599	151777
33						

图 2-3-1　数据排序结果

任务二:数据筛选。

在“数据筛选”工作表中,对数据进行筛选。筛选条件:“产品名称”为“笔记本电脑”,“销售数量”≥ 20。如图 2-3-2 所示。

	A	B	C	D	E	F
1						
2		202X年1季度产品销售统计表				
3		销售人	产品名称	销售数	销售单	销售总
23		顾凌	笔记本电脑	20	6599	131980
28		王志军	笔记本电脑	21	6599	138579
29		张萍	笔记本电脑	23	6599	151777
34						

图 2-3-2　数据筛选结果

任务三:突出显示条件格式。

在“突出显示条件格式”工作表中,突出显示“产品名称”为“笔记本电脑”的数据,并对其进行颜色填充:浅绿色(第四行第七列);对“销售总额”大于“100 000”的数据进行颜色填充(黄填充色深黄色文本)。如图 2-3-3 所示。

任务四:分类汇总。

在“分类汇总”工作表中,以“销售人员”为分类字段,对“销售总额”进行“求和”分类汇总。如图 2-3-4 所示。

202X年1季度产品销售统计表				
销售人员	产品名称	销售数量	销售单价	销售总额
李琳	一体机	8	3799	30392
顾凌	一体机	10	3799	37990
刘菲菲	智能周边	45	100	4500
王志军	一体机	11	3799	41789
李琳	平板电脑	12	2199	26388
刘菲菲	台式机	12	5899	70788
顾凌	台式机	13	5899	76687
王志军	智能周边	50	100	5000
刘菲菲	笔记本电脑	14	6599	92386
王志军	台式机	14	5899	82586
刘菲菲	一体机	12	3799	45588
叶子航	智能周边	86	100	8600
顾凌	平板电脑	15	2199	32985
张萍	台式机	15	5899	88485
王志军	平板电脑	16	2199	35184
李琳	笔记本电脑	18	6599	118782
刘菲菲	平板电脑	18	2199	39582
叶子航	笔记本电脑	18	6599	118782
张萍	一体机	19	3799	72181
顾凌	笔记本电脑	20	6599	131980
张萍	智能周边	44	100	4400
李琳	台式机	20	5899	117980
张萍	平板电脑	20	2199	43980
叶子航	一体机	20	3799	75980
王志军	笔记本电脑	21	6599	138579
张萍	笔记本电脑	23	6599	151777
叶子航	台式机	23	5899	135677
李琳	智能周边	24	100	2400
叶子航	平板电脑	25	2199	54975
顾凌	智能周边	30	100	3000

图 2-3-3 突出显示条件格式结果

202X年1季度产品销售统计表				
销售人员	产品名称	销售数量	销售单价	销售总额
顾凌 汇总				282642
李琳 汇总				295942
刘菲菲 汇总				252844
王志军 汇总				303138
叶子航 汇总				394014
张萍 汇总				360823
总计				1889403

图 2-3-4 分类汇总结果

任务五:合并计算。

在“合并计算”工作表中,按“产品名称”对“销售数量”进行“和”的合并计算。如图 2-3-5 所示。

任务六:数据透视表和数据透视图。

使用“原始数据”工作表中的数据,以“产品名称”为行标签,以“销售人员”为列字段,以“销售总额”为求和项,从当前工作表的 B1 单元格起,建立数据透视表,再使用数据透视表中的数据创建数据透视图。如图 2-3-6 所示。

销售人员	产品名称	销售数量	销售单价	销售总额
202X年1季度产品销售统计表				
李琳	一体机	8	3799	30392
顾凌	一体机	10	3799	37990
刘菲菲	智能周边	45	100	4500
王志军	一体机	11	3799	41789
李琳	平板电脑	12	2199	26388
刘菲菲	台式机	12	5899	70788
顾凌	台式机	13	5899	76687
王志军	智能周边	50	100	5000
刘菲菲	笔记本电脑	14	6599	92386
王志军	台式机	14	5899	82586
刘菲菲	一体机	12	3799	45588
叶子航	智能周边	86	100	8600
顾凌	平板电脑	15	2199	32985
张萍	台式机	15	5899	88485
王志军	平板电脑	16	2199	35184
李琳	笔记本电脑	18	6599	118782
刘菲菲	平板电脑	18	2199	39582
叶子航	笔记本电脑	18	6599	118782
张萍	一体机	19	3799	72181
顾凌	笔记本电脑	20	6599	131980
张萍	智能周边	44	100	4400
李琳	台式机	20	5899	117980
张萍	平板电脑	20	2199	43980
叶子航	一体机	20	3799	75980
王志军	笔记本电脑	21	6599	138579
张萍	笔记本电脑	23	6599	151777
叶子航	台式机	23	5899	135677
李琳	智能周边	24	100	2400
叶子航	平板电脑	25	2199	54975
顾凌	智能周边	30	100	3000

产品名称	销售数量
一体机	80
智能周边	279
平板电脑	106
台式机	97
笔记本电脑	114

图 2-3-5 合并计算结果

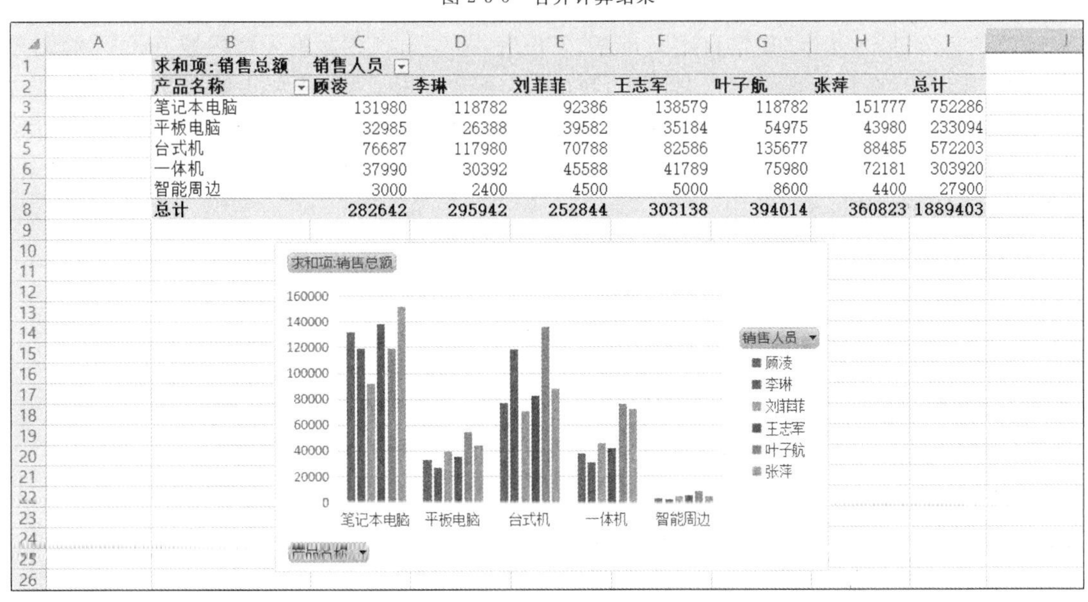

求和项:销售总额	销售人员						
产品名称	顾凌	李琳	刘菲菲	王志军	叶子航	张萍	总计
笔记本电脑	131980	118782	92386	138579	118782	151777	752286
平板电脑	32985	26388	39582	35184	54975	43980	233094
台式机	76687	117980	70788	82586	135677	88485	572203
一体机	37990	30392	45588	41789	75980	72181	303920
智能周边	3000	2400	4500	5000	8600	4400	27900
总计	282642	295942	252844	303138	394014	360823	1889403

图 2-3-6 数据透视表和数据透视图结果

三、项目实现

1. 数据排序

(1)数据排序:对“销售人员”进行“升序”排序。选择“数据排序”工作表,单击选择“销售人员”单元格区域(B3:F32)。单击“开始”选项卡,在功能区中单击“排序”下拉按钮,在下拉列表中选择“升序”,对“销售人员”所在列以及扩展区域进行升序排列,如图 2-3-7 所示。

数据排序

202X年1季度产品销售统计表				
销售人员	产品名称	销售数量	销售单价	销售总额
顾凌	一体机	10	3799	37990
张萍	台式机	15	5899	88485
张萍	一体机	19	3799	72181
张萍	智能周边	44	100	4400
张萍	平板电脑	20	2199	43980
张萍	笔记本电脑	23	6599	151777
叶子航	智能周边	86	100	8600
叶子航	笔记本电脑	18	6599	118782
叶子航	一体机	20	3799	75980
叶子航	台式机	23	5899	135677
叶子航	平板电脑	25	2199	54975
王志军	一体机	11	3799	41789
王志军	智能周边	50	100	5000
王志军	台式机	14	5899	82586
王志军	平板电脑	16	2199	35184
王志军	笔记本电脑	21	6599	138579
刘菲菲	智能周边	45	100	4500
刘菲菲	台式机	12	5899	70788
刘菲菲	笔记本电脑	14	6599	92386
刘菲菲	一体机	12	3799	45588
刘菲菲	平板电脑	18	2199	39582
李琳	一体机	8	3799	30392
李琳	平板电脑	12	2199	26388
李琳	笔记本电脑	18	6599	118782
李琳	台式机	20	5899	117980
李琳	智能周边	24	100	2400
顾凌	台式机	13	5899	76687
顾凌	平板电脑	15	2199	32985
顾凌	笔记本电脑	20	6599	131980
顾凌	智能周边	30	100	3000

图 2-3-7 “升序”排列

(2)自定义排序:选择“数据自定义排序”工作表,拖曳选择数据单元格区域(B2:F32)。单击“数据”选项卡,在功能区中单击“排序”,弹出“排序”对话框。在“主要关键字”下拉列表中选择“销售人员”,在“次序”下拉列表中选择“升序”;单击“添加条件”按钮,在“次要关键字”下拉列表中选择“产品名称”,在“次序”下拉列表中选择“降序”,单击“确定”按钮,如图 2-3-8 所示。自定义排序结果如图 2-3-1 所示。

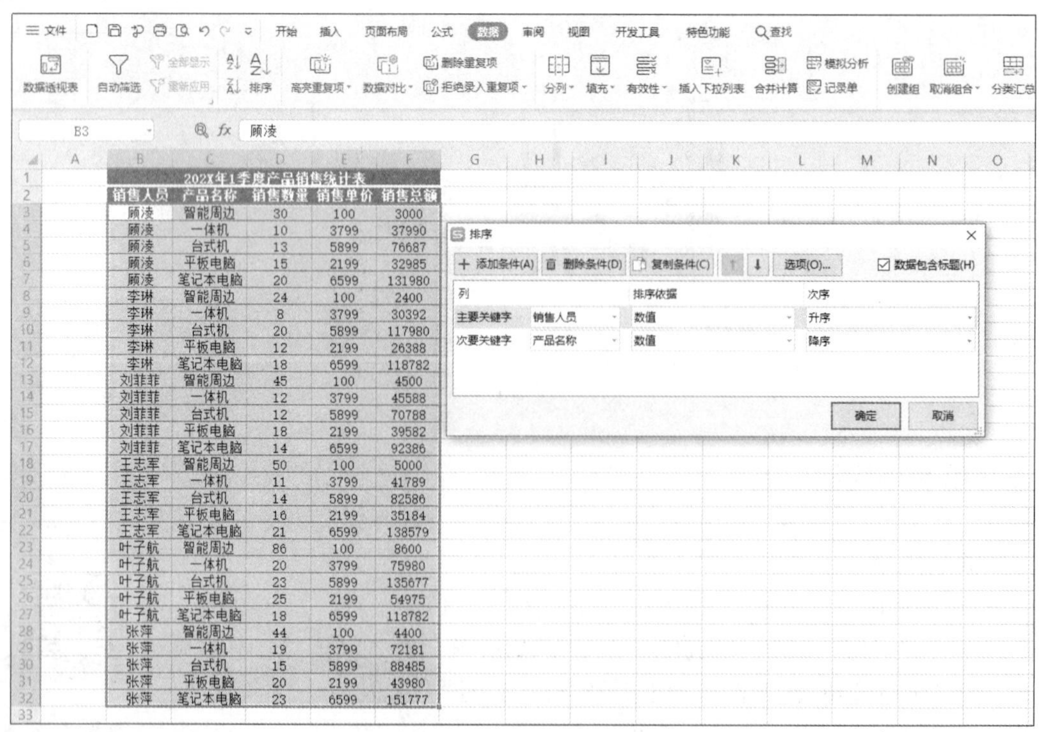

202X年1季度产品销售统计表				
销售人员	产品名称	销售数量	销售单价	销售总额
顾凌	智能周边	30	100	3000
顾凌	一体机	10	3799	37990
顾凌	台式机	13	5899	76687
顾凌	平板电脑	15	2199	32985
顾凌	笔记本电脑	20	6599	131980
李琳	智能周边	24	100	2400
李琳	一体机	8	3799	30392
李琳	台式机	20	5899	117980
李琳	平板电脑	12	2199	26388
李琳	笔记本电脑	18	6599	118782
刘菲菲	智能周边	45	100	4500
刘菲菲	一体机	12	3799	45588
刘菲菲	台式机	12	5899	70788
刘菲菲	平板电脑	18	2199	39582
刘菲菲	笔记本电脑	14	6599	92386
王志军	智能周边	50	100	5000
王志军	一体机	11	3799	41789
王志军	台式机	14	5899	82586
王志军	平板电脑	16	2199	35184
王志军	笔记本电脑	21	6599	138579
叶子航	智能周边	86	100	8600
叶子航	一体机	20	3799	75980
叶子航	台式机	23	5899	135677
叶子航	平板电脑	25	2199	54975
叶子航	笔记本电脑	18	6599	118782
张萍	智能周边	44	100	4400
张萍	一体机	19	3799	72181
张萍	台式机	15	5899	88485
张萍	平板电脑	20	2199	43980
张萍	笔记本电脑	23	6599	151777

图 2-3-8 自定义排序操作

2. 数据筛选

(1)筛选条件:“产品名称”为“笔记本电脑”;“销售数量”≥20。选择“数据筛选”工作表,选择单元格区域 B3:F3,单击“数据”选项卡,在功能区中单击“自动筛选”按钮。当表格表头每列依次出现下拉按钮时,即成功建立自动筛选功能。根据要求筛选数据:单击“产品名称”下拉按钮,在弹出的子面板中,在文本框中输入筛选条件“笔记本电脑”,如图 2-3-9 所示;单击“销售数量”下拉按钮,单击“数字筛选”下的“大于或等于”,如图 2-3-10 所示。在弹出的“自定义自动筛选方式”对话框中,设置“大于或等于”“20”。最后操作结果如图 2-3-2 所示。

	A	B	C	D	E	F
1						
2		202X年1季度产品销售统计表				
3		销售人	产品名称	销售数	销售单	销售总
12		刘菲菲	笔记本电脑	14	6599	92386
19		李琳	笔记本电脑	18	6599	118782
21		叶子航	笔记本电脑	18	6599	118782
23		顾凌	笔记本电脑	20	6599	131980
28		王志军	笔记本电脑	21	6599	138579
29		张萍	笔记本电脑	23	6599	151777
34						

图 2-3-9 输入筛选条件“笔记本电脑”

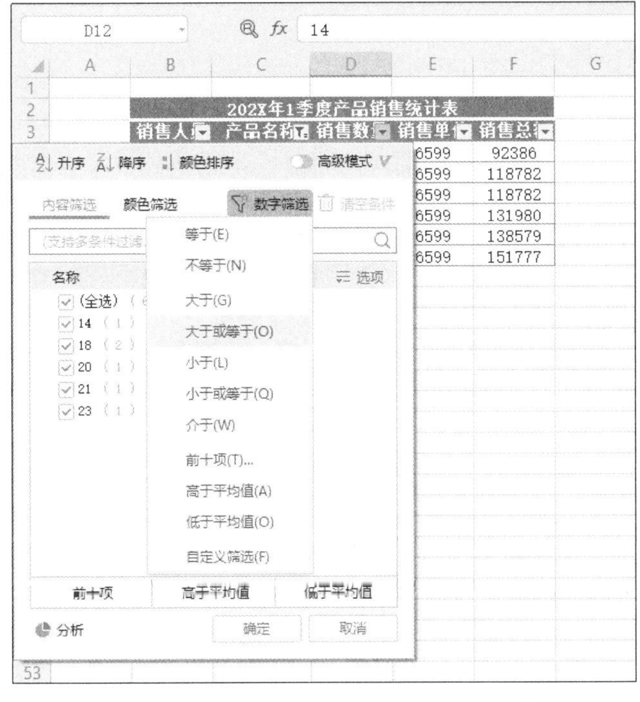

图 2-3-10 筛选销售数量

3. 突出显示条件格式

选择“突出显示条件格式”工作表:

(1)突出显示条件格式:“产品名称”为“笔记本电脑”。

选择“产品名称”所在列 C3:C32 单元格区域,单击“开始”选项卡,在功能区中单击“条件格式”按钮,在展开的下拉列表中选择“突出显示单元格规则”,开启次级子列表,在其中选择“等于”,在弹出的“等于”对话框中的文本框中输入“\$C\$11”筛选规则,如图 2-3-11 所示。在“设置为”下拉列表中选择“自定义格式”,如图 2-3-12 所示。在弹出的“单元格格式”对话框中单击“图案”选项卡。设置单元格颜色填充，选择“浅绿色”(第四行第七列)，单击“确定”按钮，如图 2-3-13 所示。

202X年1季度产品销售统计表				
销售人员	产品名称	销售数量	销售单价	销售总额
李琳	一体机	8	3799	30392
顾淩	一体机	10	3799	37990
刘菲菲	智能周边	45	100	4500
王志军	一体机	11	3799	41789
李琳	平板电脑	12	2199	26388
刘菲菲	台式机	12	5899	70788
顾淩	台式机	13	5899	76687
王志军	智能周边	50	100	5000
刘菲菲	笔记本电脑	14	6599	92386
王志军	台式机	14	5899	82586
刘菲菲	一体机	12	3799	45588
叶子航	智能周边	86	100	8600
顾淩	平板电脑	15	2199	32985
张萍	台式机	15	5899	88485
王志军	平板电脑	16	2199	35184
李琳	笔记本电脑	18	6599	118782
刘菲菲	平板电脑	18	2199	39582
叶子航	笔记本电脑	18	6599	118782
张萍	一体机	19	3799	72181
顾淩	笔记本电脑	20	6599	131980
张萍	智能周边	44	100	4400
李琳	台式机	20	5899	117980
张萍	平板电脑	20	2199	43980
叶子航	一体机	20	3799	75980
王志军	笔记本电脑	21	6599	138579
张萍	笔记本电脑	23	6599	151777
叶子航	台式机	23	5899	135677
李琳	智能周边	24	100	2400
叶子航	平板电脑	25	2199	54975
顾淩	智能周边	30	100	3000

等于

为等于以下值的单元格设置格式:

=$C$11　设置为 浅红填充色深红色文本

确定　取消

图 2-3-11　设置“笔记本电脑”筛选规则

突出显示条件格式

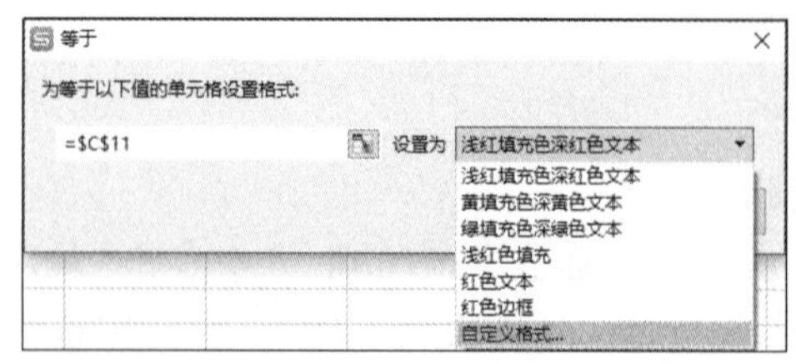

图 2-3-12　设置自定义格式

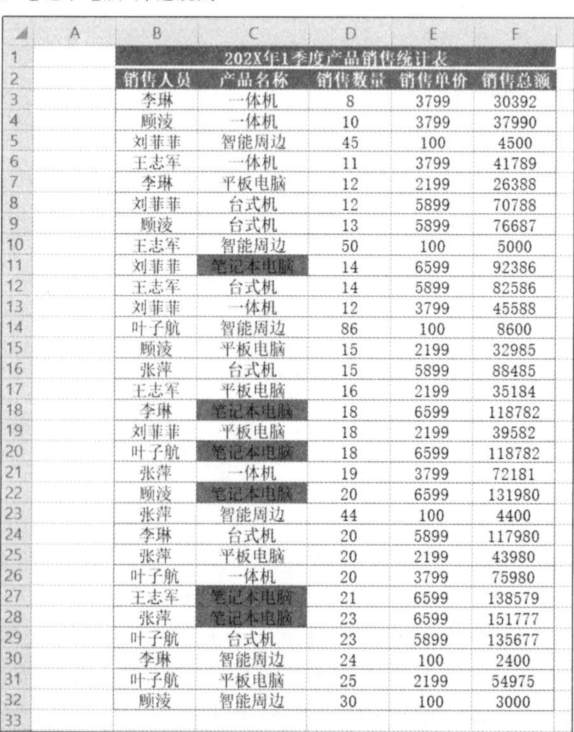

202X年1季度产品销售统计表				
销售人员	产品名称	销售数量	销售单价	销售总额
李琳	一体机	8	3799	30392
顾淩	一体机	10	3799	37990
刘菲菲	智能周边	45	100	4500
王志军	一体机	11	3799	41789
李琳	平板电脑	12	2199	26388
刘菲菲	台式机	12	5899	70788
顾淩	台式机	13	5899	76687
王志军	智能周边	50	100	5000
刘菲菲	笔记本电脑	14	6599	92386
王志军	台式机	14	5899	82586
刘菲菲	一体机	12	3799	45588
叶子航	智能周边	86	100	8600
顾淩	平板电脑	15	2199	32985
张萍	台式机	15	5899	88485
王志军	平板电脑	16	2199	35184
李琳	笔记本电脑	18	6599	118782
刘菲菲	平板电脑	18	2199	39582
叶子航	笔记本电脑	18	6599	118782
张萍	一体机	19	3799	72181
顾淩	笔记本电脑	20	6599	131980
张萍	智能周边	44	100	4400
李琳	台式机	20	5899	117980
张萍	平板电脑	20	2199	43980
叶子航	一体机	20	3799	75980
王志军	笔记本电脑	21	6599	138579
张萍	笔记本电脑	23	6599	151777
叶子航	台式机	23	5899	135677
李琳	智能周边	24	100	2400
叶子航	平板电脑	25	2199	54975
顾淩	智能周边	30	100	3000

图 2-3-13　“笔记本电脑”单元格颜色填充

(2)突出显示条件格式:“销售总额:>100000”。

选择“销售总额”所在列 F2:F32 单元格区域,单击“开始”选项卡,在功能区中单击“条件格式”按钮,在展开的下拉列表中选择“突出显示单元格规则”,选择“大于”,在弹出的“大于”对话框中的文本框中输入“100000”筛选规则。在“设置为”下拉列表中选择“黄填充色深黄色文本”,单击“确定”按钮,如图 2-3-14 所示。对“销售总额”进行单元格颜色填充,如图 2-3-15 所示。

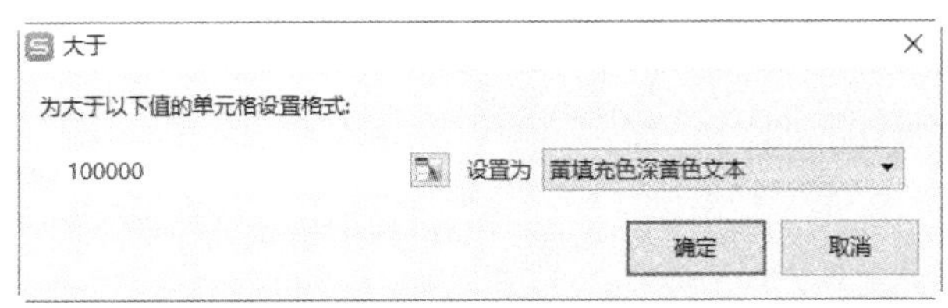

图 2-3-14 “销售总额”筛选规则

	A	B	C	D	E	F
1		202X年1季度产品销售统计表				
2		销售人员	产品名称	销售数量	销售单价	销售总额
3		李琳	一体机	8	3799	30392
4		顾凌	一体机	10	3799	37990
5		刘菲菲	智能周边	45	100	4500
6		王志军	一体机	11	3799	41789
7		李琳	平板电脑	12	2199	26388
8		刘菲菲	台式机	12	5899	70788
9		顾凌	台式机	13	5899	76687
10		王志军	智能周边	50	100	5000
11		刘菲菲	笔记本电脑	14	6599	92386
12		王志军	台式机	14	5899	82586
13		刘菲菲	一体机	12	3799	45588
14		叶子航	智能周边	86	100	8600
15		顾凌	平板电脑	15	2199	32985
16		张萍	台式机	15	5899	88485
17		王志军	平板电脑	16	2199	35184
18		李琳	笔记本电脑	18	6599	118782
19		刘菲菲	平板电脑	18	2199	39582
20		叶子航	笔记本电脑	18	6599	118782
21		张萍	一体机	19	3799	72181
22		顾凌	笔记本电脑	20	6599	131980
23		张萍	智能周边	44	100	4400
24		李琳	台式机	20	5899	117980
25		张萍	平板电脑	20	2199	43980
26		叶子航	一体机	20	3799	75980
27		王志军	笔记本电脑	21	6599	138579
28		张萍	笔记本电脑	23	6599	151777
29		叶子航	台式机	23	5899	135677
30		李琳	智能周边	24	100	2400
31		叶子航	平板电脑	25	2199	54975
32		顾凌	智能周边	30	100	3000
33						

图 2-3-15 “销售总额”单元格颜色填充

4. 分类汇总

选择“分类汇总”工作表,以“销售人员”为分类字段,对“销售总额”进行“求和”分类汇总。

(1)单击“销售人员”单元格(B3),选择“数据”选项卡,在功能区中单击“升序”按钮,对“销售人员”单元格所在列进行升序排列,如图 2-3-16 所示。

(2)拖曳选择 B3:F33 单元格区域,选择“数据”选项卡,在功能区中单击“分类汇总”按钮,在弹出的“分类汇总”对话框中,按要求依次选择。在“分类字段”下拉列表中选择“销售人员”;

在“汇总方式”下拉列表中选择“求和”；在“选定汇总项”列表框中勾选“销售总额”复选框，如图 2-3-17 所示，单击“确定”按钮。结果如图 2-3-4 所示。

202X年1季度产品销售统计表				
销售人员	产品名称	销售数量	销售单价	销售总额
顾浚	智能周边	30	100	3000
顾浚	一体机	10	3799	37990
顾浚	台式机	13	5899	76687
顾浚	平板电脑	15	2199	32985
顾浚	笔记本	20	6599	131980
李琳	智能周边	24	100	2400
李琳	一体机	8	3799	30392
李琳	台式机	20	5899	117980
李琳	平板电脑	12	2199	26388
李琳	笔记本	18	6599	118782
刘菲菲	智能周边	45	100	4500
刘菲菲	一体机	12	3799	45588
刘菲菲	台式机	12	5899	70788
刘菲菲	平板电脑	18	2199	39582
刘菲菲	笔记本	14	6599	92386
王志军	智能周边	50	100	5000
王志军	一体机	11	3799	41789
王志军	台式机	14	5899	82586
王志军	平板电脑	16	2199	35184
王志军	笔记本	21	6599	138579
叶子航	智能周边	86	100	8600
叶子航	一体机	20	3799	75980
叶子航	台式机	23	5899	135677
叶子航	平板电脑	25	2199	54975
叶子航	笔记本	18	6599	118782
张萍	智能周边	44	100	4400
张萍	一体机	19	3799	72181
张萍	台式机	15	5899	88485
张萍	平板电脑	20	2199	43980
张萍	笔记本	23	6599	151777

图 2-3-16 升序排列“销售人员”列数据

分类汇总

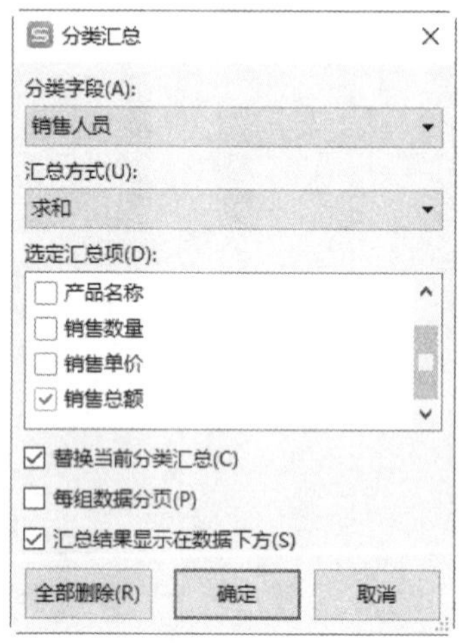

图 2-3-17 “分类汇总”条件设置

5. 合并计算

选择“合并计算”工作表，按“产品名称”对“销售数量”进行“求和”合并计算，结果显示在右侧表格中。

(1)单击 J4 单元格，选择“数据”选项卡，在功能区中单击“合并计算”按钮。

(2)在弹出的“合并计算”对话框中，在“函数”下拉列表中选择“求和”选项。

(3)单击引用位置右侧的“折叠”按钮折叠对话框，拖动鼠标选择 C4:D33 合并计算区域。

(4)单击“展开”按钮展开“合并计算”对话框，单击“添加”按钮。

(5)在“标签位置”选项组中勾选“最左列”复选框，如图 2-3-18 所示。单击“确定”按钮。合并计算结果如图 2-3-5 所示。

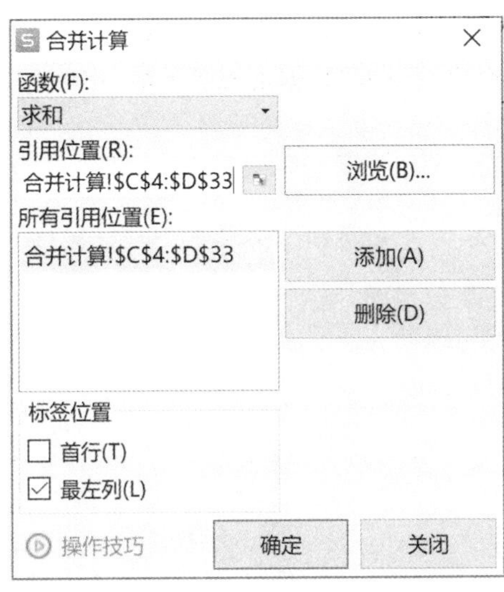

图 2-3-18 “合并计算”操作

合并计算

6. 数据透视表和数据透视图

(1)使用“原始数据”工作表中的数据，以“产品名称”为行标签，以“销售人员”为列字段，以“销售总额”为求和项，从“数据透视表和数据透视图”工作表的 B1 单元格起，建立数据透视表。

①打开“数据透视表和数据透视图”工作表，选定 B1 单元格，选择“数据”选项卡，在功能区中单击“数据透视表”按钮。

②在弹出的“创建数据透视表”对话框中，单击“请选择单元格区域”下的文本框右侧的按钮，选择数据区域为“原始数据”工作表的 B2:F32 单元格区域；选中“请选择放置数据透视表的位置”下面的“现有工作表”，如图 2-3-19 所示，单击“确定”按钮。

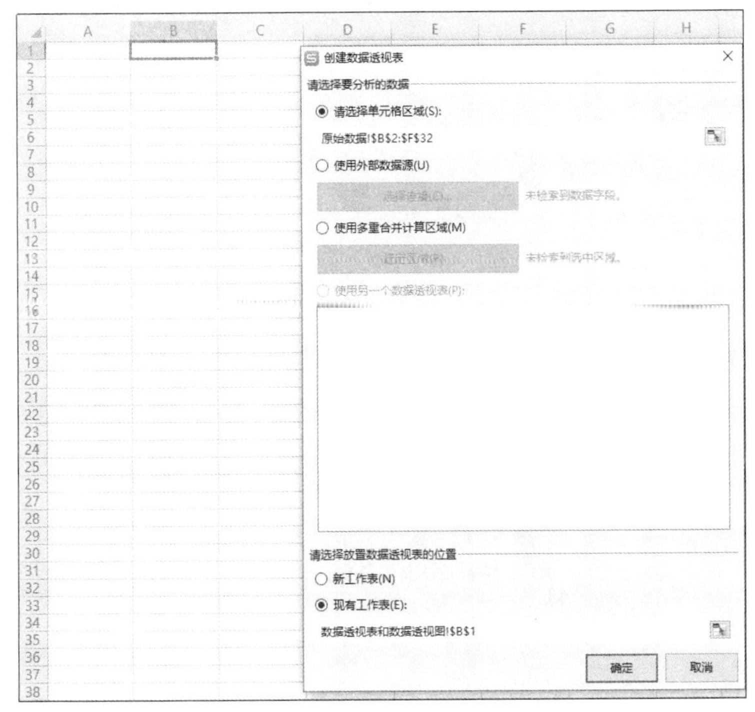

图 2-3-19 创建数据透视表

数据透视表和数据透视图

③在“透视表和数据透视图”工作表右侧“数据透视表”任务窗格中，依次将字段列表中的“销售人员”“产品名称”“销售总额”分别拖曳到下方“数据透视表区域”中的“列”“行”“值”选项区域中，结果如图 2-3-20 所示。

求和项:销售总额	销售人员						
产品名称	顾凌	李琳	刘菲菲	王志军	叶子航	张萍	总计
笔记本电脑	131980	118782	92386	138579	118782	151777	752286
平板电脑	32985	26388	39582	35184	54975	43980	233094
台式机	76687	117980	70788	82586	135677	88485	572203
一体机	37990	30392	45588	41789	75980	72181	303920
智能周边	3000	2400	4500	5000	8600	4400	27900
总计	282642	295942	252844	303138	394014	360823	1889403

图 2-3-20　数据透视表结果

(2)使用数据透视表中的数据创建数据透视图。拖曳选择 B3:H7 单元格区域，选择“插入”选项卡，在功能区中单击“数据透视图”按钮，在弹出的“插入图表”对话框中选择“柱形图”中的“簇状柱形图”，如图 2-3-21 所示。单击“插入”按钮，调整“簇状柱形图”到表格合适位置，结果如图 2-3-6 所示。

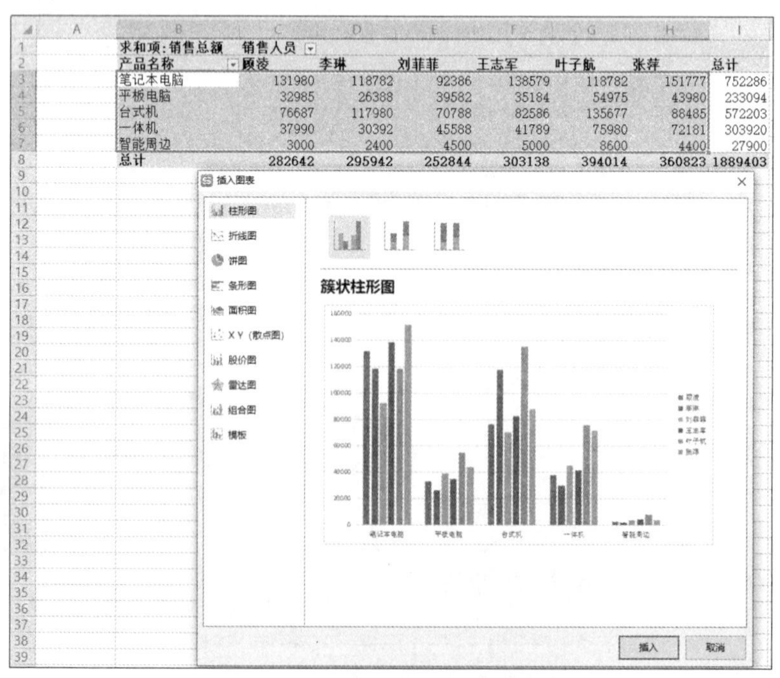

图 2-3-21　选择簇状柱形图

四、相关知识

1. 高级筛选的设置与使用

对于查询条件较为复杂或必须经过计算才能进行查询的情况，可以使用高级筛选方式，这种筛选方式需要定义三个单元格区域：定义查询的数据区域、定义查询的条件区域和存放筛选结果的区域，当这些区域都定义好后便可以进行筛选。

例如在“销售记录”表中，筛选出售价大于 6 元并且小于 11 元，以及进价在 1.1 元以上与售价低于 3 元的饮料。

(1)选择条件区域与设置筛选条件

选择工作表的空白区域作为条件区域，同时设置筛选条件。设置筛选条件如下：

①筛选条件区域的列标题和条件应放在不同的单元格中。

②筛选条件区域的列标题应与查询的数据区域的列标题完全一致，可以使用复制的方式设置。

③“与”关系的条件必须出现在同一行，例如“售价＞6”和“售价＜11”。

④“或”关系的条件不能出现在同一行，例如“售价＞6”或“售价＜3”。

(2)设置高级筛选

在“数据”选项卡“筛选”命令组中单击对话框启动器按钮，打开“高级筛选”对话框，在该对话框中进行以下设置。

①设置“方式”：在“方式”区域指定筛选结果存放的位置，例如选择“将筛选结果复制到其他位置”单选按钮。

②设置“列表区域”：在“列表区域”文本框中输入单元格区域地址或者利用“折叠”按钮在工作表中选择数据区域。

③设置“条件区域”：在“条件区域”文本框中输入单元格区域地址或者利用“折叠”按钮在工作表中选择条件区域。

④单击“将筛选结果复制到其他位置”，在“复制到”文本框中输入单元格区域地址或者利用“折叠”按钮在工作表中选择存放筛选结果的区域。

如果勾选“选择不重复的记录”复选框，那么筛选结果不会出现完全相同的两行数据。

(3)执行高级筛选

在“高级筛选”对话框中设置完成后，单击“确定”按钮，执行高级筛选。

2. 数据分类汇总

分类汇总功能可以对所选数据进行汇总，并插入汇总行。汇总方式灵活多样，如求和、平均值、最大值、总体方差等，可以满足用户多方面的需要。

分类汇总一般步骤如下：

(1)选择工作表数据区的任意单元格。

(2)单击“分类汇总”按钮，将弹出“分类汇总”对话框。

(3)在“分类字段”和“汇总方式”下拉列表中选择分类字段和汇总方式，在“选择汇总项”列表框中勾选汇总的字段。

(4)单击“确定”按钮。

注意：在分类汇总前要按分类的字段对数据排序，否则分类汇总将出现错误的结果。

3. 数据合并计算

通过合并计算可以对来自一个或多个源区域的数据进行汇总，并建立合并计算表。这些源区域与合并计算表可以在同一工作表中，也可以在同一个工作簿的不同工作表中，还可以在不同的工作簿中。

合并计算一般步骤如下：

(1)单击选择存放结果的左上方第一个单元格。

(2)单击“合并计算”按钮，弹出“合并计算”对话框。

(3)在“函数”下拉列表中选择函数类型。如图 2-3-22 所示。

(4)单击“引用位置”右侧 按钮，折叠“合并计算”对话框。

(5)在工作区拖动选择合并计算区域。

(6)单击“展开”按钮 展开“合并计算”对话框，单击“添加”按钮，根据需要勾选“首行”“最左列”复选框。

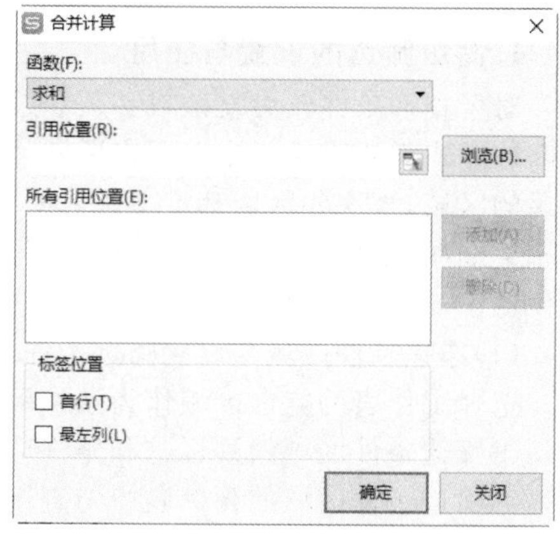

图 2-3-22 合并计算

4. 数据透视表

数据透视表是一种对大量数据进行快速汇总和建立交叉列表的交互式表格，它不仅可以转换行和列以显示源数据的不同汇总结果，也可以显示不同页面以筛选数据，还可根据用户的需要显示区域中的具体数据。

创建数据透视表的一般步骤如下：

(1)单击数据区域中的任一单元格。

(2)单击“数据透视表”按钮，弹出“创建数据透视表”对话框。

(3)选择数据区域后，单击“确定”按钮。

(4)在数据透视表“字段列表”中拖动字段，完成布局。

五、创新作业

按如下要求完成：

1. 排序

将“产品销售情况表”中的数据以“销售区域”为主要关键字进行升序排序，以“产品销售量”为次要关键字进行降序排序。如图 2-3-23 所示。

产品销售情况表				
编号	销售区域	空调品牌	产品销售量	销售价格
12	东北区	三洋	9000	2640
2	东北区	美的	1900	4250
5	东北区	海尔	1600	4150
6	东北区	春兰	1500	4590
13	东南区	双良	8000	3880
16	东南区	贝莱特	5000	3690
7	东南区	海信	1400	8800
10	东南区	大金	1100	3642
15	华北区	海立	6000	2120
1	华北区	格力	2000	2450
3	华北区	奥克斯	1800	7680
8	华北区	松下	1300	2580
11	华北区	远大	1000	6750
14	华南区	亚泰	7000	3200
4	华南区	志高	1700	2290
9	华南区	三菱	1200	4630

图 2-3-23 排序

2. 筛选

在“十一月销售数据统计表”中自动筛选出“北京分部”，且“销售数量”低于 90 的产品销售记录。如图 2-3-24 所示。

十一月销售数据统计表					
2008/11/28	北京分部	冰箱	86	¥7,680.0	¥660,480.0
2008/11/10	北京分部	电脑	76	¥8,800.0	¥668,800.0

图 2-3-24 筛选

3. 合并计算

使用“文化书店图书销售情况表”、“西门书店图书销售情况表”和“中原书店图书销售情况表”中的数据，在“图书销售情况表”中进行“求和”合并计算。如图 2-3-25 所示。

4. 分类汇总

使用“分类汇总”工作表中的数据，完成数据分类汇总，汇总出第二连锁店、第三连锁店各个类别的最大值，具体要求如下：分类字段为“类别”，汇总方式为“最大值”，汇总项为“第二连锁店”“第三连锁店”。如图 2-3-26 所示。

图书销售情况表	
书籍名称	销售数量（本）
中学物理辅导	14400
中学化学辅导	13800
中学数学辅导	14240
中学语文辅导	13680
健康周刊	2860
医学知识	14490
饮食与健康	12880
十万个为什么	12970
丁丁历险记	18420
儿童乐园	13780

图 2-3-25 合并计算(2)

某超市一季度销售额（元）					
类别	销售区域	第一连锁店	第二连锁店	第三连锁店	第四连锁店
服装、鞋帽类 最大值			80	66	
针织品类 最大值			79	90	
小百货类 最大值			76	97	
化妆品类 最大值			83	45	
文具类 最大值			78	55	
食品类 最大值			82	55	
酒类 最大值			98	53	
饮料类 最大值			47	82	
总最大值			98	97	

图 2-3-26 分类汇总

5. 数据透视表

(1)使用工作表中的数据，参照样图(图 2-3-27)完成数据透视表的制作。具体要求如下：

求和项:产品销售量	编号						
空调品牌	1	2	3	4	5	6	总计
奥克斯			1800				1800
春兰						1500	1500
格力	2000						2000
海尔					1600		1600
美的		1900					1900
志高				1700			1700
总计	2000	1900	1800	1700	1600	1500	10500

图 2-3-27 数据透视表

①以“销售区域”为报表筛选，以“空调品牌”为行标签，以“编号”为列字段。

②以“产品销售量”为数值，从当前工作表的 H3 单元格开始建立数据透视表。

(2)显示前 6 个产品编号的销售量。

项目四　销售统计图表——WPS 表格图表统计与分析数据

一、项目描述

产品销售情况统计表是根据月份、地区衡量产品销售情况的重要数据。为了更直观地显示数据统计结果，往往将统计数据图表化。利用 WPS 表格工具，可以建立多种类型的数据图表，实现数据直观化的目的。

本项目主要通过对 D 产品月销售情况及地区销售情况的统计处理，生成统计数据表，并建立数据图表。讲解迷你图和图表的制作与编辑方式，提供 D 产品上半年销售统计表和第一、二季度产品销售表，如图 2-4-1 所示；制作结果如图 2-4-2 所示。

D产品上半年销售统计表

	1月	2月	3月	4月	5月	6月	迷你图
刘明	45	23	66	35	46	57	
陈涛	24	45	35	56	33	56	
李芳	65	34	45	36	46	53	
于婷婷	55	46	23	43	52	47	

第一、二季度产品销售表

城市	X市		Y市		Z市	
产品	A产品	B产品	C产品	D产品	E产品	F产品
第一季度	2540	4023	3400	3510	2300	3423
第二季度	3700	3450	2680	3350	2780	3908

D产品销售情况分析图

产品销售图表1

产品销售图表2

图 2-4-1　产品销售统计分析模板

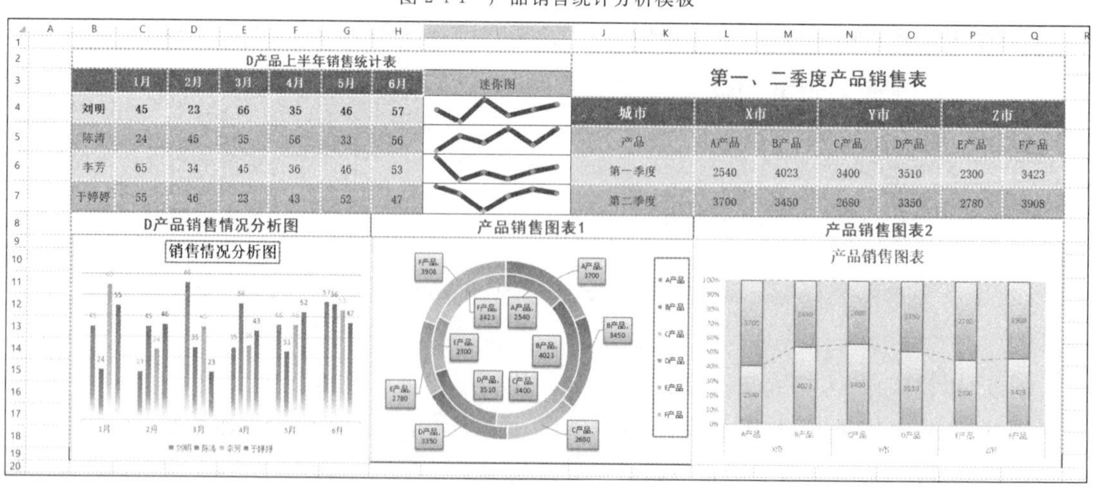

D产品上半年销售统计表

	1月	2月	3月	4月	5月	6月	迷你图
刘明	45	23	66	35	46	57	
陈涛	24	45	35	56	33	56	
李芳	65	34	45	36	46	53	
于婷婷	55	46	23	43	52	47	

第一、二季度产品销售表

城市	X市		Y市		Z市	
产品	A产品	B产品	C产品	D产品	E产品	F产品
第一季度	2540	4023	3400	3510	2300	3423
第二季度	3700	3450	2680	3350	2780	3908

图 2-4-2　制作结果

二、项目分析

本项目根据“D产品上半年销售统计表”及“第一、二季度产品销售表”所给的数据信息，分别建立分析图表，并对照图2-4-2，修改图表格式。

本项目任务分析如下：

任务一：利用“D产品上半年销售统计表”数据创建“迷你图”。

任务二：利用“D产品上半年销售统计表”数据创建“簇状柱形图”。

任务三：利用“第一、二季度产品销售表”数据创建“圆环图”。

任务四：利用“第一、二季度产品销售表”数据创建“百分比堆积柱形图”。

三、项目实现

1. 利用“D产品上半年销售统计表”数据创建“迷你图”

迷你图及格式化

(1)创建迷你图

①选择I4单元格，在WPS表格中单击“插入”选项卡，在功能区中单击“折线迷你图”按钮，打开“创建迷你图”对话框。如图2-4-3所示。

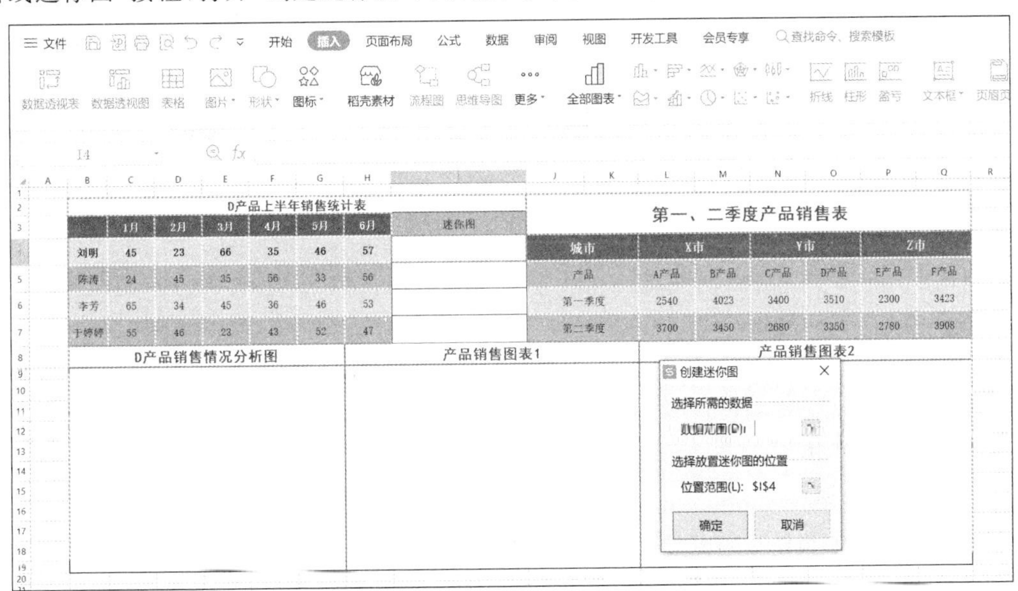

图2-4-3 创建迷你图

②源数据和图表位置选择。选择C4:H4单元格区域范围作为“数据范围”，选择I4单元格作为“位置范围”，如图2-4-4所示。单击“确定”按钮，关闭“创建迷你图”对话框。在I4单元格中创建一个折线迷你图，如图2-4-5所示。

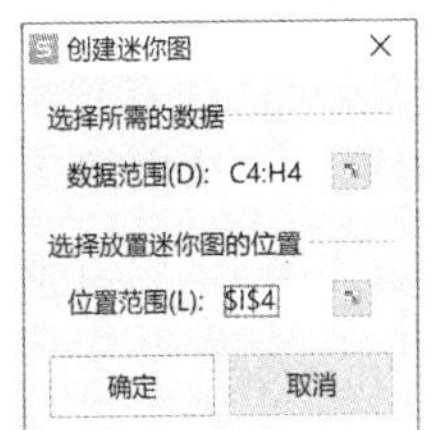

图2-4-4 选择数据范围和位置范围

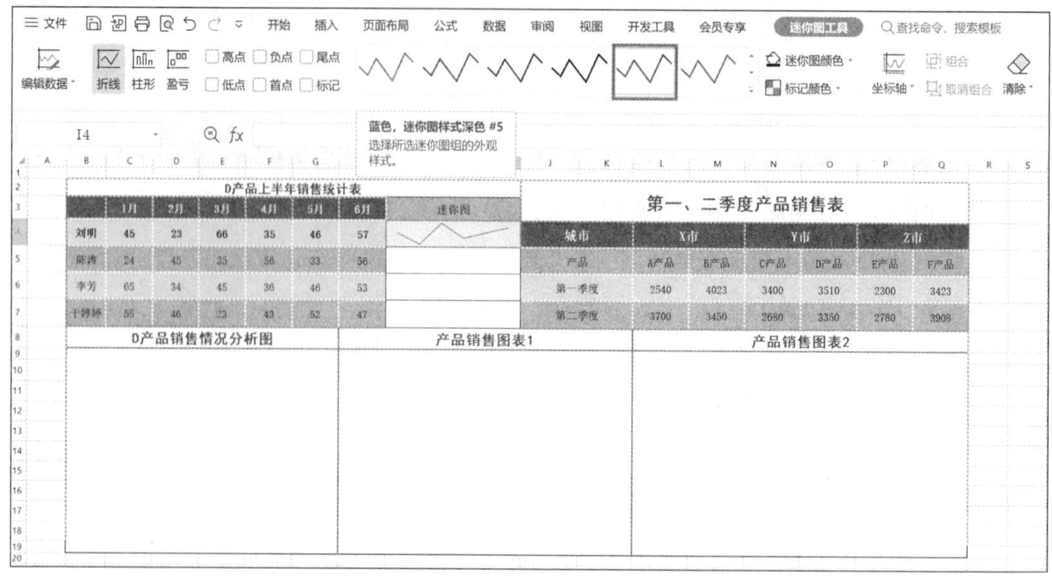

图 2-4-5　折线迷你图

③填充法创建迷你图。选中 I4:I7 单元格区域，单击“开始”选项卡中的“填充”下拉按钮，在下拉列表中选择“向下填充”，在 I5:I7 单元格区域填充迷你图，如图 2-4-6 所示。

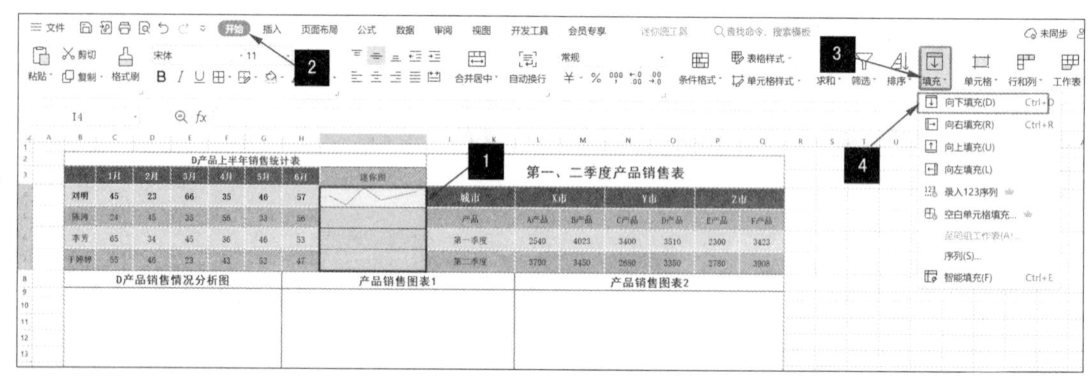

图 2-4-6　填充法创建迷你图

(2)迷你图格式化

①突出标记数据点

选中 I4:I7 单元格区域，在“迷你图工具”选项卡中，勾选“标记”复选框，将为一组折线迷你图添加数据点标记，如图 2-4-7 所示。

②迷你图样式设置

选中 I4:I7 单元格区域，在“迷你图工具”选项卡中单击“样式”下拉按钮，打开迷你图样式库，单击第三行第四列的“金色，迷你图样式着色 4(无深色或浅色)”图标，将样式应用到所选的一组迷你图上，如图 2-4-8 所示。

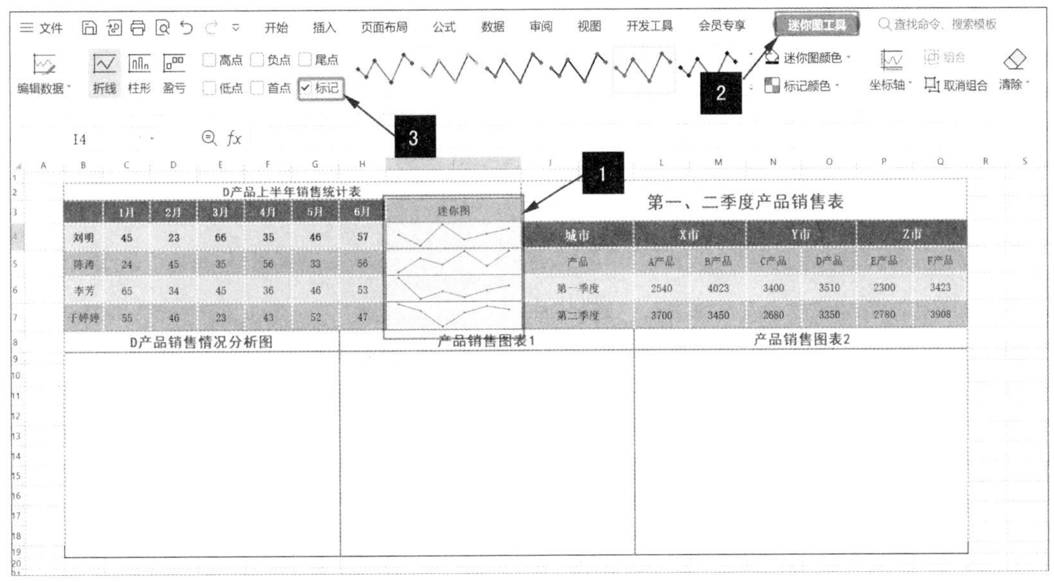

图 2-4-7 标记数据点

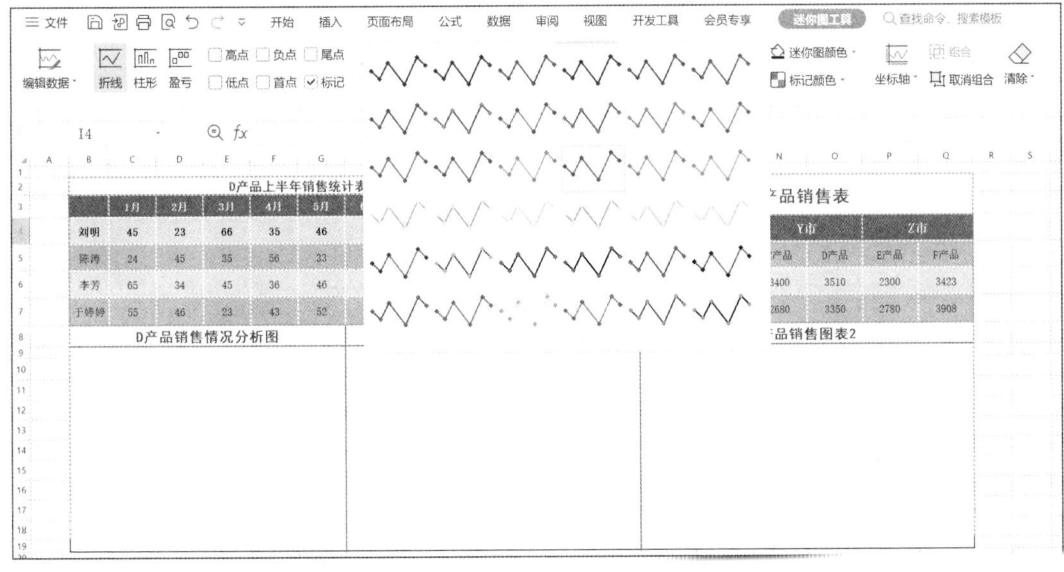

图 2-4-8 迷你图样式设置

(3)迷你图颜色设置

①选中 I4:I7 单元格区域,在"迷你图工具"选项卡中单击"迷你图颜色"下拉按钮,打开迷你图颜色下拉列表,单击第五行第八列的"培安紫,着色 4,深色 25%"色块。

②在"迷你图工具"选项卡中单击"迷你图颜色"下拉按钮,打开迷你图颜色下拉列表,依次单击"粗细"→"6 磅",如图 2-4-9 所示。

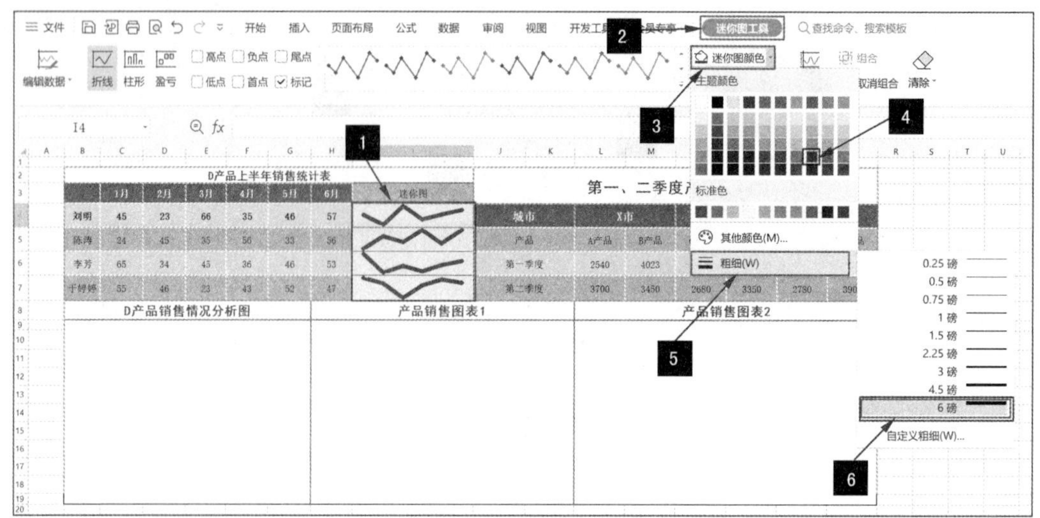

图 2-4-9 迷你图颜色设置

③在“迷你图工具”选项卡中单击“标记颜色”下拉按钮，打开标记颜色下拉列表，依次单击“标记”→“紫色”(主题颜色:第五行第九列)，将折线迷你图的标记点设置为“紫色”。重复以上步骤，分别将“高点”颜色更改为“红色”(标准色:第二个)；将“低点”颜色更改为“绿色”(标准色:第五个)，如图 2-4-10 所示。

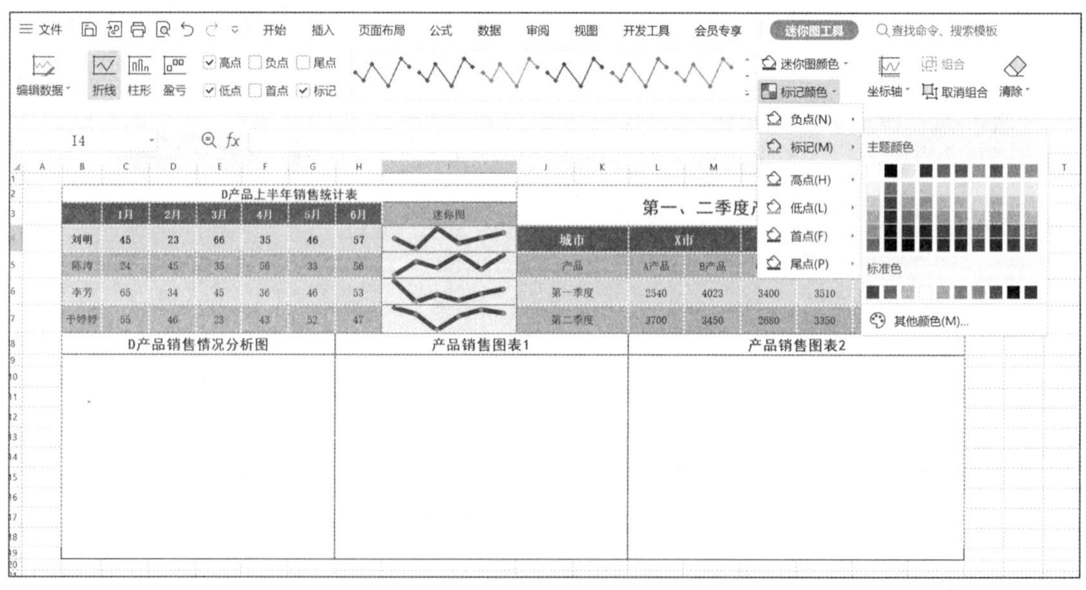

图 2-4-10 迷你图标记颜色设置

2. 利用“D 产品上半年销售统计表”数据创建“簇状柱形图”

(1)创建“簇状柱形图”

①选择图表类型。在“D 产品上半年销售统计表”中选择 B4:H7 单元格区域，选择“插入”选项卡，单击“全部图表”按钮，在“图表”对话框依次选择“柱形图”→“簇状柱形图”命令，如图 2-4-11 所示。

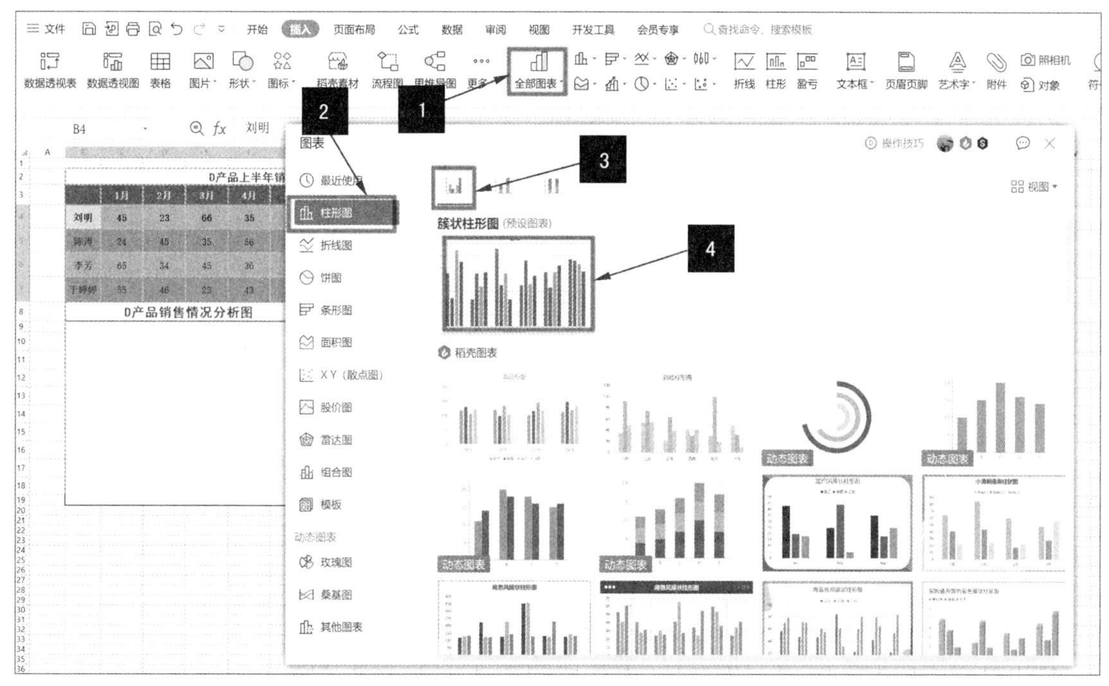

图 2-4-11 簇状柱形图

②设置水平(类别)轴、垂直(值)轴。

选中图表,在“图表工具”选项卡中单击“选择数据”按钮,打开“编辑数据源”对话框,再单击对话框右侧“轴标签(分类)”下的“编辑”按钮,如图 2-4-12 所示。打开“轴标签”对话框,选择轴标签区域为“图表素材”工作表的 C3:H3 单元格区域,如图 2-4-13 所示。单击“确定”按钮退出“轴标签”对话框,为横坐标设置文字标签,如图 2-4-14 所示。

簇状柱形图及格式化

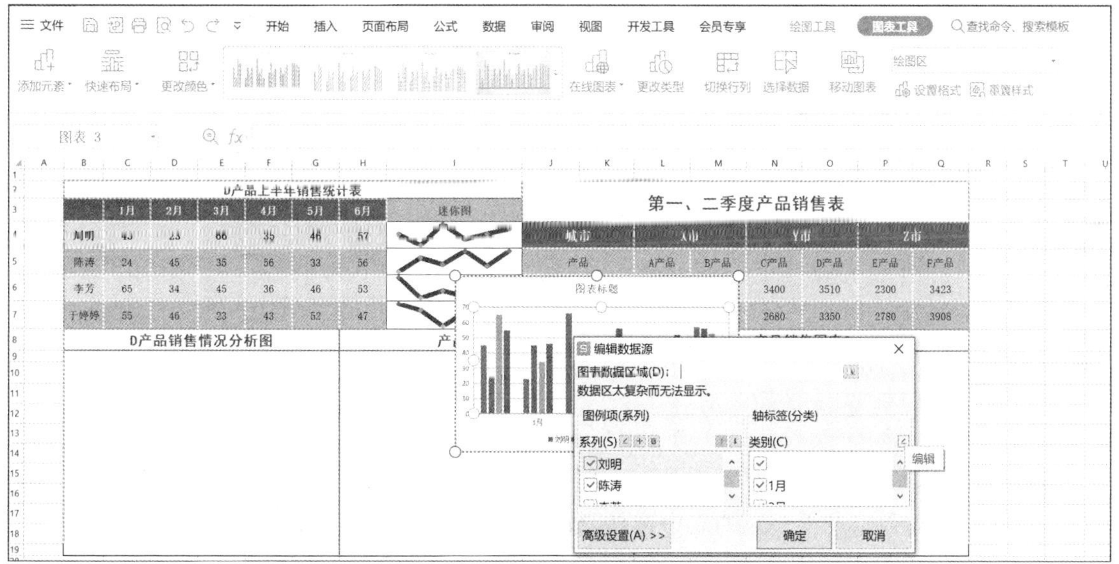

图 2-4-12 打开编辑数列表

图 2-4-13 “轴标签”对话框

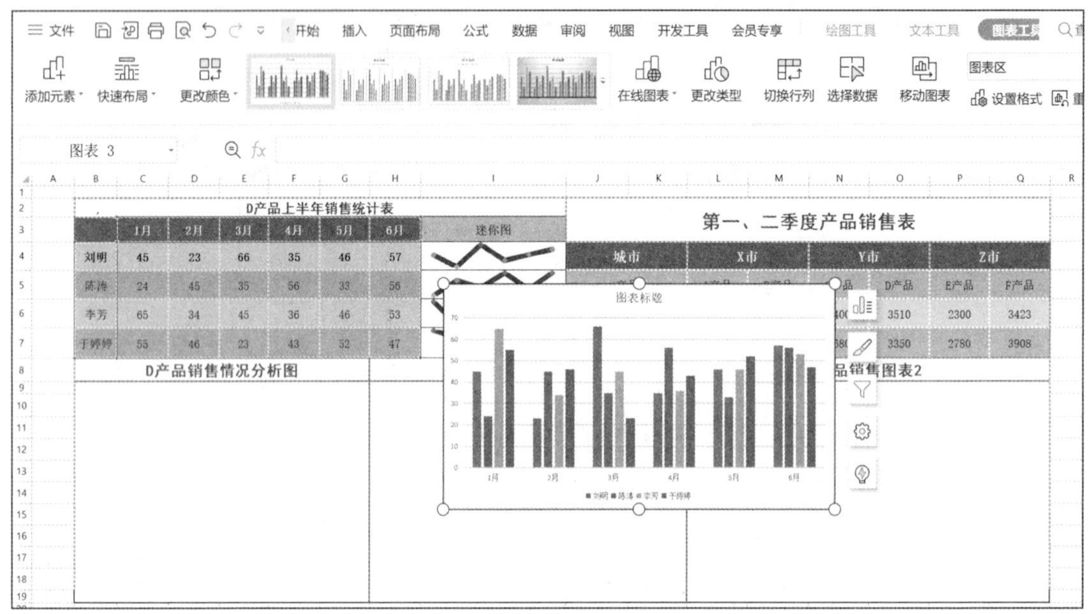

图 2-4-14 选择数据生成图表

右击垂直(值)轴,在快捷菜单中单击“删除”,将图表左侧“垂直(值)轴”区删除。如图 2-4-15 所示。

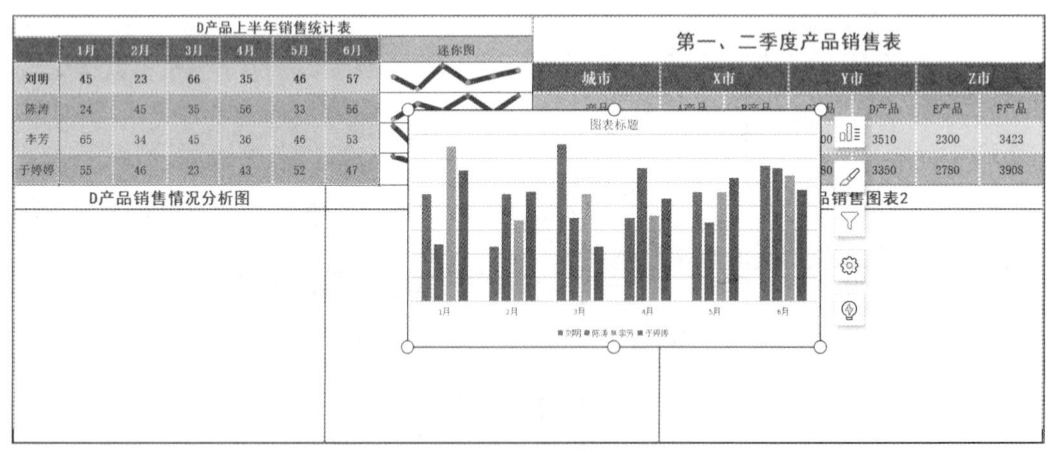

图 2-4-15 删除垂直(值)轴

添加图表数据标签。在“图表工具”选项卡中单击“添加元素”下拉按钮,在下拉列表中选择“数据标签”,在弹出的下一级列表中选择“数据标签外”选项,生成簇状柱形图每个柱组单个图表数据标签,如图 2-4-16 所示。

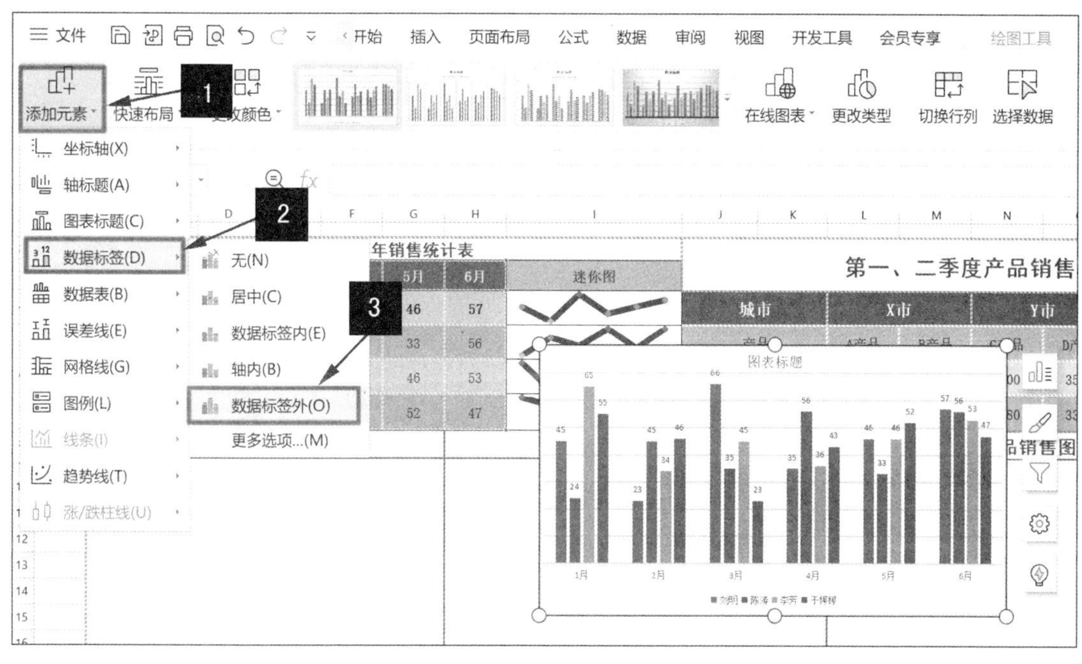

图 2-4-16 添加数据标签

(2)更改图表格式

①更改图表样式。选择所创建的图表,在“图表工具”选项卡中展开“图表样式库”,选择“样式 9”(第三行第三列),如图 2-4-17 所示。

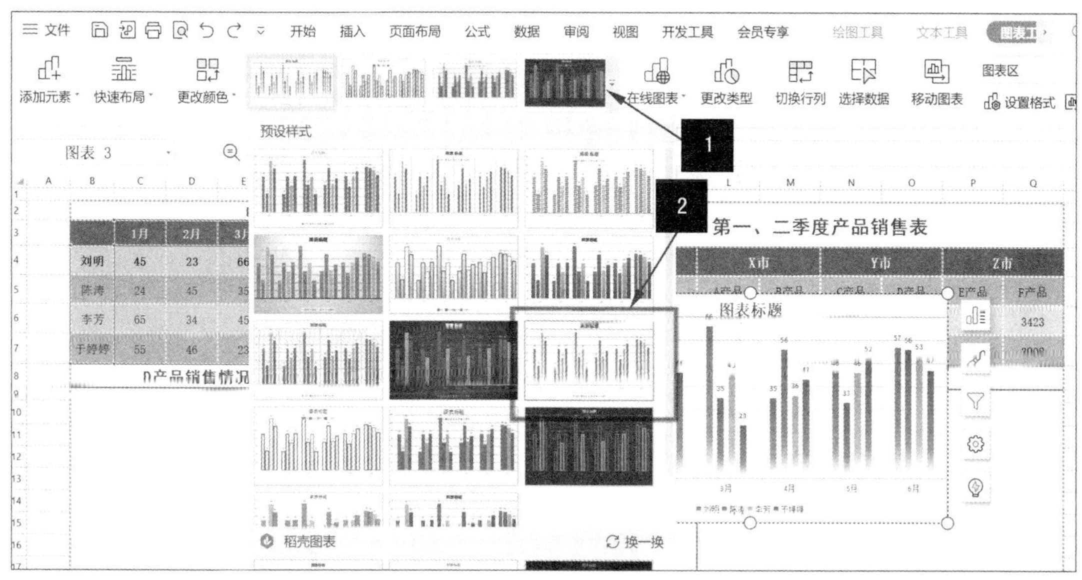

图 2-4-17 更改图表样式模板

②更改水平刻度线格式。在“图表工具”选项卡中,在“图表区域”下拉列表中选择“水平(类别)轴”,如图 2-4-18 所示。单击“设置格式”按钮,打开“属性”任务窗格,在“坐标轴选项”选项卡中找到“刻度线标记”选项,将“主要类型”设置为“外部”,如图 2-4-19 所示。

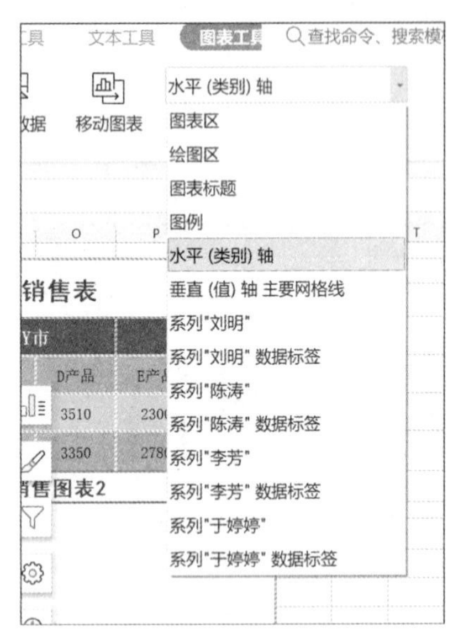

图 2-4-18 选择轴

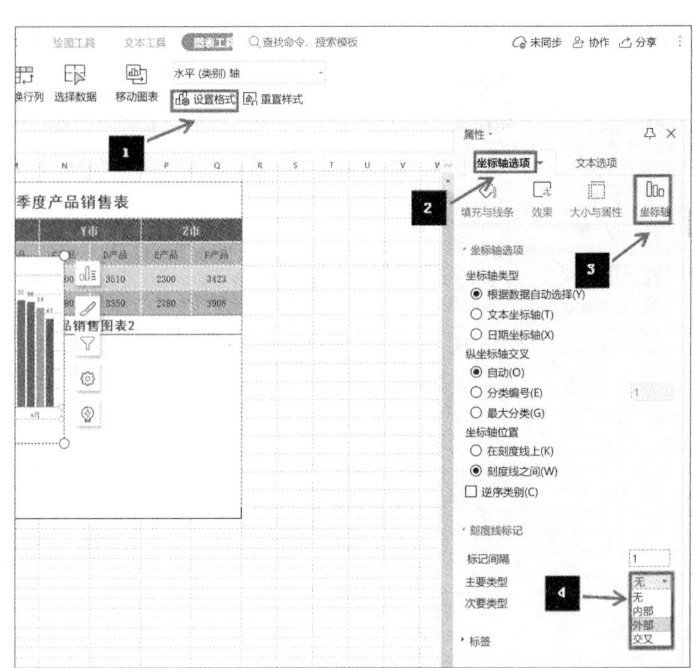

图 2-4-19 更改水平线设置

③更改图表数据“刘明”数据标签字体格式。选择“图表工具”选项卡，在“图表区域”列表中选择“系列‘刘明’数据标签”，如图 2-4-20 所示。单击“设置格式”按钮，打开“属性”任务窗格，在“文本选项”选项卡中打开“文本填充”列表，在“主题颜色”里选择“矢车菊蓝，文本 2，浅色 40%”(第四行第四列)，如图 2-4-21 所示。

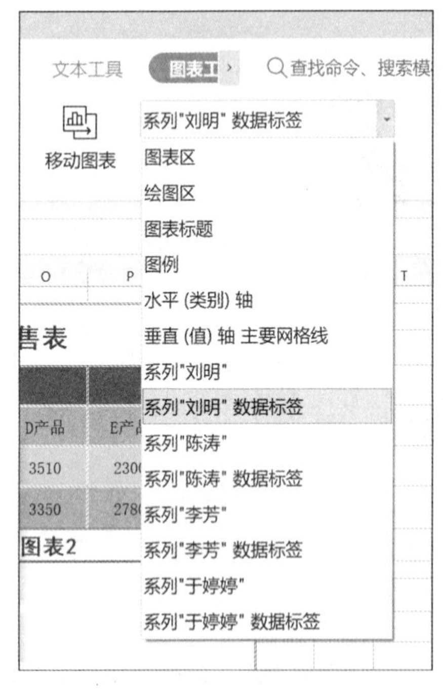

图 2-4-20 选择数据标签(1)

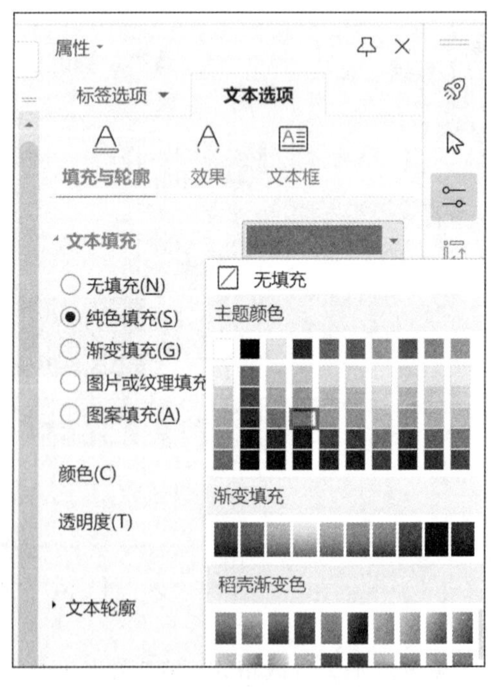

图 2-4-21 更改标签文本颜色

④更改图表数据“陈涛”数据标签字体格式。选择“图表工具”选项卡，在“图表区域”列表

中选择“系列‘陈涛’数据标签”，如图 2-4-22 所示。单击“设置格式”按钮，打开“属性”任务窗格，在“文本选项”中打开“文本填充”列表，选择“渐变填充”，在“渐变填充”里选择“橙红色-褐色渐变”(第二个)，如图 2-4-23 所示。

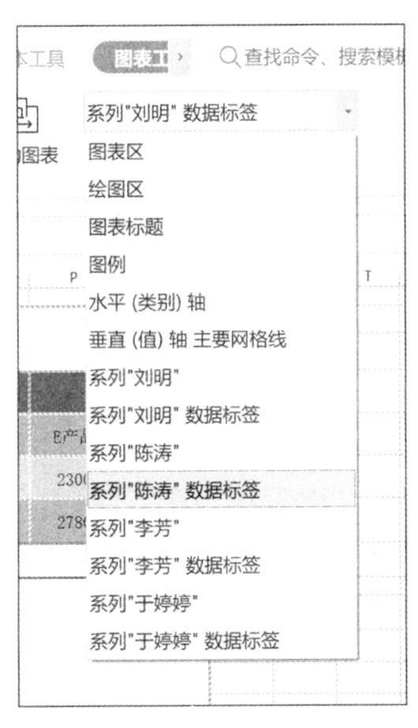

图 2-4-22 选择数据标签(2)

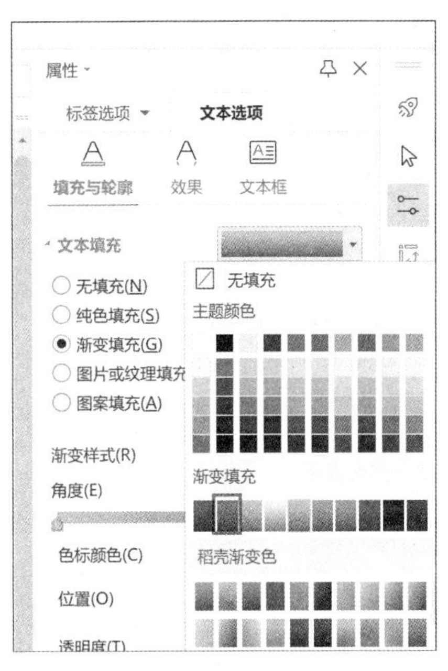

图 2-4-23 更改数据标签颜色(1)

⑤更改图表数据“李芳”数据标签字体格式。选择“图表工具”选项卡中，在“图表区域”列表选择“系列‘李芳’数据标签”，如图 2-4-24 所示。单击“设置格式”按钮，打开“属性”任务窗格，在“文本选项”选项卡中打开“文本填充”列表，选择“渐变填充”，在“渐变填充”列表中选择“浅绿-暗橄榄绿渐变”(第五个)，如图 2-4-25 所示。

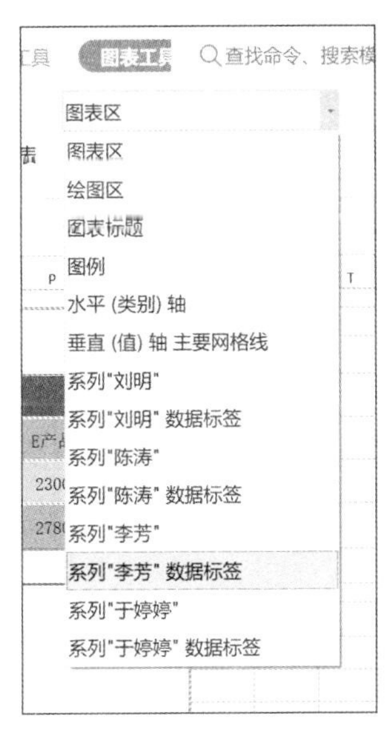

图 2-4-24 选择数据标签(3)

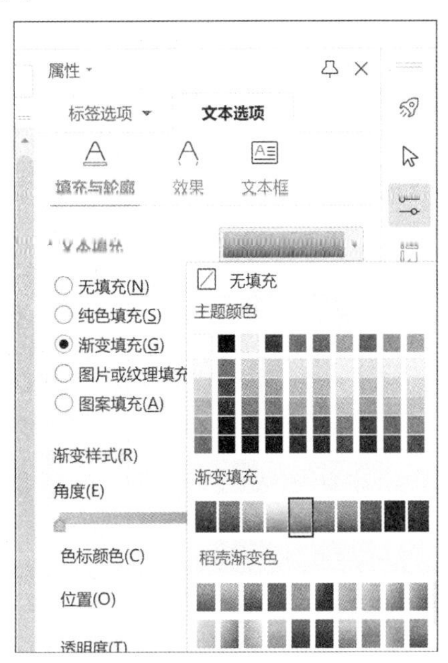

图 2-4-25 更改数据标签颜色(2)

⑥更改图表数据“于婷婷”数据标签字体格式。选择“图表工具”选项卡中，在“图表区域”列表中选择“系列‘于婷婷’数据标签”，如图 2-4-26 所示。单击“设置格式”按钮，打开“属性”任务窗格，在“文本选项”选项卡中打开“文本填充”列表，选择“渐变填充”，在“渐变填充”中选择“紫色-暗板岩蓝渐变”(第十个)，如图 2-4-27 所示。

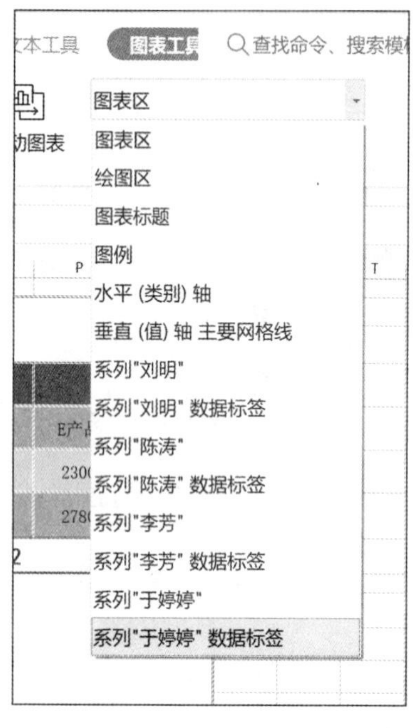

图 2-4-26 选择数据标签(4)

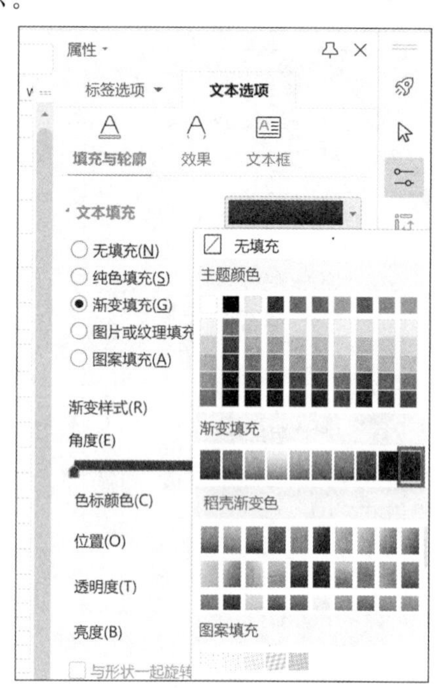

图 2-4-27 更改数据标签颜色(3)

⑦更改图表标题。

在“图表工具”选项卡中，选择“图表区域”列表，单击“图表标题”，如图 2-4-28 所示。在文本框内输入“销售情况分析图”，如图 2-4-29 所示。选中图表标题，在“绘图工具”选项卡中打开“边框模板”库列表，选择“彩色轮廓-钢蓝，强调颜色 1”(第一行第二列)，为图表标题更改边框样式，如图 2-4-30 所示。

图 2-4-28 选择图表标题

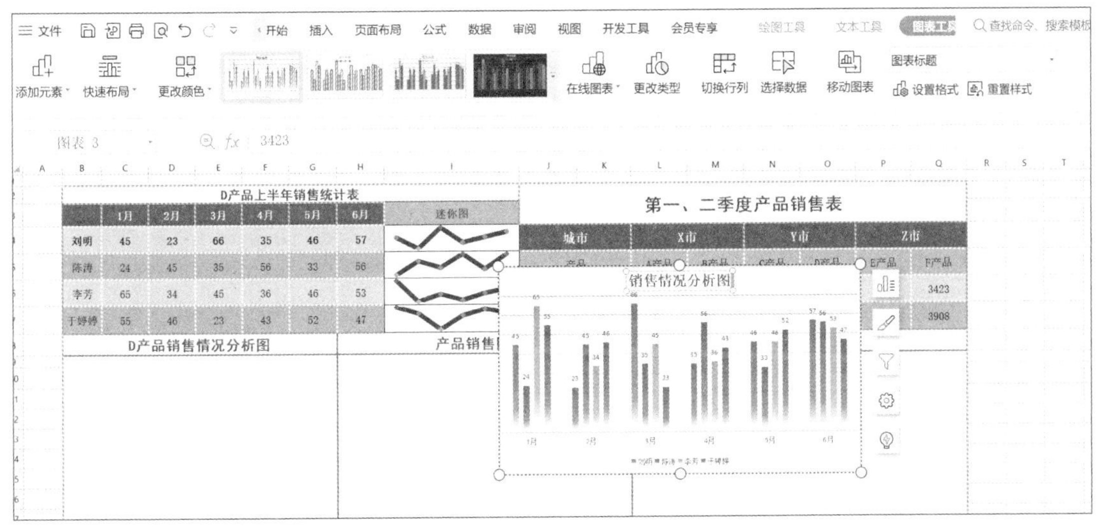

图 2-4-29 更改图表标题文本

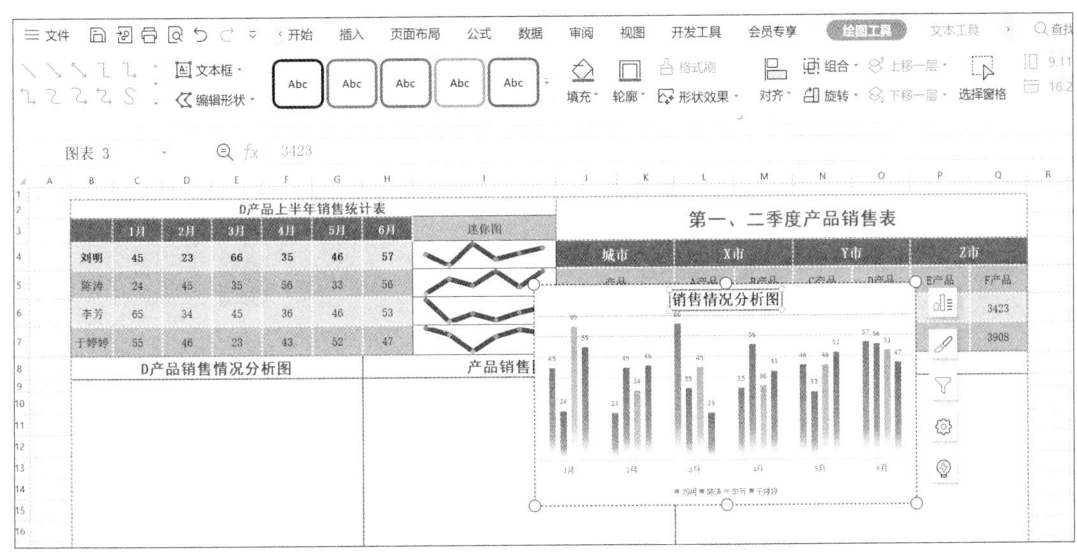

图 2-4-30 添加图表标题边框

⑧图表位置和大小。选中图表，这时显示图表对象边框，及用于调整图表大小的 8 个控制点。将图表移动至目标位置“D 产品销售情况分析图”空白区域，调整图表区大小使其适应目标区域。如图 2-4-31 所示。

3. 利用“第一、二季度产品销售表”数据创建圆环图

(1)创建图表

选择 L5:Q7 单元格区域，在“插入”选项卡中单击“插入饼图或圆环图”按钮，在下拉列表“二维饼图”选项框中选择“圆环图”，如图 2-4-32 所示。

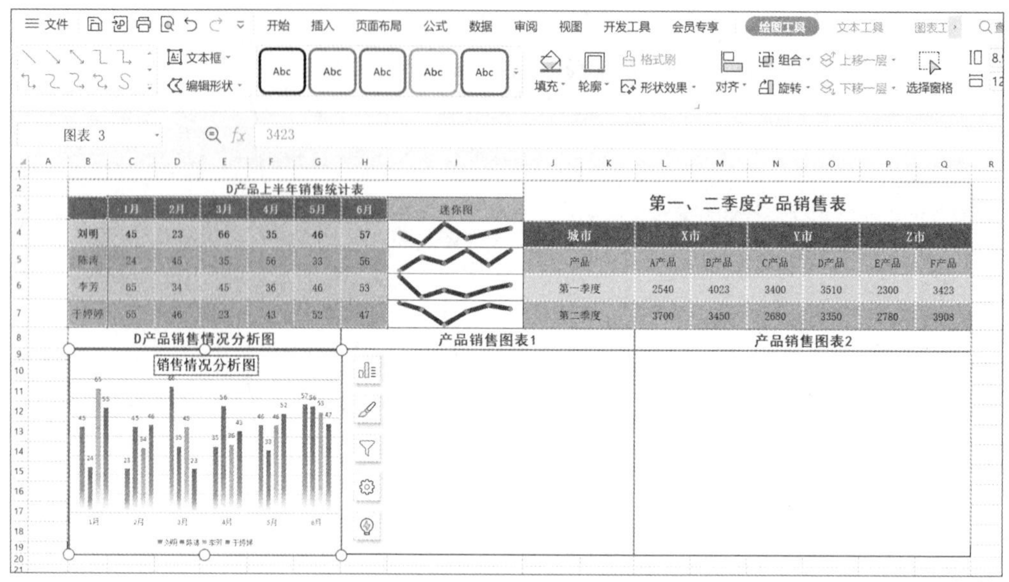

图 2-4-31 将图表调整至目标区域

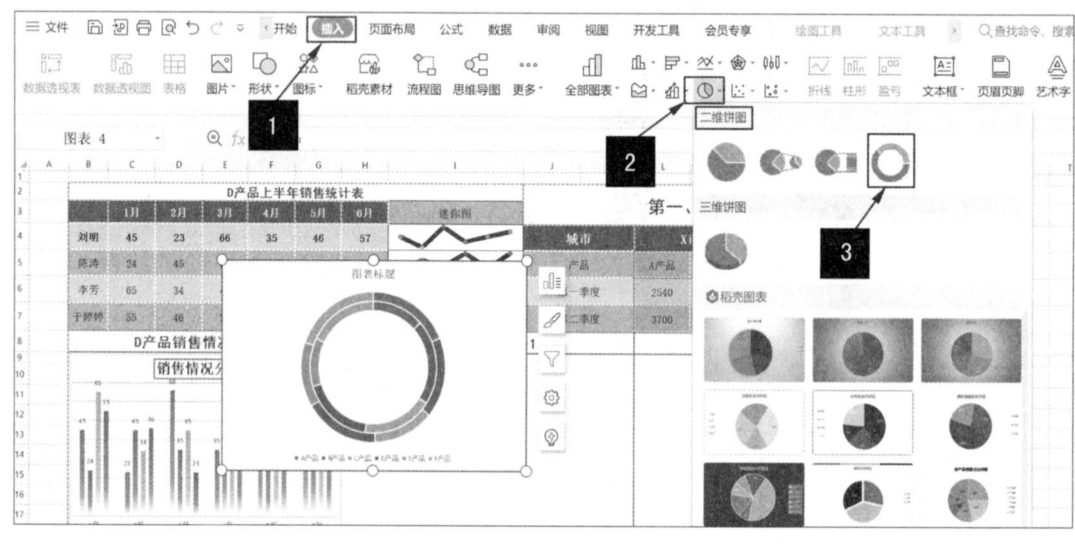

图 2-4-32 创建圆环图

(2)格式化图表

①更改图表布局。单击选择图表,在"图表工具"选项卡中选择"快速布局"选项,选择"布局 7"(第三行第一列),如图 2-4-33 所示。

②更改图表样式。单击选择图表,在"图表工具"选项卡中选择"图表样式"列表,单击打开"图表样式"库,选择"样式 6"(第二行第三列),如图 2-4-34 所示。

③更改图例设置。在"图表工具"选项卡中,在"图表区域"列表中单击"图例",如图 2-4-35 所示。在"绘图工具"选项卡中,在"形状样式"库列表中选择"彩色轮廓-钢蓝,强调颜色 1"(第一行第二列),如图 2-4-36 所示。选中图例,将"图例"移动至合适位置,调整图例大小使其适应目标区域,如图 2-4-37 所示。

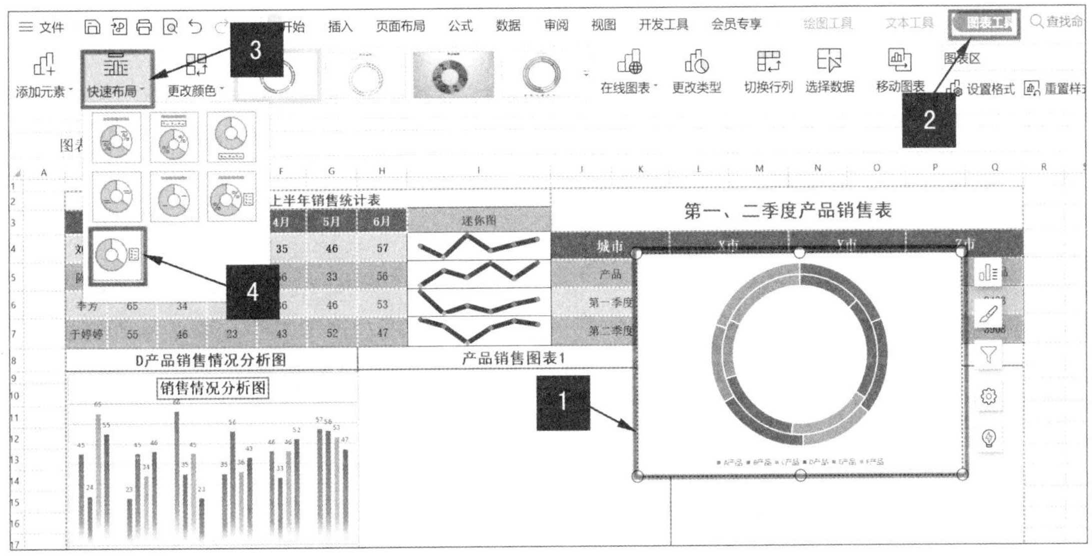

图 2-4-33　更改图表布局

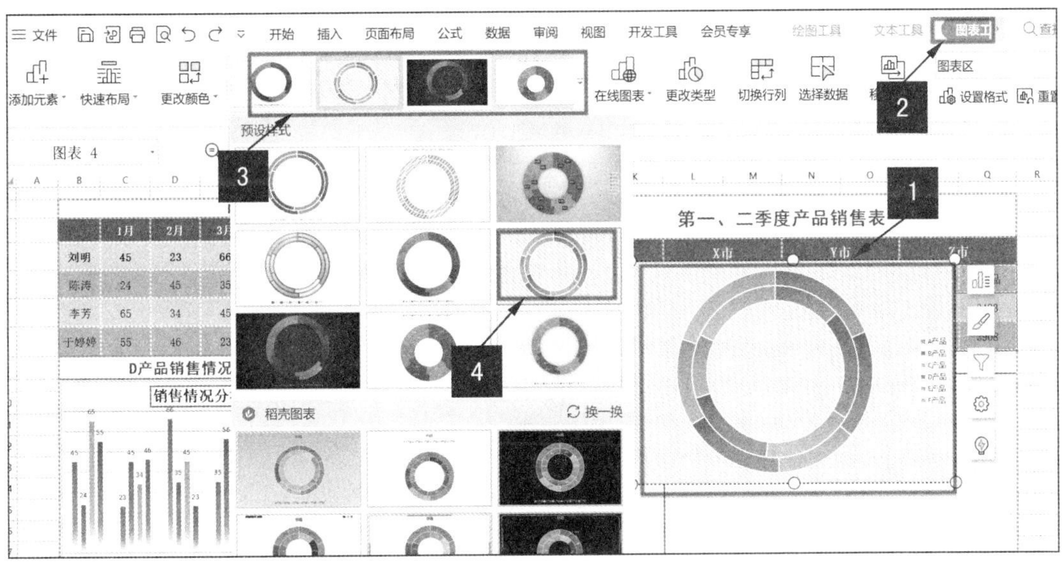

图 2-4-34　更改图表样式

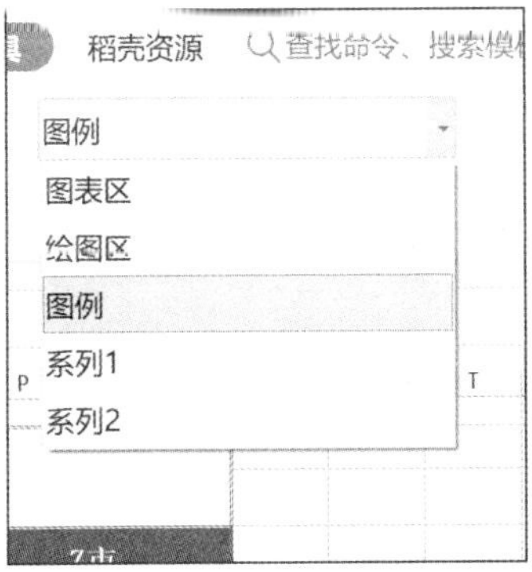

稻壳资源
查找命令、搜索模板
图例
图表区
绘图区
图例
系列1
系列2

图 2-4-35　选择图例

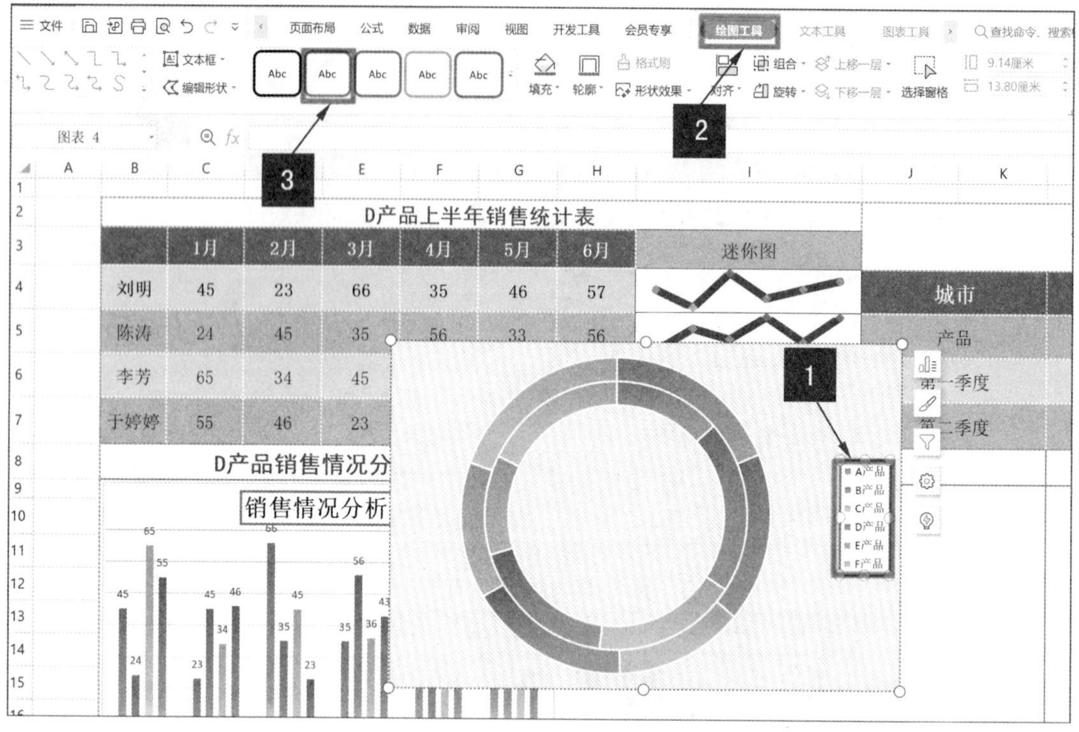

图 2-4-36 图例边框

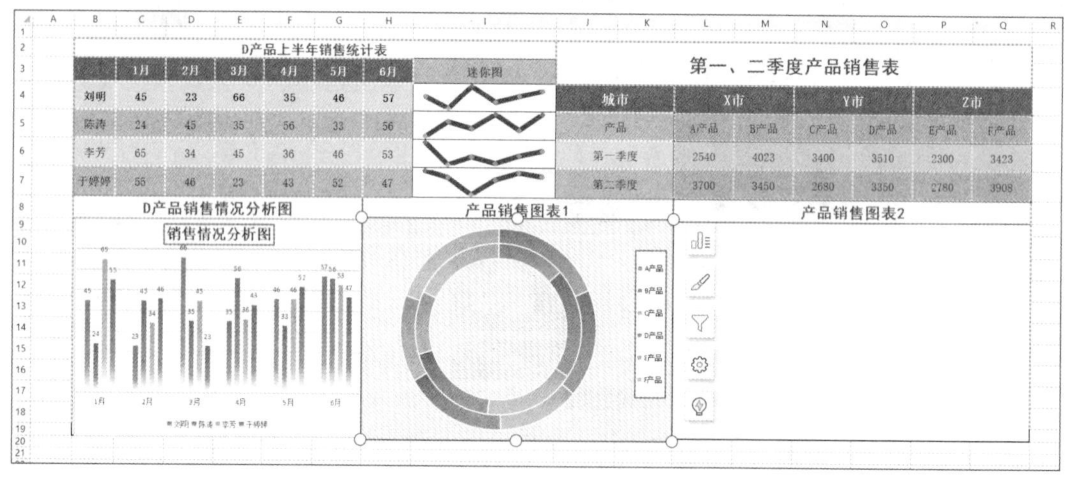

图 2-4-37 更改图例大小和位置

④调整图表位置和大小。选中图表，这时显示图表对象边框，及用于调整图表大小的 8 个控制点。将鼠标放在边框上，拖动图表至“产品销售图表 1”的空白区域，调整图表区大小使其适应目标区域。如图 2-4-38 所示。

⑤设置图表背景。双击图表背景，快速打开图表工具“属性”任务窗格，在“图标选项”选项卡中单击“填充”列表中的“纯色填充”，“颜色”选择“白色，背景 1”（第一列第一行），如图 2-4-39 所示。

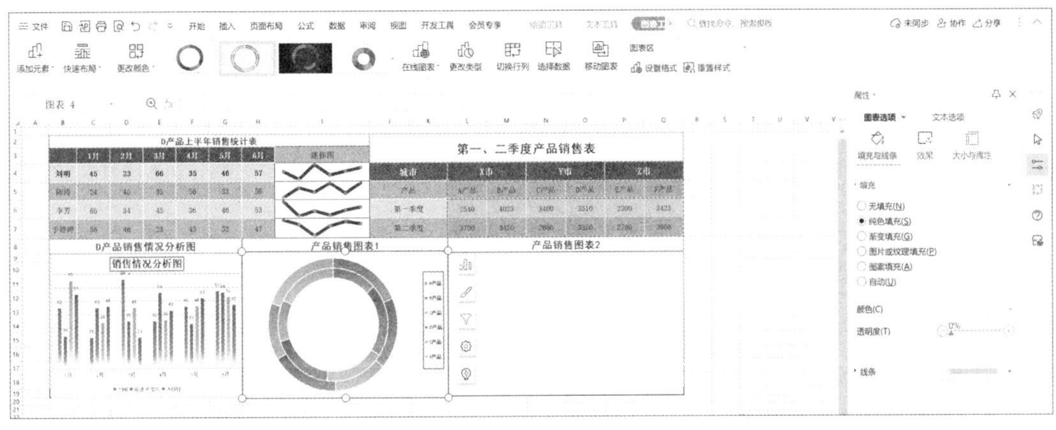

图 2-4-38　将图表调整至合适位置

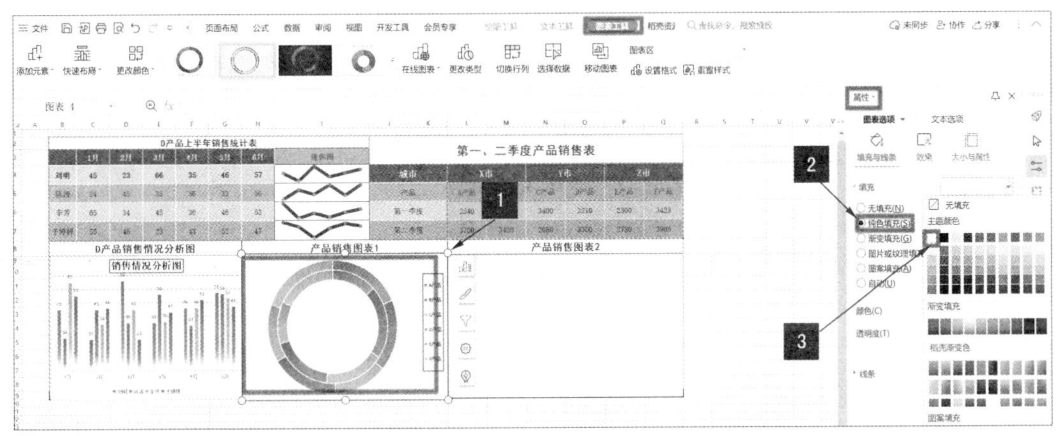

图 2-4-39　更改图表背景填充

⑥添加数据标签。

选择圆环图“绘图区”，在“图表工具”选项卡中，单击“添加元素”按钮，选择“数据标签”中的“更多选项”，为绘图区添加数据标签，如图 2-4-40 所示。

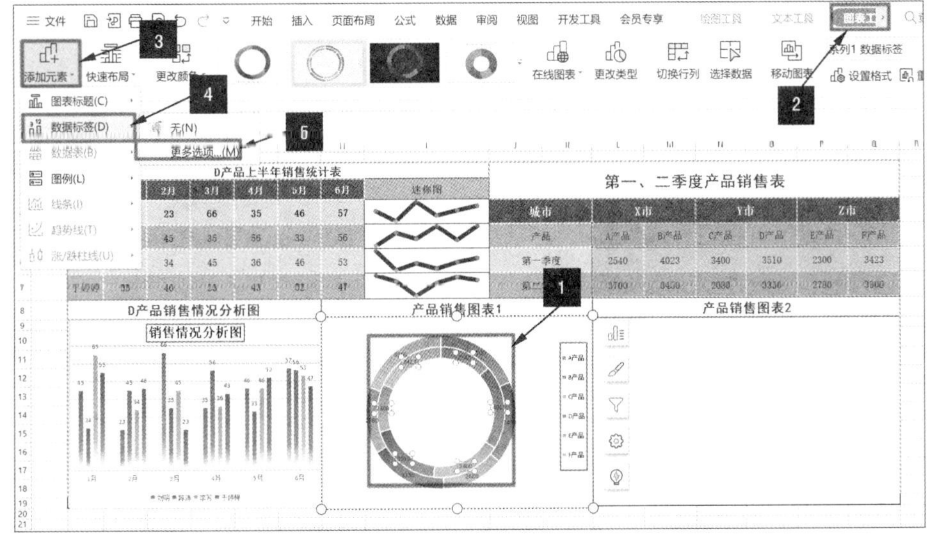

图 2-4-40　为绘图区添加数据标签

选择圆环图“绘图区”,在“图表工具”选项卡中,在“图表区域”列表中选择“系列 1 数据标签”,如图 2-4-41 所示。在“属性”任务窗格“标签”面板的“标签选项”列表中勾选“类别名称”复选框,如图 2-4-42 所示。

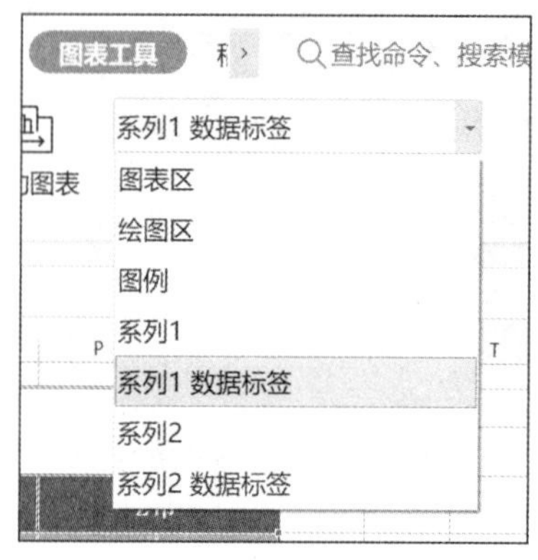

图 2-4-41 选择“系列 1 数据标签”

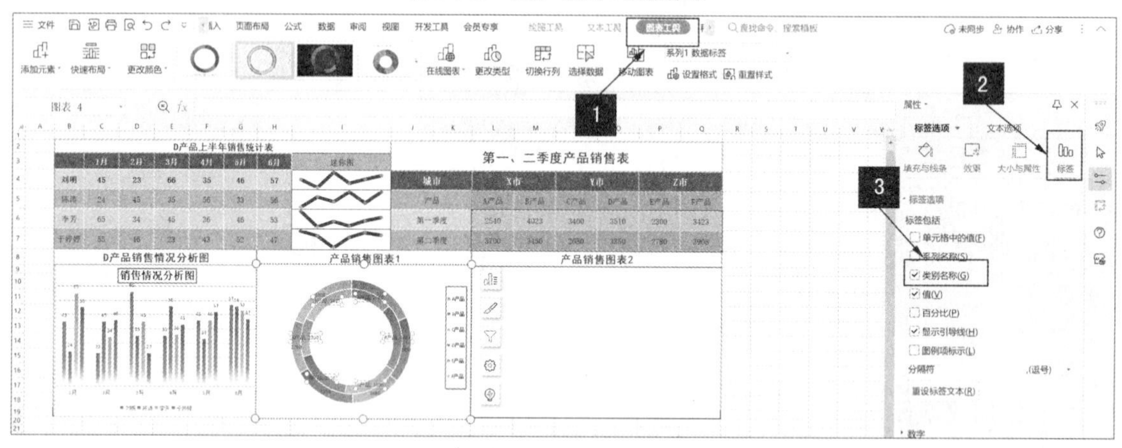

图 2-4-42 勾选“系列 1 数据标签”的“类别名称”复选框

选择圆环图“绘图区”,在“图表工具”选项卡中,在“图表区域”列表中选择“系列 2 数据标签”,如图 2-4-43 所示。在“属性”任务窗格“标签”面板的“标签选项”列表中勾选“类别名称”复选框,如图 2-4-44 所示。

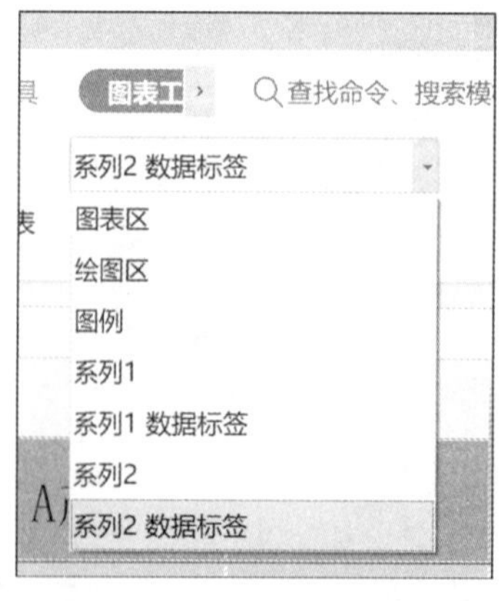

图 2-4-43 选择“系列 2 数据标签”

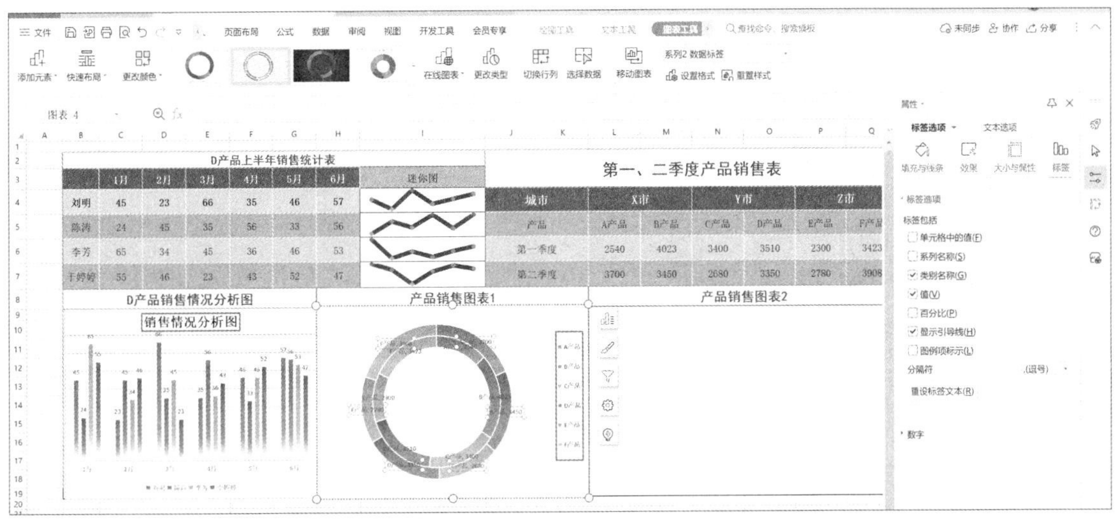

图 2-4-44　勾选“系列 2 数据标签”的“类别名称”复选框

⑦添加数据标签边框。

在“图表工具”选项卡中，在“图表区域”列表中选择“系列 1 数据标签”。在“绘图工具”选项卡的“边框模板”库列表中选择“细微效果-培安紫，强调颜色 4”(第四行第五列)，如图 2-4-45 所示。

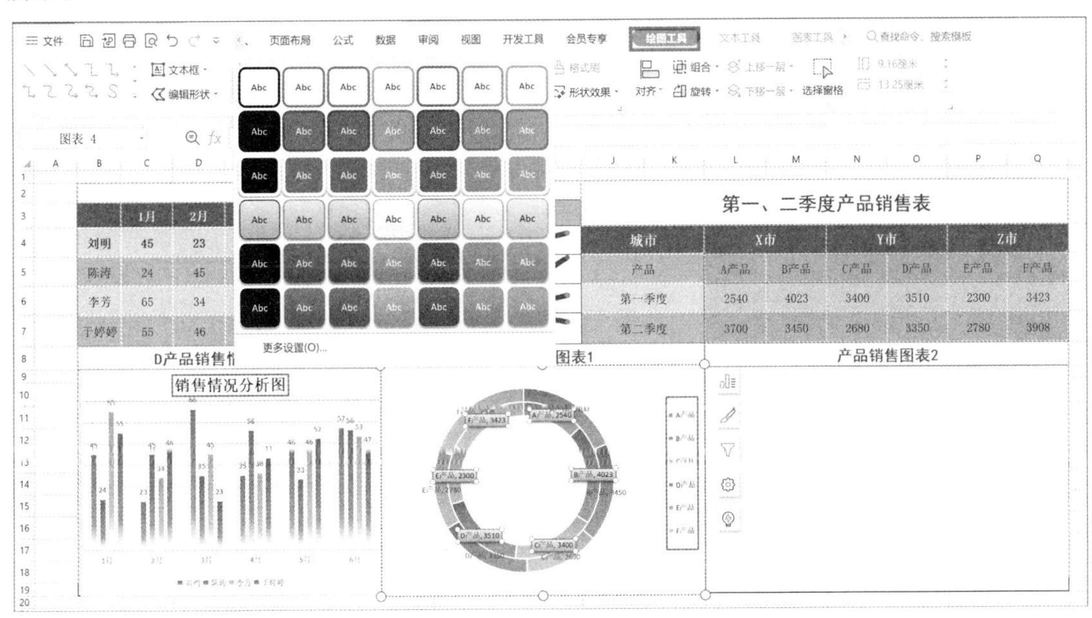

图 2-4-45　添加数据标签边框(1)

在“图表工具”选项卡中，在“图表区域”列表中选择“系列 2 数据标签”。在“绘图工具”选项卡的“边框模板”库列表中选择“细微效果-钢蓝，强调颜色 1”(第四行第二列)，如图 2-4-46 所示。

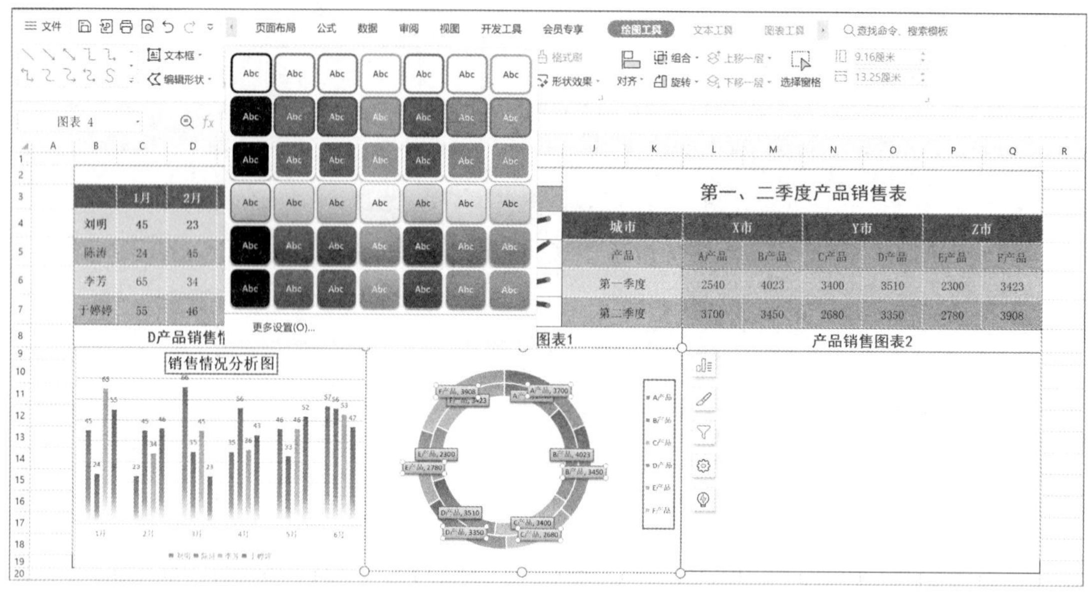

图 2-4-46 添加数据标签边框(2)

调整数据标签大小及位置。选中单个“数据标签”,边框出现 4 个圆点时,即可调整“数据标签”大小,长按进行拖曳可调整“数据标签”所在位置,将“数据标签”大小和位置调整为如图 2-4-47 所示样式。

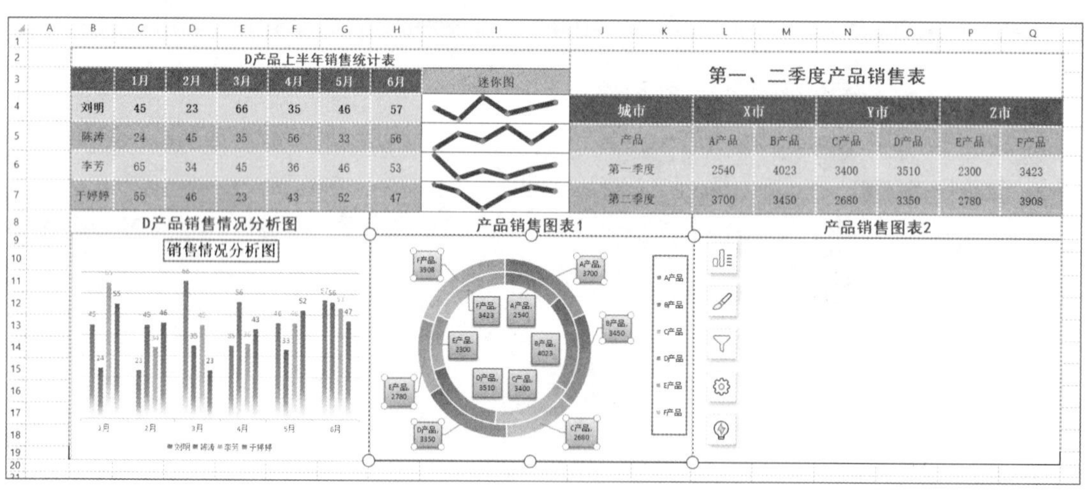

图 2-4-47 调整“数据标签”大小及位置

4. 利用“第一、二季度产品销售表”数据创建“百分比堆积柱形图”

(1)创建图表

选择 L4:Q7 单元格区域,在“插入”选项卡中单击“全部图表”按钮,单击“柱形图”选项,选择“百分比堆积柱形图”,如图 2-4-48 所示。

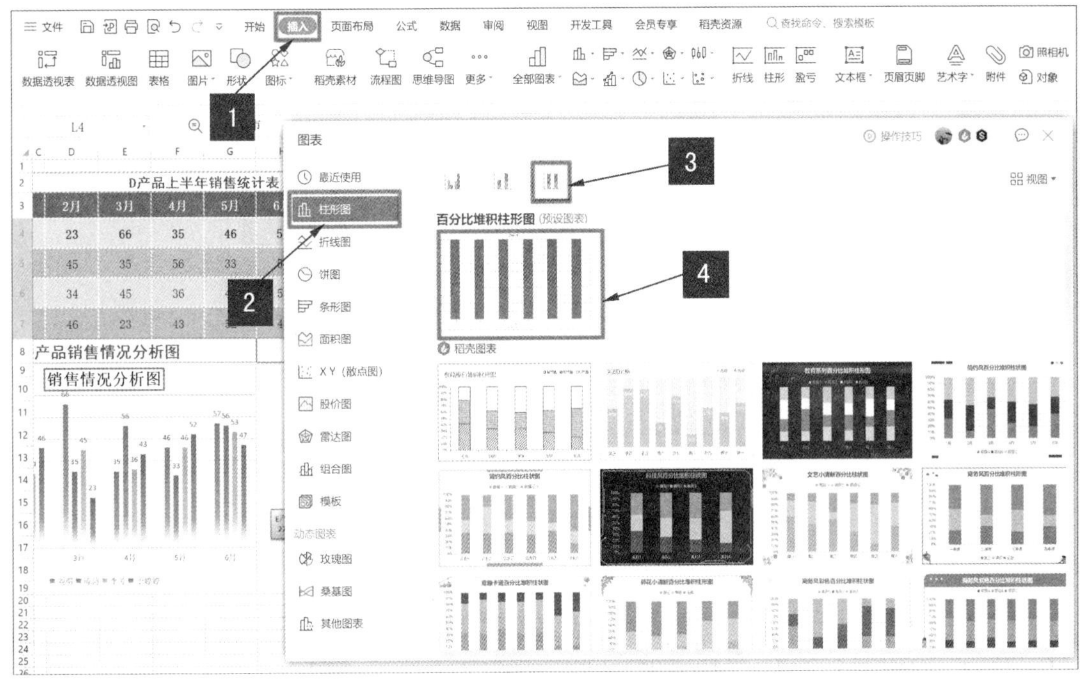

图 2-4-48 插入百分比堆积柱形图

(2)设置图表格式

①更改图例设置。在“图表工具”选项卡中,单击“添加元素”按钮,在“图例”列表中选择“无”选项,关闭图表底部图例,如图 2-4-49 所示。

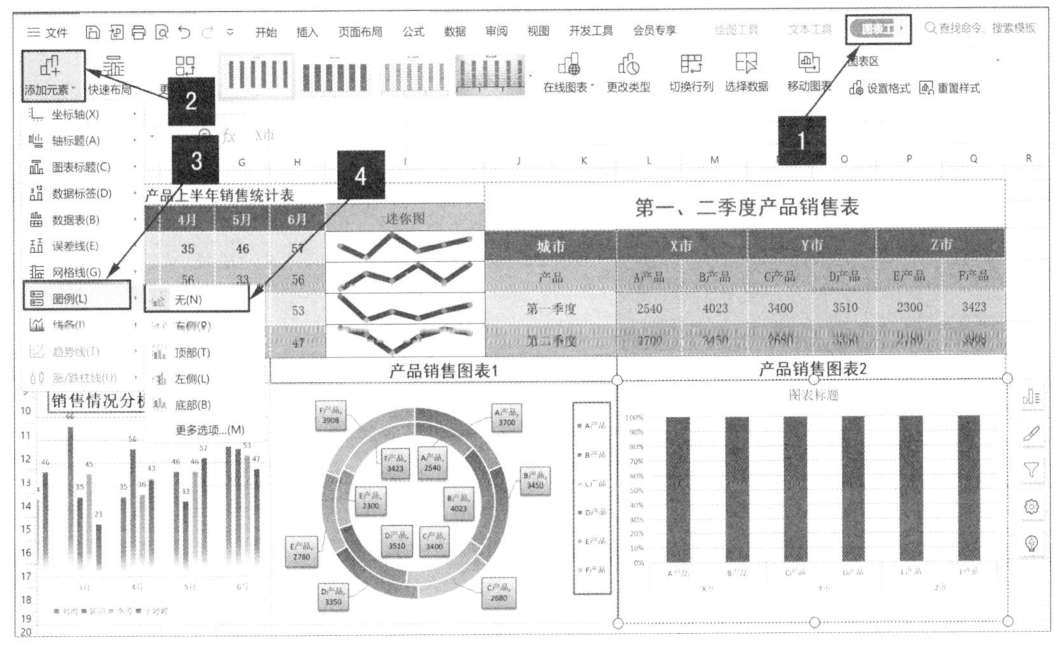

图 2-4-49 关闭图例

②更改图表样式。在“图表工具”选项卡中展开“图表样式”库列表，选择“样式 5”(第二行第二列)，如图 2-4-50 所示。

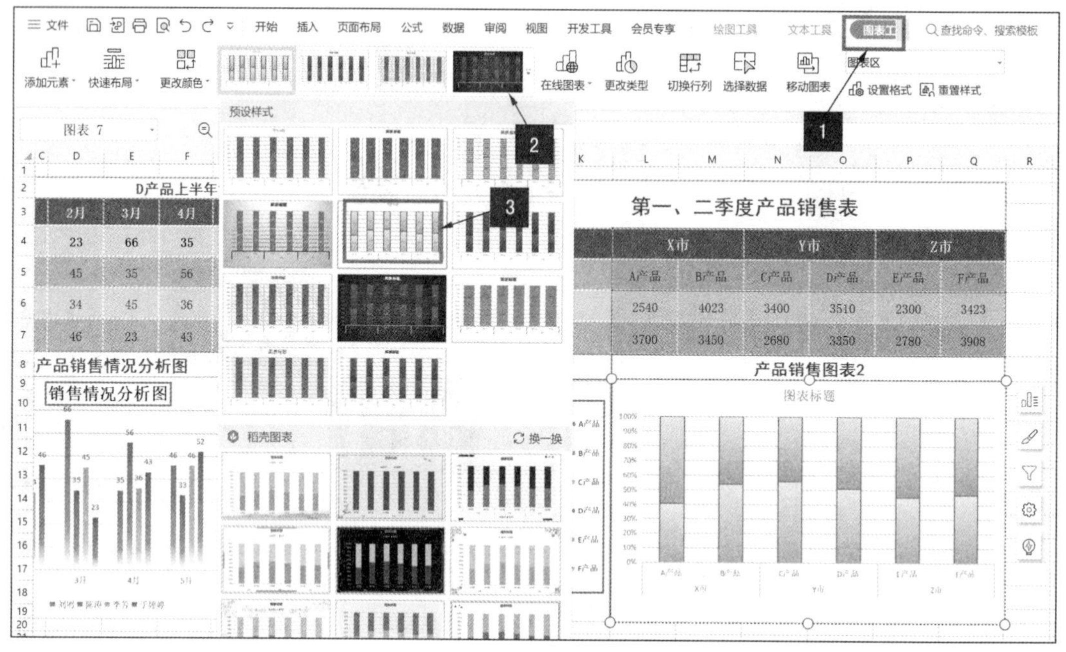

图 2-4-50 更改图表样式

③添加图表“系列线条”。在“图表工具”选项卡中，单击“添加元素”按钮，在“线条”列表中选择“系列线”选项，显示图表背景系列参考线条，如图 2-4-51 所示。

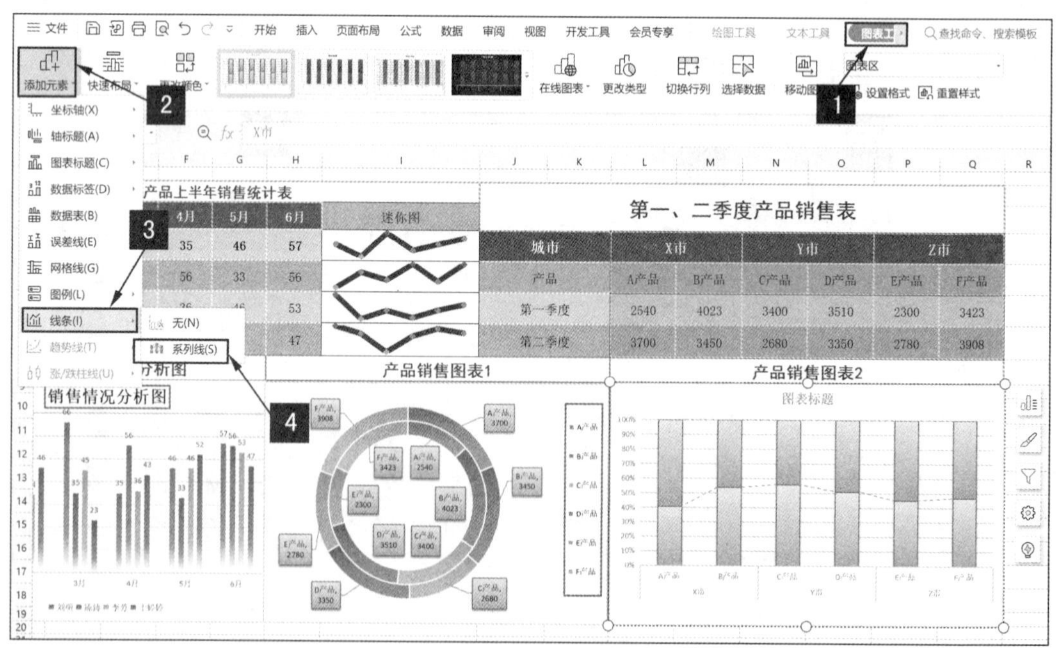

图 2-4-51 添加图表“系列线”

④更改“主轴主要水平网格线”。在“图表工具”选项卡中，单击“添加元素”按钮，在“网格线”列表中选择“主轴主要水平网格线”选项，如图 2-4-52 所示。

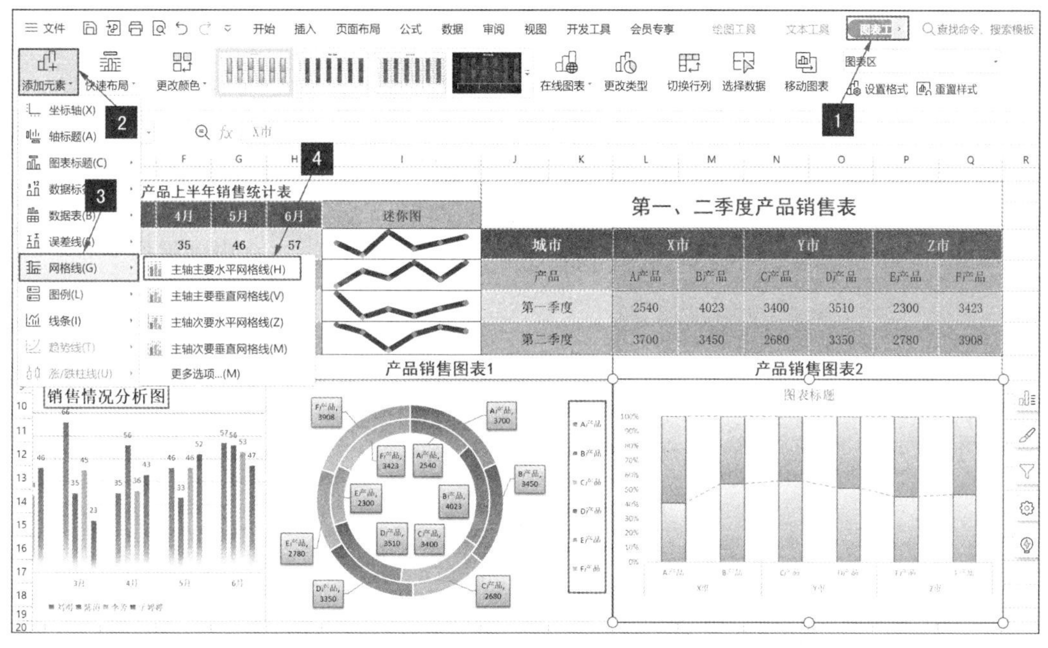

图 2-4-52 更改图表“主轴主要水平网格线”

⑤添加图表“数据标签”。在“图表工具”选项卡中，单击“添加元素”按钮，在“数据标签”列表中选择“居中”选项，添加图表“数据标签”，如图 2-4-53 所示。

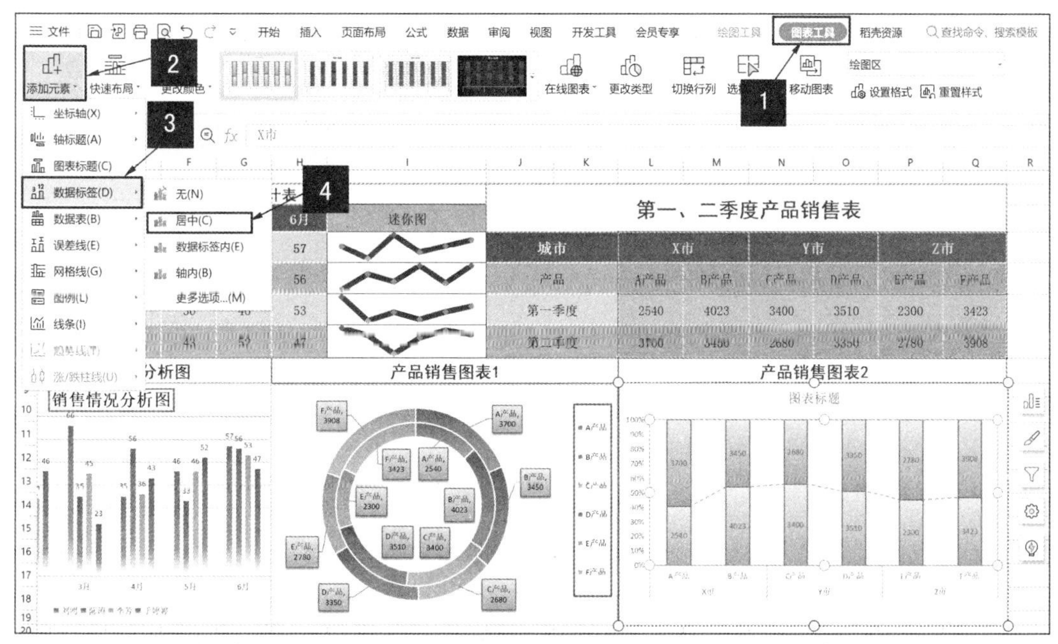

图 2-4-53 添加图表“数据标签”

⑥更改“绘图区”背景颜色。在“图表工具”选项卡中，选择“绘图区”区域，单击“设置格式”按钮，在打开的“属性”任务窗格中，设置“填充”为“纯色填充”，颜色为“培安紫，着色 4，浅色 80%”(第二行第八列)，填充绘图区背景颜色，如图 2-4-54 所示。

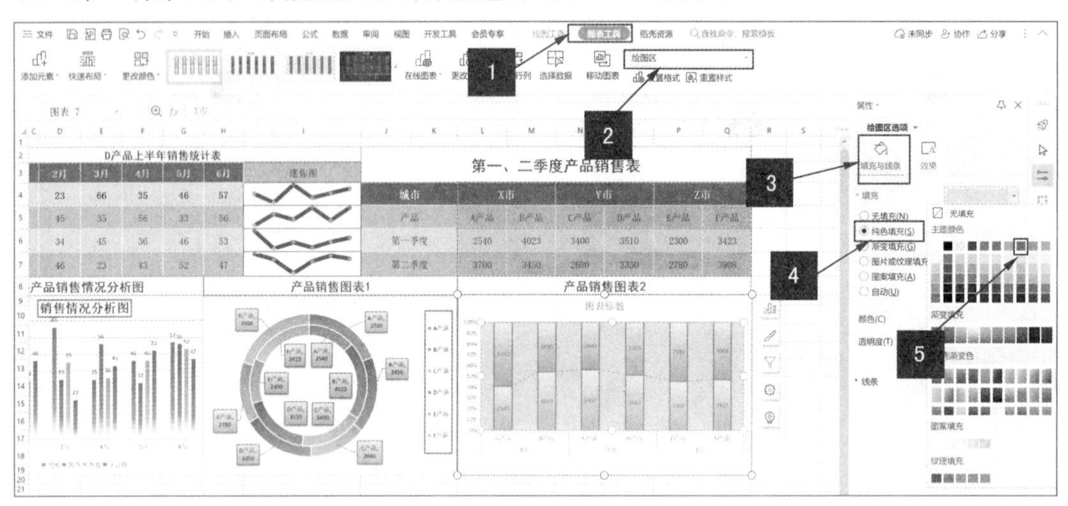

图 2-4-54 更改“绘图区”背景颜色

⑦更改“图表标题”。在“图表工具”选项卡中，在“图表区域”列表中选择“图表标题”，将“图表标题”更改为“产品销售图表”，如图 2-4-55 所示。

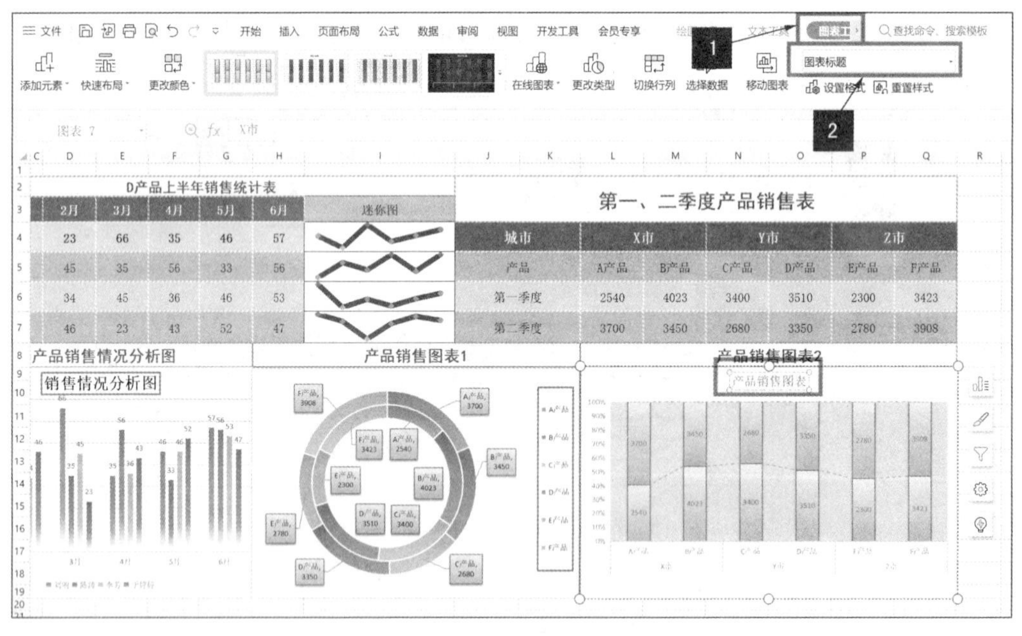

图 2-4-55 更改“图表标题”

⑧设置“图表标题”文字颜色。在“图表工具”选项卡中，单击“设置格式”按钮，在打开的“属性”任务窗格中，选择“标题选项”选项卡，在“填充与轮廓”面板中选择“纯色填充”，颜色为“培安紫，着色 4”(第一行第八列)，更改图表标题文字颜色，如图 2-4-56 所示。

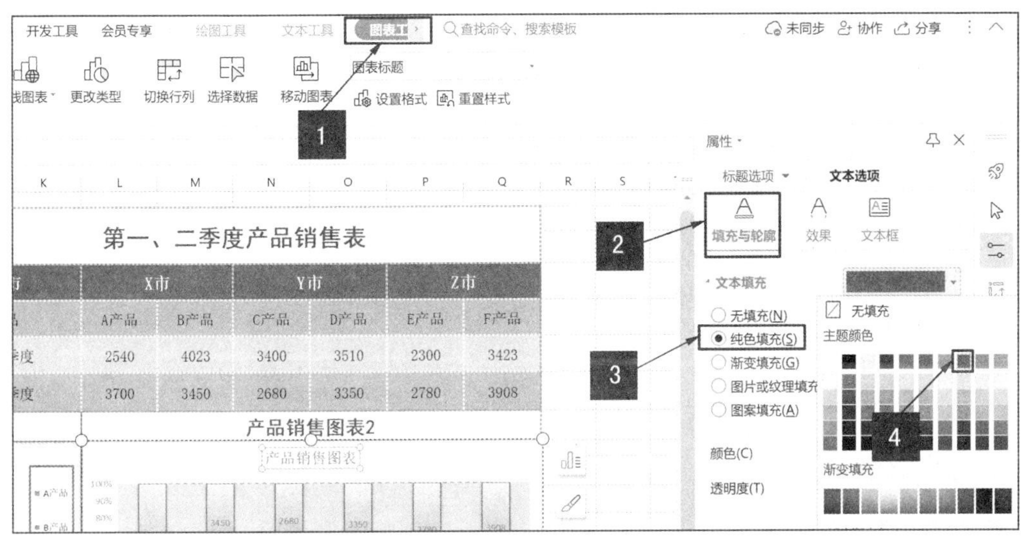

图 2-4-56 设置“图表标题”文字颜色

⑨设置“图表标题”文字格式。选中图表标题，在“开始”选项卡中将图表标题文字格式设置为宋体、18 号，加粗，如图 2-4-57 所示。

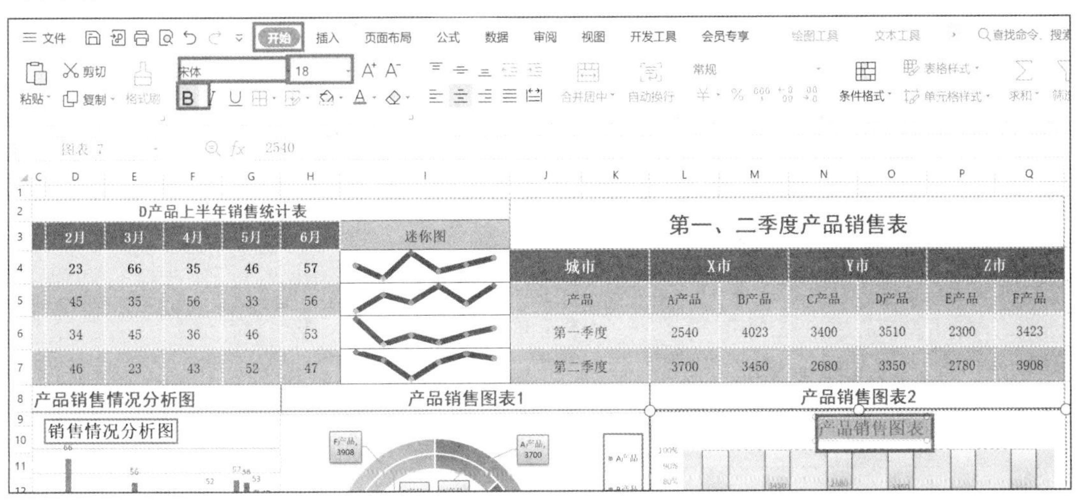

图 2-4-57 设置“图表标题”文字格式

四、相关知识

1. WPS 表格迷你图

WPS 表格迷你图与 WPS 表格传统图表相比，具有鲜明的特点。

(1)迷你图是单元格背景中的一个微型图表，传统图表是嵌入在工作表中的一个图形对象。

(2)使用迷你图的单元格可以输入文字和设置填充色。

(3)使用迷你图可以像填充公式一样方便地创建一组图表。

(4)迷你图图形比较简洁，没有纵坐标轴、图表标题、图例、数据标签、网格线等图表元素，主要体现数据的变化趋势或者数据对比。

(5)迷你图可以根据需要突出显示最大值和最小值。

(6)迷你图占用的空间较小，可以方便地进行页面设置和打印。

迷你图仅提供三种常用图表类型：折线迷你图、柱形迷你图和盈亏迷你图。迷你图不能制作两种以上图表类型的组合图。

2. 图表类型

(1)柱形图

柱形图也称作直方图，是 WPS 表格的默认图表类型，也是用户经常使用的一种图表类型。柱形图通常用来描述不同时期数据的变化情况或者描述不同类别数据之间的差异，也可以同时描述不同时期、不同类别数据的变化和差异。

柱形图包括多种图表类型，如簇状柱形图、堆积柱形图、百分比堆积柱形图等，如图 2-4-58 所示：

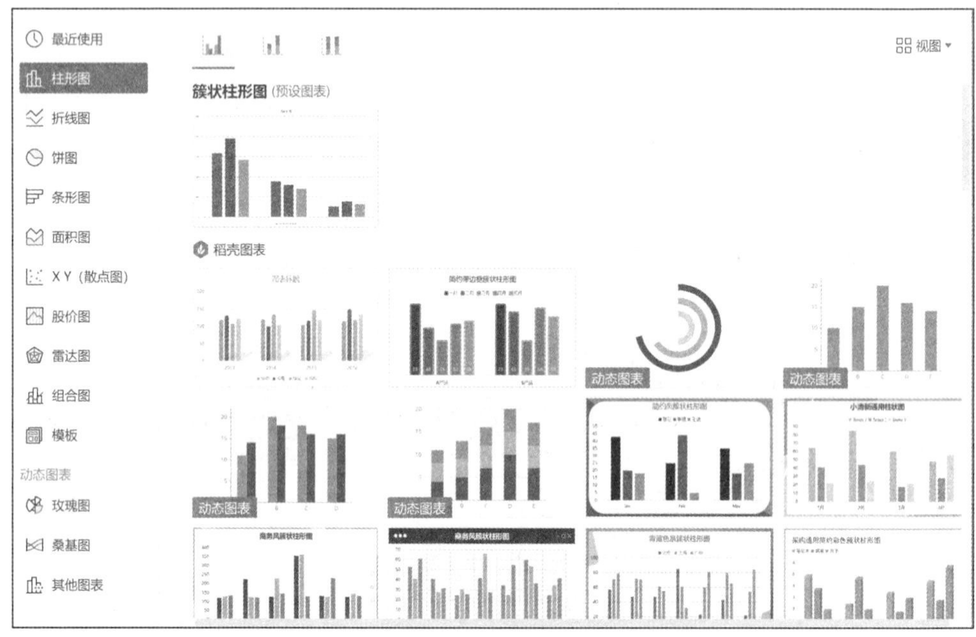

图 2-4-58 柱形图

2. 折线图

折线图是用直线段将各数据点连接起来而组成的图形，以折线方式显示数据的变化趋势。折线图可以清晰地反映出数据是递增还是递减、增减的速率、增减的规律等特征。因此，折线图常用来分析数据随时间的变化趋势，也用来分析多组数据随时间变化的相互作用和相互影响。

折线图包括堆积折线图、百分比堆积折线图、带数据标记的折线图、带数据标记的堆积折线图、带数据标记的百分比堆积折线图等，如图 2-4-59 所示。

3. 饼图

饼图通常只用一组数据系列作为数据源。它将一个圆划分为若干个扇形，每个扇形代表数据系列中的一项数据值，其大小用来表示相应数据项占该数据列总和的比例值。饼图通常用来描述比例、构成等信息。

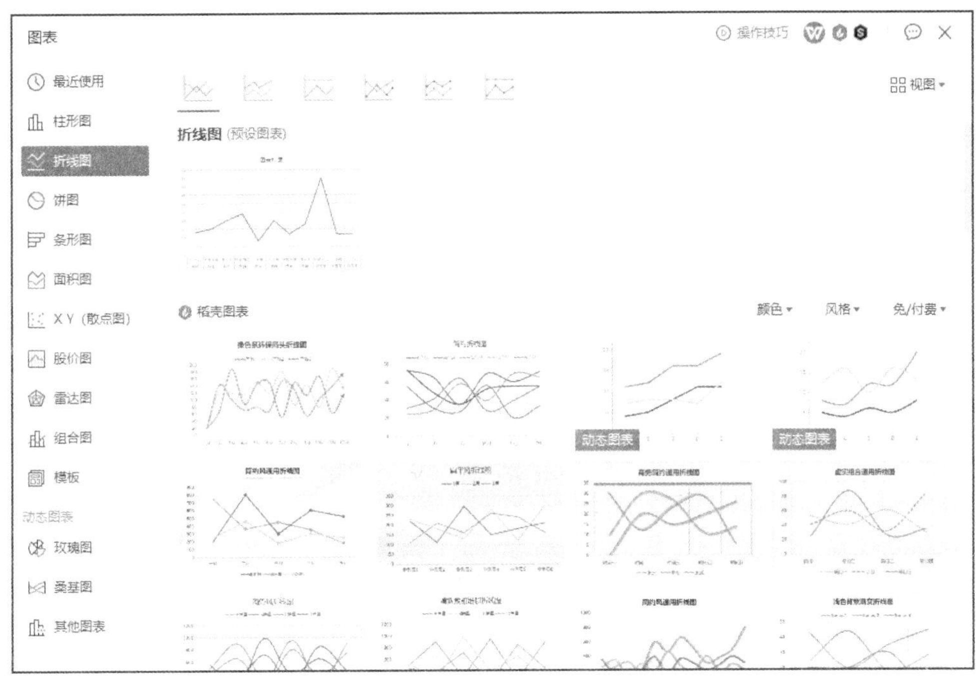

图 2-4-59 折线图

饼图包括三维饼图、复合饼图、复合条饼图、圆环图等图表类型，如图 2-4-60 所示。

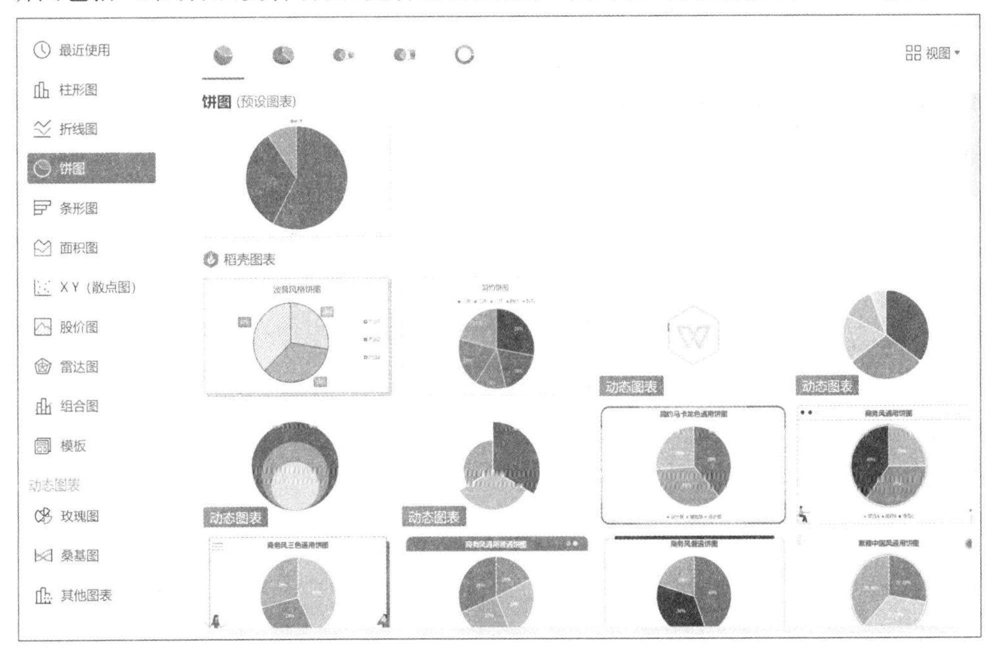

图 2-4-60 饼图

4. 条形图

条形图有些类似于水平的柱形图，它使用水平的横条来表示数据值的大小。条形图主要用来比较不同类别数据之间的差异情况。一般把分类项在垂直轴上标出，而把数据的大小在水平轴上标出。这样可以突出数据之间差异的比较，而淡化时间的变化。

条形图包括簇状条形图、堆积条形图、百分比堆积条形图，如图 2-4-61 所示。

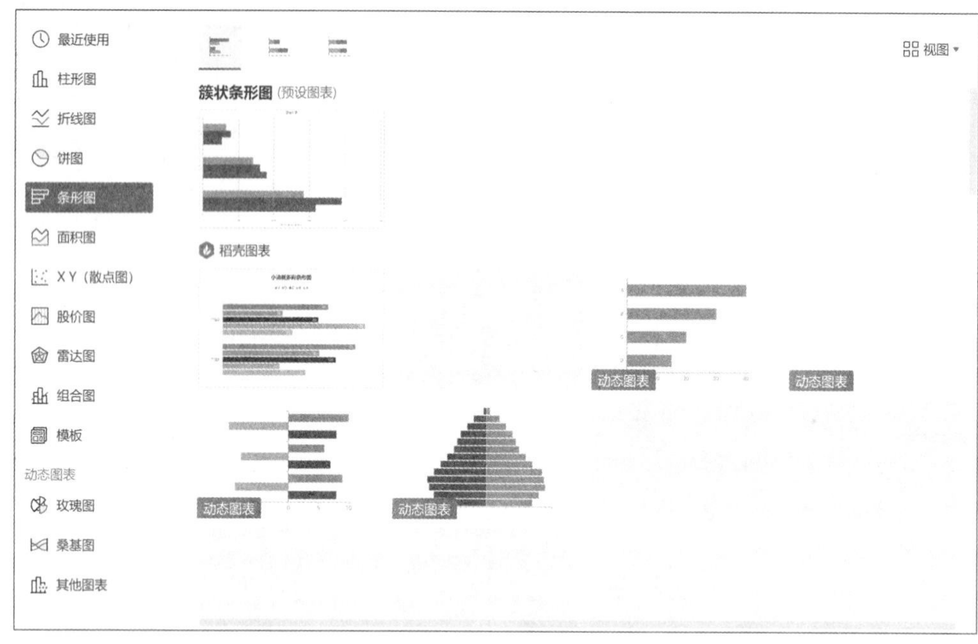

图 2-4-61 条形图

5. 面积图

面积图实际上是折线图的另一种表现形式，它使用折线和分类轴（X 轴）组成的面积以及两条折线之间的面积来显示数据系列的值。面积图除了具备折线图的特点，强调数据随时间的变化之外，还可以通过显示数据的面积来分析部分与整体的关系。

面积图包括堆积面积图、百分比堆积面积图等，如图 2-4-62 所示。

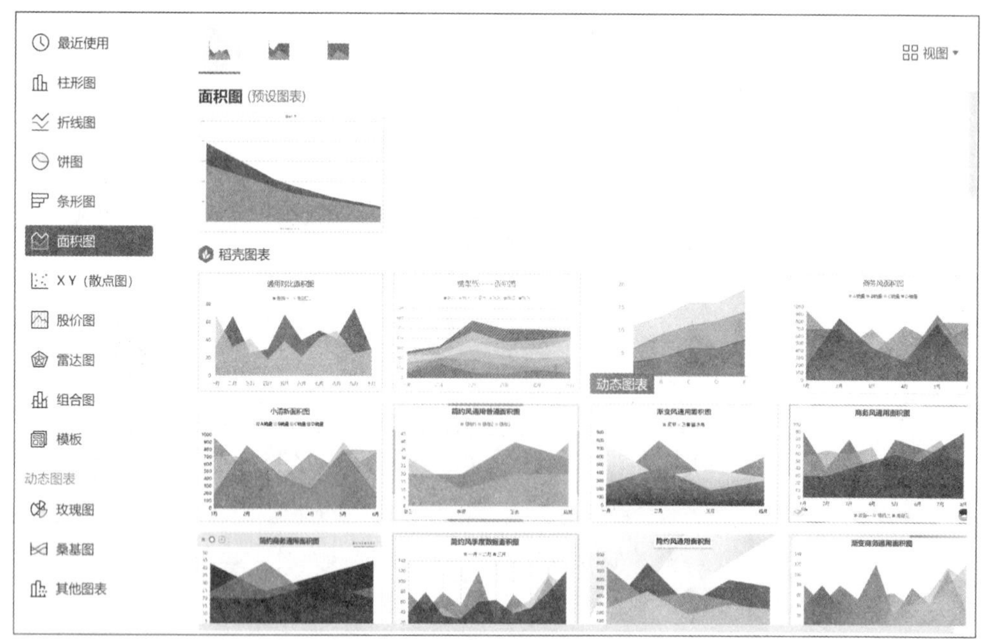

图 2-4-62 面积图

6. XY(散点图)

XY(散点图)显示了多个数据系列的数值间的关系，同时它还可以将两组数字绘制成 XY 坐标系中的一个数据系列。XY(散点图)显示了数据的不规则间隔，它不仅可以用线段，而且可以用一系列的点来描述数据。XY(散点图)除了可以显示数据的变化趋势之外,更多地用来描述数据之间的关系。

XY(散点图)包括带平滑线和数据标记的散点图、带平滑线的散点图、带直线和数据标记的散点图、带直线的散点图、气泡图、三维气泡图等,如图 2-4-63 所示。

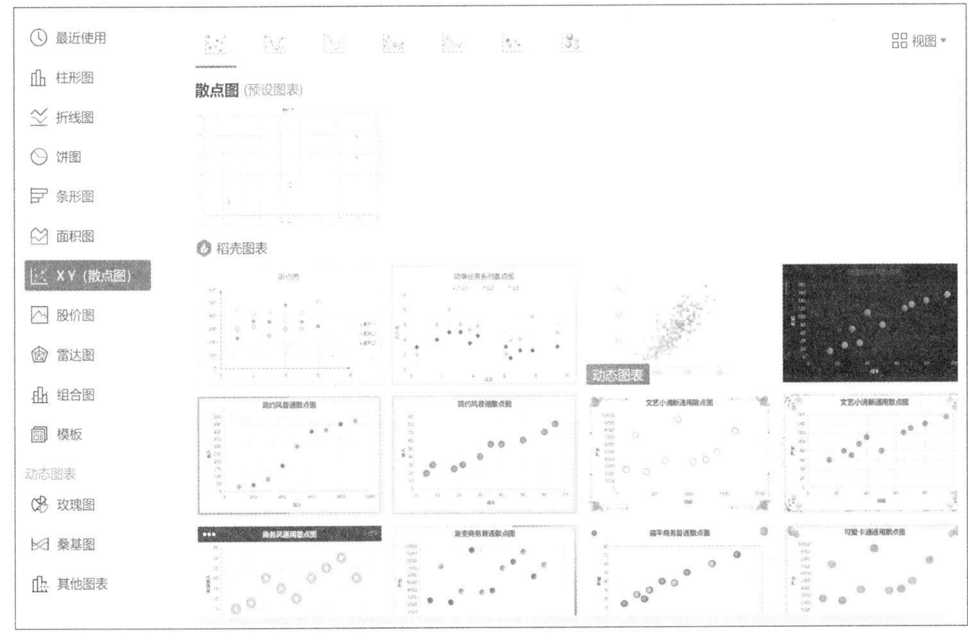

图 2-4-63 XY(散点图)

7. 股价图

股价图常用来显示股票价格变化。这种图表也常被用于科学数据。

股价图包括盘高-盘底-收盘图、开盘-盘高-盘底-收盘图、成交量-盘高-盘底-收盘图、成交量-开盘-盘高-盘底-收盘图,如图 2-4-64 所示。

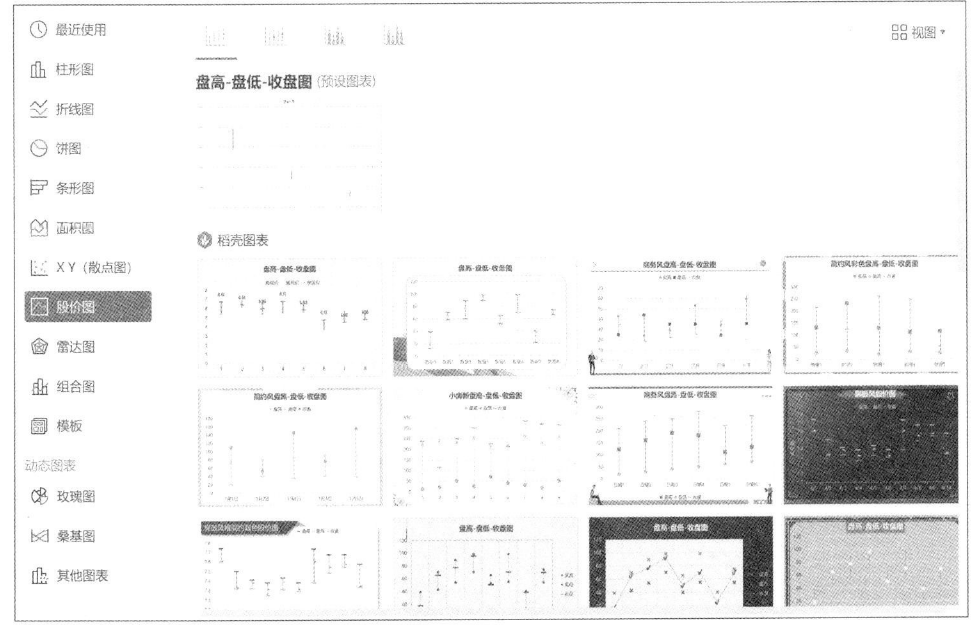

图 2-4-64 股价图

8. 雷达图

雷达图可以实现两组数据间的最佳组合，实际上是面积图的另一种形式，它在原始数据的基础上，通过跨两维的趋势线描述数据的变化趋势，而且可以通过拖放图形的坐标轴，方便地变换观察数据的角度。

雷达图包括填充雷达图、带数据标记的雷达图，如图 2-4-65 所示。

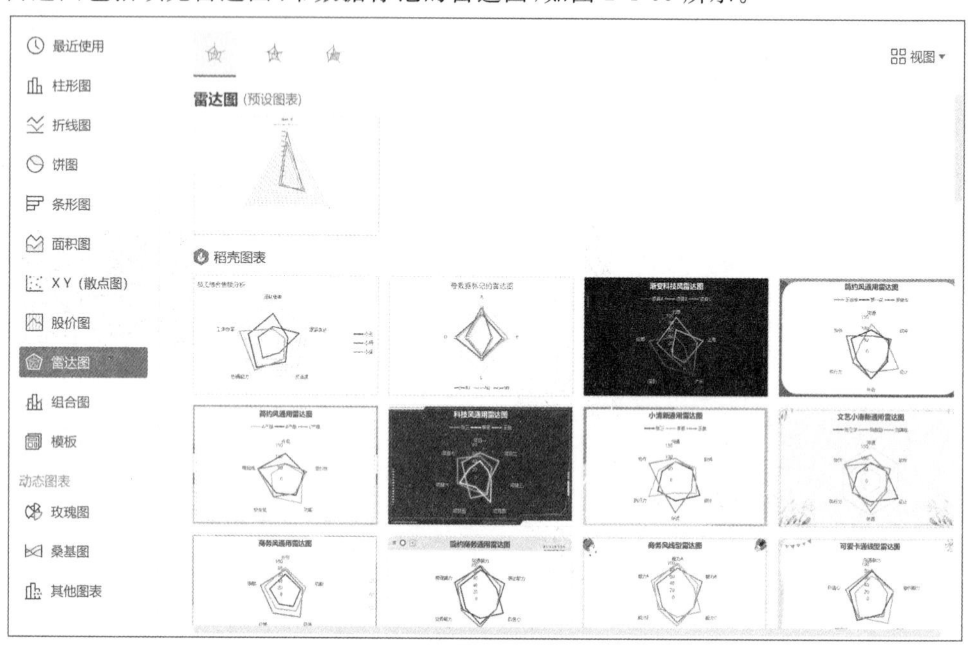

图 2-4-65 雷达图

五、创新作业

按如下要求完成，结果如图 2-4-66 所示。

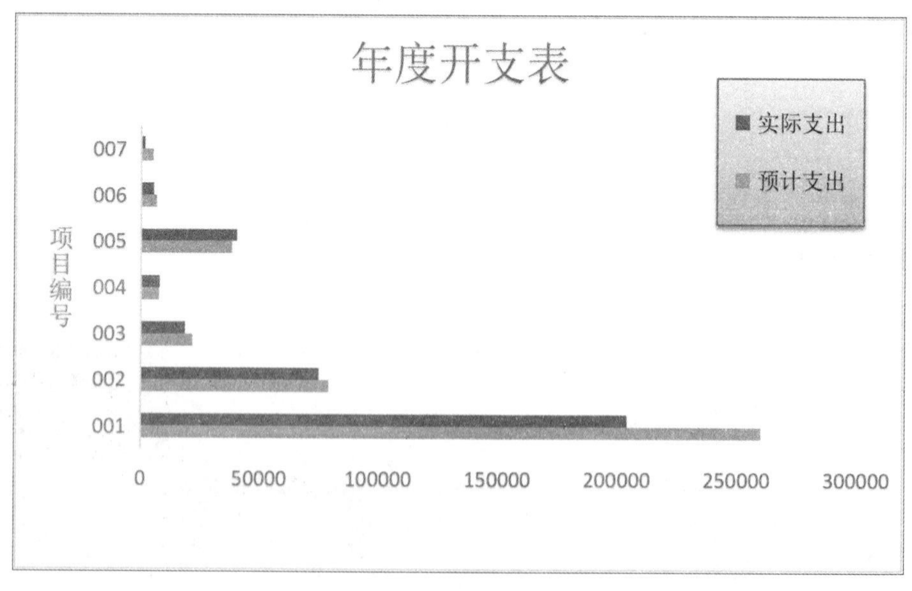

图 2-4-66 样文

制作图表：引用 Sheet2 工作表中“项目编号”、“预计指出”和“实际支出”三列数据，制作“簇状条形图”图表。

制作要求如下：

(1)图表标题：图表上方显示标题，标题为“年度开支表”，蓝色，18 号字。

(2)图例：显示在图表右上方，设置图例的绘图格式。

(3)坐标轴标题：主要纵坐标竖排标题为“项目编号”，蓝色，20 号字。

(4)设置图表颜色：单色，蓝色。

项目五　绩效考核表——WPS 表格综合应用实战

一、项目描述

本项目主要介绍 WPS 表格综合应用，使学生能够更加灵活地掌握和使用 WPS 表格，轻松完成工作。订单管理系统结果如图 2-5-1 所示，绩效考核表结果如图 2-5-2 所示。

	A	B	C	D	E	F	G	H	I
1	订单编号	客户姓名	下单时间	单价	订单数量	产品编号	订单状态	销售人员	订单总价
2	13457	于程	2022/7/15	134.00	56	YB64325	待发货	陈诚	7504
3	13459	管越	2022/9/17	145.50	26	YA51456	已发货	陈诚	3783
4	13458	全子尧	2022/8/16	126.47	61	QL53421	已发货	陈诚	7714.67
5	13467	张旭	2022/7/25	176.25	122	YA51234	已发货	陈嘉	21502.5
6	13468	王程茗	2022/7/13	185.45	112	YA51345	已发货	陈嘉	20770.4
7	13470	姚明成	2022/7/15	154.89	152	JK53432	待发货	陈嘉	23543.28
8	13469	徐琪	2022/8/14	152.98	25	YN62345	待发货	陈嘉	3824.5
9	13479	姜雨锋	2022/7/15	126.47	21	QL53421	退货	蓝心	2655.87
10	13481	盖东阁	2022/9/17	145.50	110	YA51456	待发货	蓝心	16005
11	13480	吕安格	2022/8/16	145.50	19	YA51456	已发货	蓝心	2764.5
12	13472	孙振博	2022/9/17	126.47	43	QL53421	退货	李木	5438.21
13	13474	朱明旭	2022/8/1	176.25	12	YA51234	已发货	李木	2115
14	13471	高明宇	2022/8/16	34.00	111	YB64325	已发货	李木	3774
15	13473	王俊杰	2022/7/18	145.50	19	YA51456	已发货	李木	2764.5
16	13453	周奥翔	2022/7/11	176.25	143	YA51234	已发货	李思	25203.75
17	13454	耿嘉隆	2022/7/11	185.45	32	YA51345	退货	李思	5934.4
18	13455	孙凤羽	2022/7/13	152.98	114	YN62345	待发货	李思	17439.72
19	13456	曹明轩	2022/8/14	154.89	23	JK53432	已发货	李思	3562.47
20	13462	苏航	2022/7/18	152.98	156	YN62345	退货	刘淼	23864.88
21	13463	吕庆余	2022/8/21	154.89	62	JK53432	待发货	刘淼	9603.18
22	13461	杜兆鸿	2022/7/11	185.45	54	YA51345	已发货	刘淼	10014.3
23	13460	彭博	2022/7/18	176.25	122	YA51234	已发货	刘淼	21502.5
24	13478	杜英杰	2022/8/14	134.00	24	YB64325	已发货	严亮	3216
25	13475	王泽	2022/8/2	185.45	115	YA51345	已发货	严亮	21326.75
26	13476	李俊明	2022/8/3	152.98	125	YN62345	待发货	严亮	19122.5
27	13477	张旭	2022/7/13	154.89	33	JK53432	待发货	严亮	5111.37
28	13466	刘晗	2022/7/24	145.50	18	YA51456	已发货	张佳佳	2619
29	13464	洪福阳	2022/8/22	134.00	23	YB64325	待发货	张佳佳	3082
30	13465	李伟	2022/9/23	126.47	110	QL53421	已发货	张佳佳	13911.7

销售人员	销售总额
陈诚	19001.67
陈嘉	69640.68
蓝心	21425.37
李木	14091.71
李思	52140.34
刘淼	64984.86
严亮	48776.62
张佳佳	19612.7

图 2-5-1　订单管理系统

二、项目分析

完成绩效考核情况的统计，本项目任务如下：

任务一：订单管理系统工作表数据的整理、筛选、合并计算。

任务二：为绩效考核表工作表填充数据，为“岗位目标销售额”列设置下拉列表以输入数据。

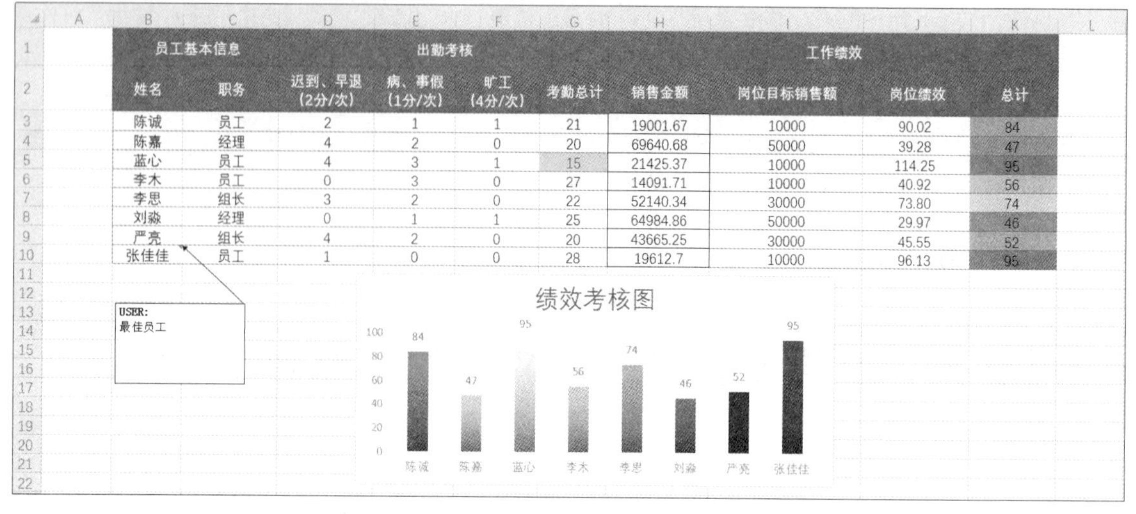

员工基本信息		出勤考核					工作绩效		
姓名	职务	迟到、早退（2分/次）	病、事假（1分/次）	旷工（4分/次）	考勤总计	销售金额	岗位目标销售额	岗位绩效	总计
陈诚	员工	2	1	1	21	19001.67	10000	90.02	84
陈嘉	经理	4	2	0	20	69640.68	50000	39.28	47
蓝心	员工	4	3	1	15	21425.37	10000	114.25	95
李木	员工	0	3	0	27	14091.71	10000	40.92	56
李思	组长	3	2	0	22	52140.34	30000	73.80	74
刘淼	经理	0	1	1	25	64984.86	50000	29.97	46
严亮	组长	4	2	0	20	43665.25	30000	45.55	52
张佳佳	员工	1	0	0	28	19612.7	10000	96.13	95

图 2-5-2 绩效考核表

计算“考勤总计”、“岗位绩效”和“总计”数据。

任务三：创建图表，利用“总计”数据创建柱形图表。

三、项目实现

1. 订单管理系统工作表

（1）单击“数据源”工作表，拖曳选择 A2：H30 单元格区域，将数据复制到“订单管理系统”工作表中，如图 2-5-3 所示。

销售人员	订单编号	客户姓名	下单时间	单价	订单数量	产品编号	订单状态	订单总价
李木	13472	孙振博	2022/9/17	126.47	43	QL53421	退货	
陈诚	13457	于程	2022/7/15	134.00	56	YB64325	待发货	
陈嘉	13467	张旭	2022/7/25	176.25	122	YA51234	已发货	
陈嘉	13468	王程茗	2022/7/13	185.45	112	YA51345	已发货	
李木	13474	朱明旭	2022/8/1	176.25	12	YA51234	已发货	
李思	13453	周奥翔	2022/7/11	176.25	143	YA51234	已发货	
陈嘉	13470	姚明成	2022/7/15	154.89	152	JK53432	待发货	
刘淼	13462	苏航	2022/7/18	152.98	156	YN62345	退货	
蓝心	13479	姜雨锋	2022/7/15	126.47	21	QL53421	退货	
陈诚	13459	管越	2022/9/17	145.50	26	YA51456	已发货	
李木	13471	高明宇	2022/8/16	34.00	111	YB64325	已发货	
严亮	13478	杜英杰	2022/8/14	134.00	24	YB64325	已发货	
陈诚	13458	全子尧	2022/8/16	126.47	61	QL53421	已发货	
严亮	13475	王泽	2022/8/2	185.45	115	YA51345	已发货	
刘淼	13463	吕庆余	2022/8/21	154.89	62	JK53432	待发货	
张佳佳	13466	刘晗	2022/7/24	145.50	18	YA51456	已发货	
蓝心	13481	盖东阁	2022/9/17	145.50	110	YA51456	待发货	
刘淼	13461	杜兆鸿	2022/7/11	185.45	54	YA51345	已发货	
李木	13473	王俊杰	2022/7/18	145.50	19	YA51456	已发货	
李思	13454	耿嘉隆	2022/7/11	185.45	32	YA51345	退货	
陈嘉	13469	徐琪	2022/8/14	152.98	25	YN62345	待发货	
蓝心	13480	吕安格	2022/8/16	145.50	19	YA51456	已发货	
李思	13455	孙凤羽	2022/7/13	152.98	114	YN62345	待发货	
刘淼	13460	彭博	2022/7/18	176.25	122	YA51234	已发货	
严亮	13476	李俊明	2022/8/3	152.98	125	YN62345	待发货	
李思	13456	曹明轩	2022/8/14	154.89	23	JK53432	已发货	
张佳佳	13464	洪福阳	2022/8/22	134.00	23	YB64325	待发货	
严亮	13477	张旭	2022/7/13	154.89	33	JK53432	待发货	
张佳佳	13465	李伟	2022/9/23	126.47	110	QL53421	已发货	

销售人员	销售总额

图 2-5-3 复制数据

(2)在“订单管理系统”工作表中，选择 A1:I1 单元格区域，选择“开始”选项卡，在功能区中单击“筛选”，在表头的单元格区域建立筛选功能，如图 2-5-4 所示；在“订单数量”所在列，单击下拉按钮，在展开的下拉面板中，单击“数字筛选”按钮，选择“大于”，在“自定义自动筛选方式”对话框中设置筛选条件为“大于 120”的筛选规则，对表格进行筛选，如图 2-5-5 所示。

销售人员	订单编号	客户姓名	下单时间	单价	订单数量	产品编号	订单状态	订单总价
李木	13472	孙振博	2022/9/17	126.47	43	QL53421	退货	
陈诚	13457	于程	2022/7/15	134.00	56	YB64325	待发货	
陈嘉	13467	张旭	2022/7/25	176.25	122	YA51234	已发货	
陈嘉	13468	王程茗	2022/7/13	185.45	112	YA51345	已发货	
李木	13474	朱明旭	2022/8/1	176.25	12	YA51234	已发货	
李思	13453	周奥翔	2022/7/11	176.25	143	YA51234	已发货	
陈嘉	13470	姚明成	2022/7/15	154.89	152	JK53432	待发货	
刘淼	13462	苏航	2022/7/18	152.98	156	YN62345	退货	
蓝心	13479	姜雨锋	2022/7/15	126.47	21	QL53421	退货	
陈诚	13459	管越	2022/9/17	145.50	26	YA51456	已发货	
李木	13471	高明宇	2022/8/16	34.00	111	YB64325	已发货	
严亮	13478	杜英杰	2022/8/14	134.00	24	YB64325	已发货	
陈诚	13458	全子尧	2022/8/16	126.47	61	QL53421	已发货	
严亮	13475	王泽	2022/8/2	185.45	115	YA51345	已发货	
刘淼	13463	吕庆余	2022/8/21	154.89	62	JK53432	待发货	
张佳佳	13466	刘晗	2022/7/24	145.50	18	YA51456	已发货	
蓝心	13481	盖东阁	2022/9/17	145.50	110	YA51456	待发货	
刘淼	13461	杜兆鸿	2022/7/11	185.45	54	YA51345	已发货	
李木	13473	王俊杰	2022/7/18	145.50	19	YA51456	已发货	
李思	13454	耿嘉隆	2022/7/11	185.45	32	YA51345	退货	
陈嘉	13469	徐琪	2022/8/14	152.98	25	YN62345	待发货	
蓝心	13480	吕安格	2022/8/16	145.50	19	YA51456	已发货	
李思	13455	孙凤羽	2022/7/13	152.98	114	YN62345	待发货	
刘淼	13460	彭博	2022/7/18	176.25	122	YA51234	已发货	
严亮	13476	李俊明	2022/8/3	152.98	125	YN62345	待发货	
李思	13456	曹明轩	2022/8/14	154.89	23	JK53432	已发货	
张佳佳	13464	洪福阳	2022/8/22	134.00	23	YB64325	待发货	
严亮	13477	张旭	2022/7/13	154.89	33	JK53432	待发货	
张佳佳	13465	李伟	2022/9/23	126.47	110	QL53421	已发货	

图 2-5-4　建立筛选

销售人员	订单编号	客户姓名	下单时间	单价	订单数量	产品编号	订单状态	订单总价
李木	13472	孙振博	2022/9/17	126.47	43	QL53421	退货	
陈诚	13457	于程	2022/7/15	134.00	56	YB64325	待发货	
陈嘉	13467	张旭	2022/7/25	176.25	122	YA51234	已发货	
陈嘉	13468	王程茗	2022/7/13	185.45	112	YA51345	已发货	
李木	13474	朱明旭	2022/8/1	176.25	12	YA51234	已发货	
李思	13453	周奥翔	2022/7/11	176.25	143	YA51234	已发货	
陈嘉	13470	姚明成	2022/7/15	154.89	152	JK53432	待发货	
刘淼	13462	苏航	2022/7/18	152.98	156	YN62345	退货	
蓝心	13479	姜雨锋	2022/7/15	126.47	21	QL53421	退货	
陈诚	13459	管越	2022/9/17	145.50	26	YA51456	已发货	
李木	13471	高明宇	2022/8/16	34.00	111	YB64325	已发货	
严亮	13478	杜英杰	2022/8/14	134.00	24	YB64325	已发货	
陈诚	13458	全子尧	2022/8/16	126.47	61	QL53421	已发货	
严亮	13475	王泽	2022/8/2	185.45	115	YA51345	已发货	
刘淼	13463	吕庆余	2022/8/21	154.89	62	JK53432	待发货	
张佳佳	13466	刘晗	2022/7/24	145.50	18	YA51456	已发货	
蓝心	13481	盖东阁	2022/9/17	145.50	110	YA51456	待发货	
刘淼	13461	杜兆鸿	2022/7/11	185.45	54	YA51345	已发货	
李木	13473	王俊杰	2022/7/18	145.50	19	YA51456	已发货	
李思	13454	耿嘉隆	2022/7/11	185.45	32	YA51345	退货	
陈嘉	13469	徐琪	2022/8/14	152.98	25	YN62345	待发货	
蓝心	13480	吕安格	2022/8/16	145.50	19	YA51456	已发货	
李思	13455	孙凤羽	2022/7/13	152.98	114	YN62345	待发货	
刘淼	13460	彭博	2022/7/18	176.25	122	YA51234	已发货	
严亮	13476	李俊明	2022/8/3	152.98	125	YN62345	待发货	
李思	13456	曹明轩	2022/8/14	154.89	23	JK53432	已发货	
张佳佳	13464	洪福阳	2022/8/22	134.00	23	YB64325	待发货	
严亮	13477	张旭	2022/7/13	154.89	33	JK53432	待发货	
张佳佳	13465	李伟	2022/9/23	126.47	110	QL53421	已发货	

图 2-5-5　筛选条件为“大于 120”

为“客户姓名”所在列单元格区域进行颜色填充。左键拖曳选择“客户姓名”所在列的单元格区域，单击“开始”选项卡，在功能区中单击“填充颜色”按钮，在下拉列表“主题颜色”中选择“浅绿，着色 6，浅色 40%”(第四行第十列)，如图 2-5-6 所示。再次单击“筛选”按钮，退出筛选状态。

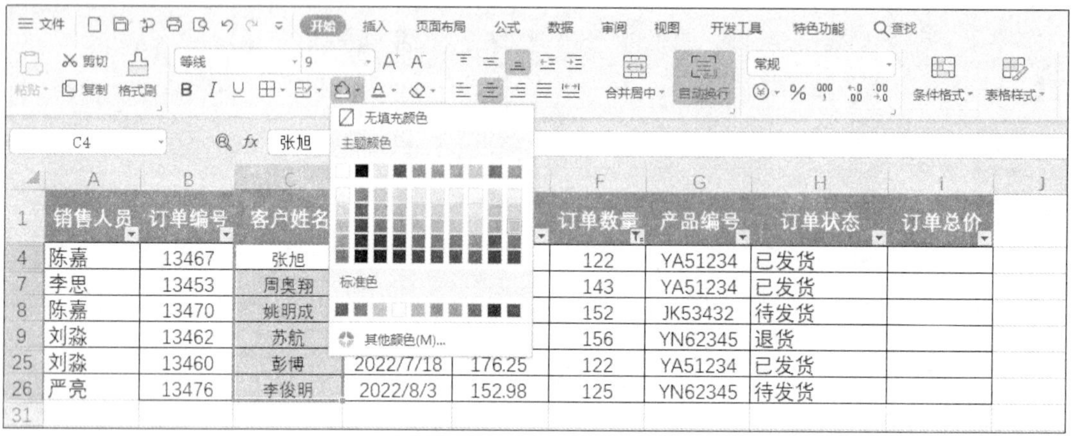

图 2-5-6　单元格颜色填充

(3)单击选择“销售人员”(A1)单元格，对“销售人员”单元格所在列进行“升序”排列。选择“开始”选项卡，在功能区中单击“排序”下拉按钮，选择“升序”排列，如图 2-5-7 所示。

	销售人员	订单编号	客户姓名	下单时间	单价	订单数量	产品编号	订单状态	订单总价
2	陈诚	13457	于程	2022/7/15	134.00	56	YB64325	待发货	
3	陈诚	13459	管越	2022/9/17	145.50	26	YA51456	已发货	
4	陈诚	13458	全子尧	2022/8/16	126.47	61	QL53421	已发货	
5	陈嘉	13467	张旭	2022/7/25	176.25	122	YA51234	已发货	
6	陈嘉	13468	王程茗	2022/7/13	185.45	112	YA51345	已发货	
7	陈嘉	13470	姚明成	2022/7/15	154.89	152	JK53432	待发货	
8	陈嘉	13469	徐琪	2022/8/14	152.98	25	YN62345	待发货	
9	蓝心	13479	姜雨锋	2022/7/15	126.47	21	QL53421	退货	
10	蓝心	13481	盖东阁	2022/9/17	145.50	110	YA51456	待发货	
11	蓝心	13480	吕安格	2022/8/16	145.50	19	YA51456	已发货	
12	李木	13472	孙振博	2022/9/17	126.47	43	QL53421	退货	
13	李木	13474	朱明旭	2022/8/1	176.25	12	YA51234	已发货	
14	李木	13471	高明宇	2022/8/16	34.00	111	YB64325	已发货	
15	李木	13473	王俊杰	2022/7/18	145.50	19	YA51456	已发货	
16	李思	13453	周奥翔	2022/7/11	176.25	143	YA51234	已发货	
17	李思	13454	耿嘉隆	2022/7/11	185.45	32	YA51345	退货	
18	李思	13455	孙凤羽	2022/7/13	152.98	114	YN62345	待发货	
19	李思	13456	曹明轩	2022/8/14	154.89	23	JK53432	已发货	
20	刘淼	13462	苏航	2022/7/18	152.98	156	YN62345	退货	
21	刘淼	13463	吕庆余	2022/8/21	154.89	62	JK53432	待发货	
22	刘淼	13461	杜兆鸿	2022/7/11	185.45	54	YA51345	已发货	
23	刘淼	13460	彭博	2022/7/18	176.25	122	YA51234	已发货	
24	严亮	13478	杜英杰	2022/8/14	134.00	24	YB64325	已发货	
25	严亮	13475	王泽	2022/8/2	185.45	115	YA51345	已发货	
26	严亮	13476	李俊明	2022/8/3	152.98	125	YN62345	待发货	
27	严亮	13477	张旭	2022/7/13	154.89	33	JK53432	待发货	
28	张佳佳	13466	刘晗	2022/7/24	145.50	18	YA51456	已发货	
29	张佳佳	13464	洪福阳	2022/8/22	134.00	23	YB64325	待发货	
30	张佳佳	13465	李伟	2022/9/23	126.47	110	QL53421	已发货	

销售人员	销售总额

图 2-5-7　“升序”排列

(4)计算“订单总价”数据信息。选定 I2 单元格，输入公式“=E2 * F2”，按 Enter 键确认。将鼠标放置在 I2 单元格右下角，左键拖曳填充 I2:I30 单元格区域，如图 2-5-8 所示。

(5)合并计算。选择 A1:A30 单元格区域，按住 Shift 键，同时按鼠标左键拖曳边界，将整列单元格区域移动到“订单总价”列左侧，方便合并计算。

	A	B	C	D	E	F	G	H	I
1	销售人员	订单编号	客户姓名	下单时间	单价	订单数量	产品编号	订单状态	订单总价
2	陈诚	13457	于程	2022/7/15	134.00	56	YB64325	待发货	7504
3	陈诚	13459	管越	2022/9/17	145.50	26	YA51456	已发货	3783
4	陈诚	13458	全子尧	2022/8/16	126.47	61	QL53421	已发货	7714.67
5	陈嘉	13467	张旭	2022/7/25	176.25	122	YA51234	已发货	21502.5
6	陈嘉	13468	王程茗	2022/7/13	185.45	112	YA51345	已发货	20770.4
7	陈嘉	13470	姚明成	2022/7/15	154.89	152	JK53432	待发货	23543.28
8	陈嘉	13469	徐琪	2022/8/14	152.98	25	YN62345	待发货	3824.5
9	蓝心	13479	姜雨锋	2022/7/15	126.47	21	QL53421	退货	2655.87
10	蓝心	13481	盖东阁	2022/9/17	145.50	110	YA51456	待发货	16005
11	蓝心	13480	吕安格	2022/8/16	145.50	19	YA51456	已发货	2764.5
12	李木	13472	孙振博	2022/9/17	126.47	43	QL53421	退货	5438.21
13	李木	13474	朱明旭	2022/8/1	176.25	12	YA51234	已发货	2115
14	李木	13471	高明宇	2022/8/16	34.00	111	YB64325	已发货	3774
15	李木	13473	王俊杰	2022/7/18	145.50	19	YA51456	已发货	2764.5
16	李思	13453	周奥翔	2022/7/11	176.25	143	YA51234	已发货	25203.75
17	李思	13454	耿嘉隆	2022/7/11	185.45	32	YA51345	退货	5934.4
18	李思	13455	孙凤羽	2022/7/13	152.98	114	YN62345	待发货	17439.72
19	李思	13456	曹明轩	2022/8/14	154.89	23	JK53432	已发货	3562.47
20	刘淼	13462	苏航	2022/7/18	152.98	156	YN62345	退货	23864.88
21	刘淼	13463	吕庆余	2022/8/21	154.89	62	JK53432	待发货	9603.18
22	刘淼	13461	杜兆鸿	2022/7/11	185.45	54	YA51345	已发货	10014.3
23	刘淼	13460	彭博	2022/7/18	176.25	122	YA51234	已发货	21502.5
24	严亮	13478	杜英杰	2022/8/14	134.00	24	YB64325	已发货	3216
25	严亮	13475	王泽	2022/8/2	185.45	115	YA51345	已发货	21326.75
26	严亮	13476	李俊明	2022/8/3	152.98	125	YN62345	待发货	19122.5
27	严亮	13477	张旭	2022/7/13	154.89	33	JK53432	待发货	5111.37
28	张佳佳	13466	刘晗	2022/7/24	145.50	18	YA51456	已发货	2619
29	张佳佳	13464	洪福阳	2022/8/22	134.00	23	YB64325	待发货	3082
30	张佳佳	13465	李伟	2022/9/23	126.47	110	QL53421	已发货	13911.7
31									

图 2-5-8　填充公式

单击 L4 单元格，选择“数据”选项卡，在功能区中单击“合并计算”按钮，在弹出的“合并计算”对话框中，在“函数”下拉列表中选择“求和”选项，左键拖曳选择 H2:I30 单元格区域，单击“添加”按钮，勾选“最左列”复选框，如图 2-5-9 所示。完成合并计算，结果如图 2-5-10 所示。

	A	B	C	D	E	F	G	H	I
1	订单编号	客户姓名	下单时间	单价	订单数量	产品编号	订单状态	销售人员	订单总价
2	13457	于程	2022/7/15	134.00	56	YB64325	待发货	陈诚	7504
3	13459	管越	2022/9/17	145.50	26	YA51456	已发货	陈诚	3783
4	13458	全子尧	2022/8/16	126.47	61	QL53421	已发货	陈诚	7714.67
5	13467	张旭	2022/7/25	176.25	122	YA51234	已发货	陈嘉	21502.5
6	13468	王程茗	2022/7/13	185.45	112	YA51345	已发货	陈嘉	20770.4
7	13470	姚明成	2022/7/15	154.89	152	JK53432	待发货	陈嘉	23543.28
8	13469	徐琪	2022/8/14	152.98	25	YN62345	待发货	陈嘉	3824.5
9	13479	姜雨锋	2022/7/15	126.47	21	QL53421	退货	蓝心	2655.87
10	13481	盖东阁	2022/9/17	145.50	110	YA51456	待发货	蓝心	16005
11	13480	吕安格	2022/8/16	145.50	19	YA51456	已发货	蓝心	2764.5
12	13472	孙振博	2022/9/17	126.47	43	QL53421	退货	李木	5438.21
13	13474	朱明旭	2022/8/1	176.25	12	YA51234	已发货	李木	2115
14	13471	高明宇	2022/8/16	34.00	111	YB64325	已发货	李木	3774
15	13473	王俊杰	2022/7/18	145.50	19	YA51456	已发货	李木	2764.5
16	13453	周奥翔	2022/7/11	176.25	143	YA51234	已发货	李思	25203.75
17	13454	耿嘉隆	2022/7/11	185.45	32	YA51345	退货	李思	5934.4
18	13455	孙凤羽	2022/7/13	152.98	114	YN62345	待发货	李思	17439.72
19	13456	曹明轩	2022/8/14	154.89	23	JK53432	已发货	李思	3562.47
20	13462	苏航	2022/7/18	152.98	156	YN62345	退货	刘淼	23864.88
21	13463	吕庆余	2022/8/21	154.89	62	JK53432	待发货	刘淼	9603.18
22	13461	杜兆鸿	2022/7/11	185.45	54	YA51345	已发货	刘淼	10014.3
23	13460	彭博	2022/7/18	176.25	122	YA51234	已发货	刘淼	21502.5
24	13478	杜英杰	2022/8/14	134.00	24	YB64325	已发货	严亮	3216
25	13475	王泽	2022/8/2	185.45	115	YA51345	已发货	严亮	21326.75
26	13476	李俊明	2022/8/3	152.98	125	YN62345	待发货	严亮	19122.5
27	13477	张旭	2022/7/13	154.89	33	JK53432	待发货	严亮	5111.37
28	13466	刘晗	2022/7/24	145.50	18	YA51456	已发货	张佳佳	2619
29	13464	洪福阳	2022/8/22	134.00	23	YB64325	待发货	张佳佳	3082
30	13465	李伟	2022/9/23	126.47	110	QL53421	已发货	张佳佳	13911.7
31									

图 2-5-9　在“合并计算”对话框中设置参数

销售人员	销售总额
陈诚	19001.67
陈嘉	69640.68
蓝心	21425.37
李木	14091.71
李思	52140.34
刘淼	64984.86
严亮	48776.62
张佳佳	19612.7

图 2-5-10　“合并计算”结果

2. 绩效考核表

将“合并计算”后的数据复制到“绩效考核表”工作表中的 H3：H10 单元格区域中，如图 2-5-11 所示。

	A	B	C	D	E	F	G	H	I	J	K
1		员工基本信息		出勤考核					工作绩效		
2		姓名	职务	迟到、早退（2分/次）	病、事假（1分/次）	旷工（4分/次）	考勤总计	销售金额	岗位目标销售额	岗位绩效	总计
3		陈诚	员工	2	1	1		19001.67			
4		陈嘉	经理	4	2	0		69640.68			
5		蓝心	员工	4	3	1		21425.37			
6		李木	员工	0	3	0		14091.71			
7		李思	组长	3	2	0		52140.34			
8		刘淼	经理	0	1	1		64984.86			
9		严亮	组长	4	2	0		48776.62			
10		张佳佳	员工	1	0	0		19612.7			
11											

图 2-5-11　填充“绩效考核表”

（1）计算“考勤总计”单元格所在列的数据信息

“考勤总计”计算方法为：满分 30 分，迟到、早退每次扣 2 分，病、事假每次扣 1 分，旷工每次扣 4 分。单击选择 G3 单元格，输入公式“＝30－D3 ＊ 2－E3 ＊ 1－F3 ＊ 4”，如图 2-5-12 所示，按 Enter 键确认。将光标移到 G3 单元格右下角，左键拖曳填充 G3：G10 单元格区域，如图 2-5-13 所示。

SIN　× ✓ fx　=30-D3*2-E3*1-F3*4

	A	B	C	D	E	F	G	H	I	J	K
1		员工基本信息		出勤考核					工作绩效		
2		姓名	职务	迟到、早退（2分/次）	病、事假（1分/次）	旷工（4分/次）	考勤总计	销售金额	岗位目标销售额	岗位绩效	总计
3		陈诚	员工	2	1	=30-D3*2-E3*1-F3*4					
4		陈嘉	经理	4	2	0		69640.68			
5		蓝心	员工	4	3	1		21425.37			
6		李木	员工	0	3	0		14091.71			
7		李思	组长	3	2	0		52140.34			
8		刘淼	经理	0	1	1		64984.86			
9		严亮	组长	4	2	0		48776.62			
10		张佳佳	员工	1	0	0		19612.7			
11											

图 2-5-12　“考勤总计”公式

	A	B	C	D	E	F	G	H	I	J	K
1		员工基本信息		出勤考核					工作绩效		
2		姓名	职务	迟到、早退（2分/次）	病、事假（1分/次）	旷工（4分/次）	考勤总计	销售金额	岗位目标销售额	岗位绩效	总计
3		陈诚	员工	2	1	1	21	19001.67			
4		陈嘉	经理	4	2	0	20	69640.68			
5		蓝心	员工	4	3	1	15	21425.37			
6		李木	员工	0	3	0	27	14091.71			
7		李思	组长	3	2	0	22	52140.34			
8		刘淼	经理	0	1	1	25	64984.86			
9		严亮	组长	4	2	0	20	48776.62			
10		张佳佳	员工	1	0	0	28	19612.7			
11											

图 2-5-13　填充“考勤总计”公式

(2)使用下拉列表快速输入数据

使用下拉列表快速输入数据

在“岗位目标销售额”工作表中，拖曳选择 B2:B4 单元格区域，复制到“绩效考核表”工作表中的表格外区域，用作数据参考信息，如图 2-5-14 所示；在“绩效考核表”中左键拖曳选择 I3:I10 单元格区域，选择“数据”选项卡，单击“插入下拉列表”按钮，在弹出的“插入下拉列表”对话框中，选择“从单元格选择下拉选项”单选按钮，在下面的文本框中输入单元格区域地址，或者利用“折叠”按钮选择刚刚复制过来的数据，如图 2-5-15 所示。对照“职务”列信息，依次填入“岗位目标销售额”列信息，对齐方式设置为“水平居中对齐”，结果如图 2-5-16 所示。

	A	B	C	D	E	F	G	H	I	J	K	L	M	N
1		员工基本信息		出勤考核					工作绩效					
2		姓名	职务	迟到、早退(2分/次)	病、事假(1分/次)	旷工(4分/次)	考勤总计	销售金额	岗位目标销售额	岗位绩效	总计			
3		陈诚	员工	2	1	1	21	19001.67						
4		陈嘉	经理	4	2	0	20	69640.68						
5		蓝心	员工	4	3	1	15	21425.37						50000
6		李木	员工	0	3	0	27	14091.71						30000
7		李思	组长	3	2	0	22	52140.34						10000
8		刘淼	经理	0	1	1	25	64984.86						
9		严亮	组长	4	2	0	20	48776.62						
10		张佳佳	员工	1	0	0	28	19612.7						
11														

图 2-5-14 复制“岗位目标销售额”数据

	A	B	C	D	E	F	G	H	I	J	K	L	M	N
1		员工基本信息		出勤考核					工作绩效					
2		姓名	职务	迟到、早退(2分/次)	病、事假(1分/次)	旷工(4分/次)	考勤总计	销售金额	岗位目标销售额	岗位绩效	总计			
3		陈诚	员工	2	1	1	21	19001.67						
4		陈嘉	经理	4	2	0	20							
5		蓝心	员工	4	3	1	15							50000
6		李木	员工	0	3	0	27							30000
7		李思	组长	3	2	0	22							10000
8		刘淼	经理	0	1	1	25							
9		严亮	组长	4	2	0	20							
10		张佳佳	员工	1	0	0	28							

插入下拉列表
手动添加下拉选项
从单元格选择下拉选项
=$N$5:$N$7
对有同样设置的其他单元格应用这些更改(P)
全部清除 确定 取消

图 2-5-15 设置“插入下拉列表”

	A	B	C	D	E	F	G	H	I	J	K	L
1		员工基本信息		出勤考核					工作绩效			
2		姓名	职务	迟到、早退(2分/次)	病、事假(1分/次)	旷工(4分/次)	考勤总计	销售金额	岗位目标销售额	岗位绩效	总计	
3		陈诚	员工	2	1	1	21	19001.67	10000			
4		陈嘉	经理	4	2	0	20	69640.68	50000			
5		蓝心	员工	4	3	1	15	21425.37	10000			
6		李木	员工	0	3	0	27	14091.71	10000			
7		李思	组长	3	2	0	22	52140.34	30000			
8		刘淼	经理	0	1	1	25	64984.86	50000			
9		严亮	组长	4	2	0	20	48776.62	30000			
10		张佳佳	员工	1	0	0	28	19612.7	10000			

图 2-5-16 下拉列表选择对应数据

(3)计算“岗位绩效”数值信息

“岗位绩效”计算方法为：“(销售金额－岗位目标销售额)/岗位目标销售额 * 100”。选定 J3 单元格，输入公式“=(H3－I3)/I3 * 100”，按 Enter 键确认，如图 2-5-17 所示。将光标移到 J3 单元格右下角，左键拖曳填充 J3:J10 单元格区域，如图 2-5-18 所示。

员工基本信息		出勤考核				工作绩效			
姓名	职务	迟到、早退(2分/次)	病、事假(1分/次)	旷工(4分/次)	考勤总计	销售金额	岗位目标销售额	岗位绩效	总计
陈诚	员工	2	1	1	21	19001.67	1	=(H3-I3)/I3*100	
陈嘉	经理	4	2	0	20	69640.68	50000		
蓝心	员工	4	3	1	15	21425.37	10000		
李木	员工	0	3	0	27	14091.71	10000		
李思	组长	3	2	0	22	52140.34	30000		
刘淼	经理	0	1	1	25	64984.86	50000		
严亮	组长	4	2	0	20	48776.62	30000		
张佳佳	员工	1	0	0	28	19612.7	10000		

图 2-5-17 "岗位绩效"计算公式

员工基本信息		出勤考核				工作绩效			
姓名	职务	迟到、早退(2分/次)	病、事假(1分/次)	旷工(4分/次)	考勤总计	销售金额	岗位目标销售额	岗位绩效	总计
陈诚	员工	2	1	1	21	19001.67	10000	90.02	
陈嘉	经理	4	2	0	20	69640.68	50000	39.28	
蓝心	员工	4	3	1	15	21425.37	10000	114.25	
李木	员工	0	3	0	27	14091.71	10000	40.92	
李思	组长	3	2	0	22	52140.34	30000	73.80	
刘淼	经理	0	1	1	25	64984.86	50000	29.97	
严亮	组长	4	2	0	20	48776.62	30000	62.59	
张佳佳	员工	1	0	0	28	19612.7	10000	96.13	

图 2-5-18 填充"岗位绩效"公式

(4)计算"总计"数值信息

"总计"计算方法为:"岗位绩效 * 0.7+考勤总计"。选定 K3 单元格,输入公式"=J3 * 0.7+G3",按 Enter 键确认,如图 2-5-19 所示。将光标移到 K3 单元格右下角,左键拖曳填充 K3:K10 单元格区域,如图 2-5-20 所示。

员工基本信息		出勤考核				工作绩效			
姓名	职务	迟到、早退(2分/次)	病、事假(1分/次)	旷工(4分/次)	考勤总计	销售金额	岗位目标销售额	岗位绩效	总计
陈诚	员工	2	1	1	21	19001.67	10000	90.02	=J3*0.7+G3
陈嘉	经理	4	2	0	20	69640.68	50000	39.28	
蓝心	员工	4	3	1	15	21425.37	10000	114.25	
李木	员工	0	3	0	27	14091.71	10000	40.92	
李思	组长	3	2	0	22	52140.34	30000	73.80	
刘淼	经理	0	1	1	25	64984.86	50000	29.97	
严亮	组长	4	2	0	20	48776.62	30000	62.59	
张佳佳	员工	1	0	0	28	19612.7	10000	96.13	

图 2-5-19 "总计"计算公式

员工基本信息		出勤考核				工作绩效			
姓名	职务	迟到、早退(2分/次)	病、事假(1分/次)	旷工(4分/次)	考勤总计	销售金额	岗位目标销售额	岗位绩效	总计
陈诚	员工	2	1	1	21	19001.67	10000	90.02	84
陈嘉	经理	4	2	0	20	69640.68	50000	39.28	47
蓝心	员工	4	3	1	15	21425.37	10000	114.25	95
李木	员工	0	3	0	27	14091.71	10000	40.92	56
李思	组长	3	2	0	22	52140.34	30000	73.80	74
刘淼	经理	0	1	1	25	64984.86	50000	29.97	46
严亮	组长	4	2	0	20	48776.62	30000	62.59	64
张佳佳	员工	1	0	0	28	19612.7	10000	96.13	95

图 2-5-20 填充"总计"计算公式

(5)设置条件格式

设置条件格式

选择 K3:K10 单元格区域,单击“开始”选项卡,在功能区中单击“条件格式”下拉按钮,打开下拉列表,选择“色阶”选项,选择“蓝-白-红色阶”(第二行第一列),为“总计”单元格设置条件格式,如图 2-5-21 所示。

选择 G3:G10 单元格区域,单击“开始”选项卡,在功能区中单击“条件格式”按钮,打开下拉列表,选择“突出显示单元格规则”选项,选择“小于”,在“小于”对话框中,左侧文本框中输入“20”,在“设置为”下拉列表中选择“浅红色填充”,为“考勤总计”列设置条件格式如图 2-5-22 所示。

员工基本信息		出勤考核							
姓名	职务	迟到、早退(2分/次)	病、事假(1分/次)	旷工(4分/次)	考勤总计	销售			总计
陈诚	员工	2	1	1	21	1900			84
陈嘉	经理	4	2	0	20	69640.68			47
蓝心	员工	4	3	1	15	21425.37	10000		95
李木	员工	0	3	0	27	14091.71	10000	40.92	56
李思	组长	3	2	0	22	52140.34	30000	73.80	74
刘淼	经理	0	1	1	25	64984.86	50000	29.97	46
严亮	组长	4	2	0	20	48776.62	30000	62.59	64
张佳佳	员工	1	0	0	28	19612.7	10000	96.13	95

图 2-5-21 “总计”条件格式设置

员工基本信息		出勤考核				工作绩效			
姓名	职务	迟到、早退(2分/次)	病、事假(1分/次)	旷工(4分/次)	考勤总计	销售金额	岗位目标销售额	岗位绩效	总计
陈诚	员工	2	1	1	21	19001.67	10000	90.02	84
陈嘉	经理	4	2	0	20	69640.68	50000	39.28	47
蓝心	员工	4	3	1	15	21425.37	10000	114.25	95
李木	员工	0	3	0	27	14091.71	10000	40.92	56
李思	组长	3	2	0	22	52140.34	30000	73.80	74
刘淼	经理	0	1	1	25	64984.86	50000	29.97	46
严亮	组长	4	2	0	20	48776.62	30000	62.59	64
张佳佳	员工	1	0	0	28	19612.7	10000	96.13	95

图 2-5-22 “考勤总计”条件格式设置

(6)添加批注

添加批注

选择 B10“张佳佳”单元格,单击“开始”选项卡,在功能区中单击“填充颜色”,为单元格填充颜色“黄色”(标准色:第四个),右击,在弹出的快捷菜单中选择“插入批注”命令;在新建的“批注”对话框中输入“最佳员工”,调整批注大小和位置,如图 2-5-23 所示。

图 2-5-23 插入批注

3. 创建图表

选择 K3:K10 单元格区域，选择“插入”选项卡，在功能区中单击“全部图表”按钮，在“插入图表”对话框中选择“柱形图”中的“簇状柱形图”，单击“插入”按钮，调整图表大小和位置达到美观，如图 2-5-24 所示。

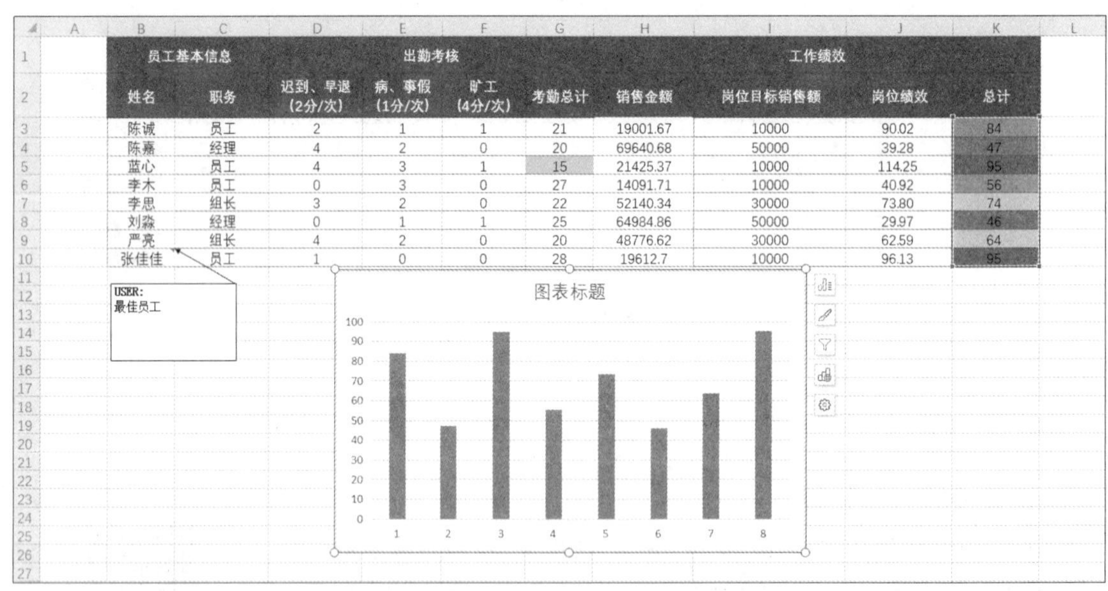

员工基本信息		出勤考核				工作绩效			
姓名	职务	迟到、早退(2分/次)	病、事假(1分/次)	旷工(4分/次)	考勤总计	销售金额	岗位目标销售额	岗位绩效	总计
陈诚	员工	2	1	1	21	19001.67	10000	90.02	84
陈嘉	经理	4	2	0	20	69640.68	50000	39.28	47
蓝心	员工	4	3	1	15	21425.37	10000	114.25	95
李木	员工	0	3	0	27	14091.71	10000	40.92	56
李思	组长	3	2	0	22	52140.34	30000	73.80	74
刘淼	经理	0	1	1	25	64984.86	50000	29.97	46
严亮	组长	4	2	0	20	48776.62	30000	62.59	64
张佳佳	员工	1	0	0	28	19612.7	10000	96.13	95

图 2-5-24 插入“簇状柱形图”

编辑“图表标题”，输入图表标题“绩效考核图”，如图 2-5-25 所示。

选中图表，选择“图表工具”选项卡，在功能区中单击“添加元素”下拉按钮，在下拉列表中单击“数据标签”，选择“数据标签外”选项，为图表添加数据标签，如图 2-5-26 所示。

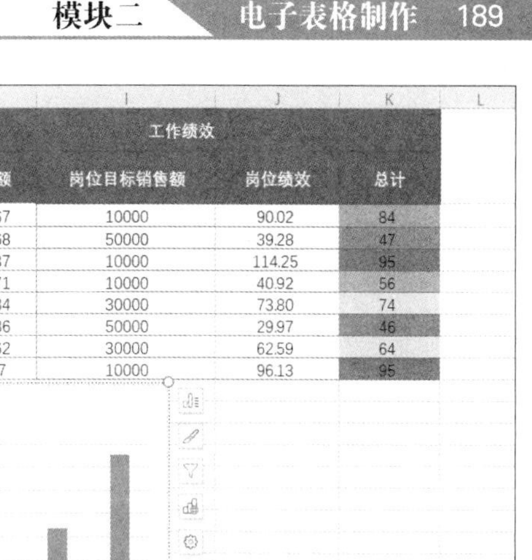

图 2-5-25 输入图表标题

图 2-5-26 添加数据标签

选择“图表工具”选项卡，在功能区中单击“添加元素”下拉按钮，在下拉列表中单击“网格线”，选择“主轴主要水平网格线”选项，取消“主轴主要水平网格线”，如图 2-5-27 所示。

选择“图表工具”选项卡，在功能区中单击“选择数据”按钮，在“编辑数据源”对话框中，单击“类别”右侧的“编辑”按钮，在“轴标签”对话框“轴标签区域”文本框中选择 B3:B10 单元格区域，单击“确定”按钮，为图表添加“轴标签”，如图 2-5-28 所示。

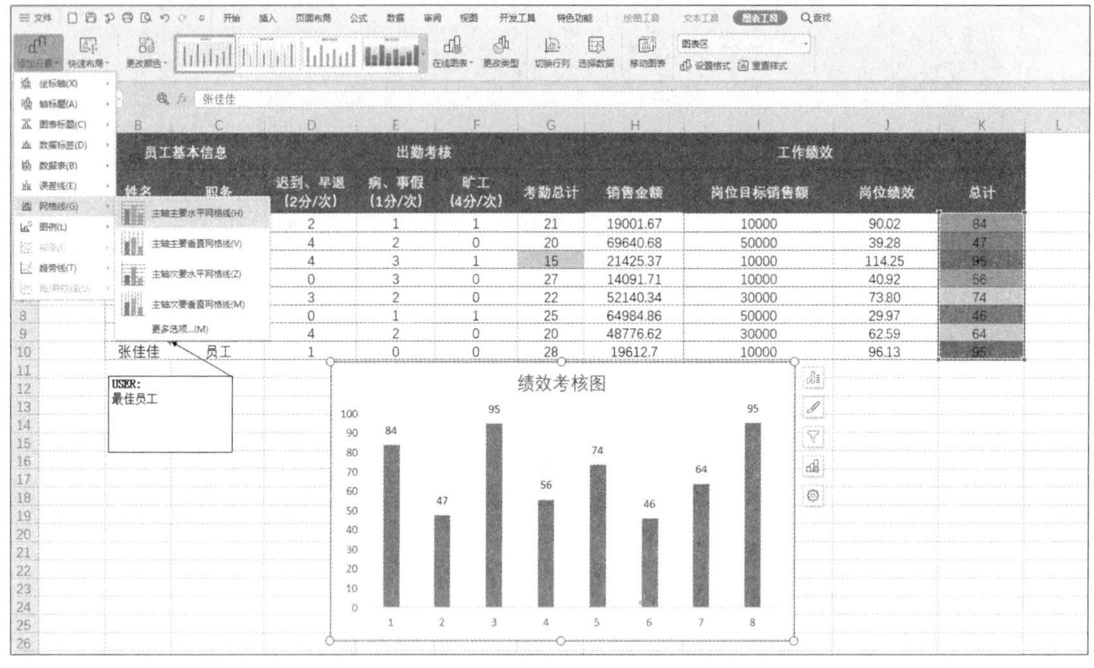

图 2-5-27 删除“主轴主要水平网格线”

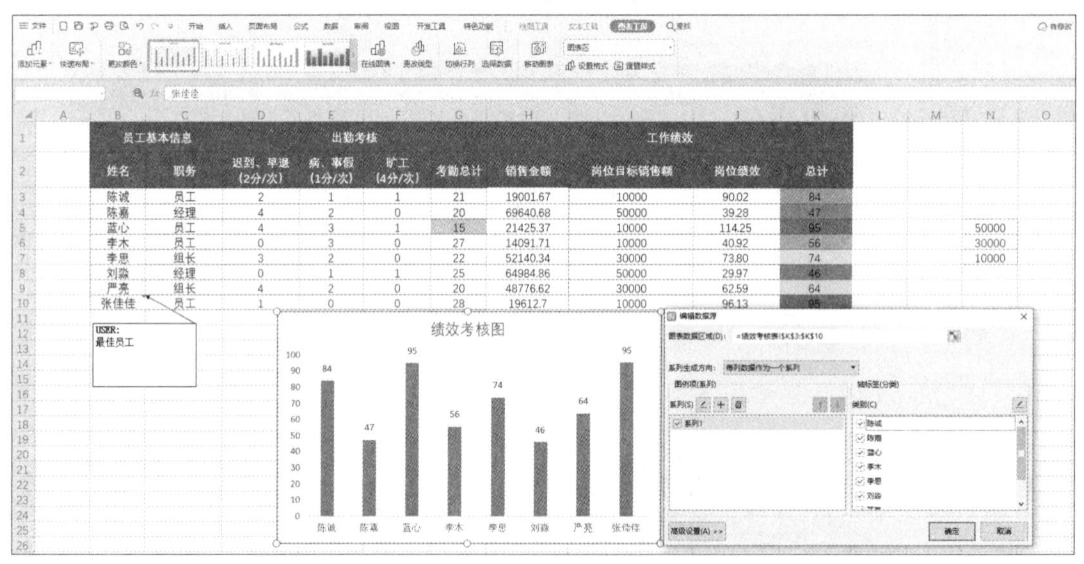

图 2-5-28 添加“轴标签”

在“图表工具”选项卡中选择“系列 1 数据标签”选项，单击“设置格式”按钮，在右侧打开“属性”任务窗格，选择“文本选项”选项卡，选择“文本填充”方式为“渐变填充”，颜色为“橙红色-褐色渐变”(渐变填充第二个)，如图 2-5-29 所示。

对图表柱形填充颜色，依次选中每个系列柱形，依次在“属性”任务窗格中按渐变填充中的颜色，为系列柱形添加颜色，如图 2-5-30 所示。

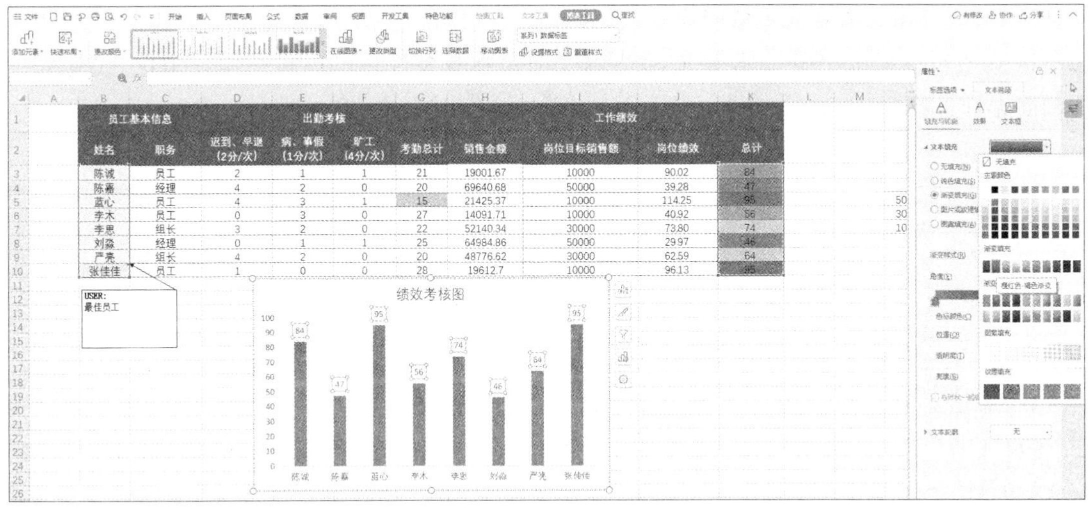

图 2-5-29 文本颜色填充

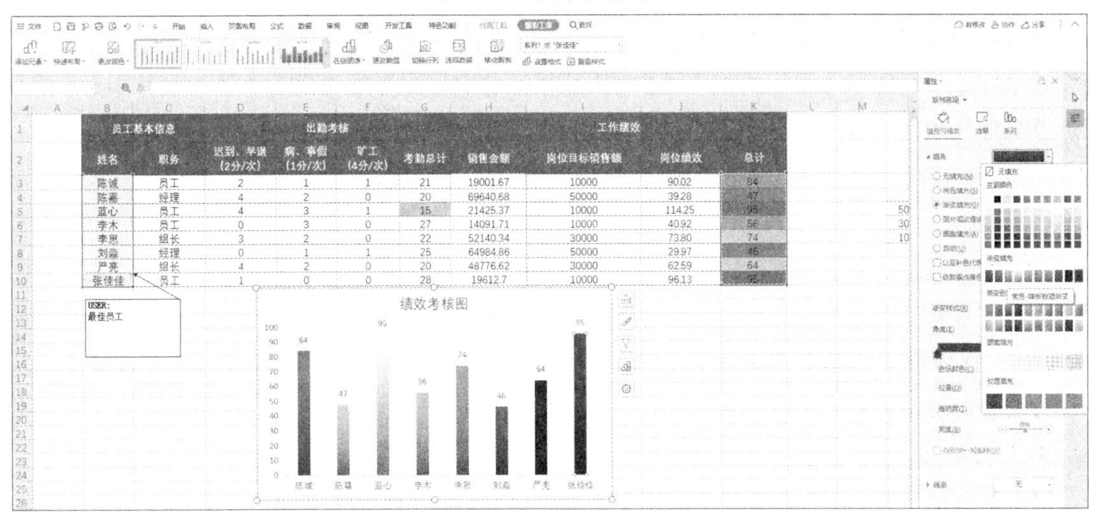

图 2-5-30 设置系列柱形颜色

四、相关知识

IF 函数

(1)IF 函数的功能

判断给出的条件是否满足,如果满足将返回一个值,如果不满足则返回另一个值。

(2)IF 函数的语法格式

IF(Logical_test,Value_if_true,Value_if_false)

其中,包括如下三个参数。

Logical_test:逻辑判断表达式。

Value_if_true:表达式为真时返回的值。

Value_if_false：表达式为假时返回的值。

IF 函数可以最多使用 64 层嵌套构造出复杂的判断条件。可以根据实际情况，设计复杂的判断条件，示例见表 2-5-1。

表 2-5-1 **条件判断示例**

分数	成绩等级	分数	成绩等级
缺考	缺考	80＞分数＞＝70	C
分数＞＝90	A	70＞分数＞＝60	D
90＞分数＞＝80	B	分数＜60	E

在“成绩等级”工作表中的 D2 单元格中的公式可以改为“＝IF(各科成绩！D2＜60,″E″, IF(各科成绩！D2＜70,″D″, IF(各科成绩！D2＜80,″C″, IF(各科成绩！D2＜90,″B″, IF(各科成绩！D2＜＝100,″A″,″缺考″)))))”。

将公式分解后，各部分含义如下：

IF(各科成绩！D2＜60,″E″,IF(……))：如果“各科成绩”中 D2 单元格的值小于 60，返回成绩等级“E”；否则，执行下一个 IF 函数，即 IF(各科成绩！D2＜70,″D″,IF(……))。

IF(各科成绩！D2＜70,″D″,IF(……))：如果“各科成绩”中 D2 单元格的值小于 70 并大于或等于 60，返回成绩等级“D”；否则，执行下一个 IF 函数，即 IF(各科成绩！D2＜80,″C″,IF(……))。

表达式中虽然没有“＞＝60”的形式存在，但由于“D2＜60”的条件已经在上一个 IF 函数中被执行，并且这种 IF 函数的嵌套中第 1 个 IF 函数的优先级要高于第 2 个 IF 函数，所以能进入第 2 个 IF 函数判断的只有 60 分以上的情况。

IF(各科成绩！D2＜80,″C″,IF(……))和 IF(各科成绩！D2＜90,″B″,IF(……))的含义与 IF(各科成绩！D2＜70,″D″,IF(……))相似。

IF(各科成绩！D2＜＝100,″A″,″缺考″))：如果“各科成绩”中 D2 单元格的值小于或等于 100，返回成绩等级“A”；否则，返回“缺考”。

五、创新作业

1. 数据处理

(1)使用“成绩单模板”工作表中的数据计算总分(SUM)、班级平均分(AVERAGE)、班级最高分(MAX)及班级最低分(MIN)。

(2)为“总分”一列数据设置条件格式——色阶。

(3)为总分最高的学生添加批注“总分第一”。

(4)使用“成绩单模板”工作表中的数据填充成绩分析表，并计算参考人数(COUNT)、应考人数(COUNTA)、缺考人数(COUNTIFS)。如图 2-5-31 和图 2-5-32 所示。

学号	姓名	性别	大学英语	计算机基础	高等数学	大学语文	总分
ZX20221001	刘雅诗	女	70	92	73	65	300
ZX20221002	张静	女	60	86	66	42	254
ZX20221003	郑敏	男	46	73	79	71	269
ZX20221004	文丽	女	75	75	95	89	334
ZX20221005	赵文	女	78	79	89	88	334
ZX20221006	晓聪	女	89	81	43	69	282
ZX20221007	廖健	女	96	85	43	65	289
ZX20221008	韩世伟	男	36	89	71	53	249
ZX20221009	小惠	男	35	82	84	74	275
ZX20221010	刘泽标	女	缺考	91	35	67	193
ZX20221011	杨琴	女	47	89	79	89	304
ZX20221012	厨风	男	96	82	74	86	338
ZX20221013	白辉	女	76	78	85	81	320
ZX20221014	美玲	女	94	61	94	47	296
ZX20221015	王平	男	91	53	56	77	277
ZX20221016	刘森	女	72	66	62	87	287
ZX20221017	陈美娜	男	82	92	71	41	286
ZX20221018	黄华	女	92	82	62	75	311
ZX20221019	李安	男	83	60	91	77	311
ZX20221020	彭鸿	男	34	53	缺考	96	183
ZX20221021	郑淑贤	女	74	66	38	88	266
ZX20221022	孙娜	女	46	83	75	54	258
ZX[illegible] 总分第一	赵丝华	女	49	83	57	70	259
ZX[illegible]	罗远方	男	72	69	70	40	251
ZX20221025	林巧七	男	81	50	95	78	304
ZX20221026	李卓勋	女	68	89	94	91	342
ZX20221027	吴虹静	女	83	76	72	62	293
ZX20221028	何军	女	40	81	71	87	279
ZX20221029	赵宝玉	女	71	64	46	缺考	181
ZX20221030	何湘萍	女	55	83	93	82	313
ZX20221031	黄莉丽	女	缺考	48	77	55	180
ZX20221032	刘伟良	男	91	71	43	73	278
ZX20221033	张翠华	女	62	70	72	65	269
ZX20221034	林晓旋	女	70	52	缺考	缺考	122
ZX20221035	廖玉娥	女	44	95	69	81	289
ZX20221036	李立聪	男	31	72	67	70	240
ZX20221037	张妙嫦	女	94	82	74	78	328
ZX20221038	张立聪	男	40	缺考	81	86	207
班级平均分			67.31	75.16	70.72	72.19	
班级最高分			96	95	95	96	
班级最低分			31	48	35	40	

图 2-5-31　数据处理

成绩分析表

课程名称	大学英语	计算机基础	高等数学	大学语文
班级平均分	67.31	75.16	70.72	72.19
班级最高分	96	95	95	96
班级最低分	31	48	35	40
参考人数	36	37	36	36
应考人数	38	38	38	38
缺考人数	2	1	2	2

图 2-5-32　数据计算

2. 图表

使用成绩分析表中 A2:E5 单元格区域数据，制作“成绩分析图”(簇状柱形图)。如图 2-5-33 所示。

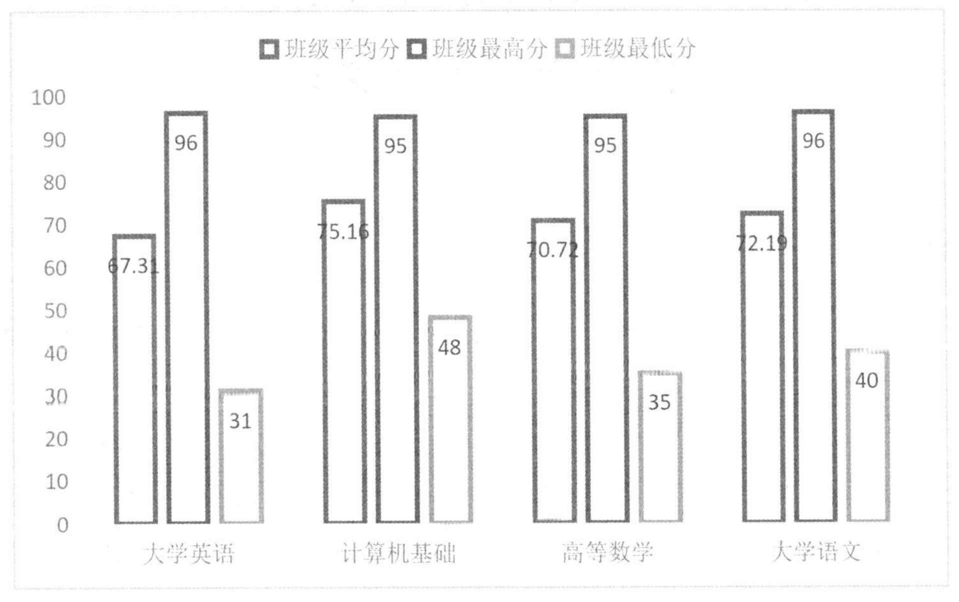

图 2-5-33　成绩分析图

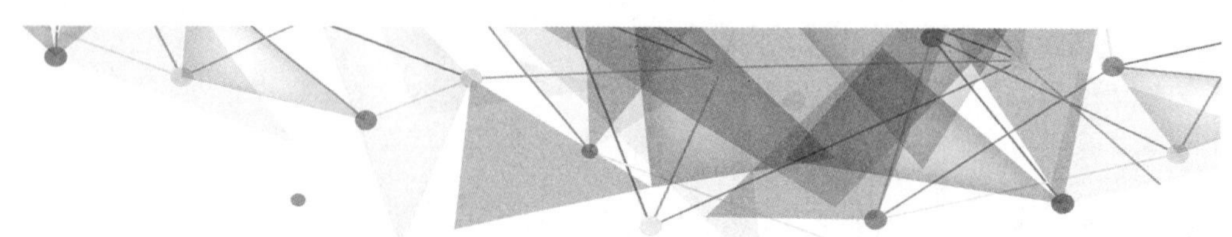

模块三
演示文稿制作

以 WPS 软件为平台，从学习者的需求出发，结合项目典型案例，全面介绍 WPS 演示文稿的功能与操作，帮助学习者高效制作演示文稿。

本模块以五个实践项目作品为实例，完成 WPS 演示文稿设计制作的进阶学习，由浅入深逐步展现 WPS 演示文稿高效设计文字、图形、表格、图标、思维导图、动画、音/视频等操作方法。内容主题涵盖多个领域，包括文化宣传、个人总结等活动。

项目一 “疫情防控，人人有责”——初识 WPS 演示文稿

一、项目描述

本项目是以“疫情防控，人人有责”为主题的演示文稿制作。目的是密切关注疫情动态的同时提高疫情防控知识水平，从而增强健康意识，做好科学防护，提升自我保护能力。

本项目向学习者介绍 WPS 演示文稿的工作环境，引导学习者了解设计制作演示文稿作品的工作流程，学习 WPS 演示文稿软件的基本操作，掌握 WPS 演示文稿对图形、图标、文字等素材的制作方法，能够独立完成一个简单演示文稿作品的设计制作。完成的演示文稿如图 3-1-1 至图 3-1-7 所示。

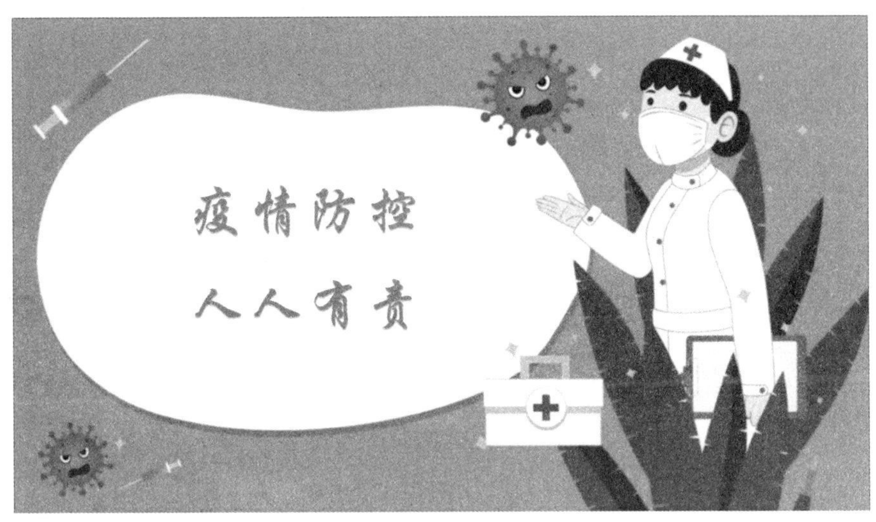

图 3-1-1　幻灯片 1

目录

01　新型冠状病毒感染肺炎的传播途径

02　新型冠状病毒感染的一般症状

03　加强个人防护

图 3-1-2　幻灯片 2

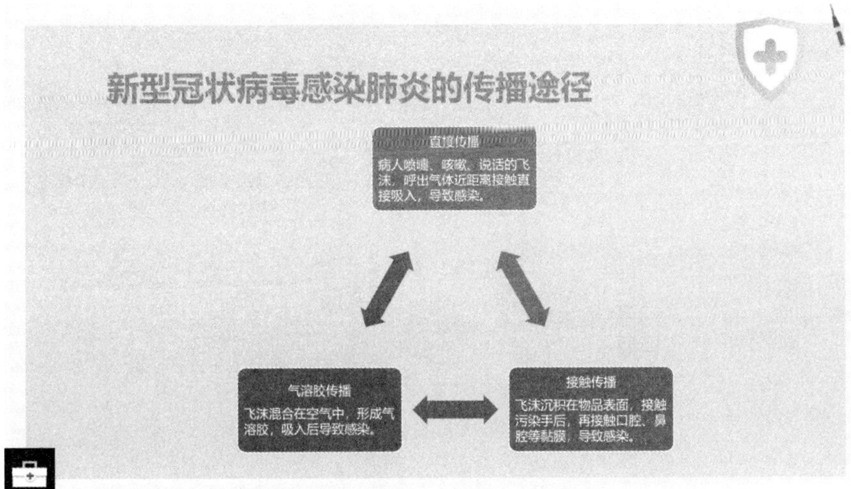

图 3-1-3　幻灯片 3

新型冠状病毒感染的一般症状

➢1.发热

➢2.乏力

➢3.干咳

➢4.逐渐出现呼吸困难

图 3-1-4 幻灯片 4

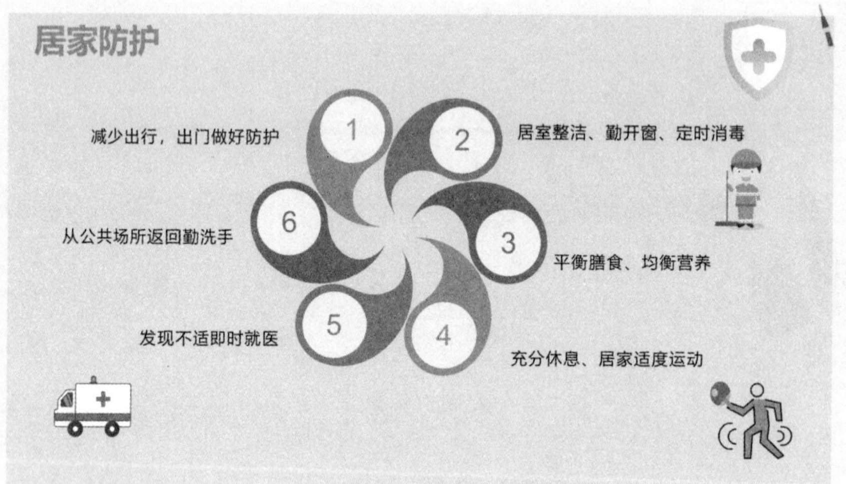

图 3-1-5 幻灯片 5

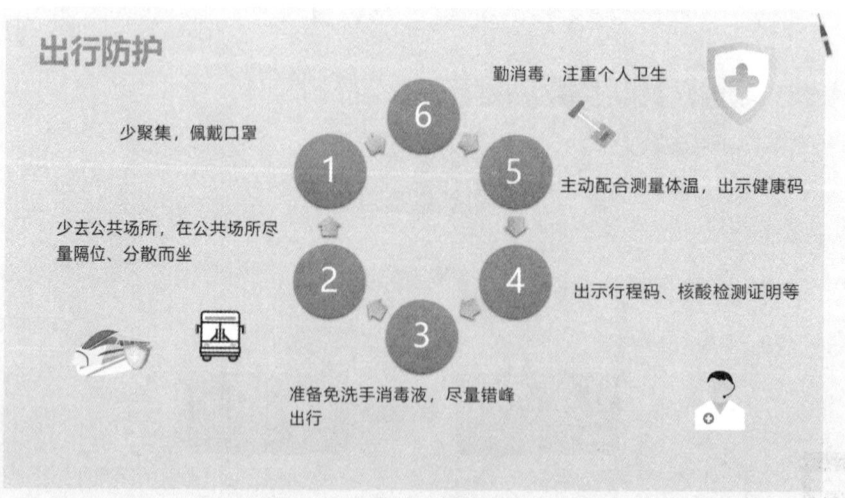

图 3-1-6 幻灯片 6

图 3-1-7　幻灯片 7

二、项目分析

演示文稿的设计应合理布局，版式工整，内容直观，条理清晰。本项目以静态内容为主，宣传“疫情防控，人人有责”的理念。

演示文稿整体设计如下：

任务一：模板设计

演示文稿应用在线设计皮肤“蓝色卡通防疫宣传教育主题模板”。

任务二：结构设计

演示文稿由 7 张幻灯片组成，分为四节：封面页（幻灯片 1）、目录页（幻灯片 2）、正文页（幻灯片 3～6）、结束页（幻灯片 7），如图 3-1-8 所示。

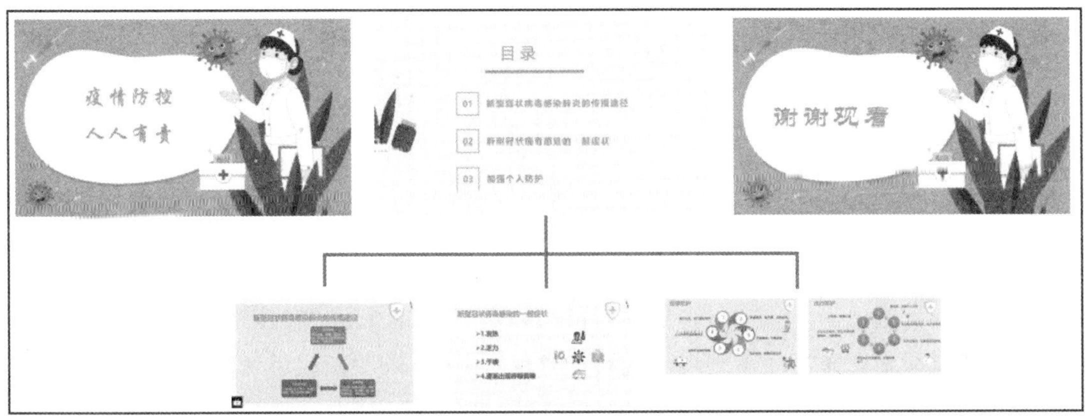

图 3-1-8　演示文稿结构设计

任务三:内容设计

1. 幻灯片 1:封面页演示文稿,以标题为主要内容,明确 WPS 演示文稿主题。

2. 幻灯片 2:目录页演示文稿,以文字、图标为主要内容,通过标题文字展示项目作品纲要。

3. 幻灯片 3～6:正文页演示文稿,综合运用艺术字、智能图形、图标、项目符号等形式阐述主题思想,将演示文稿主要内容进行体现。

4. 幻灯片 7:结束页演示文稿,以标题文字为主要形式。

三、项目实现

1. 创建演示文稿

启动 WPS 演示文稿软件,单击"新建"按钮,创建"演示文稿 1",如图 3-1-9 所示,并将其保存到指定位置。

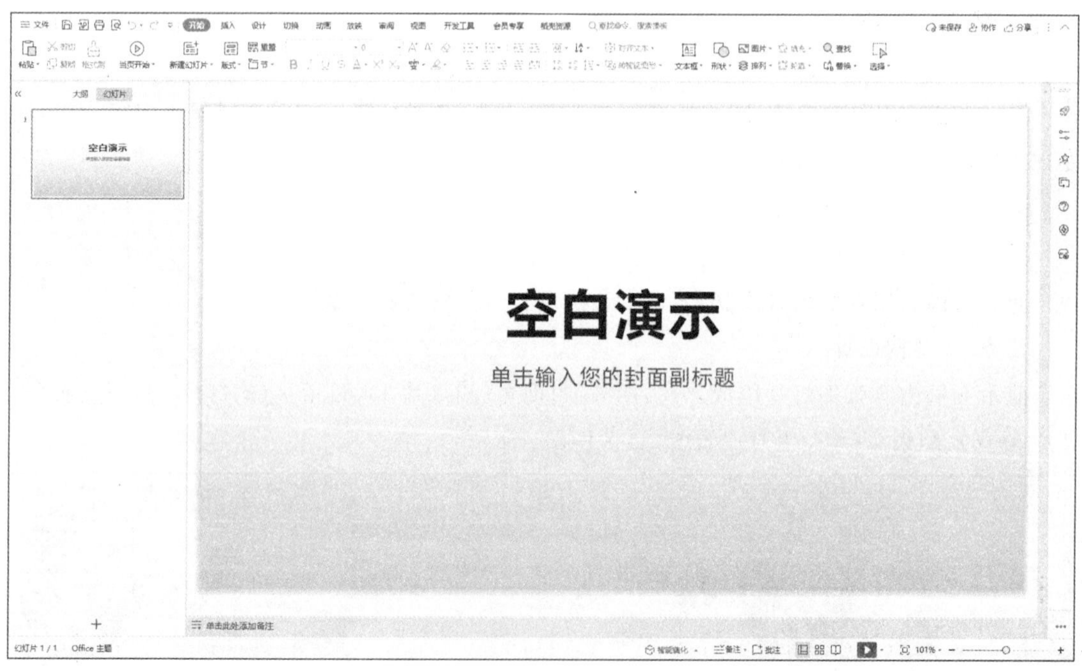

图 3-1-9　创建演示文稿

选择"设计"选项卡,单击"更多设计"按钮,如图 3-1-10 所示。在搜索栏中输入"医疗护理",在搜索结果中选择"蓝色卡通防疫宣传教育主题模板",将模板应用到演示文稿中。

保留模板中的第 1、4、11、32、41 张幻灯片,删除其余幻灯片,如图 3-1-11 所示。

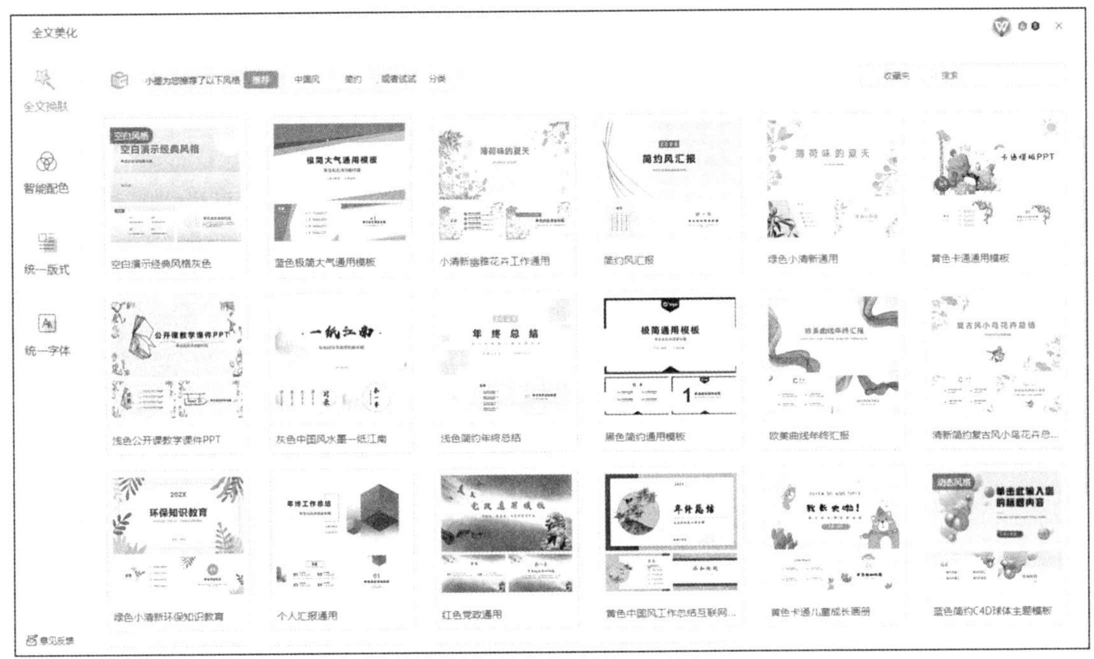

图 3-1-10　演示文稿模板的选择

图 3-1-11　演示文稿框架

2. 演示文稿制作及美化

幻灯片1~3制作

(1)幻灯片 1

选择第一页幻灯片,在标题栏文本框中输入文本“疫情防控 人人有责”,在“文本工具”选项卡中单击“字体”下拉列表,选择“华文行楷”,在“字号”下拉列表中选择“60”,如图 3-1-12 所示。

图 3-1-12　演示文稿标题文字设置

在“文本工具”选项卡功能区中，在艺术字样式库中选择“填充-浅蓝，着色 1，阴影”预设样式，如图 3-1-13 所示。删除副标题栏，制作效果如图 3-1-1 所示。

图 3-1-13　设置标题填充效果

(2)幻灯片 2

删除每条目录的次级标题，在主目录文本框中依次输入“新型冠状病毒感染肺炎的传播途径”“新型冠状病毒感染的一般症状”“加强个人防护”，如图 3-1-14 所示。

更改“目录”文本文字格式为“微软雅黑、44 号”，各个“目录标题”文本文字格式为“微软雅黑、24 号”，如图 3-1-15 所示。

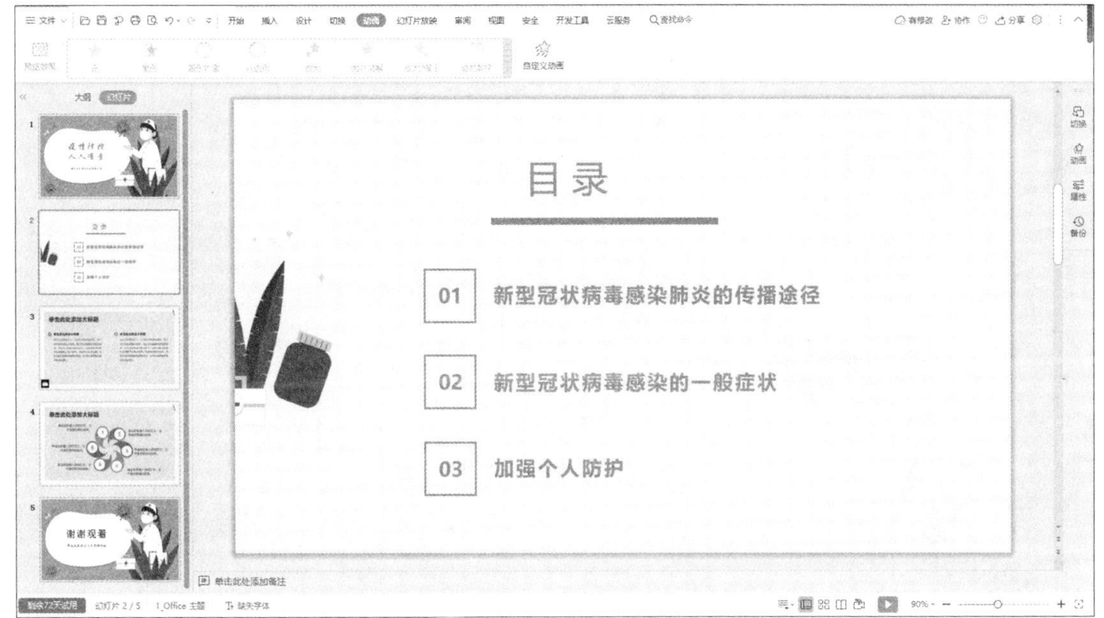

图 3-1-14　输入目录文字

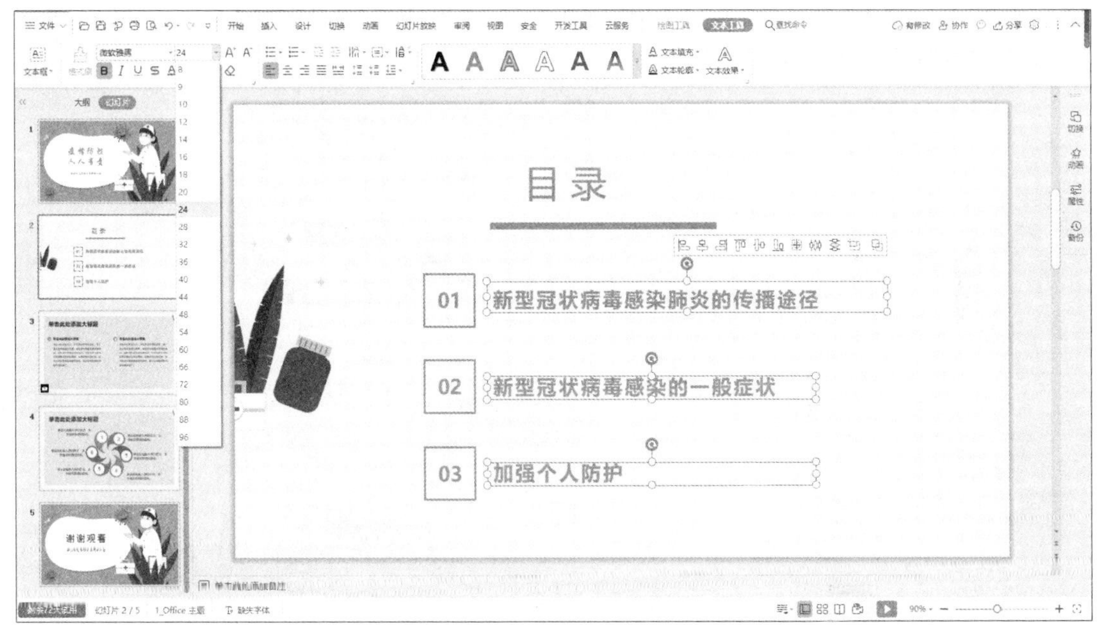

图 3-1-15　设置目录文字格式

设置标题及各目录文字颜色，选中文字，在“文本工具”选项卡中单击“字体颜色”下拉按钮，单击“取色器”按钮，选择蓝色分割线条颜色，如图 3-1-16 所示，为标题及各目录文本填充颜色，调整到合适位置。

(3)幻灯片 3

选定幻灯片 3，添加标题“新型冠状病毒感染肺炎的传播途径”，设置为“微软雅黑、36 号”，使用“取色器”提取蓝色，更改字体颜色。

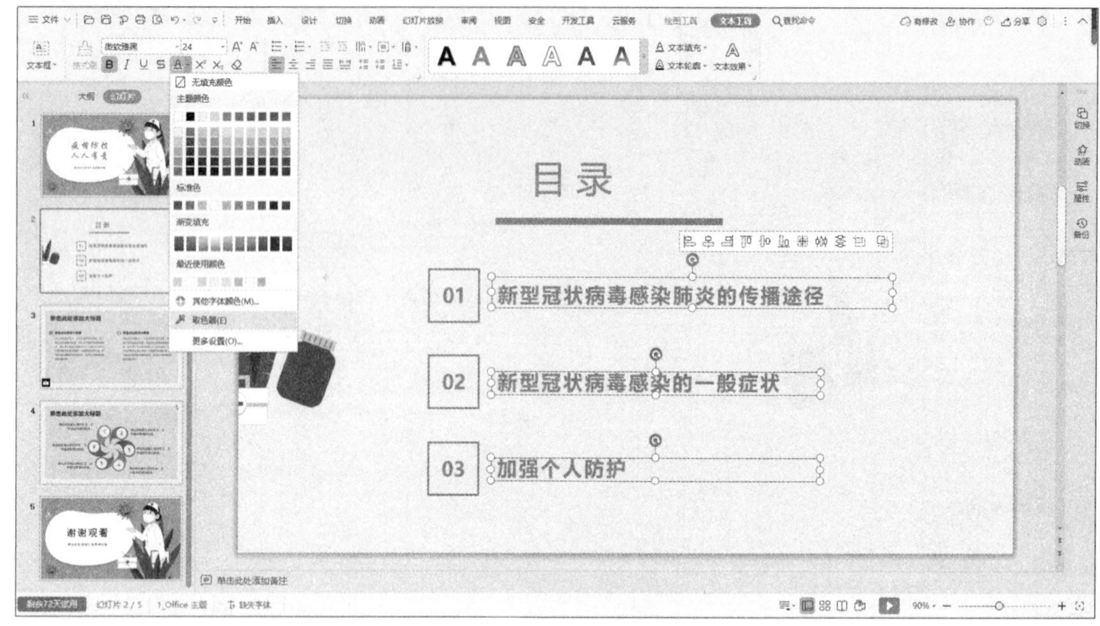

图 3-1-16　使用取色器

删除下方文本框，选择“插入”选项卡，单击“智能图形”按钮，在“智能图形”对话框中，选择“循环”→“多向循环”图形，如图 3-1-17 所示，双击图形插入。

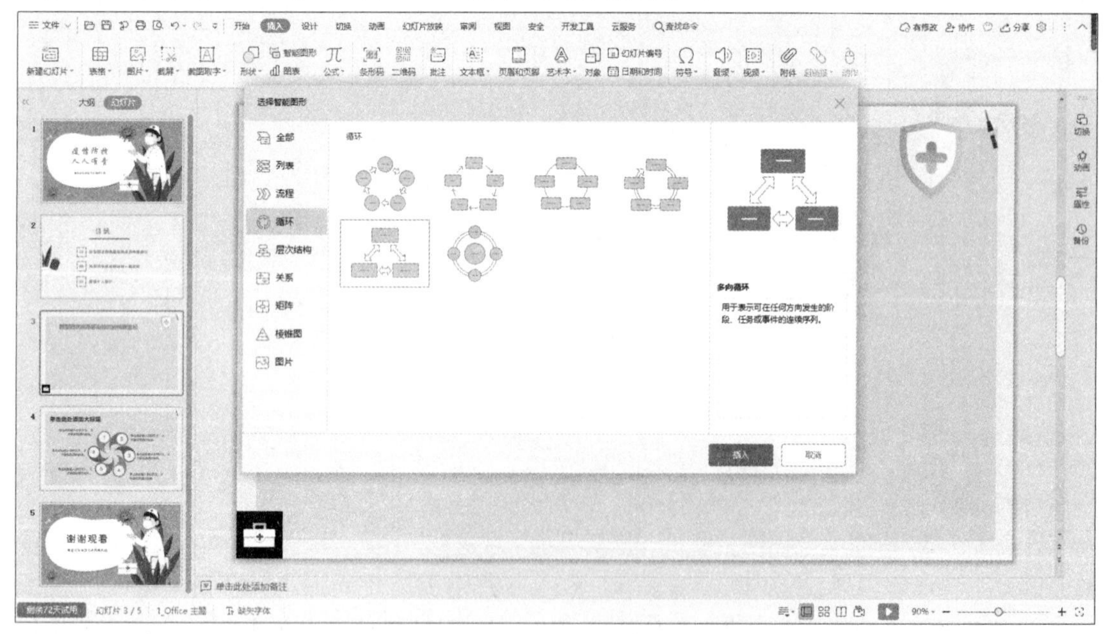

图 3-1-17　插入循环图

选择“设计”选项卡，单击“更改颜色”下拉按钮，选择“彩色”类型下第一个效果，如图 3-1-18 所示。

依次添加文本信息，设置为“微软雅黑、14 号”。

(4)幻灯片 4

选中第 3 张幻灯片，按 Enter 键，新建一张幻灯片。在“开始”选项卡中单击“版式”下拉按钮，选择“两栏内容”版式，如图 3-1-19 所示。

幻灯片4~7制作

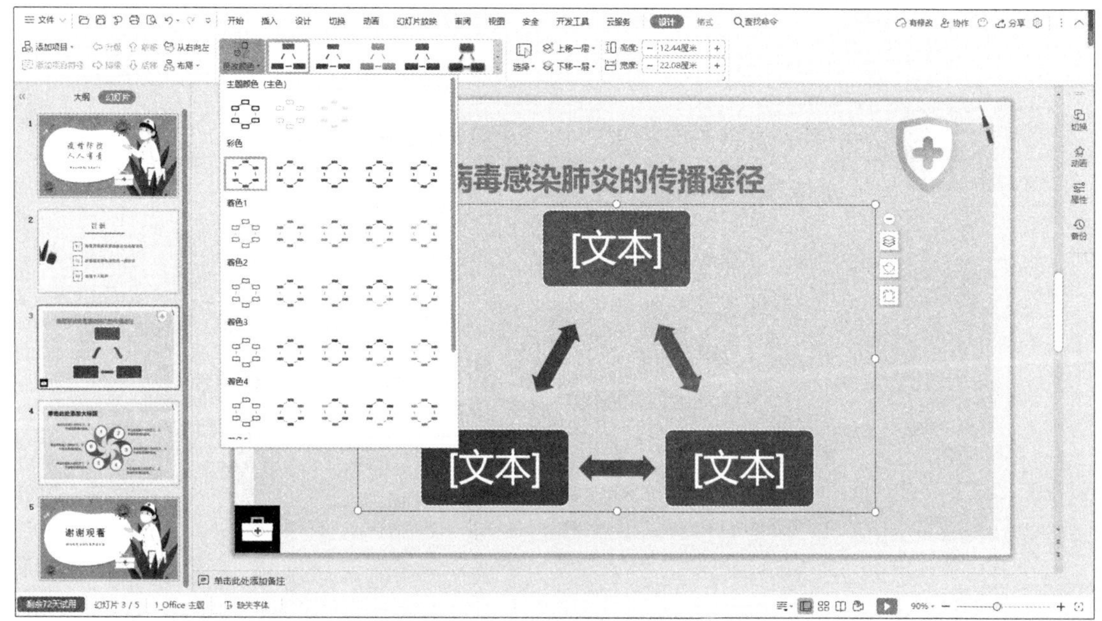

图 3-1-18 设置循环图颜色

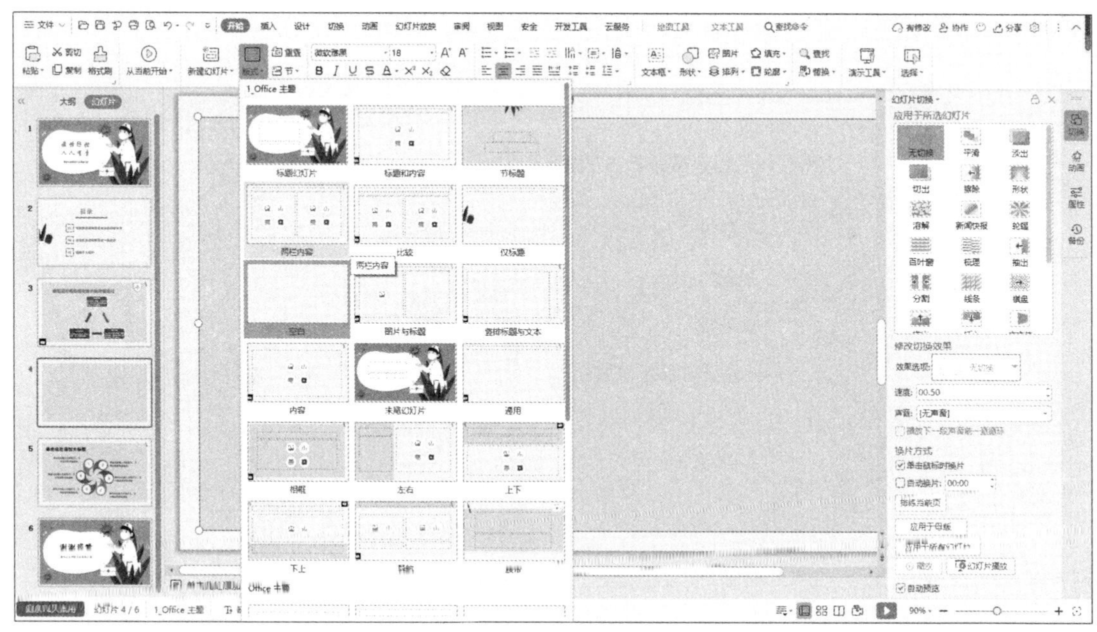

图 3-1-19 选择版式

在标题文本框中输入文字并设置为“微软雅黑、36 号、加粗、蓝色”。在文本框中输入文字并设置左侧段落文字为“微软雅黑、32 号、加粗、阴影”。选中文字，选择“开始”选项卡，单击“项目符号”按钮，在下拉菜单中选择预设项目符号，如图 3-1-20 所示。

选择“插入”选项卡，单击“图标”下拉按钮，依次添加所示图标，将其合理布局，效果如图 3-1-21 所示。

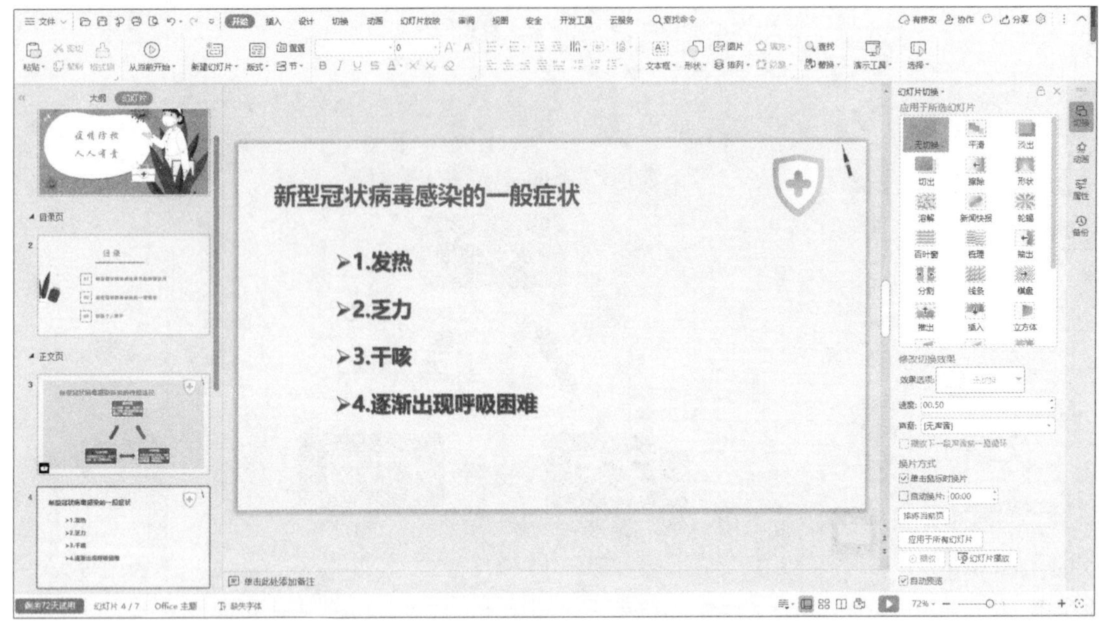

图 3-1-20 设置项目符号

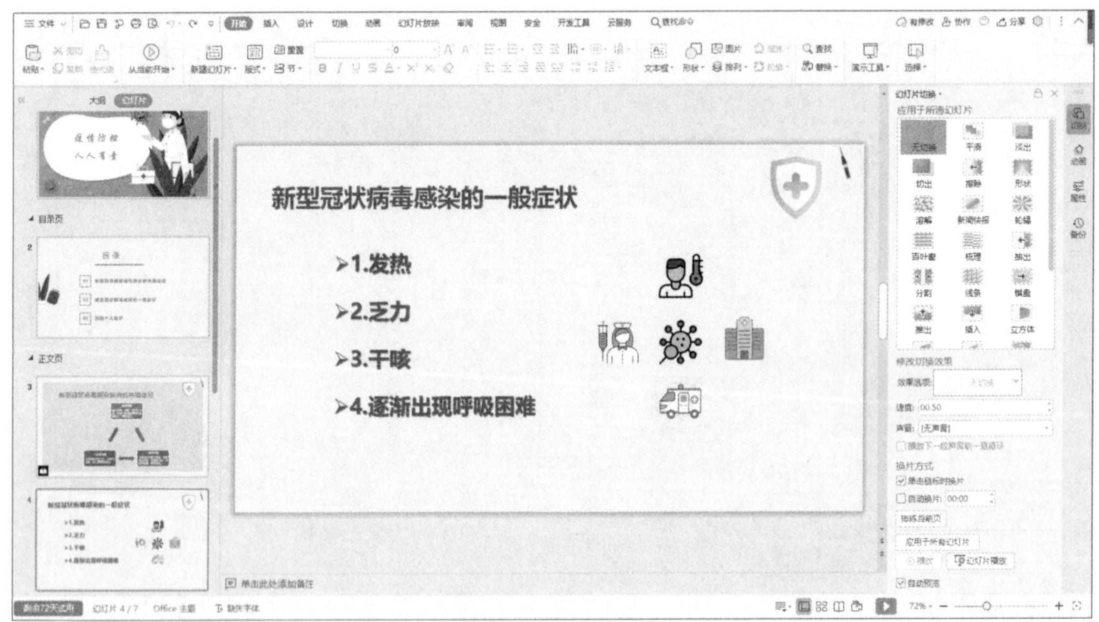

图 3-1-21 制作图标

(5)幻灯片 5

选择模板中的幻灯片,在标题文本框中输入文字“居家防护”,设置为“微软雅黑、36 号、加粗、蓝色”,其他各文本设置为“微软雅黑、18 号”。

选择“插入”选项卡,单击“图标”下拉按钮,在下拉菜单中依次添加所示图标,并调整大小及位置。

(6)幻灯片 6

选择第 5 页幻灯片,按 Enter 键新建幻灯片 6。选择“插入”选项卡,单击“文本框”下拉按钮,选择“横向文本框”,输入标题“出行防护”,设置文本格式为“微软雅黑、36 号、加粗”。

选择“插入”选项卡，单击“智能图形”按钮，在“智能图形”对话框的类别中选择“循环”→“基本循环”图形，如图 3-1-22 所示，双击图形插入。依次输入文字，设置文本格式为“微软雅黑、18 号”，在指定位置插入图标。

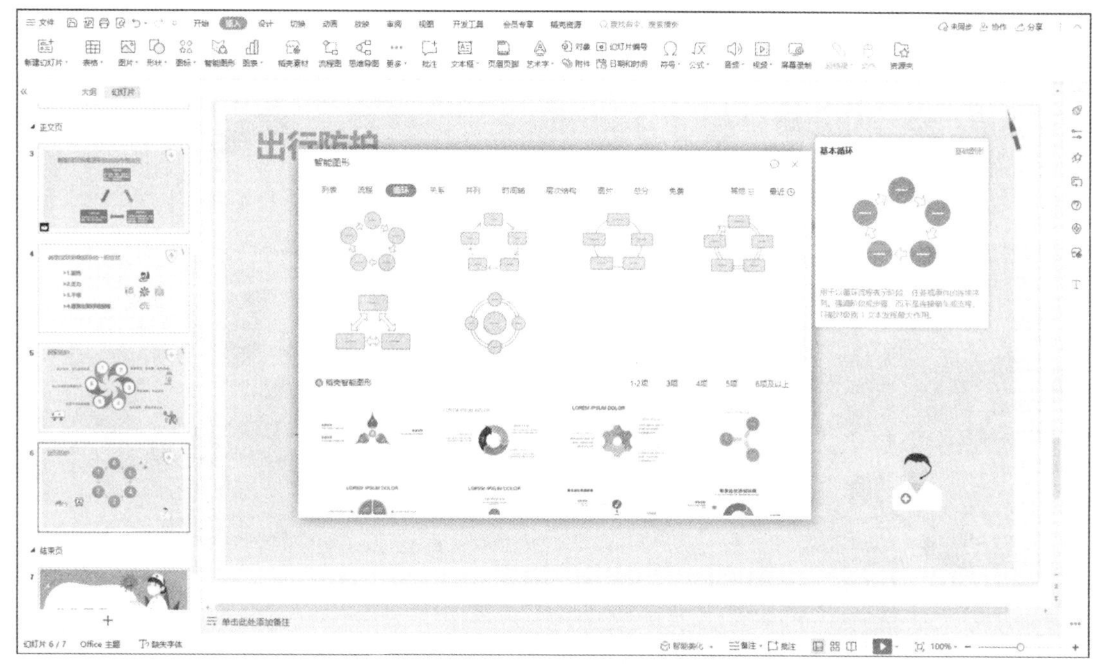

图 3-1-22 插入智能图形

(7)幻灯片 7

更改标题文字格式为“华文隶书，80 号，阴影”，如图 3-1-23 所示。

图 3-1-23 设置标题文字

3. 增设节，为幻灯片分组

在“开始”选项卡中单击“节”下拉按钮，选择“新增节”，如图 3-1-24 所示。

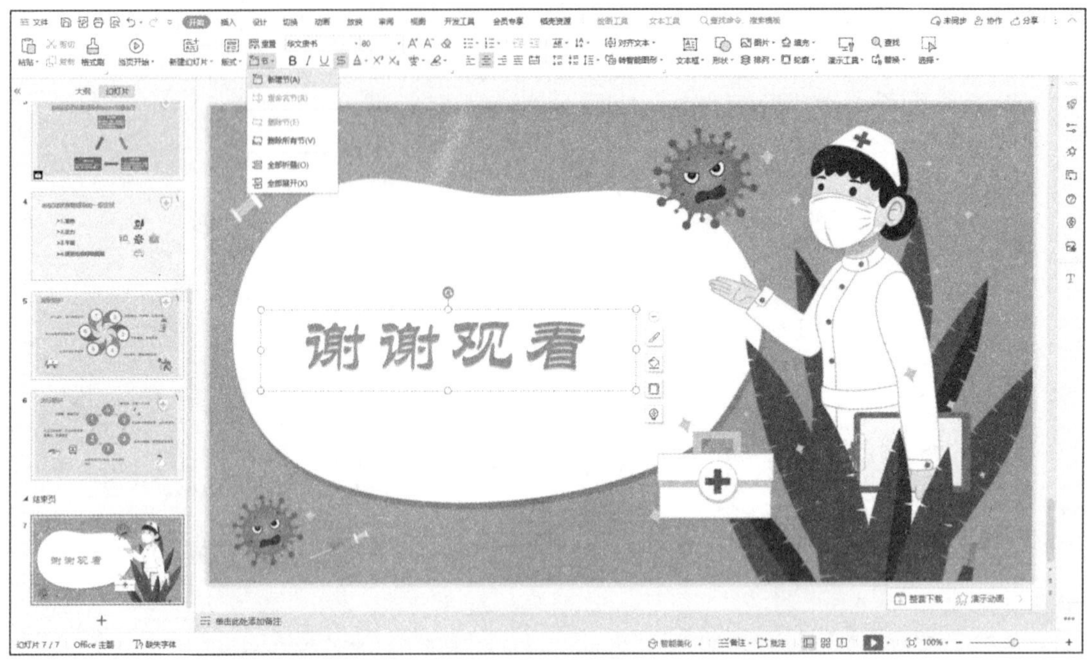

图 3-1-24　新增节

右键单击“无标题节”，选择“重命名节”，如图 3-1-25 所示。在“重命名”对话框中输入名称“封面页”，单击“重命名”完成设置，并按如图 3-1-26 所示完成目录页、正文页、结束页“节”设置。

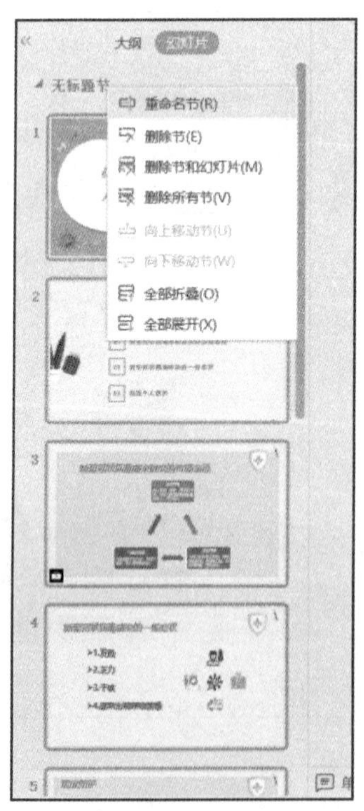

图 3-1-25　重命名节

增设节，设置超链接

图 3-1-26 节设置

4. 设置超链接

在幻灯片 2 中创建文字超链接，选定“新型冠状病毒感染肺炎的传播途径”，选择“插入”选项卡，单击“超链接”下拉按钮，选择“本文档幻灯片页”，如图 3-1-27 所示。

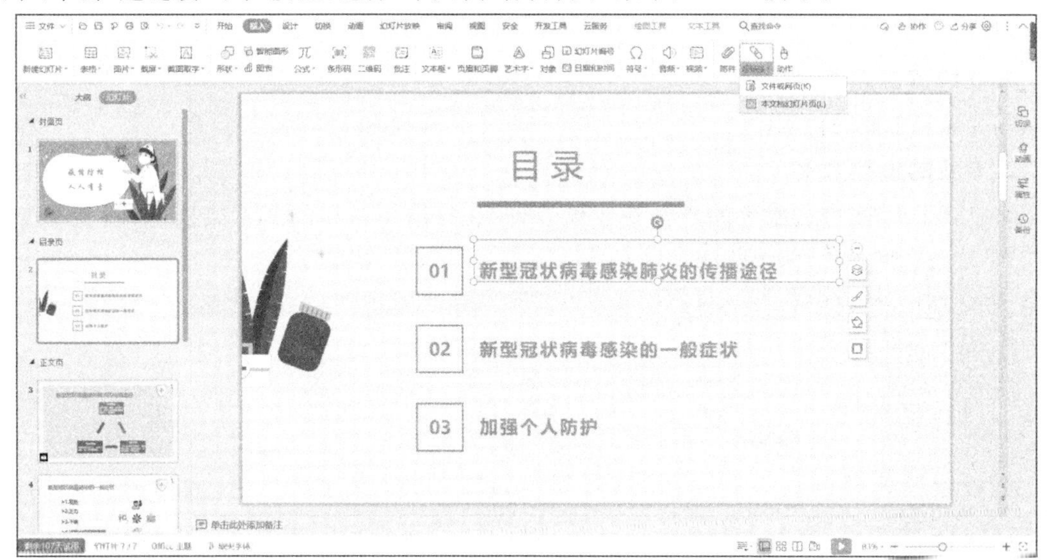

图 3-1-27 选择超链接

在“编辑超链接”对话框中，左侧选择“本文档中的位置”，右侧选择目标页幻灯片“3. 幻灯片 3”，如图 3-1-28 所示。单击“确定”按钮。

“新型冠状病毒感染的一般症状”超链接到第 4 页幻灯片，“加强个人防护”超链接到第 5 页幻灯片。

正文页(幻灯片 3～6)分别设置返回至目录页超链接。

5. 演示文稿放映

选择“幻灯片放映”选项卡，单击“从头开始”按钮，开始放映。

6. 保存演示文稿

选择“文件”选项卡，在下拉菜单中选择“保存”命令，将文件保存在目标存储位置。

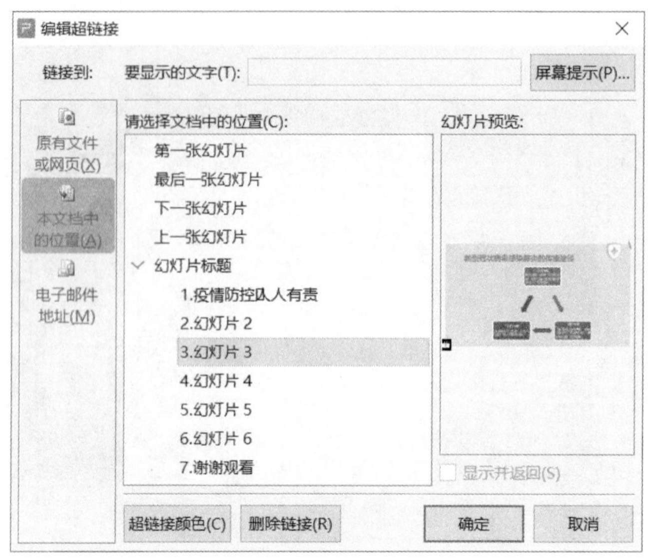

图 3-1-28 设置超链接

四、相关知识

1. 在线资源库

需要连接互联网使用。

2. 专业的设计方案

来自 WPS+云办公服务的丰富专业设计方案,打造不一样的演示文稿,如图 3-1-29 所示。按“标签”和“颜色”快速匹配设计方案。

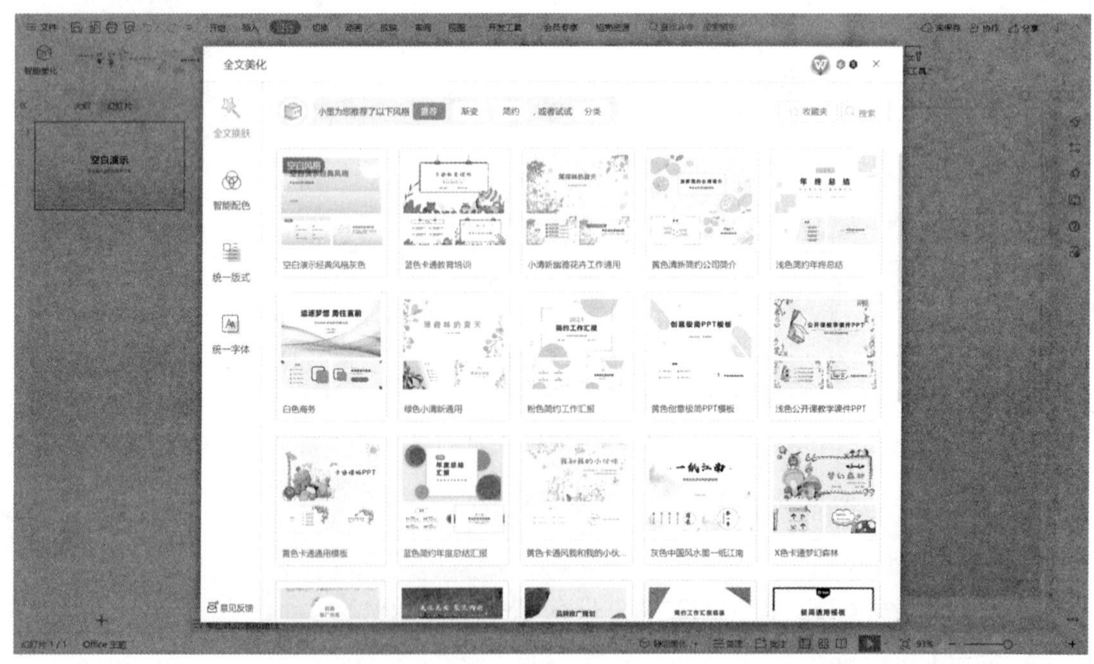

图 3-1-29 在线设计

3. 丰富的演示文稿库

资源丰富的在线演示文稿库，包括海量演示文稿设计图示、模板等，用户可以根据项目数量、结构和颜色进行筛选，单击直接插入现有演示文稿中，如图 3-1-30 所示。

图 3-1-30 演示文稿库

选择“插入”选项卡，单击“新建幻灯片”下拉按钮，选择任意“内容页”即可进入“演示文稿库”，选择内容页类型，按项目数量和颜色筛选出合适的资源。

4. 海量的在线图片

大量在线图片，精准匹配需求且背景镂空无水印，可直接搜索图片并使用，如图 3-1-31 所示。

图 3-1-31 在线图片

5. 实用的参考范文

在 WPS 中进行创作时,“范文”提供了实用的参考素材。云服务选项卡查找范文范围类别,单击直接打开。

6. 母版介绍

母版是一类特殊演示文稿,它能控制基于它的所有演示文稿。母版里包含了每一张演示文稿的文本格式和位置、项目符号、页脚的位置、背景图案等一系列重要信息,如图 3-1-32 所示。

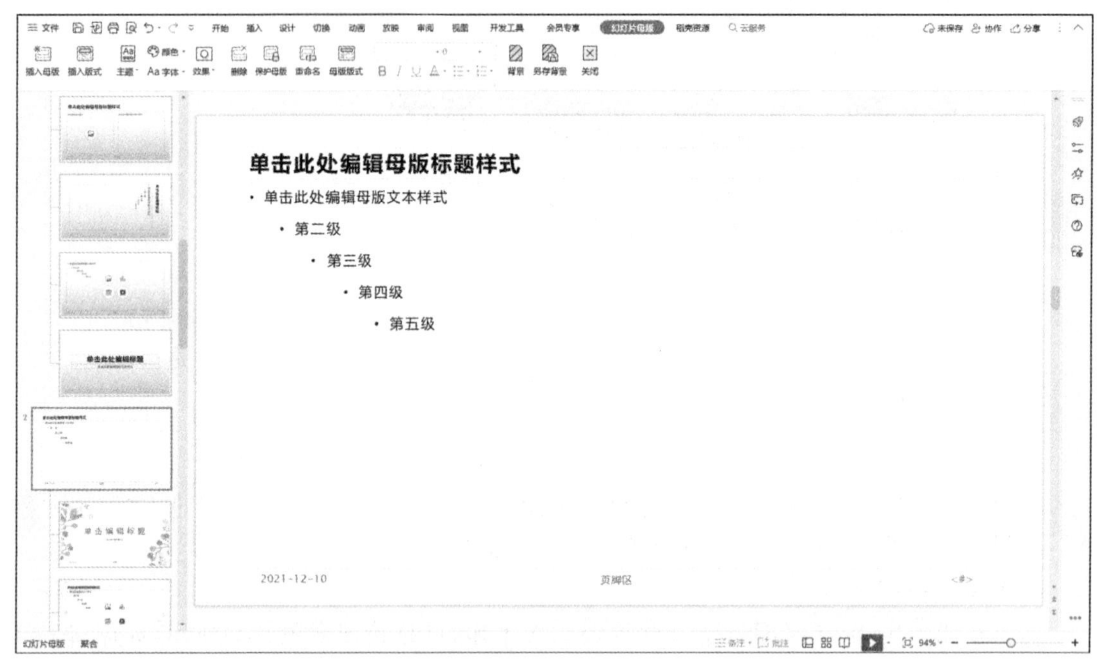

图 3-1-32 幻灯片母版

“母版”和“模板”的区别。“模板”是演示文稿中的特殊一类,扩展名为. pot,用于提供样式文稿的格式、配色方案、母版样式及产生特效的字体样式等,应用设计模板可快速生成风格统一的演示文稿。而“母版”规定了演示文稿(演示文稿、讲义及备注)的文本、背景、日期及页码格式,体现了演示文稿的外观,包含了演示文稿中的共有信息。

7. 应用设计模板

WPS 演示结合企业用户的各种场景需求,更新了本地模板资源库,并同步更新设计板块的资源,精练准确,为用户带来了多重模板体验。可以通过“导入模板”功能,应用他人专业设计的精美演示文稿模板,不必烦琐地复制内容,直接套用即可,如图 3-1-33 所示。

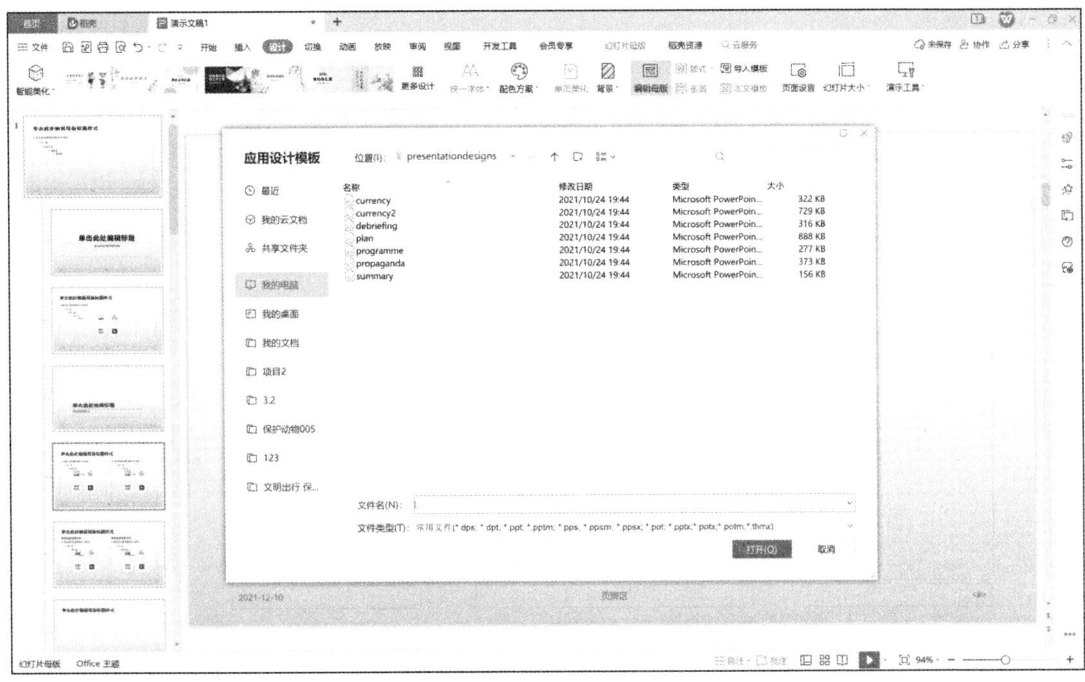

图 3-1-33　应用设计模板

五、创新作业

制作××公司安全生产演示文稿，制作效果如图 3-1-34 至图 3-1-37 所示。要求如下：

图 3-1-34　示范样张(1)

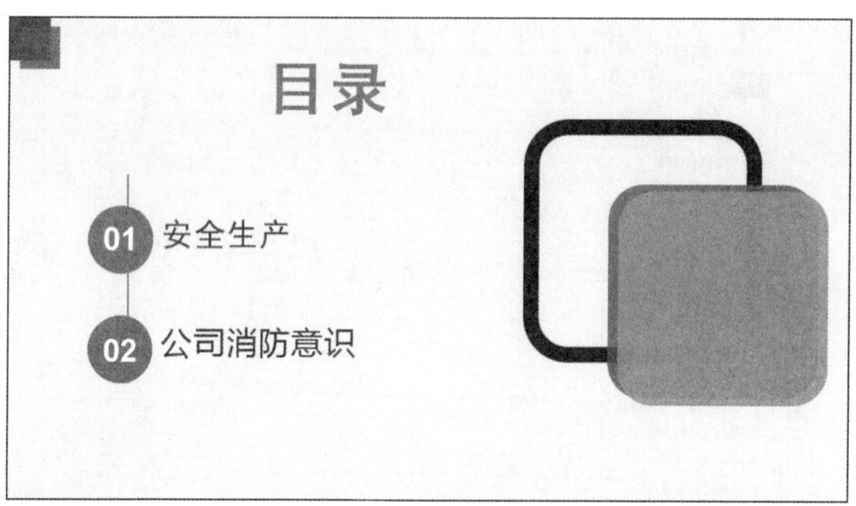

图 3-1-35　示范样张(2)

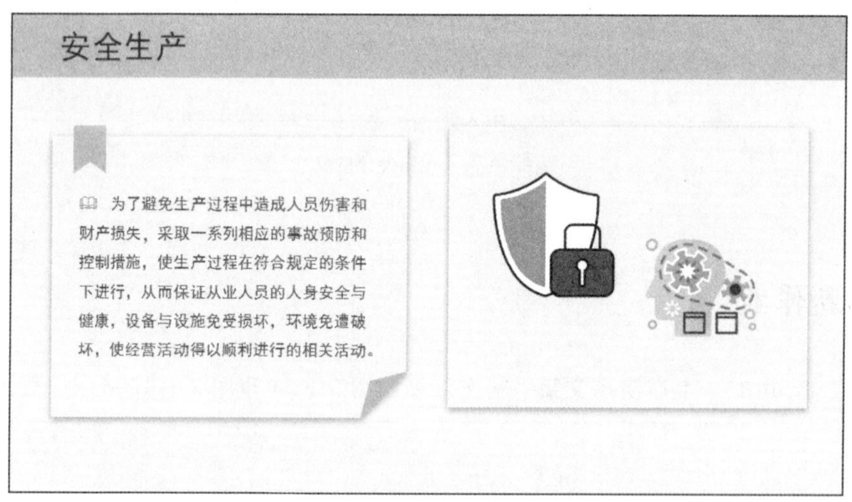

图 3-1-36　示范样张(3)

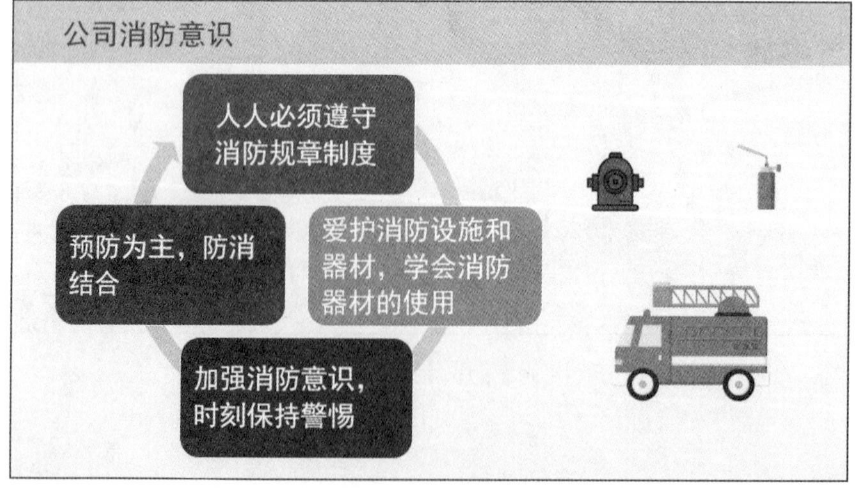

图 3-1-37　示范样张(4)

1. 主题皮肤设置

在设计菜单中添加换肤“白色上午”。

2. 文字设置

将第 1 页演示文稿的标题字体设置为“黑体”,字号为“80 号”。

将第 2 页演示文稿的标题字体设置为“黑体”,字号为“66 号”,将第 2 页演示文稿的目录字体设置为黑体,字号为“36 号”。

将第 3、4 页演示文稿的标题字体设置为“黑体”,字号为“36 号”,第 3 页演示文稿正文字体设置为“黑体”,字号为“18 号”,第 4 页演示文稿智能图形内文字字体设置为“黑体”,字号为“31 号”。

3. 图标设置

在第 3、4 页演示文稿中插入图标,适当调整大小及位置。

4. 段落设置

第 3 页演示文稿正文段落行距设置为 1.5 倍行距,特殊格式设置为首行缩进 2 字符。

5. 节设置

将演示文稿进行节设置,分别为封面、目录、正文。

项目二 “职业生涯规划”——WPS 演示文稿美化

一、项目描述

职业生涯在人的一生中占有极为重要的地位,在校学习期间主要是职业生涯的准备期,目的是为未来就业与事业发展做好准备。做好职业生涯规划可以提高大学期间的学习与生活质量,更直接影响到就业以及未来的职业生涯。

本项目主要对“职业生涯规划”WPS 演示文稿进行内容编辑,通过自我分析、规划目标、资格证书等内容,项目作品具备了欣赏性和实际操作性。本项目帮助学习者进一步掌握 WPS 演示文稿软件思维导图、图表、表格等项目知识点,提高学习者操作的熟练度,制作精美的作品。完成的演示文稿如图 3-2-1 至图 3-2-6 所示。

图 3-2-1 幻灯片 1

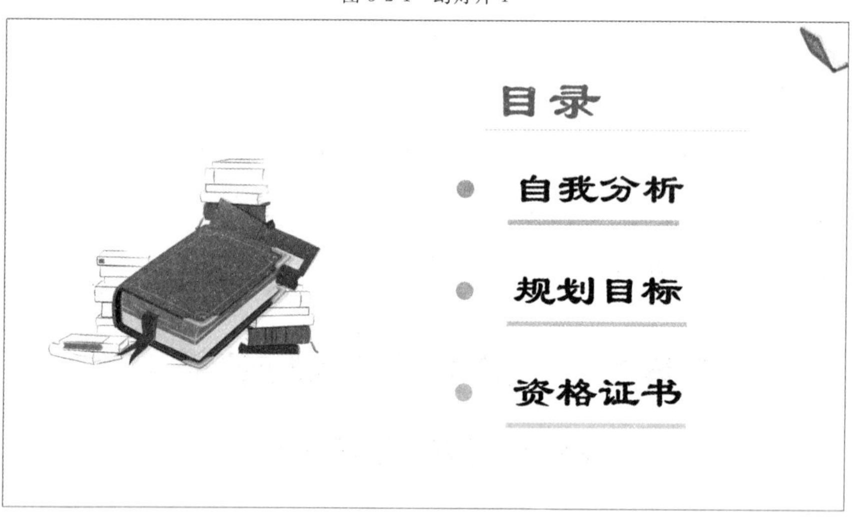

图 3-2-2 幻灯片 2

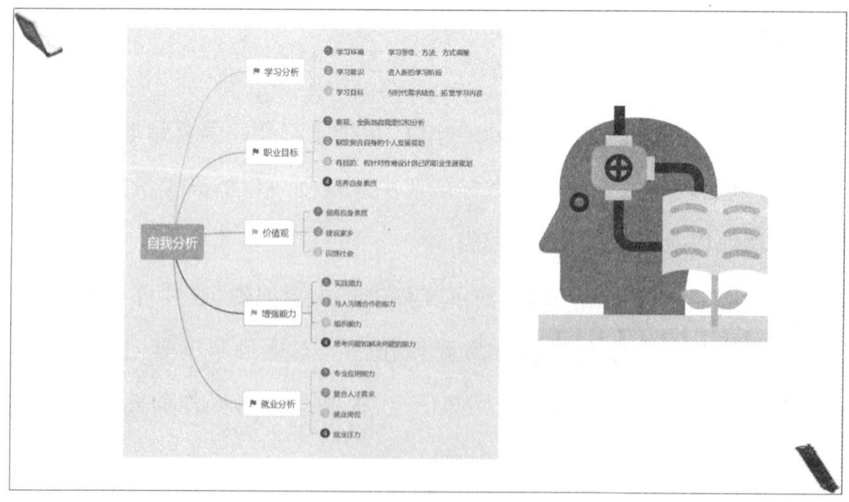

图 3-2-3 幻灯片 3

规划目标

短期目标	中期目标	长期目标
取得WPS技能证书	提高综合素质，申请加入中国共产党	加入中国共产党
取得英语等级证书	根据自己职业发展方向积累理论知识和实践技能	使自己成为一名专业技能强，综合素质高的技术型人才
加强基础课程学习	考取专业资格证书	提升自己，回报社会
获得奖学金	进一步深造学习	具备“匠心”，掌握精湛的技术技能，努力成为“大国工匠”

图 3-2-4　幻灯片 4

资格证书

职业资格证书也是连接专业与职业间的“桥梁”，实现了高学历层次向宽泛的职业资格体系的拓展，学生可以通过这一平台为自己找到就业的支点和事业发展的契机。以会计专业为例设定考取证书时间目标。

资格证书获取年限

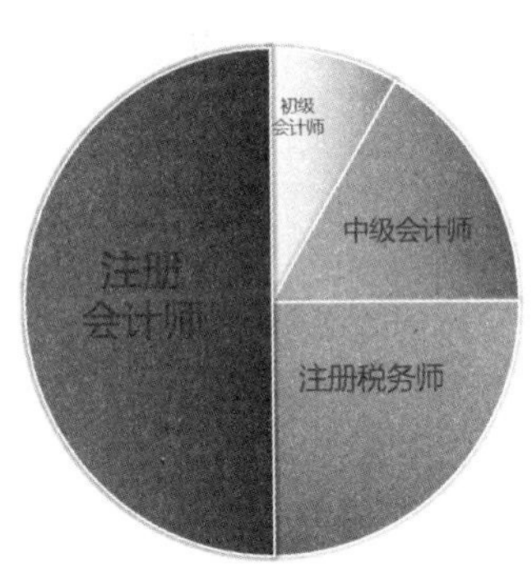

图 3-2-5　幻灯片 5

图 3-2-6　幻灯片 6

二、项目分析

职业生涯规划演示文稿设计制作采用图标、文字、表格、图表、思维导图等多种形式表达主题，突出特色。

通过对文稿内容进行梳理和提炼，增强演示效果的视觉冲击。模板的选用、文字内容精细化，可以赋予项目作品美感，图标、图表、表格可以提升 WPS 演示文稿的艺术性，给人留下深刻的印象。

任务一：模板设计

演示文稿应用在线设计皮肤“时间管理”模板。

任务二：结构设计

演示文稿由 6 张幻灯片组成，结构设计如图 3-2-7 所示。

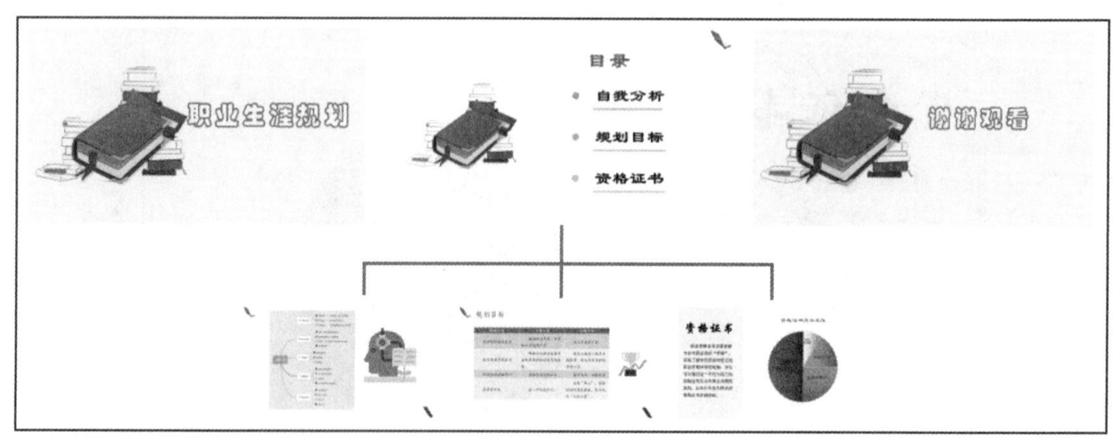

图 3-2-7 演示文稿结构设计

任务三：内容设计

1. 幻灯片 1：以标题为主要内容，明确 WPS 演示文稿主题。

2. 幻灯片 2：以目录文字为主要内容，通过目录文字展示项目作品纲要。

3. 幻灯片 3～5：综合运用艺术字、思维导图、表格、图表等形式阐述主题思想，将演示文稿主要内容进行体现。

4. 幻灯片 6：以标题文字为主要形式，致谢结束。

三、项目实现

1. 创建演示文稿

启动 WPS 演示文稿软件，新建一个“演示文稿 1”文档，并将其保存到指定位置。

选择“设计”选项卡，单击“更多设计”按钮，在搜索栏中输入“时间管理”，将该模板应用到演示文稿中，如图 3-2-8 所示。在模板中保留与样文相符合的幻灯片，其余删除。

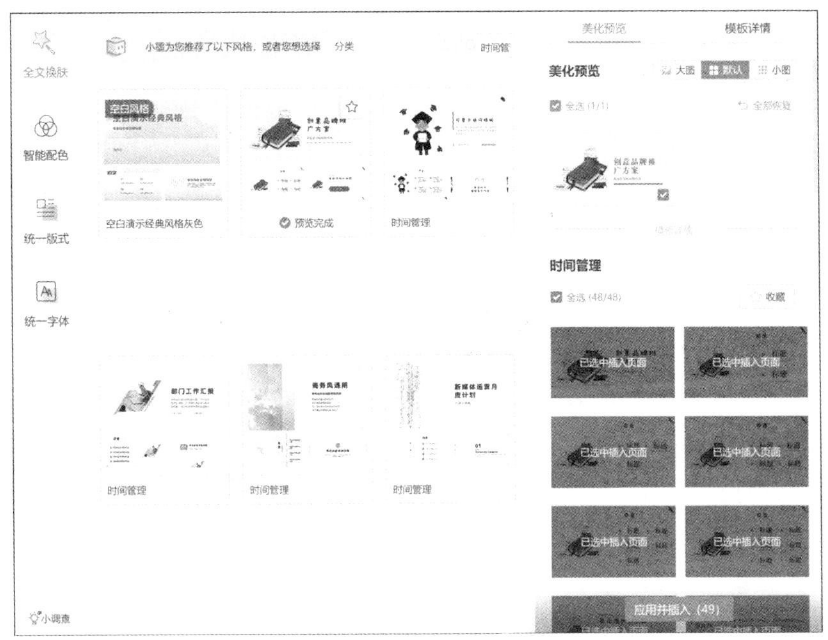

图 3-2-8 演示文稿模板的选择

2. 演示文稿制作及美化

(1)幻灯片 1

在幻灯片标题文本框中输入“职业生涯规划”,如图 3-2-9 所示。

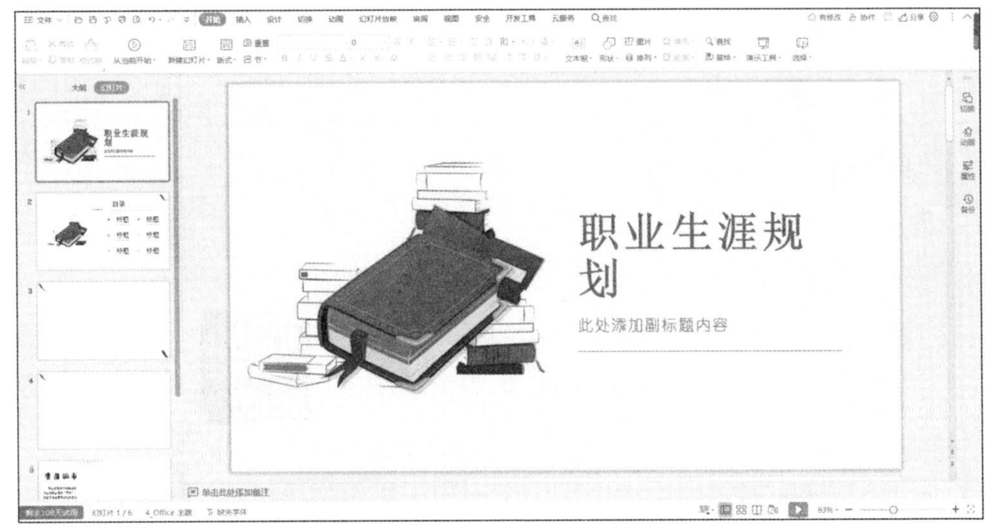

图 3-2-9 标题文字

设置标题文字为“华文彩云、60 号、加粗、左对齐”。删除副标题文本框。

(2)幻灯片 2

选择模板目录页幻灯片,保留三个标题文本框,其余删除,依次输入“自我分析”“目标规划”“资格证书”。设置标题“目录”文本格式为“隶书、60 号、加粗”,设置目录文字为“隶书、48 号、加粗”,调整页面线条长度。

选中“目录”，选择“文本工具”选项卡，单击“文字填充”下拉菜单中的“取色器”选项，设置颜色为目录中的红色书籍颜色，如图 3-2-10 所示。

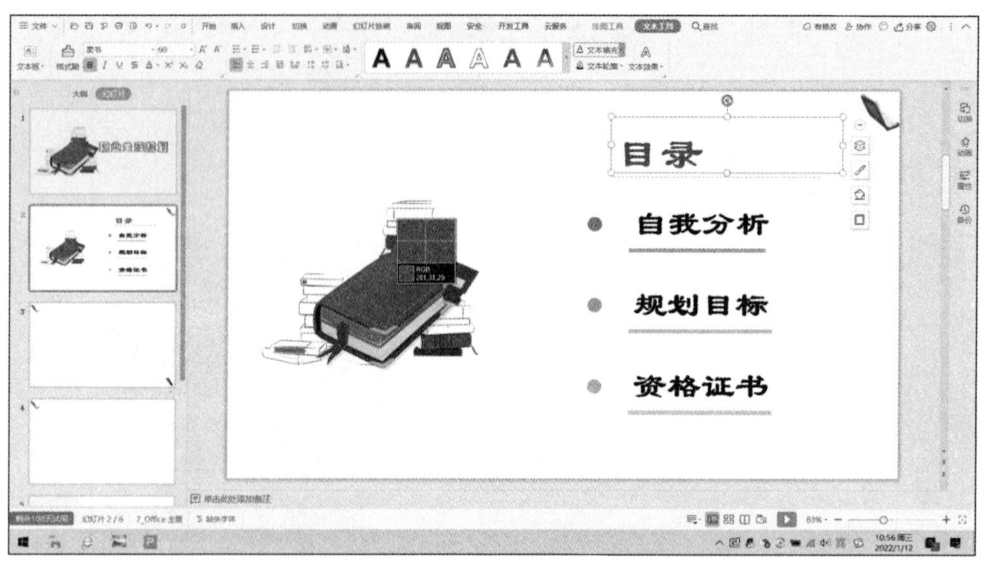

图 3-2-10　取色器设置颜色

(3)幻灯片 3

在“插入”选项卡中单击“思维导图”按钮，在对话框中单击“新建空白”按钮，进行思维导图制作，如图 3-2-11 所示。

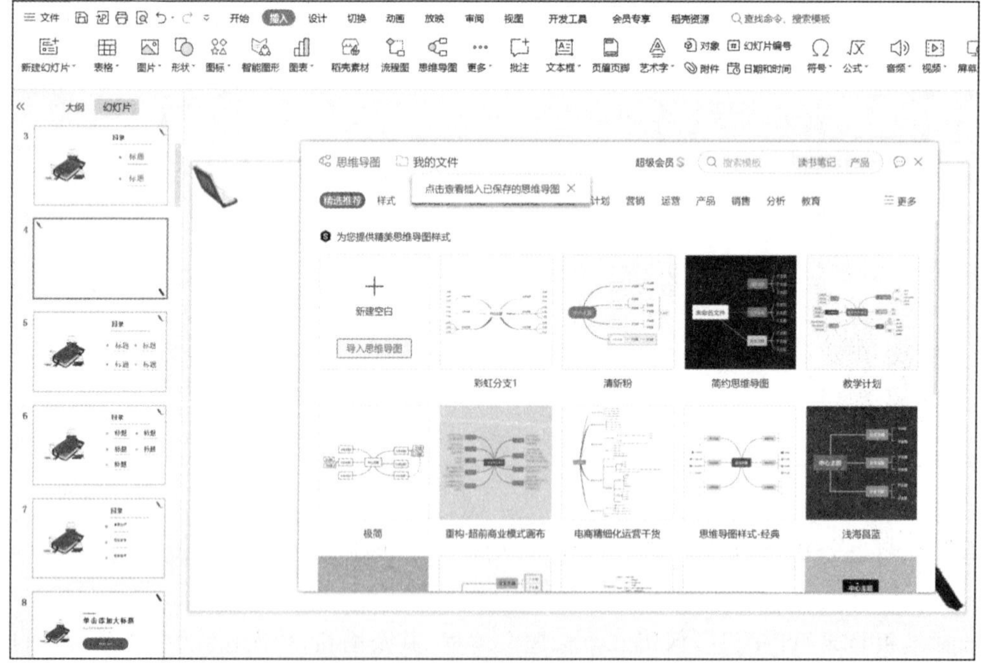

图 3-2-11　选择“思维导图”

在“思维导图”编辑中，输入主标题文本信息“自我分析”，如图 3-2-12 所示。依次添加五个“分支主题”，设置分支结构为右侧分布，根据需求添加子主题，如图 3-2-13 所示，设置分支主题连线颜色、连线宽度、边框颜色、边框宽度，如图 3-2-14 所示。单击“插入”按钮，依次添加“旗子”与“数字”图标，如图 3-2-15 所示。调整思维导图的大小及位置，效果如图 3-2-16 所示。

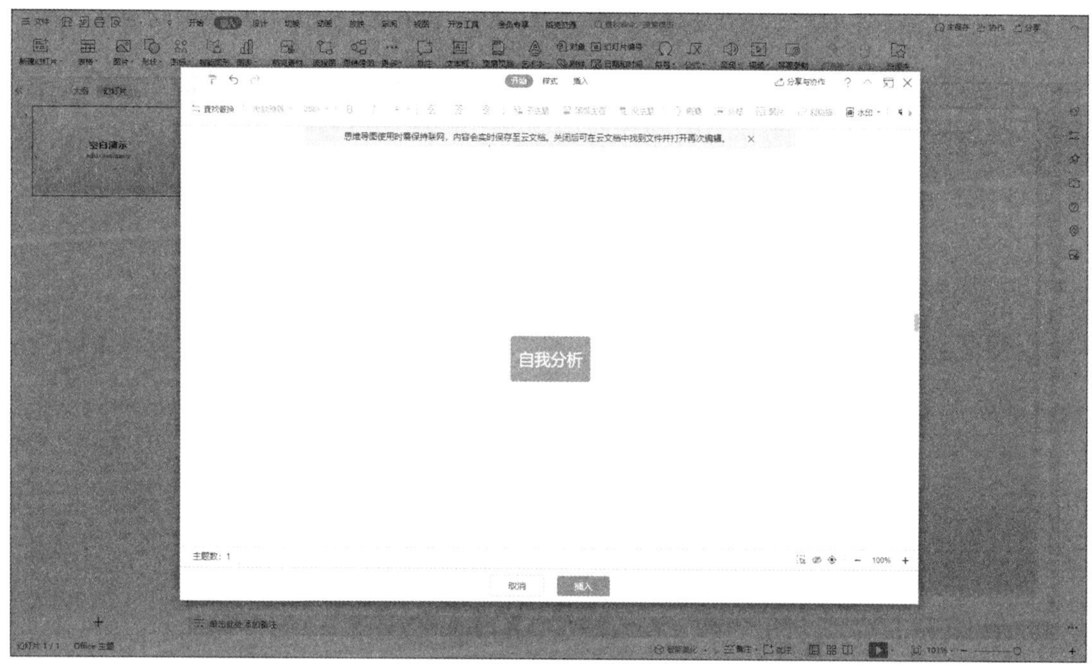

图 3-2-12　编辑思维导图

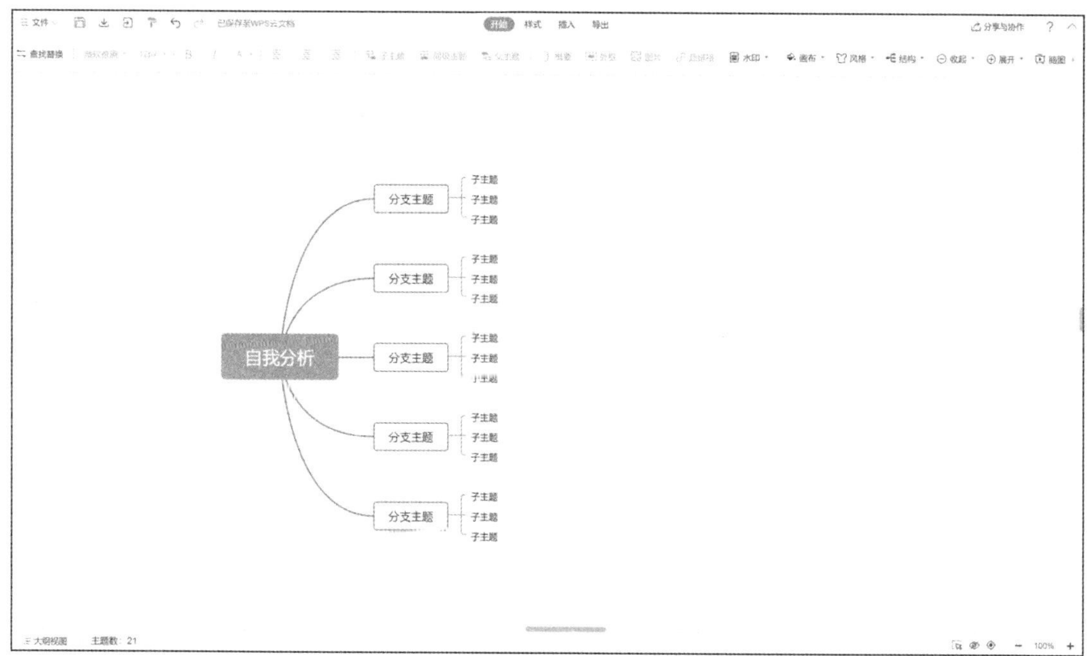

图 3-2-13　建立思维导图基本框架

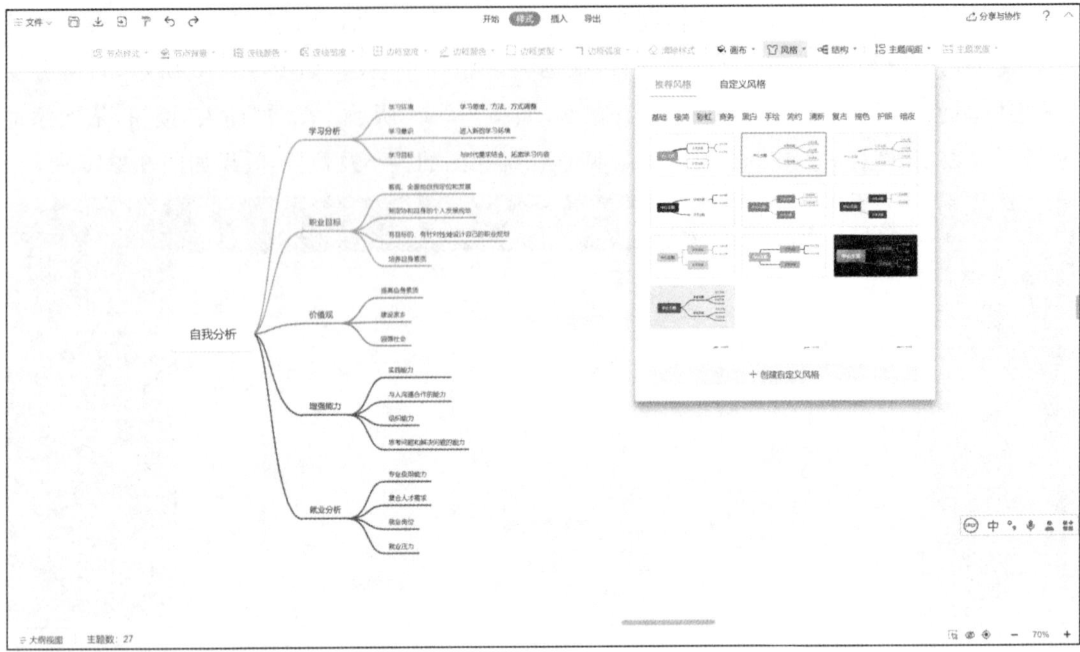

图 3-2-14　设置思维导图风格

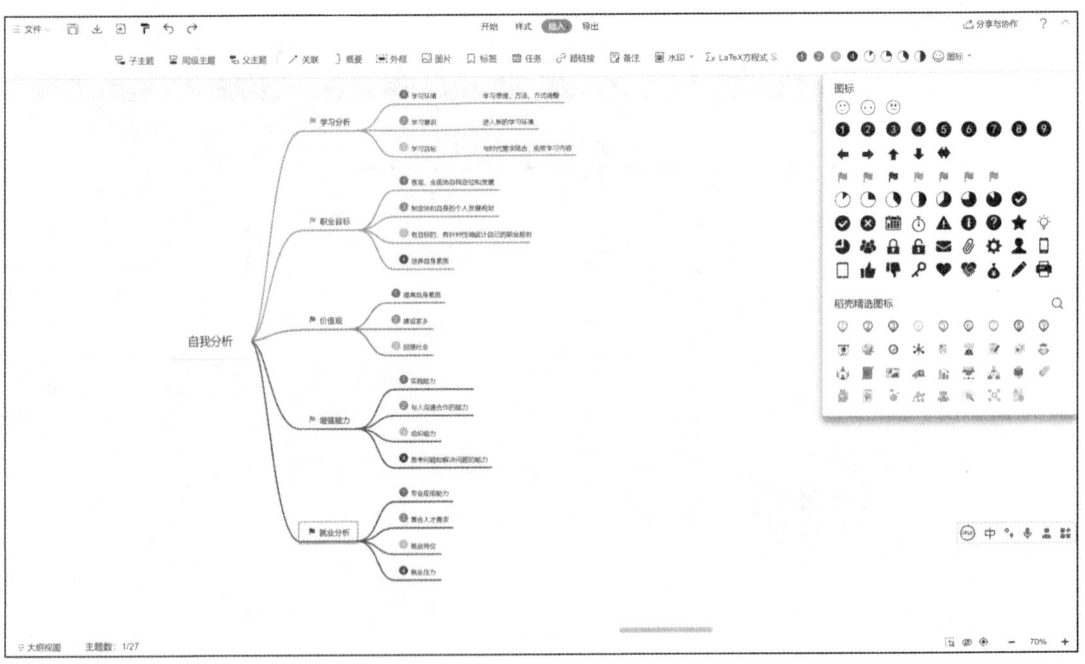

图 3-2-15　完成思维导图设置

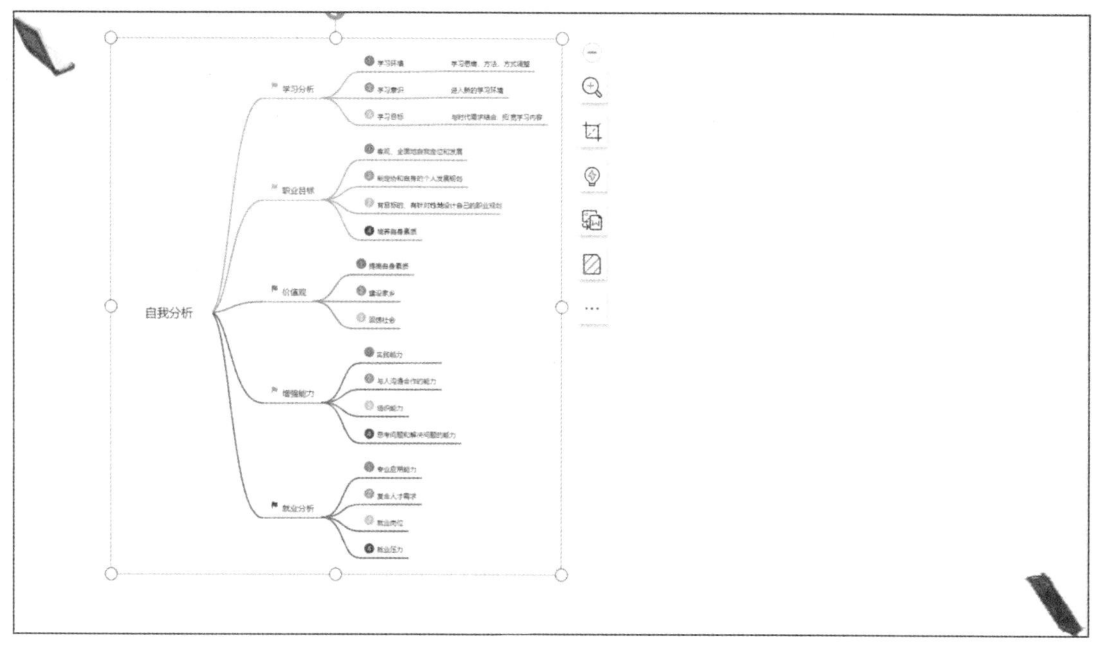

图 3-2-16 插入思维导图

将制作完成的“思维导图”插入幻灯片中，插入“思考想法”图标。

(4)幻灯片 4

选择“开始”选项卡，单击“版式”下拉按钮，选择“标题和内容”版式，如图 3-2-17 所示。

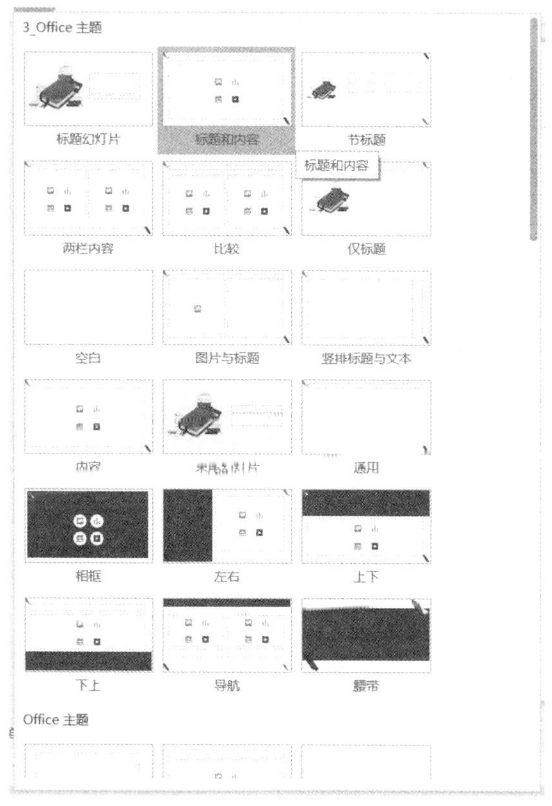

图 3-2-17 选择版式

插入表格图表

在标题文本框中输入“规划目标”，设置文字格式为“仿宋、36 号、加粗、红色”。

单击“插入表格”下拉按钮，选择“插入表格”选项，在弹出的“插入表格”对话框中，“行数”输入“5”，“列数”输入“3”，如图 3-2-18 所示。单击“确定”按钮，调整表格大小及位置。

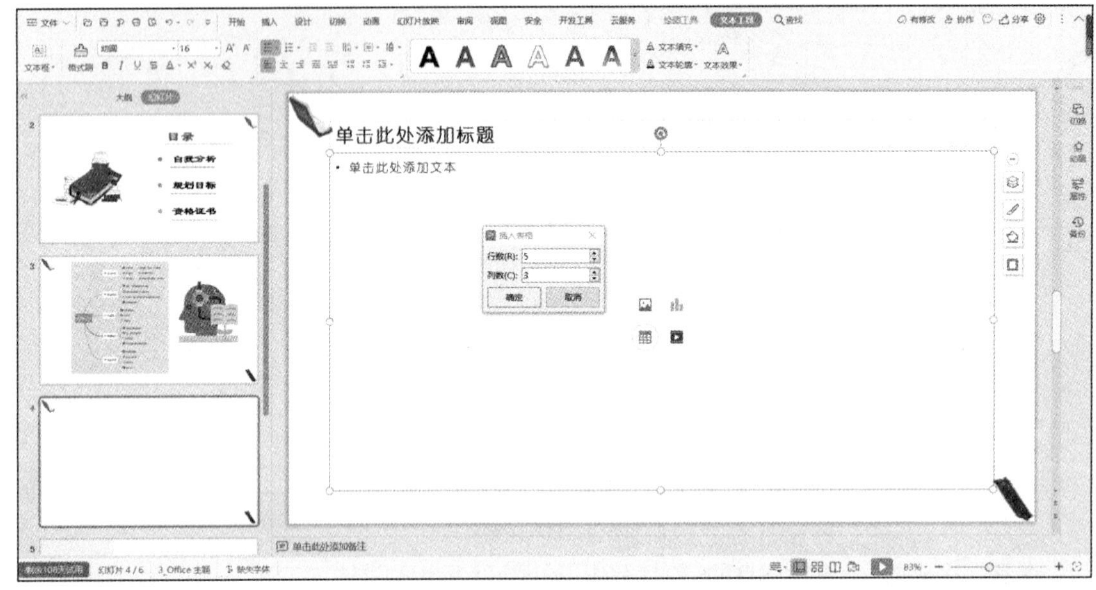

图 3-2-18　插入表格

在表格中依次输入相应的文字，设置标题行文字格式为“华文楷体、18 号、白色、加粗”，设置其余行文字格式为“华文楷体、18 号、黑色，1.5 倍行距”，插入“销售冠军奖杯”图标，调整大小及位置，效果如图 3-2-19 所示。

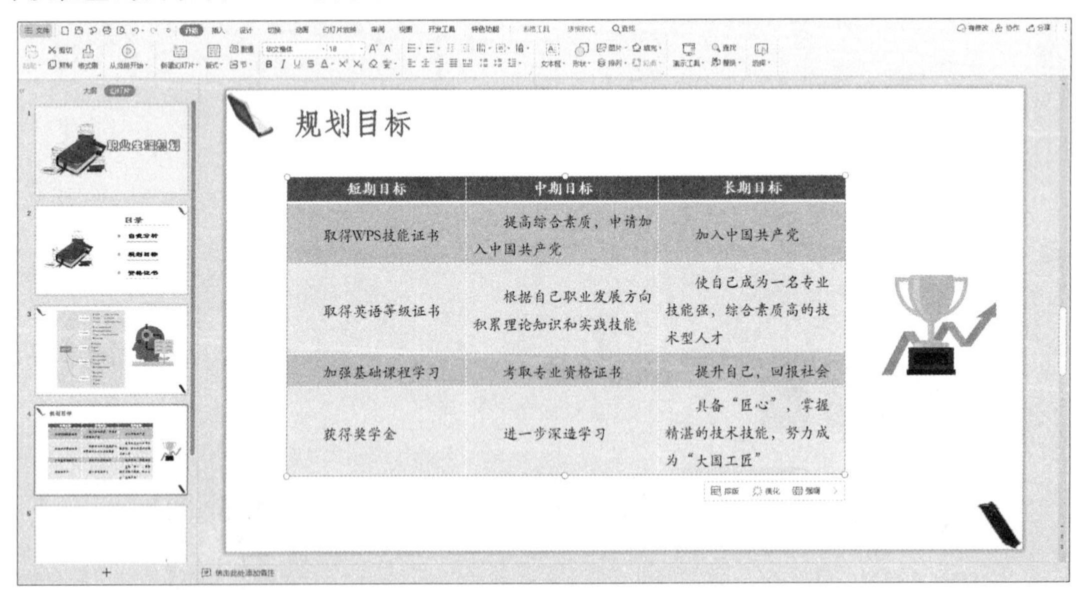

图 3-2-19　表格设置

(5)幻灯片 5

输入文字，设置标题格式为“华文行楷、60 号、加粗”，下面文本框中文字格式为“幼圆、20 号、文字阴影”，如图 3-2-20 所示。

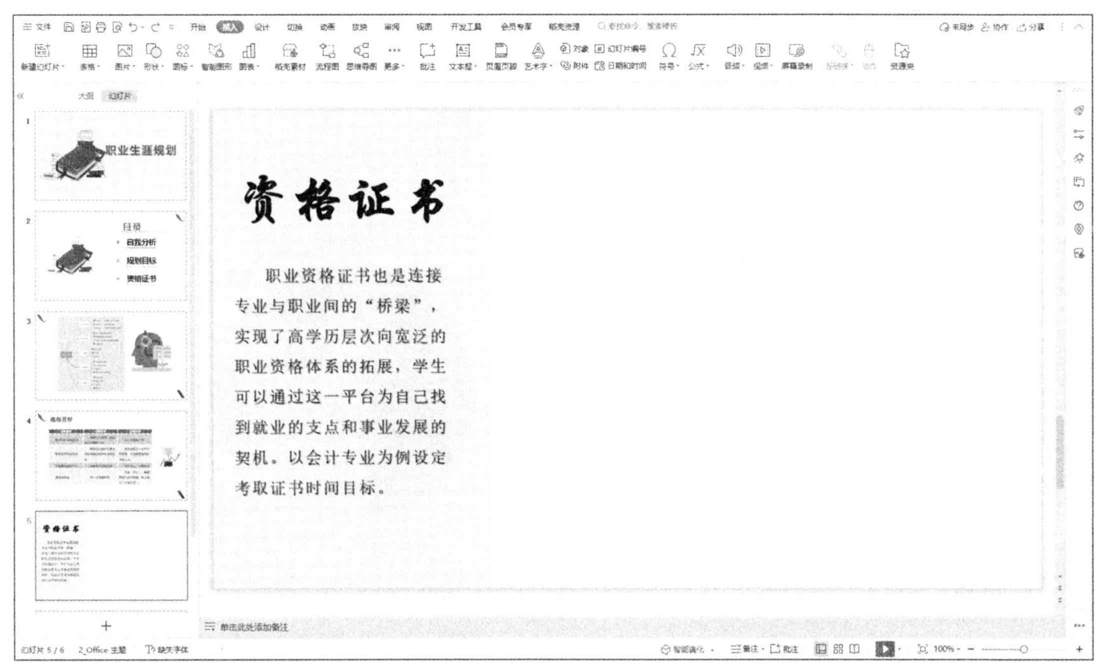

图 3-2-20　设置标题及文字格式

在“插入”选项卡中单击“图表”按钮，在弹出的“插入图表”对话框中选择“饼图”，选择右侧第一个，如图 3-2-21 所示，单击“插入”按钮。

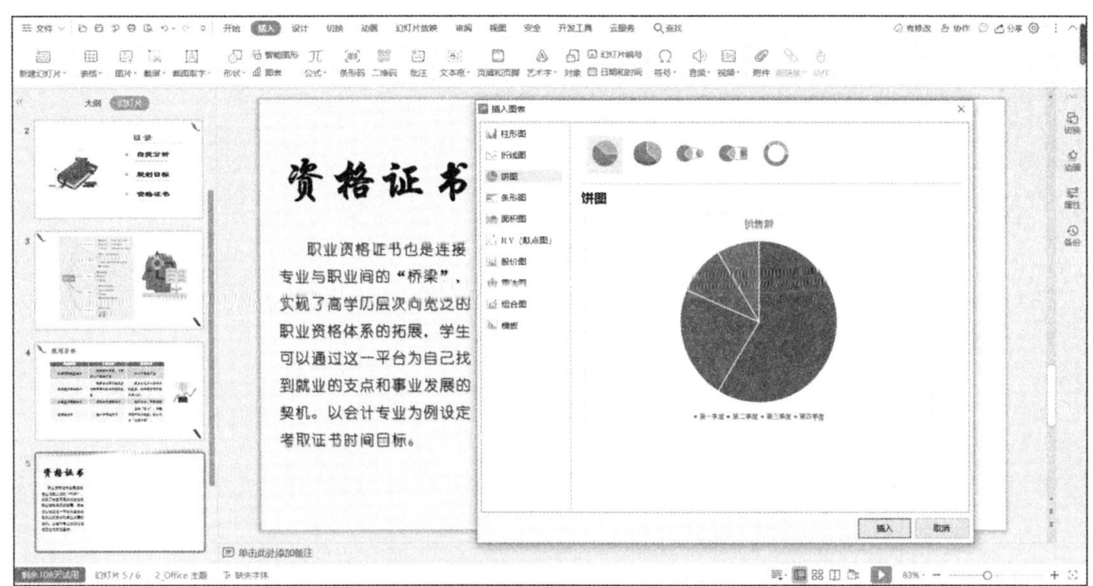

图 3-2-21　插入饼图

右键单击饼图,在弹出的快捷菜单中选择“编辑数据”选项,如图 3-2-22 所示。在打开的 WPS 表格软件中输入如图 3-2-23 所示内容。退出 WPS 表格软件,设置饼图各部分的填充颜色为“渐变填充”中“红色、蓝色、绿色、黄色”,删除“图例”,显示标签“类别名称”,设置字体、字号。

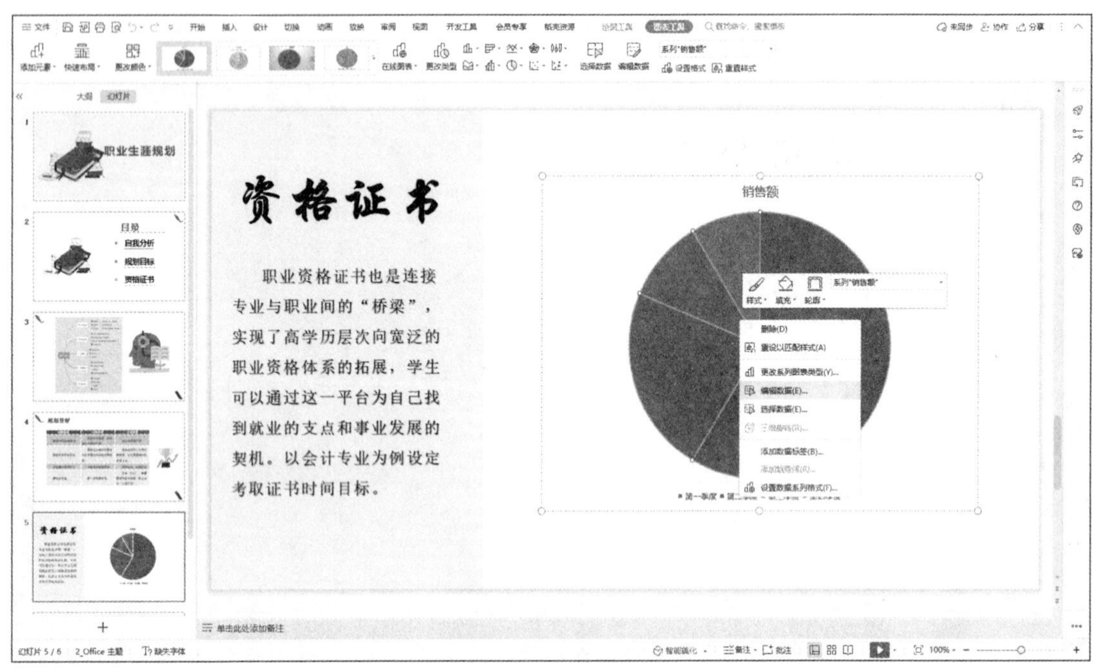

图 3-2-22 编辑数据

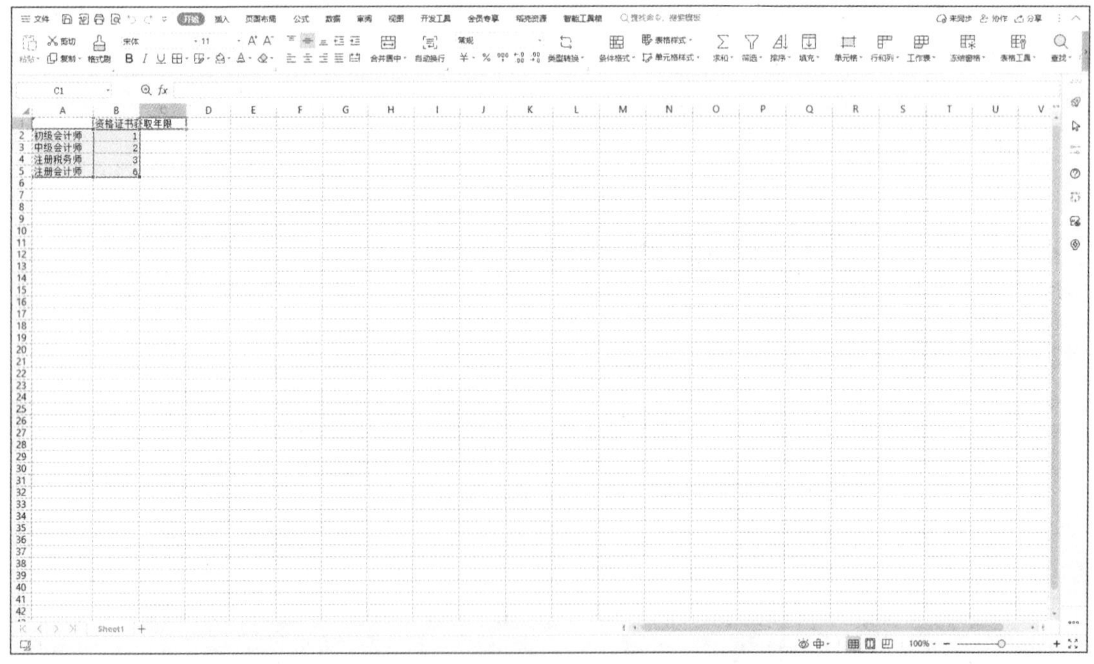

图 3-2-23 输入数据

调整图表大小并移动至适当位置，效果如图 3-2-24 所示。

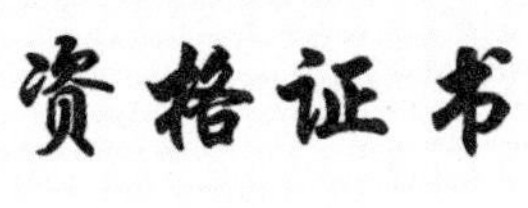

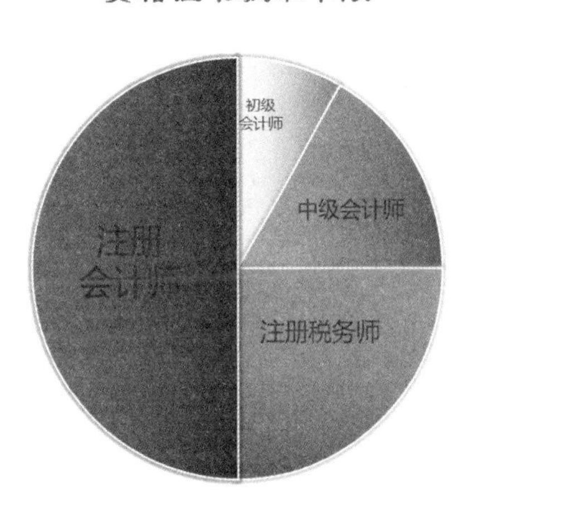

图 3-2-24 设置图表

(6)幻灯片 6

标题文字“谢谢观看”，设置字体格式为“华文彩云、66”。

3. 演示文稿放映

选择“幻灯片放映”选项卡，单击“从头开始”按钮，开始放映。

4. 保存演示文稿

选择“文件”选项卡，在下拉菜单中选择“保存”命令，将文件保存在目标存储位置。

四、相关知识

1. 大纲视图编辑框架

在制作演示文稿过程中，习惯一页一页编写、排版，导致完成后，幻灯片前后不衔接，正常制作演示文稿的步骤应该是先定框架，再做排版，如图 3-2-25 所示。

在演示文稿界面左侧大纲视图中可以设置降级或升级。

2. 大纲视图生成目录

在完成演示文稿框架内容后，便可通过框架内容快速生成目录(或称为摘要页)，如图 3-2-26 所示。

复制框架大标题，并粘贴至目录后，选定粘贴内容，按 Tab 键降级即可。

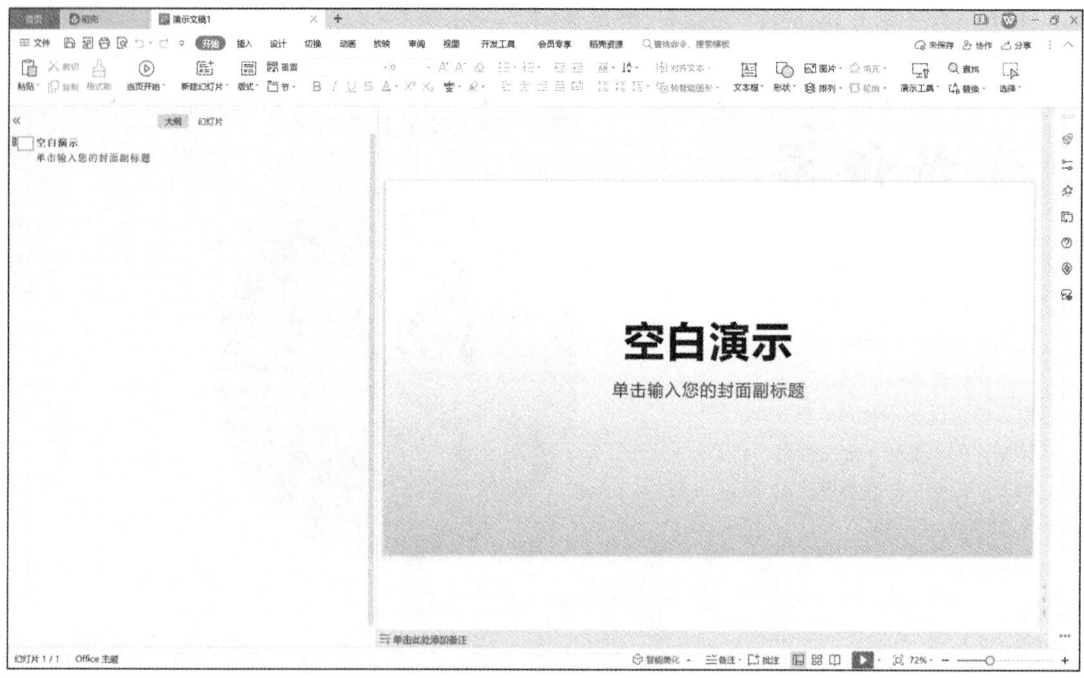

图 3-2-25 大纲视图编辑框架

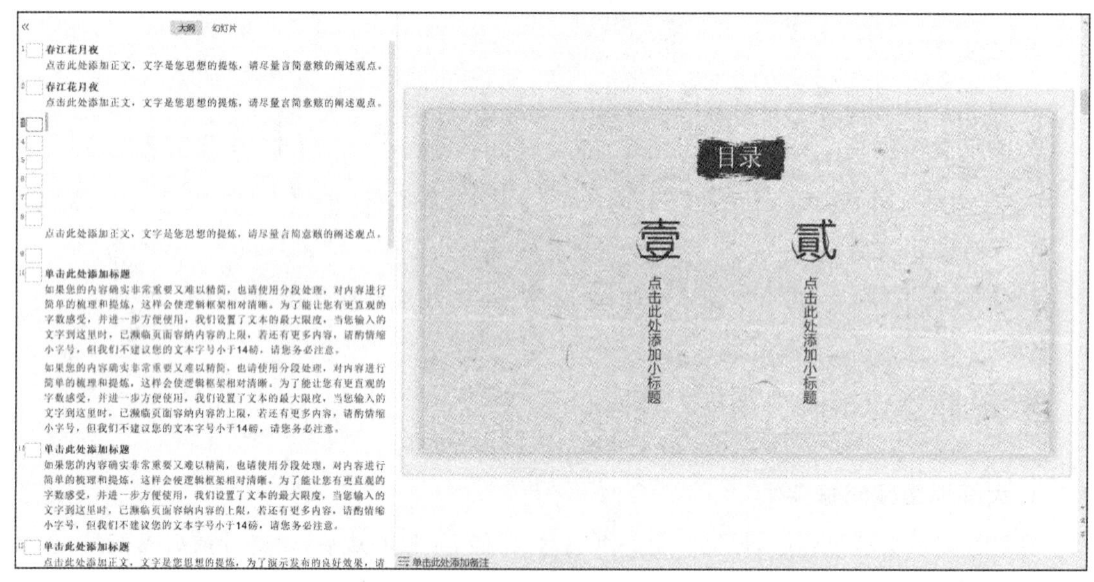

图 3-2-26 快速生成目录

3. 文本美化

WPS 演示文稿提供了便捷的文本美化工具，包括多样的艺术字库和丰富的文本效果等，日常制作演示文稿时进行文字突出、格式美化等操作有非常大的帮助，如图 3-2-27 所示。

4. 演示工具

“演示工具”是一系列方便批量操作的工具，可以实现字体替换、图片插入的批量自动处理。“替换字体”和“批量设置字体”允许对文稿中的字体做出批量的格式设置，前者可自动将当前文档里某一种字体统一替换成指定的字体，后者可指定演示文稿范围、替换目标和替换字

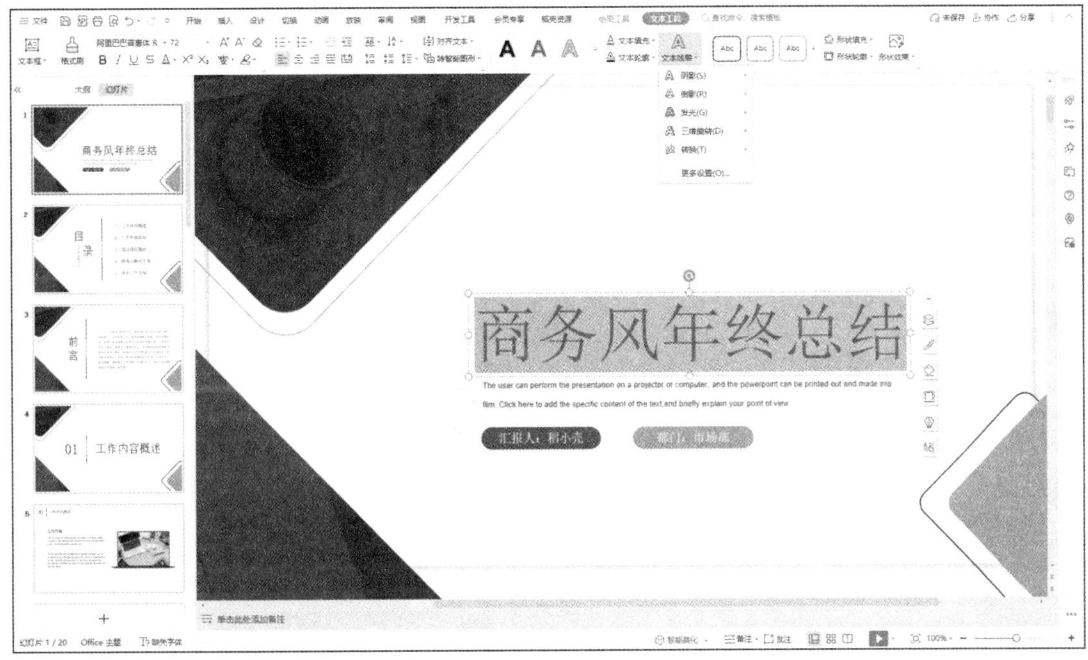

图 3-2-27 文本美化工具

体样式等。“自定义母版字体”则是从改变母版字体的角度来统调全部演示文稿的字体。“分页插入图片”则可实现一键将多张图插入文稿的多张幻灯片中，如图 3-2-28 所示。

图 3-2-28 演示工具

5. 图形化表达

绘图快捷键：

Shift＋绘制图形：可以绘制直线和等正图形。

Shift＋拖动图形角点：等比例缩放图形。

Shift＋拖动对象：水平或垂直移动对象。

Ctrl＋拖动对象:复制对象。

6. 绘图特效工具

WPS Office 2019 提供了便捷的文本美化工具,包括多样的预设形状库和丰富的形状效果等,为日常制图提供快速通道,如发光、倒影、柔化边缘等,如图 3-2-29 所示。

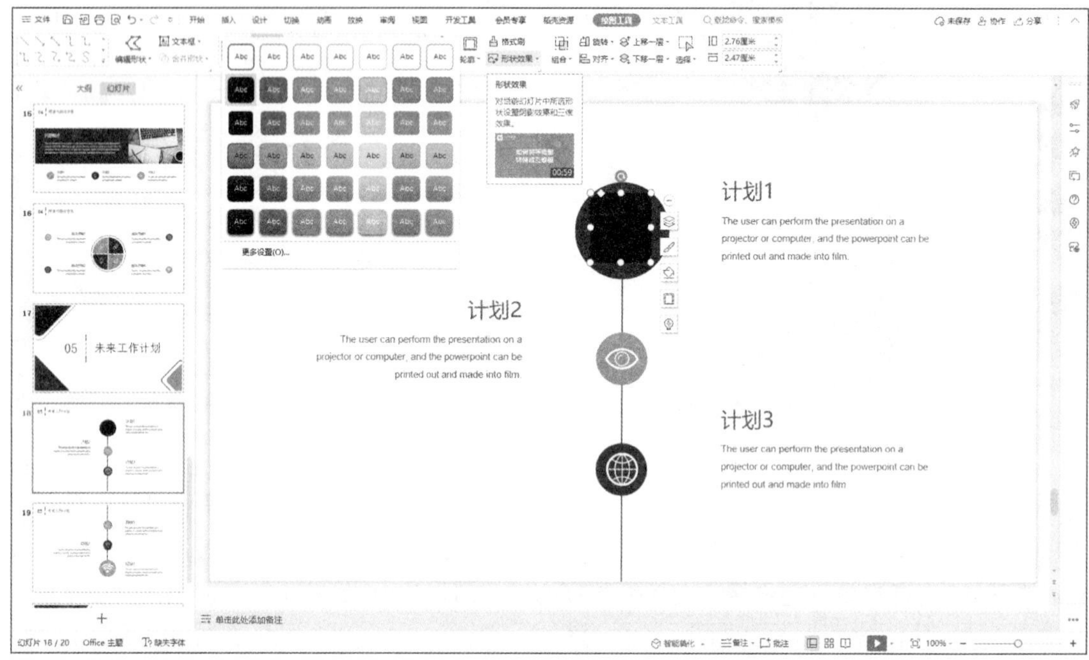

图 3-2-29　绘图特效工具

五、创新作业

制作课程学习规划演示文稿,制作效果如图 3-2-30 至图 3-2-35 所示。要求如下:

图 3-2-30　示范样张(1)

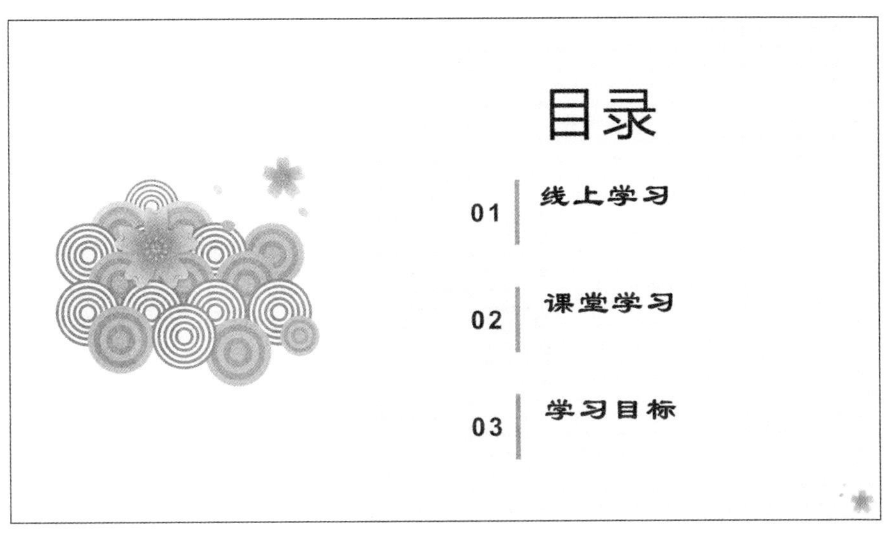

图 3-2-31 示范样张(2)

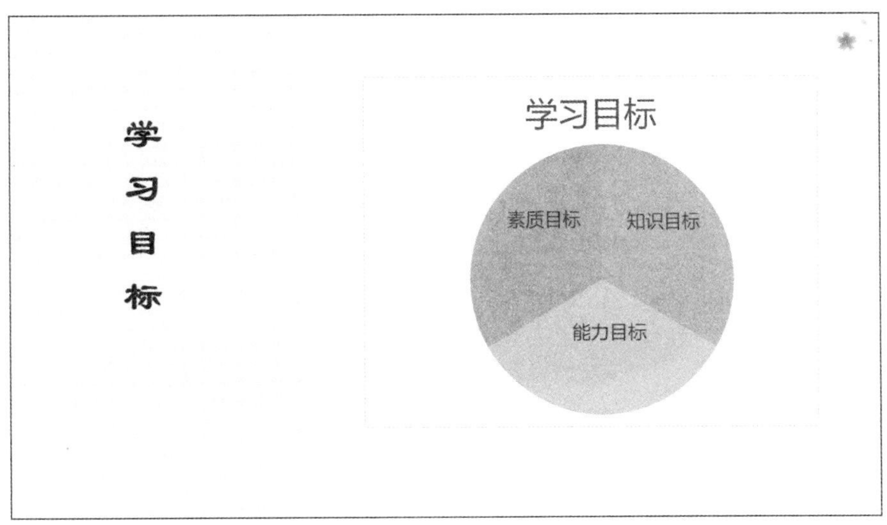

图 3-2-32 示范样张(3)

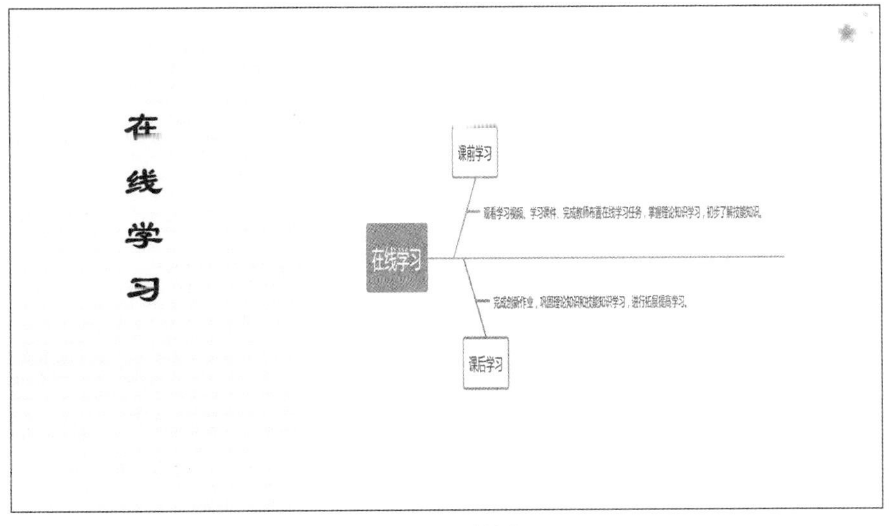

图 3-2-33 示范样张(4)

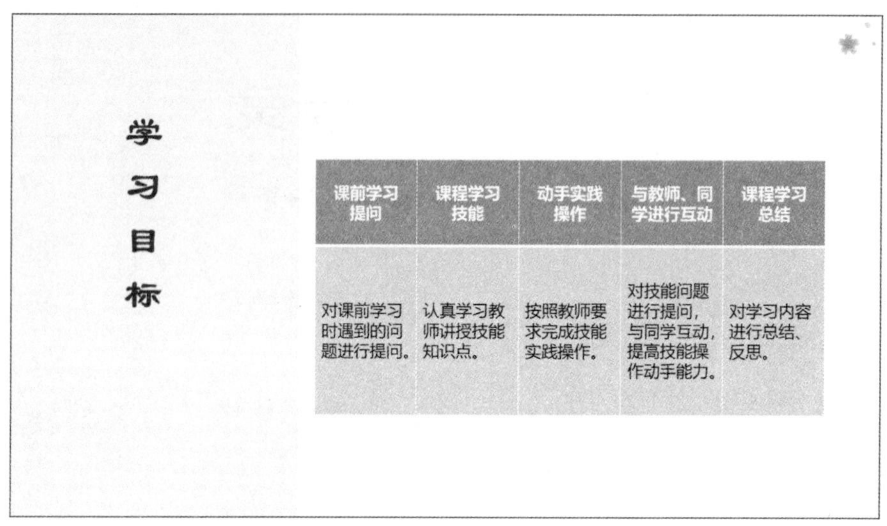

图 3-2-34 示范样张(5)

图 3-2-35 示范样张(6)

1. 主题皮肤设置

在设计菜单中添加换肤“蓝色中国风”。

2. 文字设置

将第 1 页演示文稿和第 6 页演示文稿的标题字体设置为“华文彩云”,字号为“80 号”。

将第 2 页演示文稿的标题字体设置为“隶书”,字号为“60 号”, 将第 2 页演示文稿的目录字体设置为“隶书”,字号为“35 号”。

将其他各页演示文稿的标题字体设置为“隶书”,字号为“60 号”。

3. 图表设置

添加图表“饼图”,编辑图表数据,设置图表颜色,调整图表大小,设置图表标题及字体、字号,设置数据标签格式,设置图表颜色。

4. 思维导图设置

插入思维导图,输入标题内容,添加子主题,输入子主题内容,设置子主题1边框及连线颜色为蓝色,连线宽度为3 px,设置子主题2边框及连线颜色为绿色,连线宽度为3 px,输入思维导图内容。

5. 表格设置

插入一个2行5列表格,适当调整图表大小,编辑表格内文字,将文字垂直对齐方式设置为中部对齐,第一行文字水平对齐方式设置为居中对齐,第二行文字水平对齐方式设置为左对齐,表格样式为中色系(中度样式2-强调2)。

项目三 “光盘行动”——WPS 演示文稿动画设计

一、项目描述

WPS演示文稿除了编辑格式,丰富内容,提升WPS演示文稿的艺术性、审美性外,还应添加动画效果。动画效果是WPS演示文稿的精华,精美的动画效果在WPS演示文稿播放时,能够更加吸引观众的注意,赋予演示文稿新的视觉效果。

本项目是以“光盘行动”为主题的WPS演示文稿设计制作。项目着重介绍WPS演示文稿中的进入动画、强调动画、退出动画、动作路径动画的制作方法,每一个动画效果可以从效果类别、持续时间、动画顺序等几个方面进行设置,引导学习者完成动画设计的学习。完成演示文稿如图3-3-1至图3-3-7所示。

图3-3-1 幻灯片1

图 3-3-2 幻灯片 2

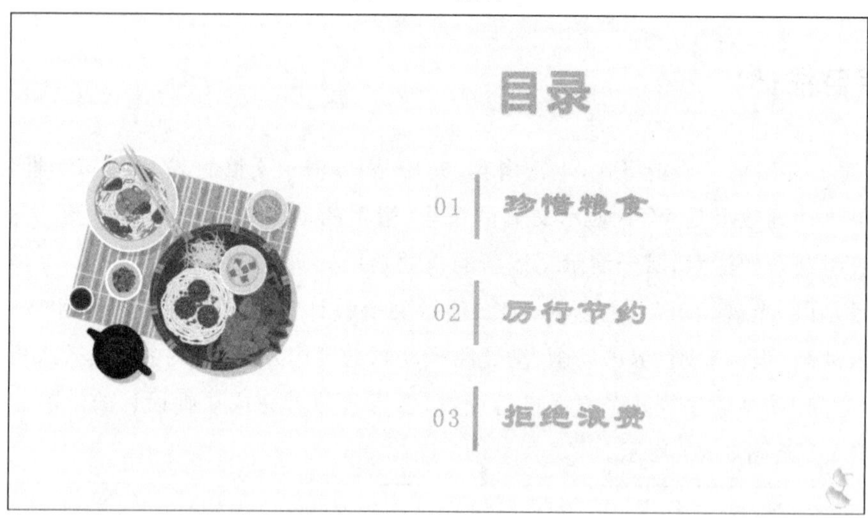

图 3-3-3 幻灯片 3

图 3-3-4 幻灯片 4

厉行节约

小餐桌，大文明，它不仅承载着中华民族节俭、珍爱粮食的传统美德，更传承了中华民族的优秀文化。形成勤俭节约、文明用餐、诚信经营、健康饮食的良好社会风尚。

每一个人都应养成节约的好习惯，无论何种形式就餐，都应只取所需，避免“眼大肚小”。

图 3-3-5　幻灯片 5

拒绝浪费

养成良好的消费意识，拒绝浪费，从我做起。从饮食科学的角度来说，传统的“吃饱吃好”不等于健康的饮食，真正的健康饮食应该有所节制。

图 3-3-6　幻灯片 6

光盘行动

从你我做起

图 3-3-7　幻灯片 7

二、项目分析

“光盘行动”主题演示文稿项目制作是 WPS 演示文稿编辑内容的升华，项目任务是在 WPS 演示文稿中添加设计动画。通过项目作品的动画制作过程，逐步讲解 WPS 演示文稿的动画种类与编辑方法，结合图片编辑提升 WPS 演示文稿的整体效果。

任务一：结构设计

演示文稿由 7 张幻灯片组成，结构设计如图 3-3-8 所示。

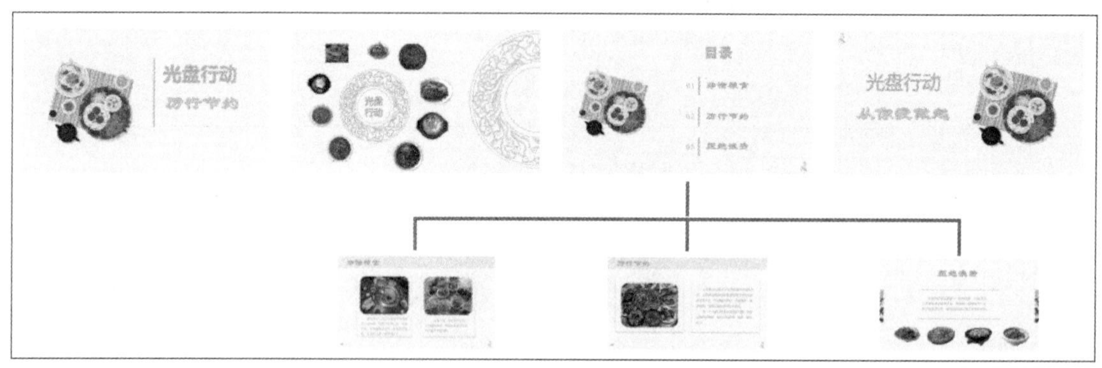

图 3-3-8 演示文稿结构设计

任务二：内容设计

1. 幻灯片 1：对标题添加进入动画，设置动画持续时间、顺序等。

2. 幻灯片 2～5：对图片、文字等素材设计进入动画、强调动画、退出动画、动作路径动画，设置动画持续时间、顺序等。

3. 幻灯片 6：对图片进行编辑，对图片、文字等素材设计进入动画与强调动画，设置动画持续时间、顺序等。

4. 幻灯片 7：对标题添加进入动画，设置动画持续时间、顺序等。

三、项目实现

启动“WPS 演示”软件，选择“文件”选项卡，在下拉菜单中选择“打开”命令，在弹出的“打开文件”对话框中选择路径，选择“光盘行动”文件，单击“打开”按钮。

1. 设置幻灯片 1

(1)动画添加

选中文字“光盘行动”，选择“动画”选项卡，在“动画样式库”下拉列表中单击“更多选项”按钮，如图 3-3-9 所示。选择“进入”→“温和型”→“渐入”动画效果，如图 3-3-10 所示。

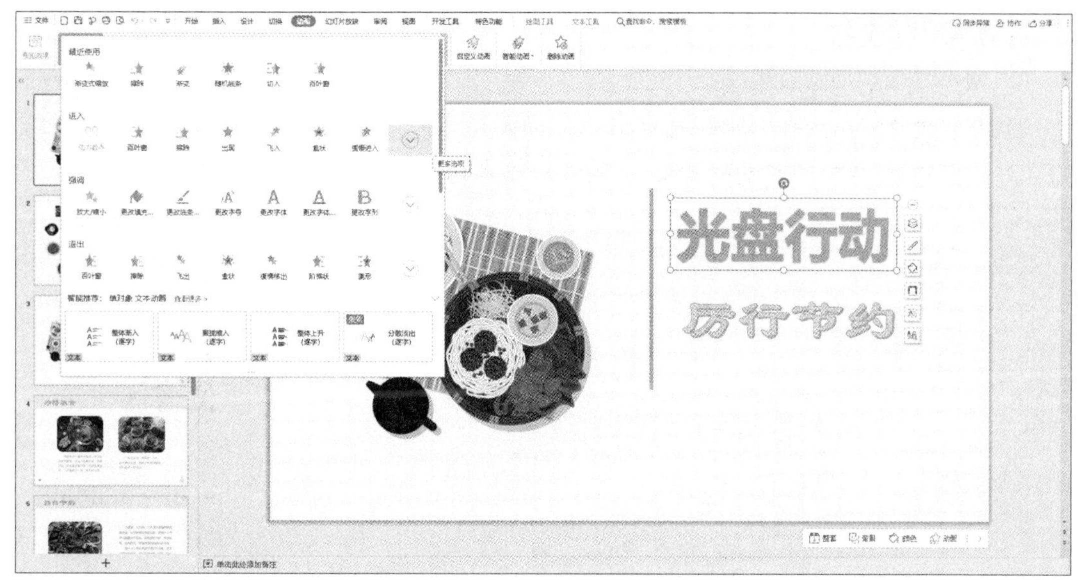

图 3-3-9　动画样式库

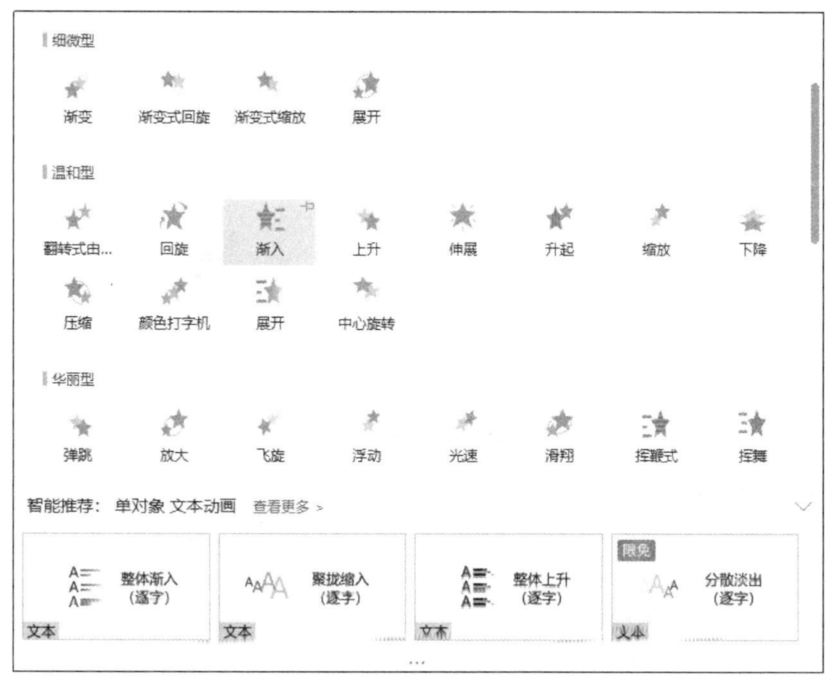

图 3-3-10　选择“渐入”动画

进入动画设置

为文字“厉行节约”添加同样动画效果。

(2)效果调整

在“自定义动画”任务窗格的动画列表中，选中当前第 1 个列表项，单击右侧的下拉按钮，展开下拉列表，选择“从上一项开始”。

选中当前第 2 个列表项，单击右侧的下拉按钮，展开下拉列表，选择“从上一项之后开始”，如图 3-3-11 所示。

2. 设置幻灯片 2

(1)制作“圆盘”动画效果

进入与强调动画设置

选中“圆盘”图片,选择“动画”选项卡,在“动画样式库”下拉列表中选择“进入”→“温和型”→“回旋”动画效果,如图 3-3-12 所示。

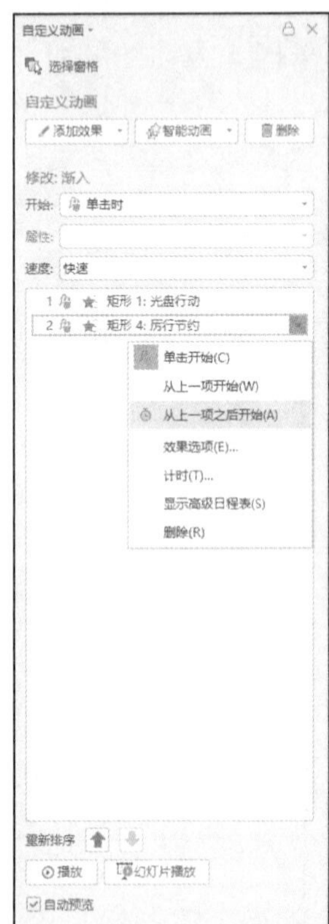

图 3-3-11 设置动画效果

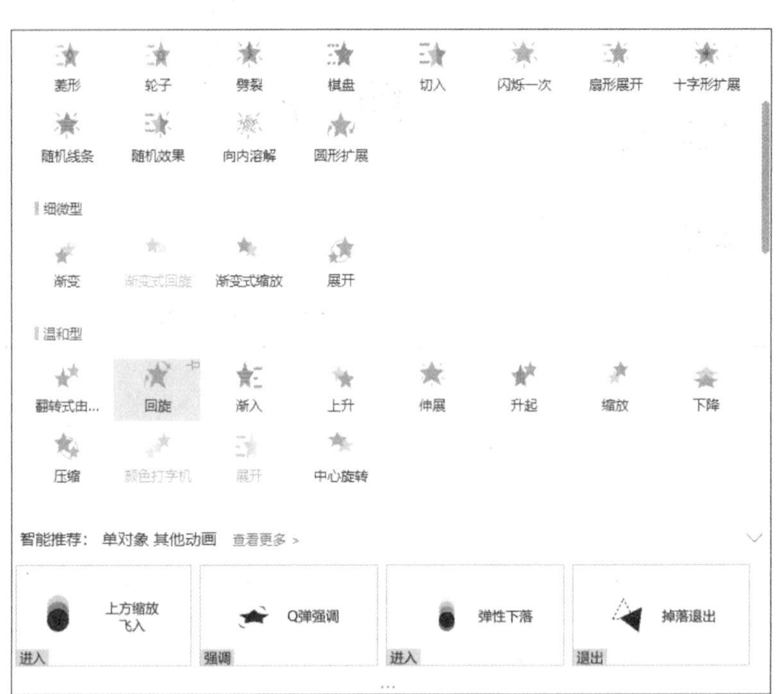

图 3-3-12 选择“回旋”动画

在“自定义动画”任务窗格的动画列表中,单击“添加效果”下拉按钮,选择“强调”→“基本型”→“陀螺旋”动画效果,如图 3-3-13 所示。

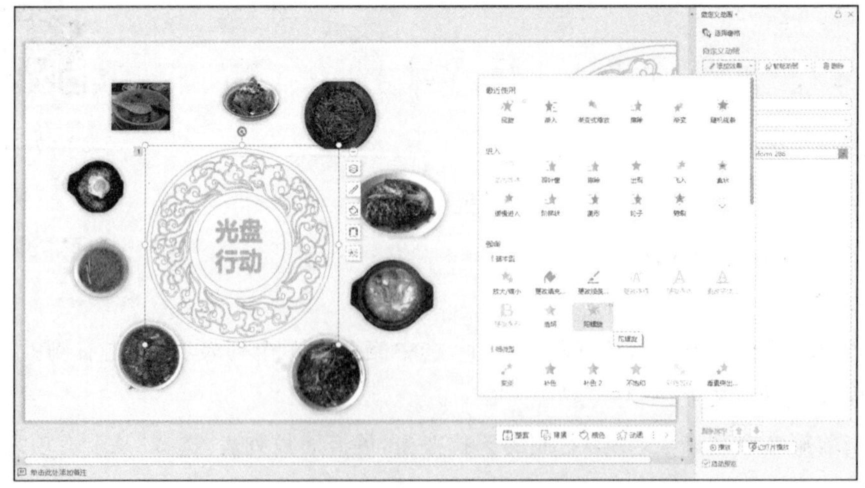

图 3-3-13 添加动画

在“自定义动画”任务窗格的动画列表中，选中当前第 1 个列表项，单击右侧的下拉按钮，展开下拉列表，选择“从上一项开始”。

选中当前第 2 个列表项，单击右侧的下拉按钮，展开下拉列表，选择“从上一项之后开始”，如图 3-3-14 所示。

再次单击第 2 个列表项右侧的下拉按钮，展开下拉列表，选择“效果选项”，打开“陀螺旋”对话框，选择“计时”选项卡，在“重复”下拉列表中选择“直到幻灯片末尾”，如图 3-3-15 所示。

图 3-3-14　动画效果(1)

图 3-3-15　动画效果(2)

(2)为九道菜品添加“进入”动画效果

选中第一张图片“酱牛肉”，在“动画样式库”下拉列表中选择“进入”→“基本型”→“菱形”动画效果；调整动画开始方式为“从上一项开始”。

在“自定义动画”任务窗格的动画列表中，单击“添加效果”下拉按钮，选择“动作路径”→“基本”→“圆形扩展”动画效果，如图 3-3-16 所示，调整动作路径，如图 3-3-17 所示。调整动画开始方式为“从上一项之后开始”。

图 3-3-16 选择动画

进入与动作路径动画设置

图 3-3-17 绘制路径

依次选中食物图片，分别添加“进入”类别下的动画效果，并对所选择的动画效果进行设置，例如“方向”属性设置，如图 3-3-18 所示；“速度”属性设置，如图 3-3-19 所示。

(3)为九道菜品添加“强调”动画效果

将九道菜品图片全部选中，在“自定义动画”任务窗格的动画列表中，单击“添加效果”下拉按钮，选择“强调”→“基本型”→“放大/缩小”动画效果。

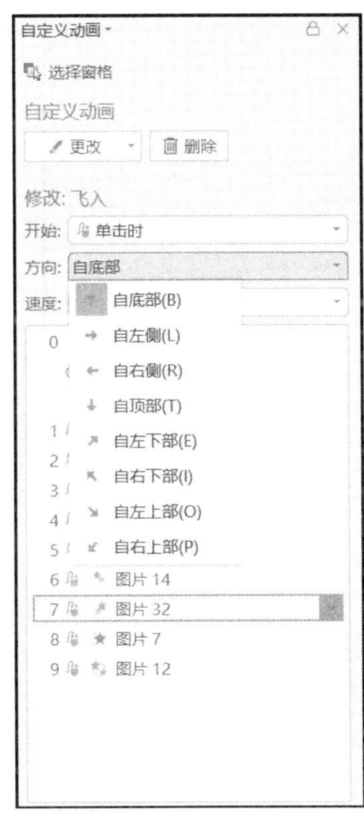

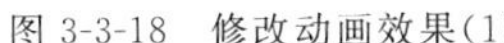
图 3-3-18 修改动画效果(1)

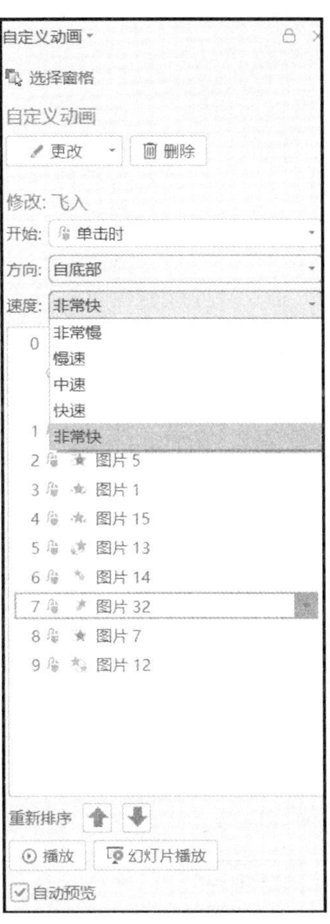

图 3-3-19 修改动画效果(2)

单击“尺寸”下拉按钮,选择“自定义”,在“自定义”对话框中输入“115%”,如图 3-3-20 所示。

(4)为九道菜品添加“退出”动画效果

将九道菜品图片全部选中,在“自定义动画”任务窗格的动画列表中,单击“添加效果”下拉按钮,选择“退出”→“基本型”→“向外溶解”动画效果。

退出动画设置

(5)效果调整

将九道菜品图片的“进入”类动画效果全部选中,在“自定义动画”任务窗格的动画列表中,单击右侧的下拉按钮,展开下拉列表,选择“从上一项之后开始”。

将第一道菜品图片的“强调”类动画效果选中,在“自定义动画”任务窗格的动画列表中,单击右侧的下拉按钮,展开下拉列表,选择“从上一项之后开始”,其他八道菜品图片的“强调”类动画效果选择“从上一项开始”。

将第一道菜品图片的“退出”类动画效果选中,在“自定义动画”任务窗格的动画列表中,单击右侧的下拉按钮,展开下拉列表,选择“从上一项之后开始”,其他八道菜品图片的“强调”类动画效果选择“从上一项开始”。如图 3-3-21 所示。

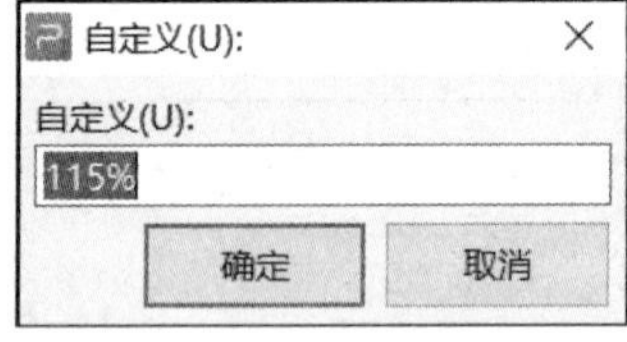

图 3-3-20　修改动画效果(3)

图 3-3-21　动画效果(3)

3. 幻灯片 3

为“目录”设置“上升”动画效果，并将开始设置为“从上一项开始”，速度设置为快速；为“珍惜粮食”设置“中心旋转”动画效果，并将开始设置为“从上一项之后开始”，速度设置为快速；为“厉行节约”设置“放大”动画效果，并将开始设置为“从上一项之后开始”，速度设置为中速；为“拒绝浪费”设置“展开”动画效果，并将开始设置为“从上一项之后开始”，速度设置为快速。如图 3-3-22 所示。

4. 幻灯片 4

为“珍惜粮食”设置“棋盘”动画效果，并将开始设置为“从上一项开始”，速度设置为非常快；为左侧图片设置“回旋”动画效果，并将开始设置为“从上一项之后开始”，速度设置为非常快；为左侧文字设置“颜色打字机”动画效果，并将开始设置为“从上一项之后开始”，速度设置为 0.08 秒；为右侧图片设置“圆形扩展”动画效果，并将开始设置为“从上一项之后开始”，速度设置为中速；为右侧文字设置“飞入”动画效果，方向自底部，将“动画文本”修改为“按字母”效果，并将开始设置为“从上一项之后开始”，速度设置为非常快。如图 3-3-23 所示。

5. 幻灯片 5

为“厉行节约”设置“切入”动画效果，并将开始设置为“从上一项开始”，速度设置为非常

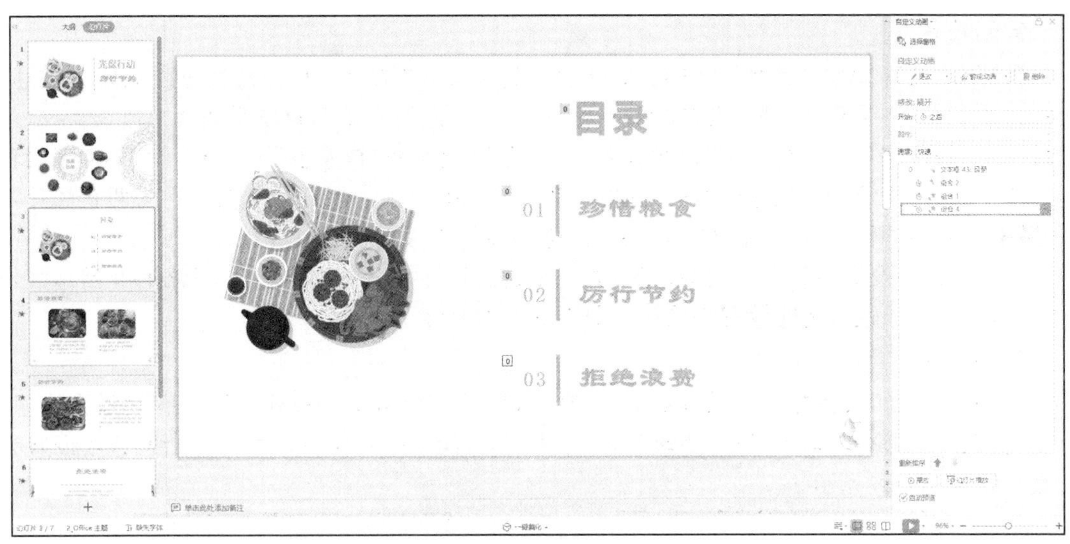

图 3-3-22 动画效果(4)

快;为左侧图片设置“十字形扩展”动画效果,并将开始设置为“从上一项之后开始”,速度设置为中速;为右侧文字设置“空翻”动画效果,设置“动画文本”为“10.00%字母之间延迟”,并将开始设置为“从上一项之后开始”,速度设置为非常快。如图 3-3-24 所示。

图 3-3-23 动画效果(5)

图 3-3-24 动画效果(6)

6. 幻灯片 6

为“拒绝浪费”设置“弹跳”动画效果，并将开始设置为“从上一项开始”，速度设置为中速；为下方文字设置“浮动”效果。将开始设置为“从上一项之后开始”，速度设置为中速。

为左侧两张图片设置“飞入”动画效果，方向分别设置为“自左侧”和“自右侧”，速度设置为非常快；并将开始分别设置为“从上一项之后开始”和“从上一项开始”，为右边的两张图片添加“展开”动画效果，并将开始设置为“从上一项开始”，速度设置为快速。

为四张图片设置“跷跷板”动画效果，将最左侧图片开始设置为“从上一项之后开始”，其他图片“从上一项开始”，速度设置为快速。如图 3-3-25 所示。

7. 幻灯片 7

为“光盘行动”设置“上升”动画效果，并将开始设置为“从上一项开始”，速度设置为快速；为“从你我做起”设置“玩具风车”动画效果，并将开始设置为“从上一项之后开始”，速度设置为快速。如图 3-3-26 所示。

图 3-3-25 动画效果(7)

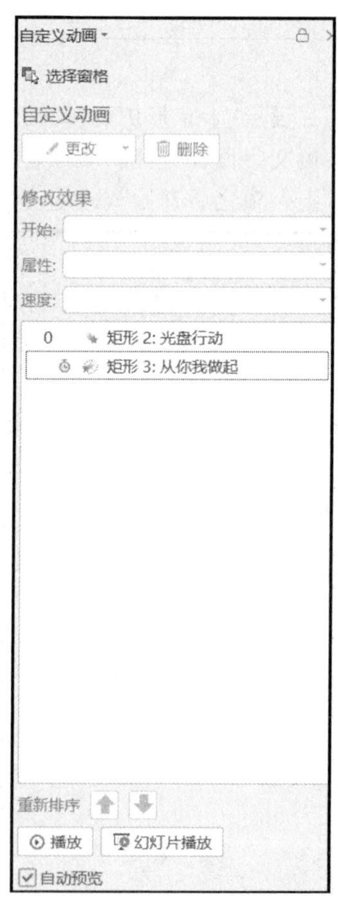

图 3-3-26 动画效果(8)

四、相关知识

1. 万能的取色器

除了使用现有色板，很多用户反馈在日常调色过程中经常很难调到想要的颜色，例如某张图中的某种颜色，有了“取色器”工具，用户想要什么样的颜色，只要轻轻一点，即可取得该颜色的 RGB 值，并快速应用到自己的图形或字体中。

使用取色器，只要将鼠标移动至取色位置，就会显示所取颜色 RGB 值，单击即可取色并应用。如图 3-3-27 所示。

图 3-3-27 取色器取色

WPS 的取色器不仅仅局限于 WPS Office 窗口内，还可以在演示文稿窗口外取色。

2. 快速对齐工具

WPS 演示提供了图形的快速对齐位置和快速同比例大小功能，显著提升效率，如图 3-3-28 所示。

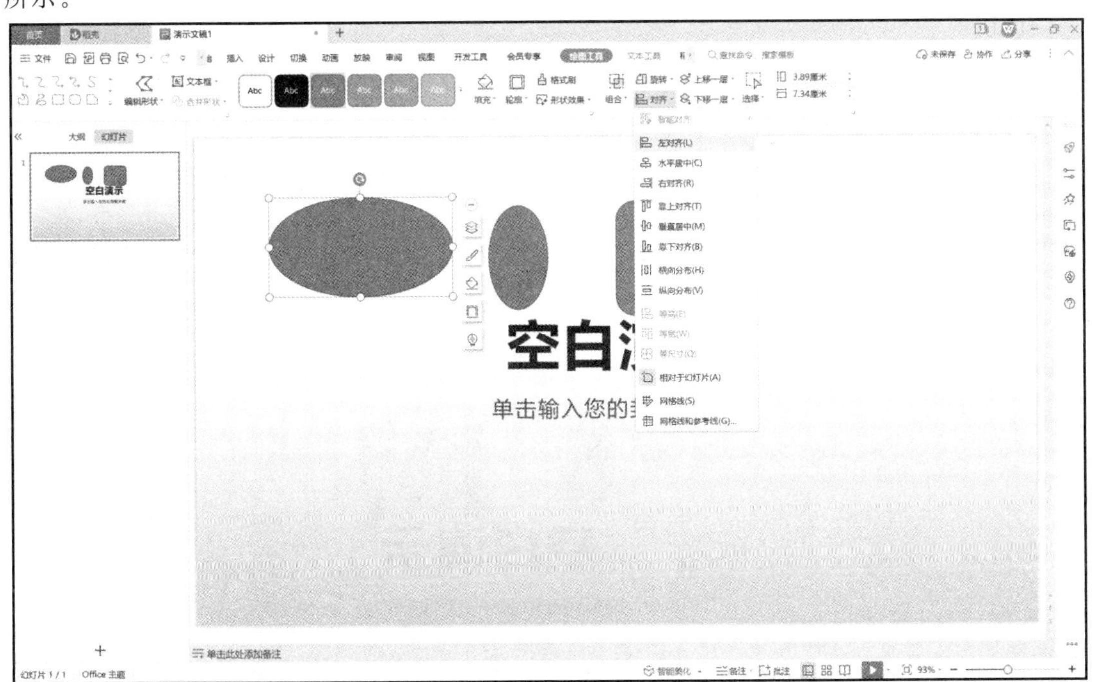

图 3-3-28 快速对齐工具

按 Ctrl 键选定多个图形，在“绘图工具”选项卡单击“对齐”下拉按钮，在下拉列表中即可选择相应的对齐方式。

对齐位置和同比例大小的标准，以最后一个选定的图形为基准。

3. 智能图形 SmartArt

WPS Office 2019 极大地丰富了智能图形库 SmartArt，目前支持多达几十种智能图形的插入和编辑，用户可以有更多的选择来直观展示信息和观点。智能图形包括图形列表、流程图以及更为复杂的图形，例如维恩图和组织结构图，如图 3-3-29 所示。

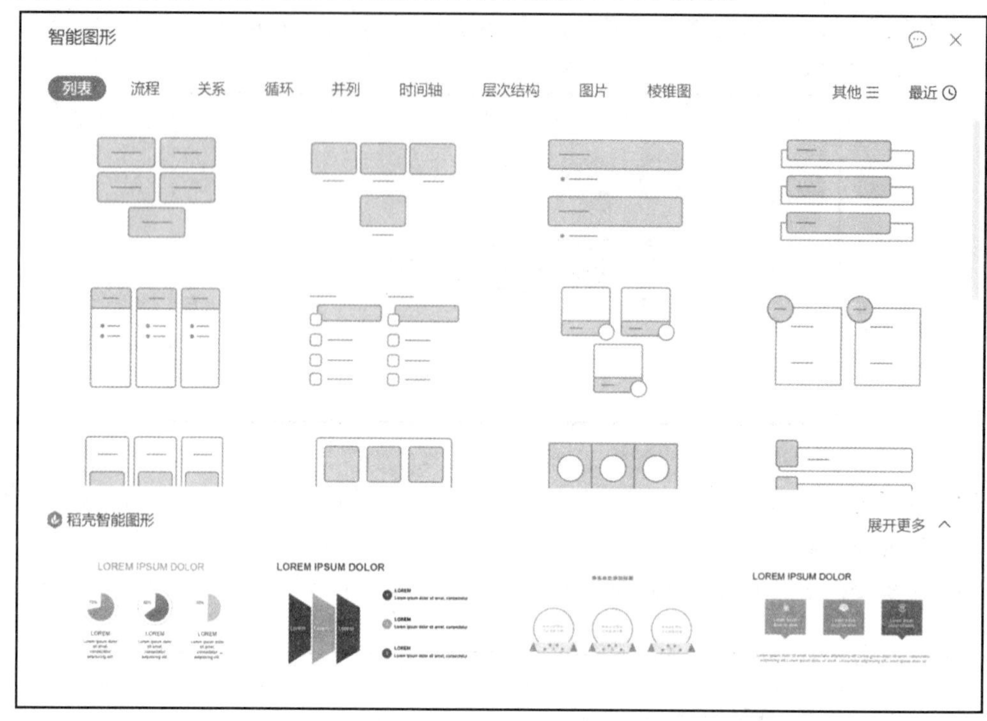

图 3-3-29 SmartArt 图形

4. 轻松制作精美流程图

除了使用现有的功能制作组织架构图外，用户还经常需要在演示文稿中绘制更多的不一样的流程图，以下将以简单流程图制作为范例进行介绍，如图 3-3-30 所示。

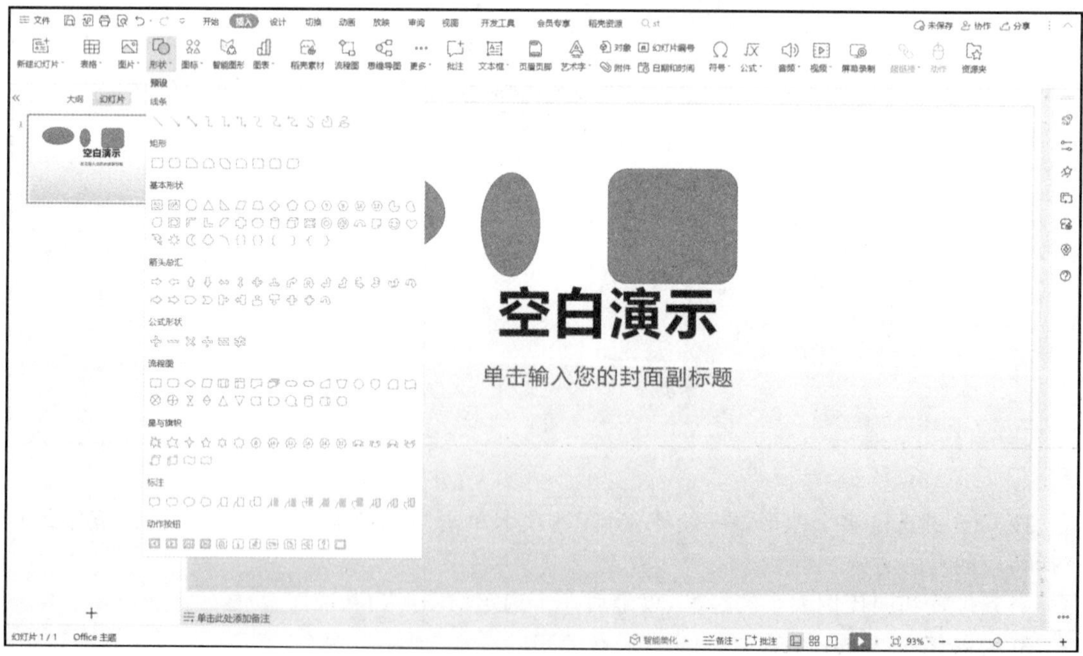

图 3-3-30 制作流程图

插入多个形状并对齐,在图形轮廓上的“黑点”之间拖动插入箭头连接符,完成图形连接。右击任意形状连接符,选择“锁定绘图模式”,即可不间断连续插入,提高制图效率。

5. 多图形排版制作列表

利用图形对齐以及图形层叠效果,制作列表式图形排版,如图 3-3-31 所示。

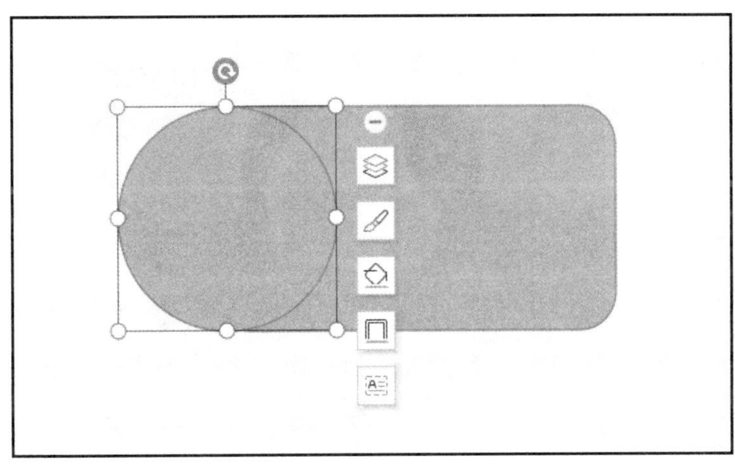

图 3-3-31 多图形排版制作列表

绘制长条圆角矩形以及正圆形,正圆形放置于圆角矩形上方,轮廓设置与背景同色(使用“取色器”)并选择较粗“线型”,组合图形。

五、创新作业

制作动画演示文稿,如图 3-3-32 至图 3-3-35 所示,要求如下:

图 3-3-32 作业样张(1)

图 3-3-33 作业样张(2)

图 3-3-34 作业样张(3)

图 3-3-35 作业样张(4)

1. 进入动画设置

(1)为第 1 页演示文稿标题添加“进入”→“飞入”动画效果，调整动画开始方式为“从上一项开始”，速度设置为中速，方向自右侧。

(2)为第 2 页演示文稿标题添加“进入”→“弹跳”动画效果，调整动画开始方式为“从上一项开始”，速度设置为“中速”；为段落文字添加“进入”→“颜色打印机”动画效果，调整动画开始方式为“从上一项开始”，速度设置为“0.08 秒”，组合添加“进入”→“弹跳”动画效果，调整动画开始方式为“从上一项开始”，速度设置为“中速”。

(3)为第 3 页演示文稿文字添加“进入”→“渐变式回旋”动画效果，调整动画开始方式为“从上一项开始”，速度设置为“中速”；为表格添加“进入”→“出现”动画效果，调整动画开始方式为“从上一项开始”。

(4)为第 4 页演示文稿文字与图片添加“进入”→“阶梯状”动画效果，调整动画开始方式为“从上一项开始”，速度设置为“中速”，方向为右上。

2. 动作路径动画设置

为第 4 页演示文稿图片添加“动作路径”→“心形”动画效果。

3. 强调动画设置

为第 3 页演示文稿表格添加 “强调”→“放大/缩小”动画效果，调整动画开始方式为“从上一项之后开始”，速度设置为“中速”，尺寸为 110%。

4. 退出动画设置

为第 4 页演示文稿图片及文字添加“退出”→“向内溶解”动画效果。

项目四 “保护动物”——WPS 演示文稿的综合运用

一、项目描述

制作主题宣传类 WPS 演示文稿，是日常学习、生活、办公工作中常有的内容。WPS 演示文稿不但可以编辑文字、图片等平面素材，还可以应用视频等多媒体素材，结合动画与切换效果完成制作宣传展示作品。

WPS 演示文稿提供了大量免费的 WPS 演示制作素材资源供用户下载使用。在实际运用中，WPS 专业的设计模板可以快速提升作品的设计水平。通过模板创建 WPS 演示文稿不但能更好地贴近主题，而且效果更加精美。

本项目作品以“野生动物保护宣传”为主题，完成演示文稿如图 3-4-1 至图 3-4-8 所示。

图 3-4-1　幻灯片 1

图 3-4-2　幻灯片 2

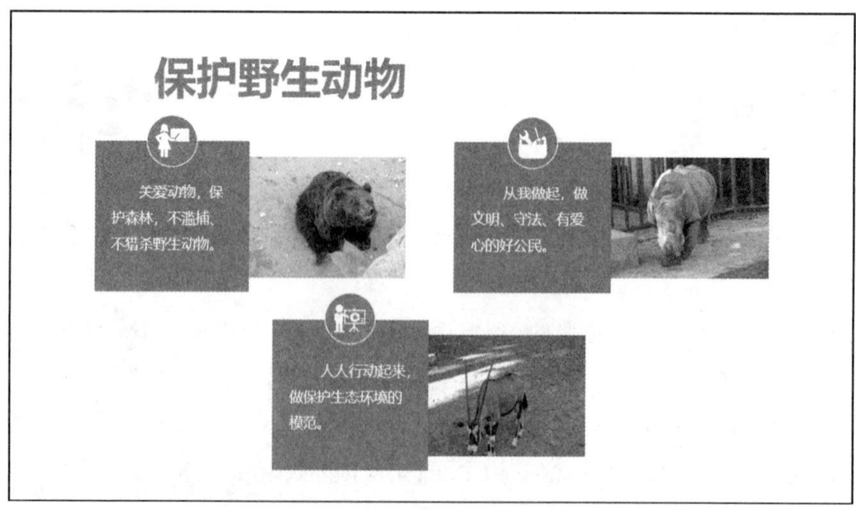

图 3-4-3　幻灯片 3

推进生态文明

野生动物是人类的朋友，是自然生态系统的重要组成部分，是大自然赋予人类的宝贵自然资源。

为了人类共同的生存环境，为了让地球成为更加美好的家园，我们应推进生态文明，让大地处处充满生命的绿色，让野生动物与我们在同一片蓝天下平安生活。

图 3-4-4　幻灯片 4

图 3-4-5　幻灯片 5

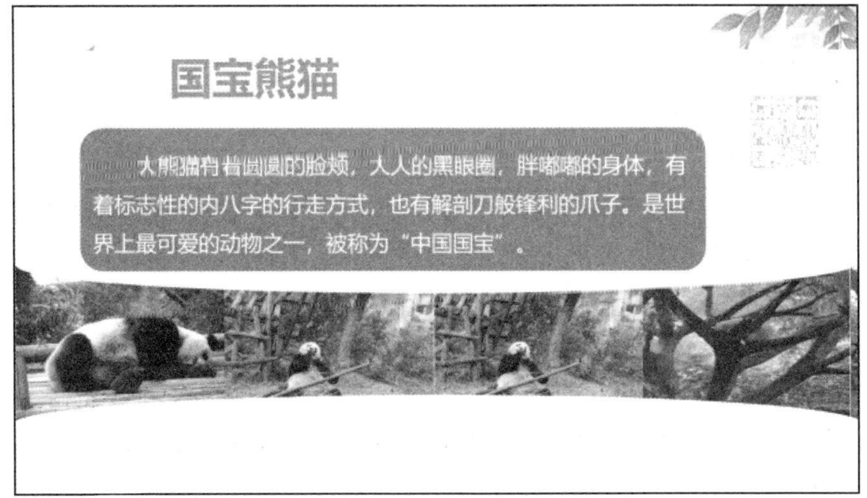

图 3-4-6　幻灯片 6

图 3-4-7 幻灯片 7

图 3-4-8 幻灯片 8

二、项目分析

"野生动物保护宣传"主题演示文稿的设计制作任务包括设计模板的应用、文图表综合信息处理编辑、音视频等多媒体素材的组织编辑。通过项目作品中的内容设计和制作过程,详细介绍对媒体文件的处理和组织方法,提升演示文稿的整体设计水平。

任务一:模板设计

演示文稿应用在线设计皮肤"小清新幽雅花卉工作通用" 模板。

任务二:结构设计

演示文稿由 8 张幻灯片组成,封面页幻灯片(幻灯片 1)、目录页幻灯片(幻灯片 2)、正文页幻灯片(幻灯片 3～7)、结束页(幻灯片 8),如图 3-4-9 所示。

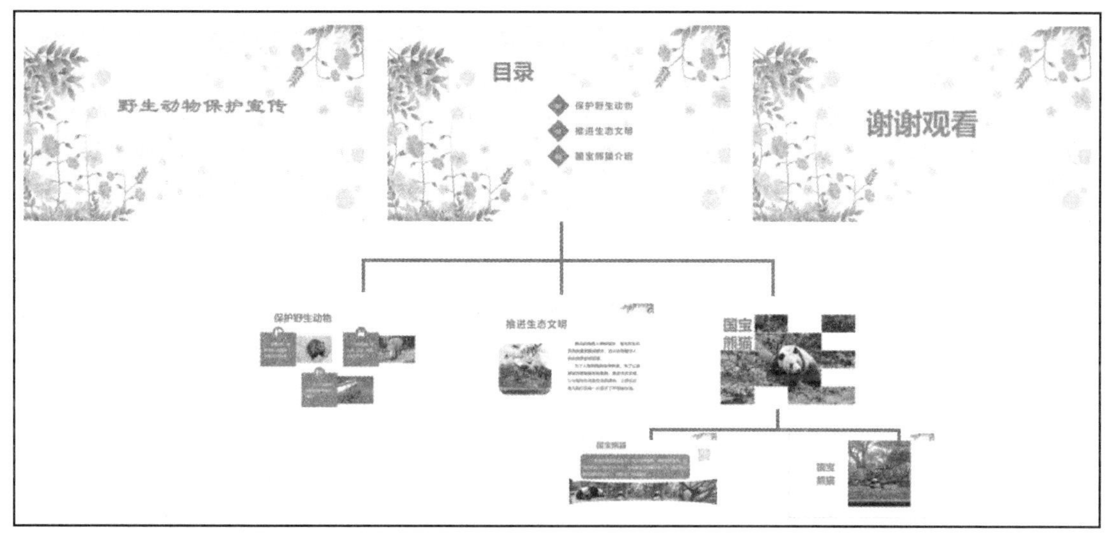

图 3-4-9 演示文稿结构设计

任务三:内容设计

1. 幻灯片 1

封面页幻灯片,以标题为主要内容,明确演示文稿主题。添加切换与动画效果。

2. 幻灯片 2

目录页幻灯片,以目录文字为主要内容,通过标题文字展示项目作品纲要。添加切换与动画效果。

3. 幻灯片 3～7

正文页幻灯片,添加艺术字、表格、视频、二维码等内容,将演示文稿主要内容进行体现。添加切换与动画效果。

4. 幻灯片 8

结束页,以标题文字为主要形式,添加切换与动画效果。致谢观众。

三、项目实现

1. 创建演示文稿

启动 WPS 演示文稿软件,新建一个"演示文稿",并将其保存到指定位置。

选择"设计"选项卡,单击"更多设计"按钮。在搜索栏中输入"小清新",如图 3 4 10 所示,将"小清新幽雅花卉工作通用"模板应用到演示文稿中,保留可以应用的幻灯片。

2. 演示文稿制作及美化

(1)幻灯片 1

输入标题"野生动物保护宣传",字体格式为"隶书、60 号、加粗"。删除副标题文本框。

图 3-4-10 应用模板

为标题文本框设置“缓慢进入”动画效果，并将开始设置为“从上一项开始”，方向为“自右侧”，速度为“慢速”，如图 3-4-11 所示。

图 3-4-11 幻灯片 1 制作效果

(2)幻灯片 2

设置“目录”格式为“微软雅黑、60 号、加粗”，标题格式为“微软雅黑、24 号、加粗”，选择“文本工具”选项卡，单击“文本填充”下拉按钮，使用“取色器”功能将文本填充为与图片相同的绿色。

选中目录编号和标题文字，右键单击，在下拉菜单中选择“组合”→“组合”，如图 3-4-12 所示。将其他目录编号和标题组合，调整所有文字到适当位置。

图 3-4-12 组合

为“目录”设置“渐入”动画效果，并将开始设置为“从上一项开始”，速度修改为“快速”；为标题一设置“展开”动画效果，为标题二设置“螺旋飞入”动画效果，为标题三设置“曲线向上”动画效果，并将三个标题的开始设置为“从上一项之后开始”，速度为“快速”，如图 3-4-13 所示。

图 3-4-13 幻灯片 2 制作效果

(3)幻灯片 3

设置标题格式为“微软雅黑、48 号、加粗”，文字格式为“微软雅黑、16 号”，插入图片，调整图片大小与位置。

为标题设置“扇形展开”动画效果，并将开始设置为“从上一项开始”，速度为“中速”；为三个组合设置“圆形扩展”动画效果，并将开始设置为“从上一项之后开始”，方向修改为“内”，速度为“中速”，如图 3-4-14 所示。

图 3-4-14 幻灯片 3 制作效果

(4)幻灯片 4

设置标题格式为“微软雅黑、48 号、加粗”，文字格式为“微软雅黑、20 号、加粗、阴影”。

插入图片并调整图片位置，选择“图片工具”选项卡，单击“裁剪”下拉按钮，选择 “圆角矩形”，如图 3-4-15 所示。

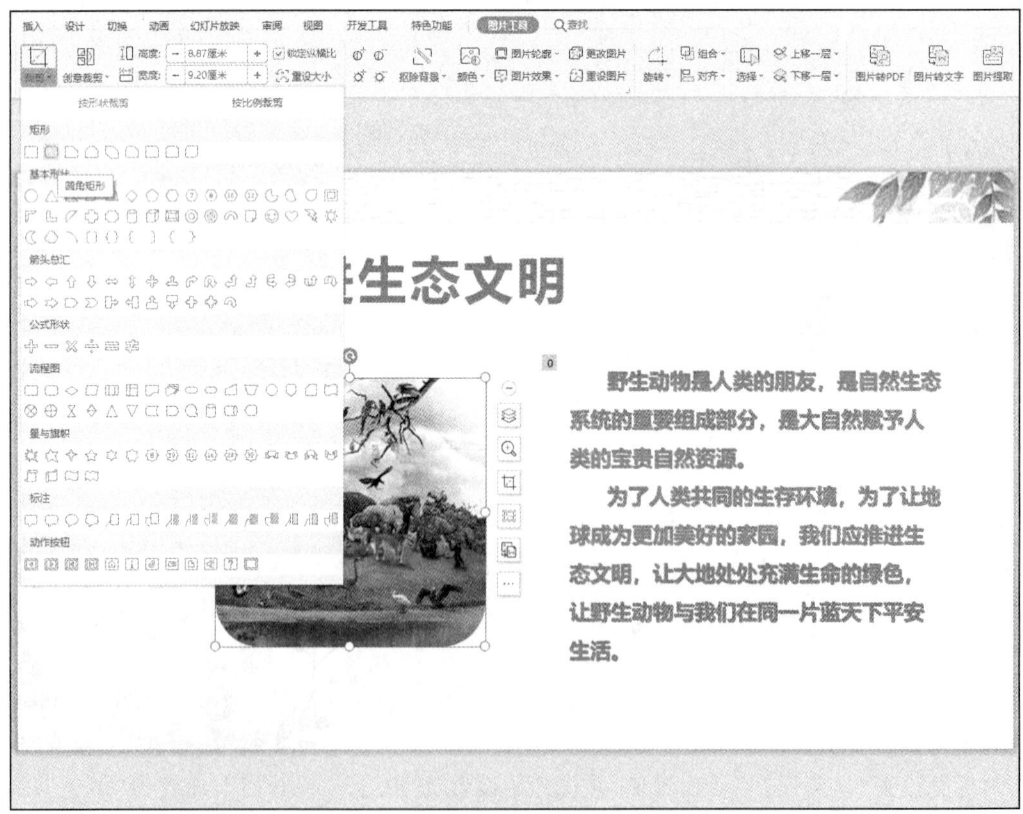

图 3-4-15 裁剪图形

为标题设置“渐变式缩放”动画效果，并将开始设置为“从上一项开始”，速度修改为“非常快”；为图片设置“曲线向上”动画效果，并将开始设置为“从上一项之后开始”，速度修改为“快速”；正文设置 “颜色打字机”和“补色”动画效果，并将开始设置为“从上一项之后开始”，速度分别修改为“0.08 秒和 0.5 秒”。如图 3-4-16 所示。

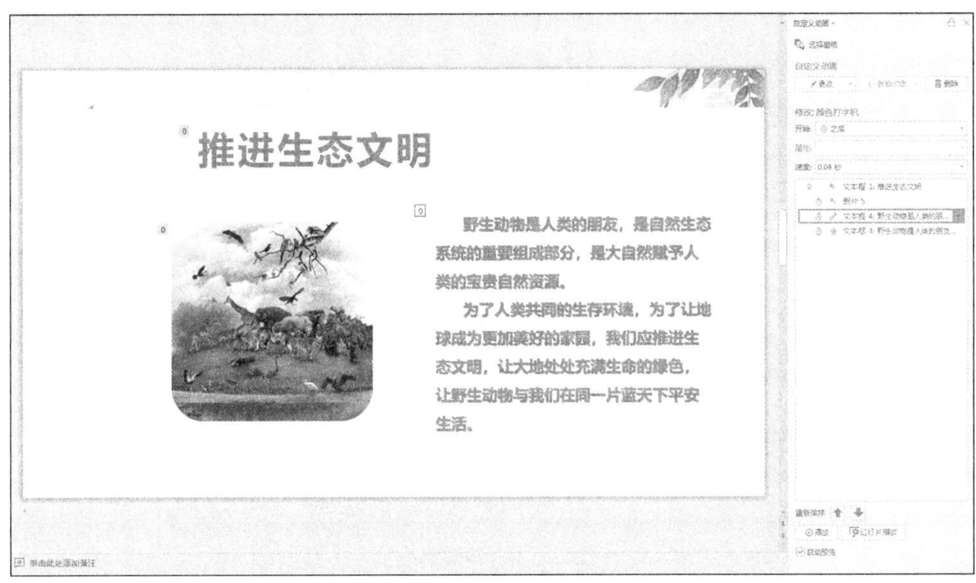

图 3-4-16 幻灯片 4 制作效果

(5)幻灯片 5

插入一个五行四列的表格，如图 3-4-17 所示。

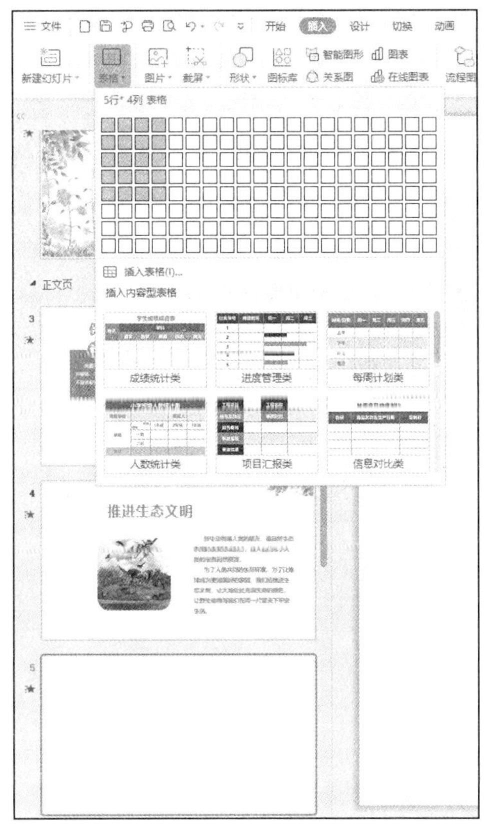

图 3-4-17 插入表格

设置表格效果

选定表格，选择“表格样式”选项卡，单击“填充”下拉按钮，选择“图片或纹理”，单击“本地图片”，如图 3-4-18 所示。在“选择纹理”对话框中插入“熊猫”图片。

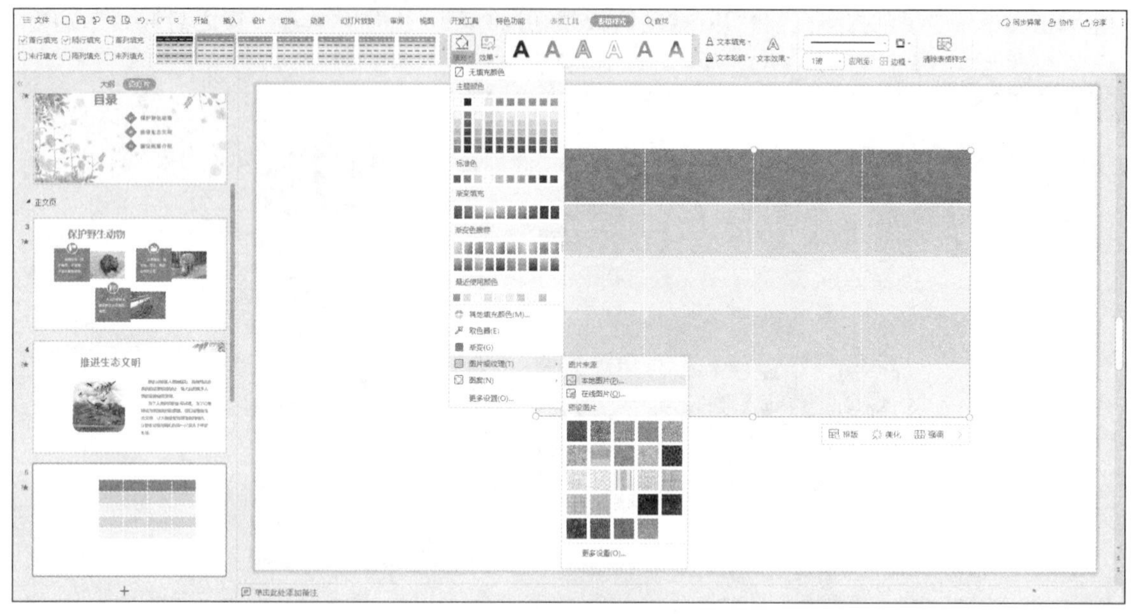

图 3-4-18　填充图片

选定表格并右击，在弹出的快捷菜单中选择“设置对象格式”。在“对象属性”任务窗格中，“放置方式”选择“平铺”，“对齐方式”选择“居中”，如图 3-4-19 所示。

图 3-4-19　设置对象属性

选择相应单元格，单击“填充”下拉按钮，选择“白色，背景 1”，如图 3-4-20 所示。键入“国宝熊猫”文字，文字格式为“微软雅黑、72 号、加粗、阴影”，使用取色器填充颜色。

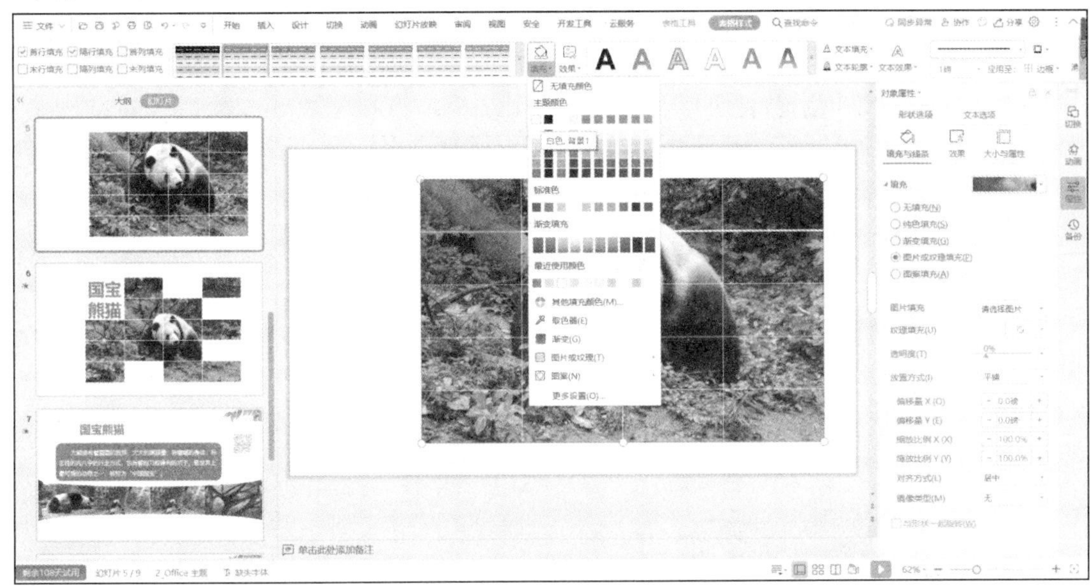

图 3-4-20 填充单元格颜色

为“国宝熊猫”设置“阶梯状”动画效果，并将开始设置为“从上一项开始”，速度为“快速”；为表格设置“圆形扩展”动画效果，并将开始设置为“从上一项之后开始”，方向修改为“外”，速度为“中速”；将表格添加设置“跷跷板”动画效果，并将开始设置为“从上一项之后开始”，速度为“快速”，如图 3-4-21 所示。

图 3-4-21 幻灯片 5 制作效果

(6)幻灯片 6

图片组合及形状设置

设置标题格式为“微软雅黑、48 号”，设置正文字体格式为“微软雅黑、24 号”，调整标题及正文至适当位置。

插入多张熊猫素材图片，将图片大小统一设置为高度“6.30 厘米”，宽度“8.40 厘米”，设置图片位置，将图片组合，如图 3-4-22 所示。

图 3-4-22 插入图片

绘制两个椭圆形并移动至适当位置，形状轮廓设置为“无边框颜色”，形状填充设置为“白色”，如图 3-4-23 所示。

图 3-4-23 插入椭圆形

选择“插入”选项卡，单击“二维码”按钮，设置二维码并添加到页面内。

编辑二维码

为“国宝熊猫”设置 “向内溶解”动画效果，并将开始设置为“从上一项开始”，速度为“快速”；为段落文本设置“轮子”动画效果，并将开始设置为“从上一项开始”，辐射状为“8 轮辐图案”，速度为“中速”；为组合图片设置“向左”动作路径动画效果，并将开始设置为“从上一项开始”，速度为“非常慢”，路径设置为“自动翻转”，重复设置为直到幻灯片末尾。如图 3-4-24 所示。

图 3-4-24 幻灯片 6 制作效果

(7)幻灯片 7

设置“国宝熊猫”格式为“微软雅黑、60 号、加粗、阴影”，使用取色器填充与图片相同的绿色。

插入视频

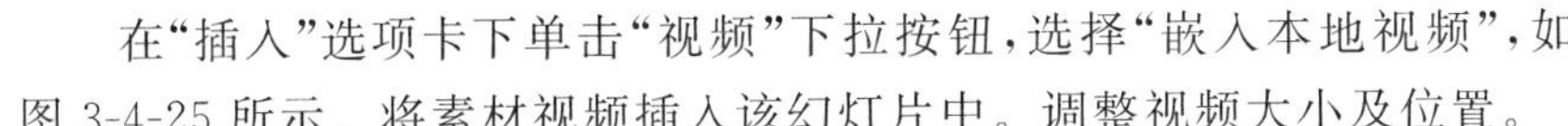

在“插入”选项卡下单击“视频”下拉按钮，选择“嵌入本地视频”，如图 3-4-25 所示。将素材视频插入该幻灯片中。调整视频大小及位置。

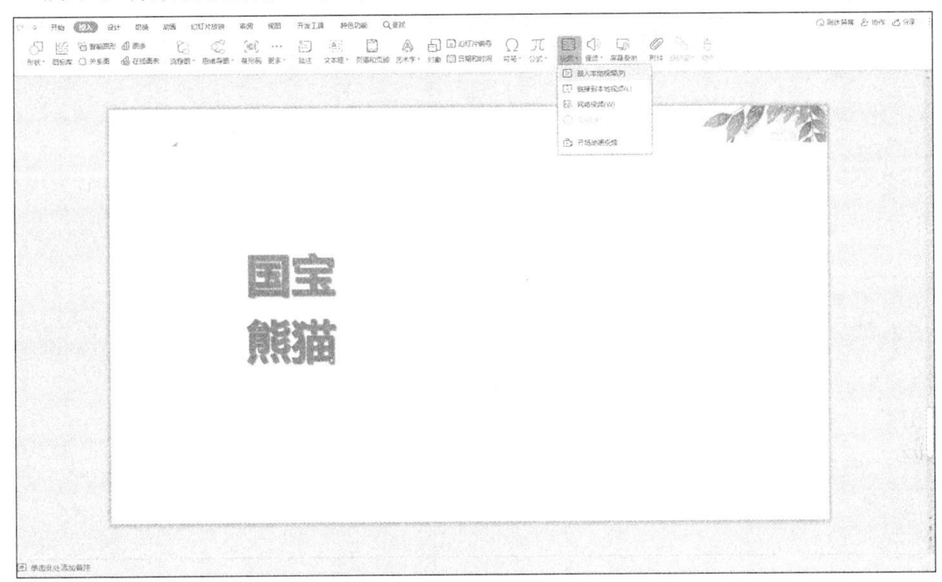

图 3-4-25　选择插入视频

为“国宝熊猫”设置“扇形展开”动画效果，并将开始设置为“从上一项开始”，速度为“中速”，如图 3-4-26 所示。

图 3-4-26　幻灯片 7 制作效果

(8)幻灯片 8

设置“谢谢观看”格式为“微软雅黑，80 号、加粗”。

为“谢谢观看”设置“上升”动画效果，并将开始设置为“从上一项开始”，速度为“快速”，如图 3-4-27 所示。

图 3-4-27　幻灯片 8 制作效果

3. 增设节，为幻灯片分组

按图 3-4-28，完成封面页、目录页、正文页、结束页“节”设置。

4. 幻灯片切换效果设计

选择第一页幻灯片，在“切换”选项卡下单击“百叶窗”效果，如图 3-4-29 所示。

图 3-4-28　设置分节

设置WPS演示文稿
切换效果

图 3-4-29　幻灯片切换

在右侧“幻灯片切换”任务窗格中，修改切换效果为“垂直”，速度为“02.00”，如图 3-4-30 所示。

对幻灯片 2 添加“立方体”切换效果，对幻灯片 3 添加“框”切换效果，其他幻灯片切换效果自行设置。

5. 演示文稿放映

选择“幻灯片放映”选项卡，单击“从头开始”按钮，开始放映。

6. 保存演示文稿

选择“文件”选项卡，在下拉菜单中选择“保存”命令，将文件保存在目标存储位置。

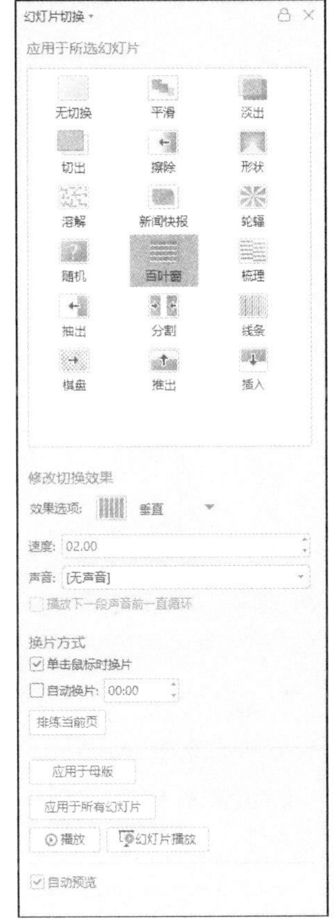

图 3-4-30 切换效果设置

四、相关知识

1. 页眉和页脚

通过编辑页眉、页脚，可以实现诸如让幻灯片显示页码和日期等效果，如图 3-4-31 所示。

2. 插入多媒体

制作幻灯片时，经常需要插入音/视频和 Flash 等多媒体文件来传递观点信息。WPS Office 2019 新增在演示文稿中“嵌入”视频和音频文件的功能，这不同于以往的插入功能，所嵌入的文件独立于来源文件，即使删除了来源文件，已经嵌入的文件仍能播放。在“插入”选项卡下音频、视频下拉列表中选择相应选项即可，如图 3-4-32 所示。

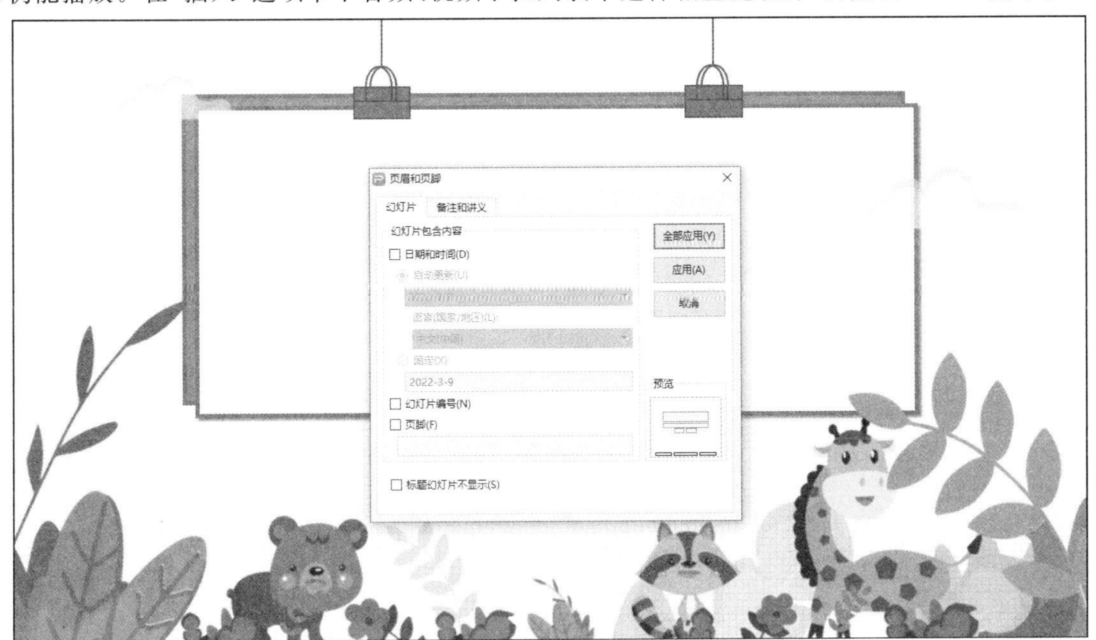

图 3-4-31 编辑页眉和页脚

图 3-4-32　插入多媒体文件

3. 文件打包

分享传递包含多媒体文件的演示文稿时，经常会因为辅助文件没有嵌入演示文稿，导致对方不能正常播放，WPS 演示提供了文件打包的方式，有效避免此类问题发生，如图 3-4-33 所示。

文件打包功能可以将演示文档打包成文件夹/压缩文件。

4. 演示文稿瘦身

因插入的图片过大、过多导致整体文件过大时，演示文稿可通过压缩图片来“瘦身”。选定幻灯片中某一张图，在“图片工具”选项卡下单击“压缩图片”，按需要进行设计即可，如图 3-4-34 所示。

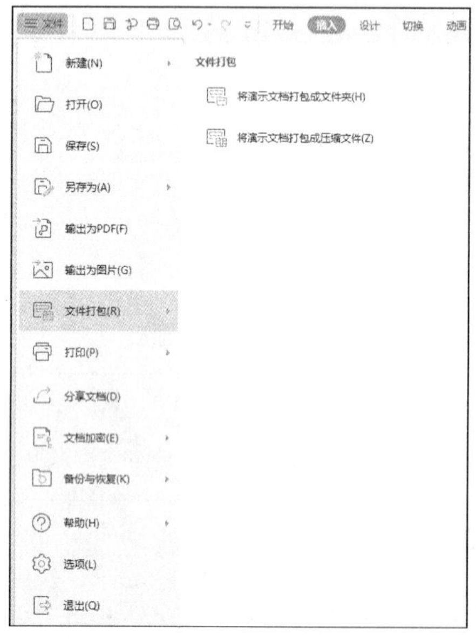

图 3-4-33　文件打包

图 3-4-34　压缩图片

5. 插入对象

需要在有限的幻灯片页面空间内展现其他文件信息(例如数据量较大的表格)时,可以采用"插入对象"的方式,在播放状态下单击即可打开对象文件查看明细数据,如图 3-4-35 所示。

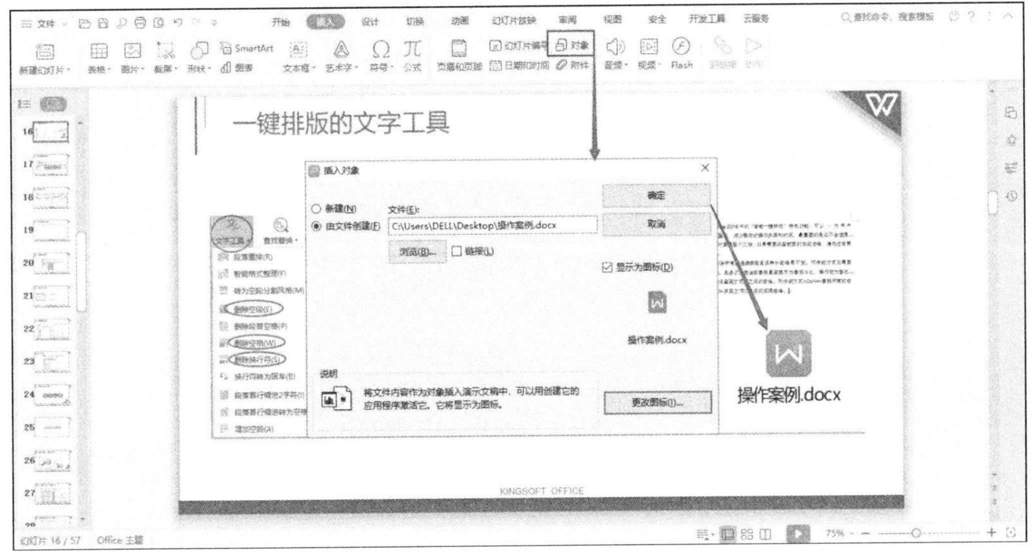

图 3-4-35　插入对象

在"插入"选项卡下单击"对象"按钮,在弹出的对话框中,选择"由文件创建",单击"浏览"按钮以导入文件,勾选"显示为图标"复选框并按需"更改图标"单击动作,给当前幻灯片中所选对象设置一个操作,当单击此对象或鼠标移动到此对象的上方时执行该操作。

若勾选"链接"复选框,则更改对象时在演示文稿中会同步更新,但是传递演示文稿时别人将无法访问该链接。若不勾选"链接"复选框,则对象会作为内容嵌入演示文稿当中,方便向他人传递演示文稿。

五、创新作业

制作风景欣赏演示文稿,如图 3-4-36 至图 3-4-41 所示,要求如下:

图 3-4-36　作业样张(1)

图 3-4-37 作业样张(2)

图 3-4-38 作业样张(3)

图 3-4-39 作业样张(4)

图 3-4-40 作业样张(5)

图 3-4-41 作业样张(6)

1. 进入动画设置

(1)为第 1 页幻灯片标题添加“进入”→“飞入”动画效果，调整动画开始方式为“从上一项开始”,速度设置为“中速”,方向为“自右侧”。

(2)为第 2 页幻灯片标题添加“进入”→“弹跳”动画效果，调整动画开始方式为“从上一项开始”,速度设置为“中速”;将段落文字添加“进入”→“颜色打印机”动画效果，调整动画开始方式为“从上一项开始”,速度设置为“0.08 秒”,组合添加“进入”→“弹跳”动画效果，调整动画开始方式为“从上一项开始”,速度设置为“中速”。

(3)为第 3 页幻灯片文字添加“进入”→“渐变式回旋”动画效果,调整动画开始方式为“从上一项开始”,速度设置为“中速”;将表格添加“进入”→“出现”动画效果，调整动画开始方式为“从上一项开始”。

(4)为第 4 页幻灯片文字与图片添加“进入”→“阶梯状”动画效果，调整动画开始方式为“从上一项开始”，速度设置为“中速”，方向为“右上”。

2. 动作路径动画设置

为第 4 页幻灯片图片添加“动作路径”→“心形”动画效果。

3. 强调动画设置

为第 3 页幻灯片表格添加 “强调”→“放大/缩小”动画效果，调整动画开始方式为“从上一项之后开始”，速度设置为“中速”，尺寸 110%。

4. 退出动画设置

为第 4 页幻灯片图片及文字添加“退出”→“向内溶解”动画效果。

项目五 “文明出行 保护环境”——WPS 演示文稿综合设计

一、项目描述

本项目是以“文明出行 保护环境”为主题的 WPS 演示文稿制作。项目以文明在心中、健康旅游、以身作则、保护环境、安全出行为主要内容引导学习者完成作品的制作过程。使学习者更加熟悉 WPS 演示文稿制作的完整步骤，总结学习技巧，掌握制作方法，实现作品的综合设计及制作。完成演示文稿如图 3-5-1 至图 3-5-8 所示。

图 3-5-1 幻灯片 1

图 3-5-2 幻灯片 2

图 3-5-3 幻灯片 3

图 3-5-4 幻灯片 4

图 3-5-5 幻灯片 5

图 3-5-6 幻灯片 6

图 3-5-7 幻灯片 7

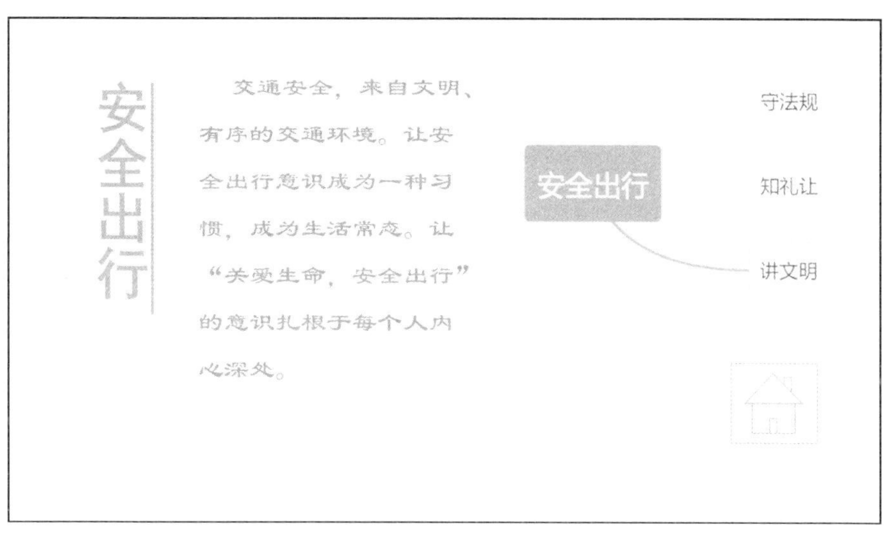

图 3-5-8 幻灯片 8

二、项目分析

本项目作品以“文明出行 保护环境”为主题，使学习者对 WPS 演示文稿模块加深理解，本项目任务设计主要包括 WPS 演示模块中各项目知识点，包括素材准备、内容设计、文字编辑、图片编辑、模板应用、形状编辑、动画制作、切换效果设计、思维导图、超链接应用等。通过综合应用制作出优美的 WPS 演示文稿。

任务一：模板设计

演示文稿应用在线设计皮肤“清新大自然”模板。

任务二：结构设计

项目由 8 张幻灯片组成，如图 3-5-9 所示。

图 3-5-9 演示文稿结构设计

任务三：内容设计

1. 幻灯片 1：以标题文字、图片为主要内容，明确 WPS 演示文稿主题，设计切换效果，动画效果，设置动画持续时间、延迟时间顺序等。

2. 幻灯片 2：以目录文字为主要内容，通过标题文字展示项目作品纲要。添加超级链接及设计切换效果。

3. 幻灯片 3～8：设计艺术字、形状、思维导图、动作按钮等内容。阐述主题思想，将演示文稿主要内容进行体现。添加超链接及设计切换效果。设计进入动画、强调动画、退出动画、动作路径动画，设置动画持续时间、顺序等。

三、项目实现

1. 创建演示文稿

启动 WPS 演示文稿软件，新建一个“演示文稿”，并将其保存到指定位置。

选择“设计”选项卡，单击“更多设计”按钮，如图 3-5-10 所示。在搜索结果中选择“清新大自然”模板，将模板应用到演示文稿中。

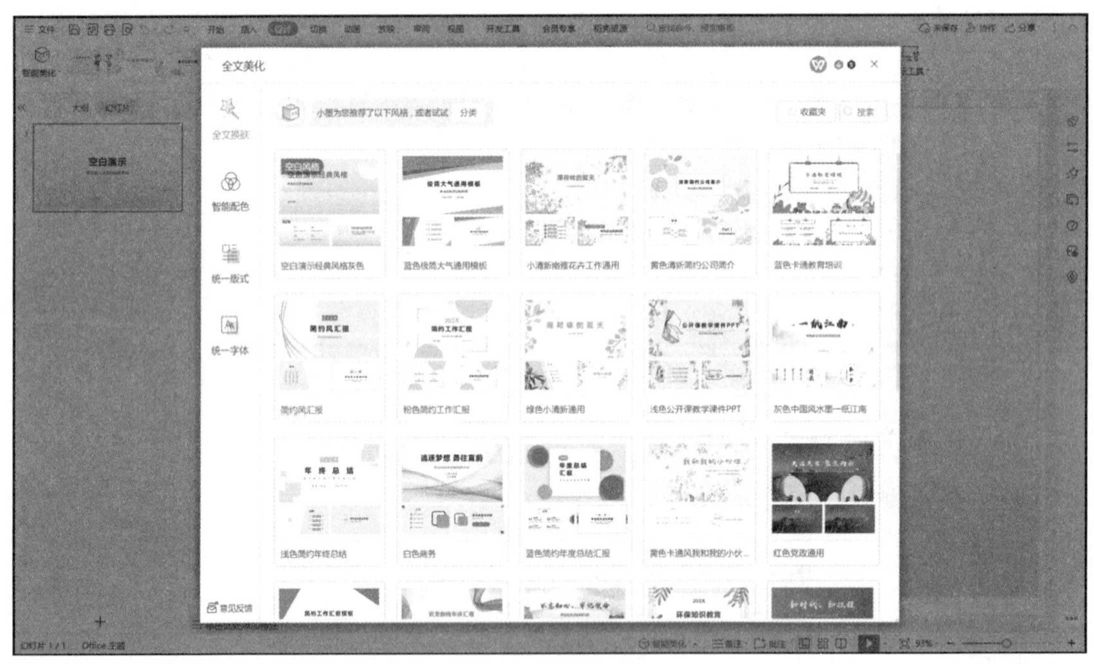

图 3-5-10 使用模板

2. 演示文稿制作及美化

(1)幻灯片 1

输入标题文字，设置文字格式为“华文彩云、72 号、加粗”，设置文字颜色，调整位置。

插入 8 张图片，调整图片大小，合理布局。

为 8 张图片设置“缩放”动画效果，并将开始设置为“从上一项开始”，缩放为“从屏幕中心放大”，速度为“8.0 秒”，如图 3-5-11 所示。

图 3-5-11 幻灯片 1 制作效果

(2)幻灯片 2

输入标题文字“目录”，设置文字格式为“黑体、40 号、加粗”，设置目录文字格式为“黑体、18 号”。如图 3-5-12 所示。

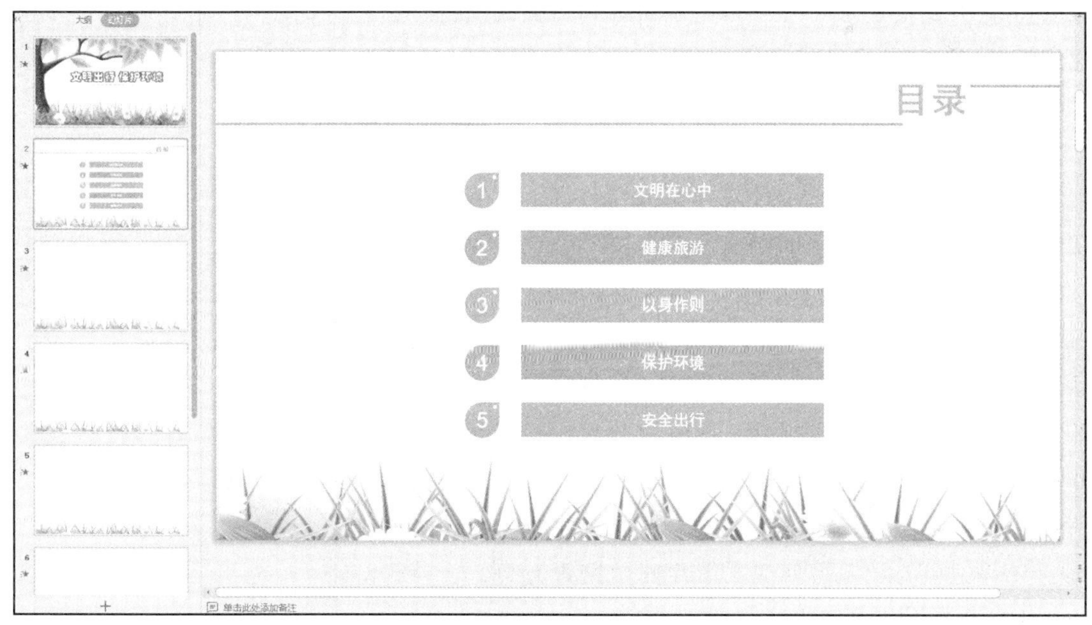

图 3-5-12 幻灯片 2 制作效果

(3)幻灯片 3

输入标题文字“谢谢观赏”,设置文字格式为“华为彩云、80、加粗”。

插入图片,如图 3-5-13 所示排列。

图 3-5-13 图片制作效果

为“谢谢观赏”设置“上升”动画效果,并将开始设置为“从上一项开始”,速度设置为“快速”;为图片组合设置“飞入”动画效果,并将开始设置为“从上一项之后开始”,方向为“自右侧”,速度设置为“非常快”,如图 3-5-14 所示。

(4)幻灯片 4

输入标题文字“文明在心中”,设置文字格式为“黑体、72 号、加粗”。左侧输入文字,设置文字格式为“微软雅黑、19 号”插入图片,裁剪形状,如图 3-5-15 所示排列。

为“文明在心中”设置“渐入”动画效果,并将开始设置为“从上一项开始”,速度设置为“快速”;为左侧文字设置“飞入”动画效果,并将开始设置为“从上一项之后开始”,方向为“自底部”,速度设置为“非常快”;为三张图片设置“折叠”动画效果,并将开始设置为“从上一项开始”,速度设置为“快速”;再次为三张图片设置“跷跷板”动画效果,并将第一张图片开始设置为“从上一项之后开始”,另外两张图片开始设置为“从上一项开始”,速度设置为“快速”,如图 3-5-16 所示。

图 3-5-14 设置动画

图 3-5-15　设置图片

(5)幻灯片 5

输入标题文字“健康旅游”，设置文字格式为“黑体、60 号、加粗”。右侧输入文字，设置文字格式为“黑体、18 号”

插入形状“六边形”，复制多个相同形状，如图 3-5-17 所示排列。

插入图片，置于底层，同时选择所有“六边形”，在“绘图工具”选项卡下单击“合并形状”下拉按钮，选择“拆分”，如图 3-5-18 所示。删除插入底层的背景图片，效果如图 3-5-19 所示。

自定义动画
选择窗格
自定义动画
更改　删除
修改效果
开始:
属性:
速度:
0　矩形 19: 文明在心中
文本框 5: 美丽的景色总是给...
任意多边形 2
任意多边形 3
任意多边形 4
任意多边形 2
任意多边形 3
任意多边形 4
重新排序
播放　幻灯片播放
自动预览

图 3-5-16　设置动画

六边形设置

图 3-5-17　插入形状

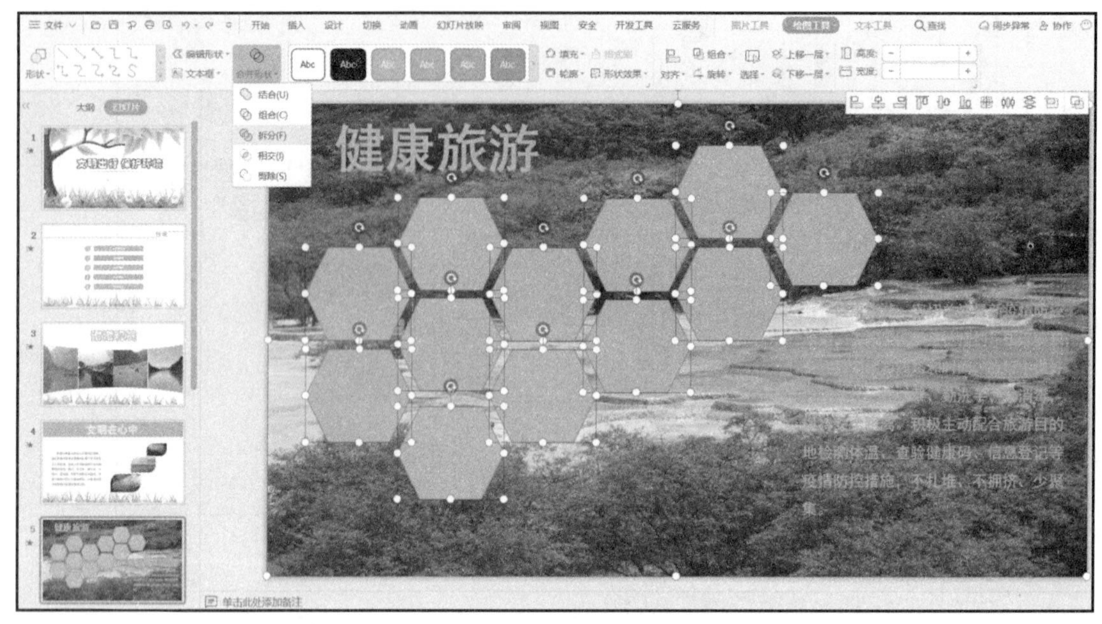

图 3-5-18 拆分图形

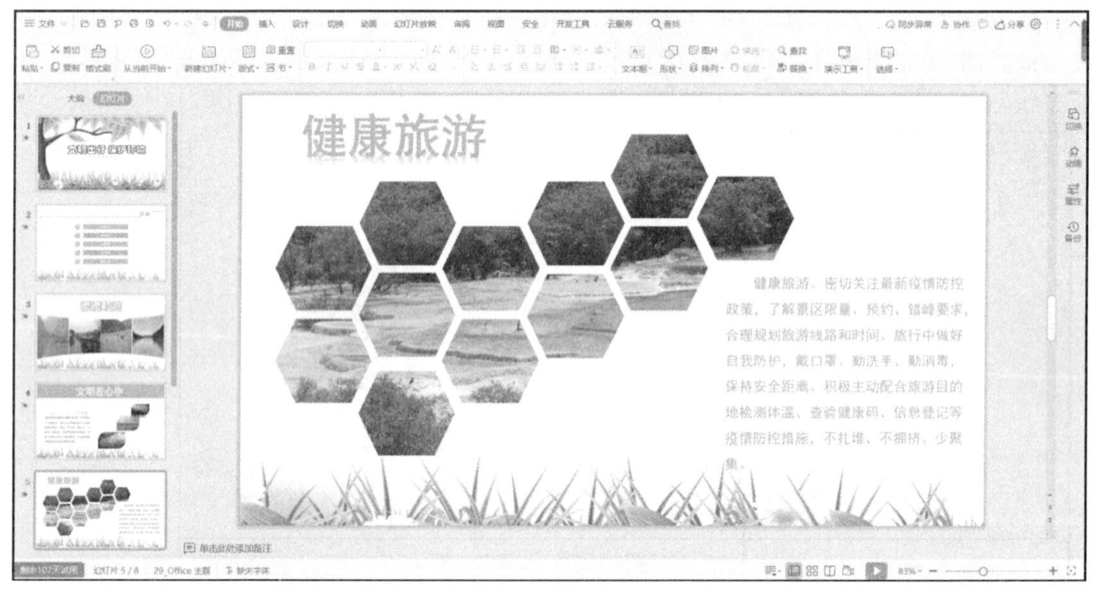

图 3-5-19 图形效果

为“健康旅游”设置“展开”动画效果，速度设置为“快速”；为右侧文字设置“颜色打字机”动画效果，速度设置为“0.08 秒”。开始都设置为“从上一项开始”，如图 3-5-20 所示。

(6)幻灯片 6

输入标题文字“以身作则”，设置文字格式为“黑体、60 号、加粗，倒影”。下方输入文字，设置文字格式为“微软雅黑、16 号，正 V 形”。

在文本框中插入 11 个符号，如图 3-5-21 所示排列。

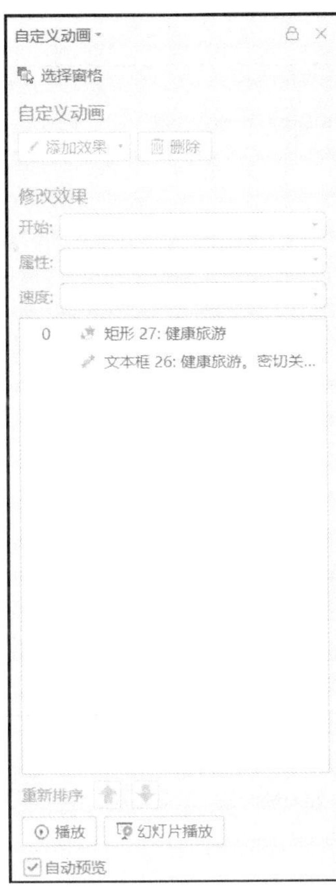

图 3-5-20　动画效果

符号填充效果设置

图 3-5-21　插入符号

选中“文本框”，在“文本工具”选项卡下单击“文本填充”下拉按钮，选择“图片或纹理”→“本地图片”，选择背景图片，如图 3-5-22 所示。

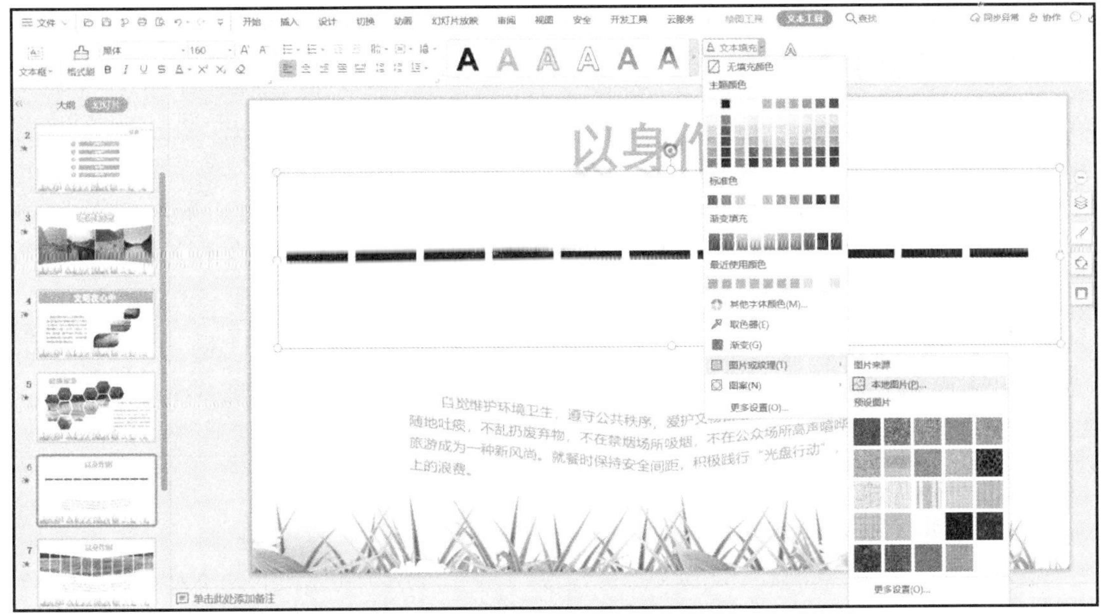

图 3-5-22　填充符号

在“文本效果”下拉列表中选择“转换”→“弯曲”→“正 V 形”，如图 3-5-23 所示。

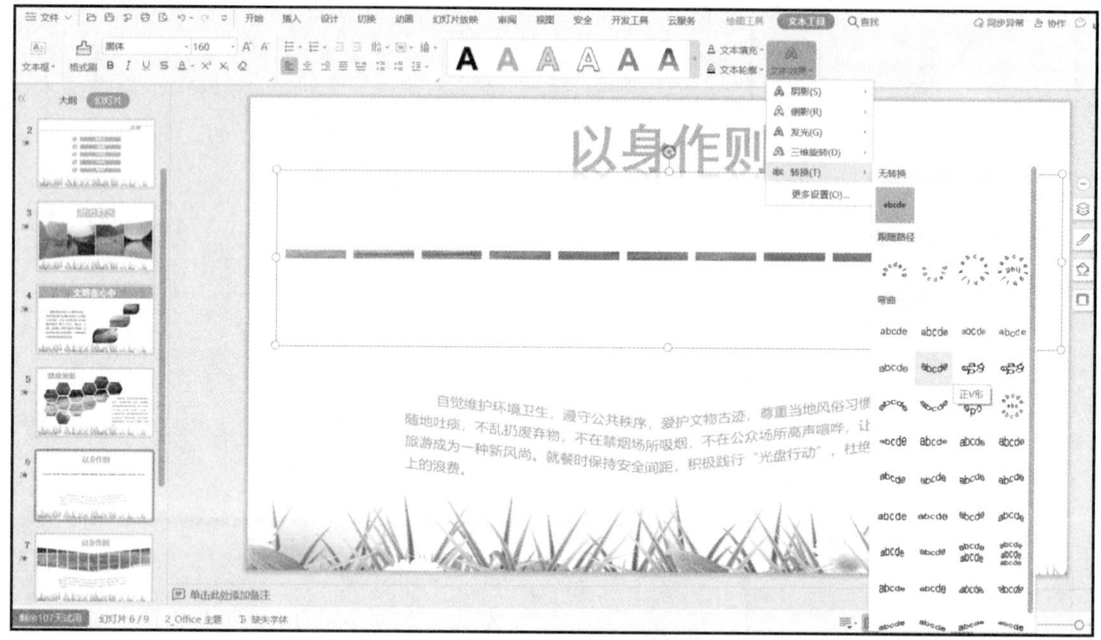

图 3-5-23 设置文本效果

为“以身作则”设置“展开”动画效果，速度设置为“快速”，并将开始设置为“从上一项开始”；为文本框设置“飞入”动画效果，速度设置为“非常快”，并将开始设置为“从上一项之后开始”；为下方文字设置“缓慢进入”动画效果，速度设置为“非常慢”，并将开始设置为“从上一项之后开始”，如图 3-5-24 所示。

图 3-5-24 幻灯片 6 制作效果

(7)幻灯片 7

输入标题文字“保护环境”，设置文字格式为“黑体、72 号、加粗”。下方输入文字，设置文字格式为“仿宋、20 号”。

插入图片，将图片裁剪为心形，将图片置于适当位置，如图 3-5-25 所示。

图 3-5-25 心形图片制作

制作动画效果，如图 3-5-26、图 3-5-27 所示。

图 3-5-26 动画效果(1)

图 3-5-27 动画效果(2)

(8)幻灯片 8

输入标题文字“安全出行”,设置文字格式,文字方向为“竖排”。

添加右侧文字,设置文字格式。

插入思维导图,设置思维导图文字、颜色等内容,将思维导图插入页面,调整大小及位置,合理布局。

设置动画,效果如图 3-5-28 所示。

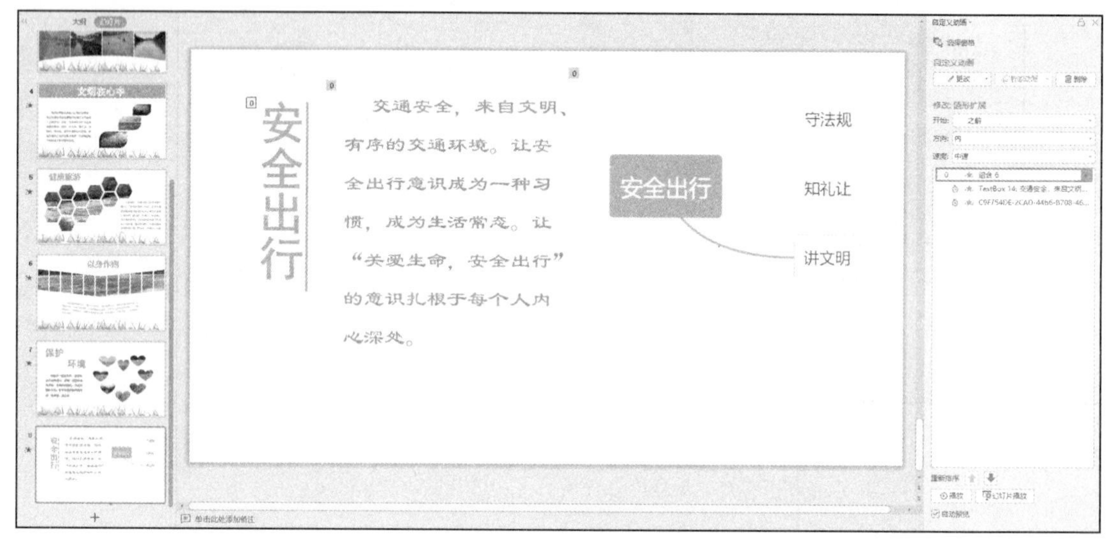

图 3-5-28 幻灯片 8 制作效果

3. 幻灯片切换效果设计

动作按钮设置

选择第一页幻灯片,在“切换”选项卡设置切换效果为“立方体”,选择第二页幻灯片,将切换效果设置为“棋盘”,选择第三页幻灯片,将切换效果设置为“线条”,其他切换效果自行设置。

4. 设置超链接

目录标题设置超链接,分别链接到正文页的第 4～8 页幻灯片,如图 3-5-29 所示。

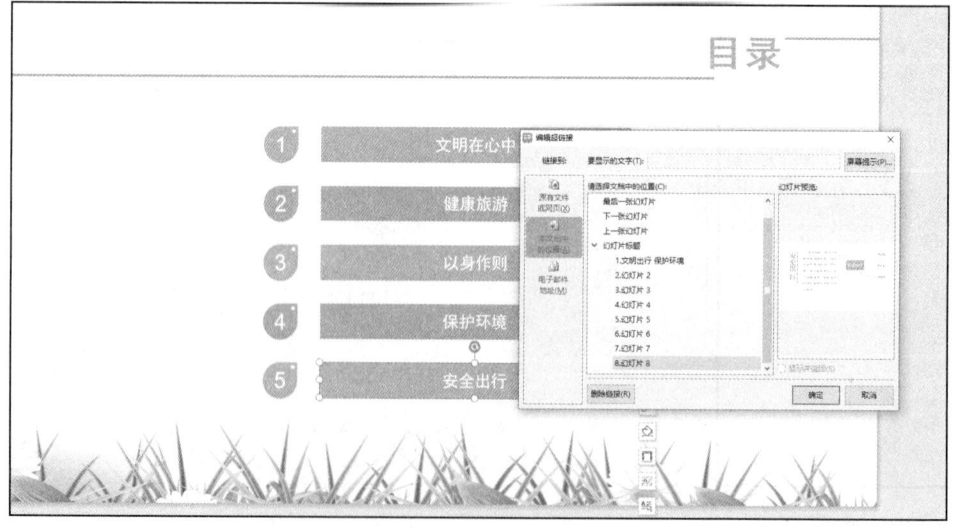

图 3-5-29 设置超链接(1)

幻灯片 4～8 页分别设置返回至目录的超链接，如图 3-5-30 所示。

图 3-5-30 设置超链接(2)

5. 演示文稿放映

选择“幻灯片放映”选项卡，单击“设置放映方式”按钮，将放映幻灯片设置为从 1 到 3 页，如图 3-5-31 所示。

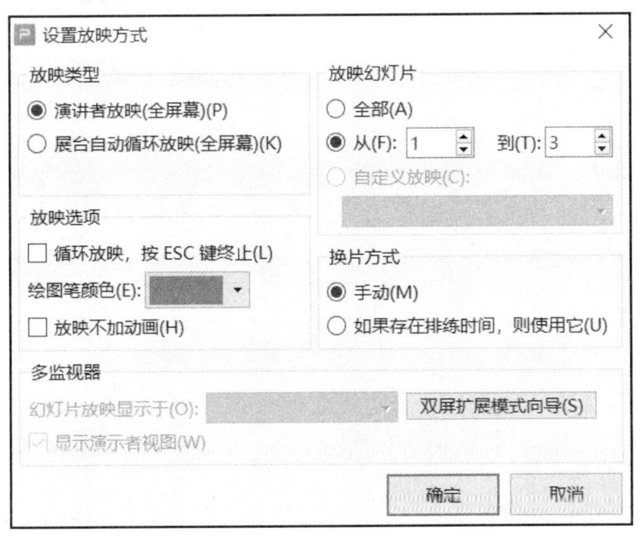

图 3-5-31 设置放映方式

演示文稿放映设置

选择“幻灯片放映”选项卡，单击“从头开始”按钮，开始放映。

6. 保存演示文稿

选择“文件”选项卡，在下拉菜单中选择“保存”命令，将文件保存在目标存储位置。

四、相关知识

1. 图片羽化效果

在幻灯片中要展现图片、照片的情况特别多，通过图形层叠加结合渐变功能使用，制作图片羽化效果，如图 3-5-32 所示。

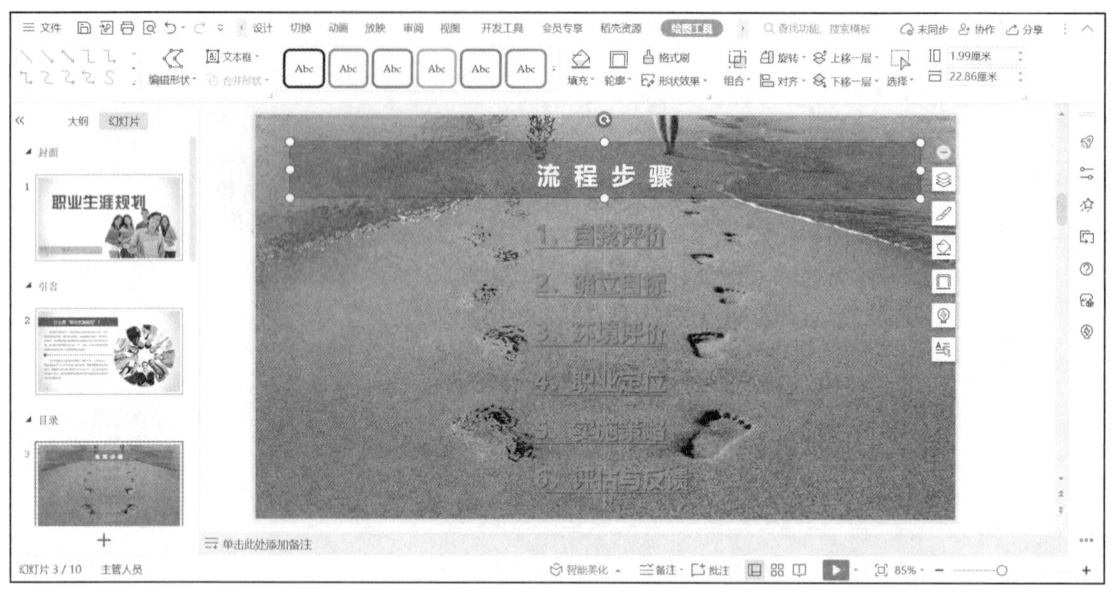

图 3-5-32 图片羽化

插入图片后，在图片上方绘制一个完全覆盖住图片的矩形。

在“图片工具”选项卡下，将矩形的“轮廓”设置为“无线条颜色”，在“填充”下拉列表选择“渐变”，打开“对象属性”任务窗格，设置“渐变样式”为“线性渐变”，靠近背景一侧颜色调整为与背景相同(如灰色)，另外一侧的颜色透明度调整为 100%，这样才能将图形下方的图片显示出来，实现图片“羽化”效果。

2. 图片突出效果

在幻灯片中，利用图片层叠的关系可以为用户制作更多效果，例如，在图片中突出某些重点区域，如图 3-5-33 所示。

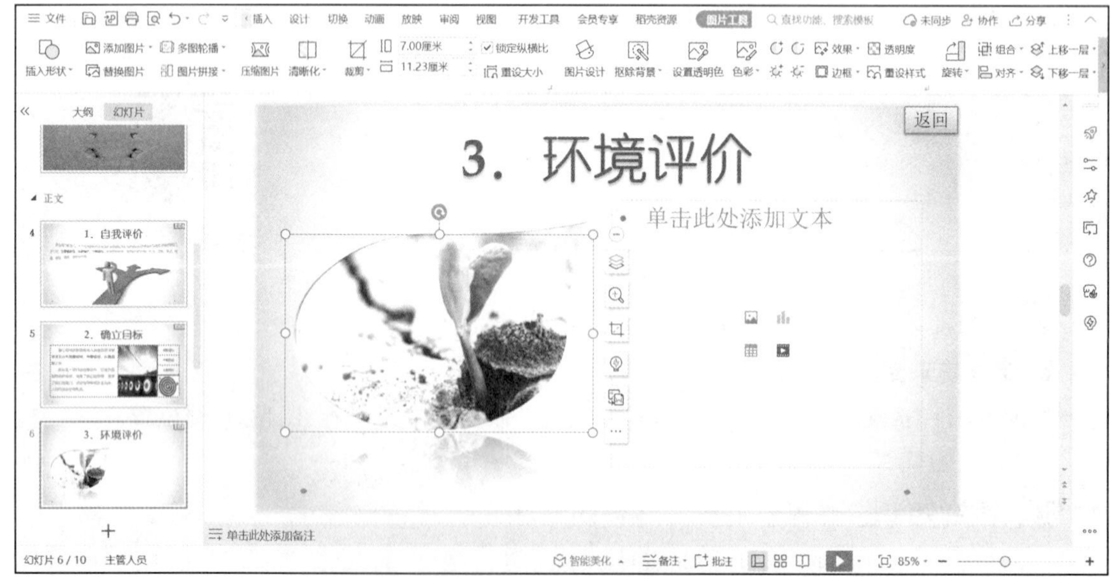

图 3-5-33 图片突出效果

插入并复制图片，选定原图(底层)，在“图片工具”选项卡中，设置色彩为“灰度”。选定两张图片，在“图片工具”选项卡中，设置对齐为“中心对称”，将图片完全层叠。选定彩色图片(顶层)，在“图片工具”选项卡中，裁剪出需突出的部分即可。

3. 动画效果

动画的学问：

(1)突出重点时可以用动画强调。

(2)严肃的场合尽量少用动画。

(3)动画最好能与内容关联。

(4)幻灯片切换有时需要定义。

4. 动画的设置

动画是幻灯片中相当重要的模块，本节为用户介绍动画设置基本操作。WPS Office 2019 对动画设计板块进行了布局优化，“动画样式库”变得更加清晰美观，如图 3-5-34 所示。

图 3-5-34　动画的设置

选定制作动画效果的对象动画，选择“动画样式库”中的动画效果，或者单击“自定义动画”打开“自定义动画”任务窗格，在添加效果中为对象添加动画即可。鼠标移至动画效果图标右上角，单击“图钉”按钮可以将该动画直接“固定到最近使用”，提高效率。

5. 切换的设置

“切换样式库”进行了分类整合，并添加了“效果选项”。

选定制作切换效果的幻灯片，在“切换”选项卡的“切换样式库”中选择切换效果，并且在效果选项中选择不同的切换效果呈现形式或者单击切换效果，打开“幻灯片”任务窗格进行详细设置,如图 3-5-35 所示。

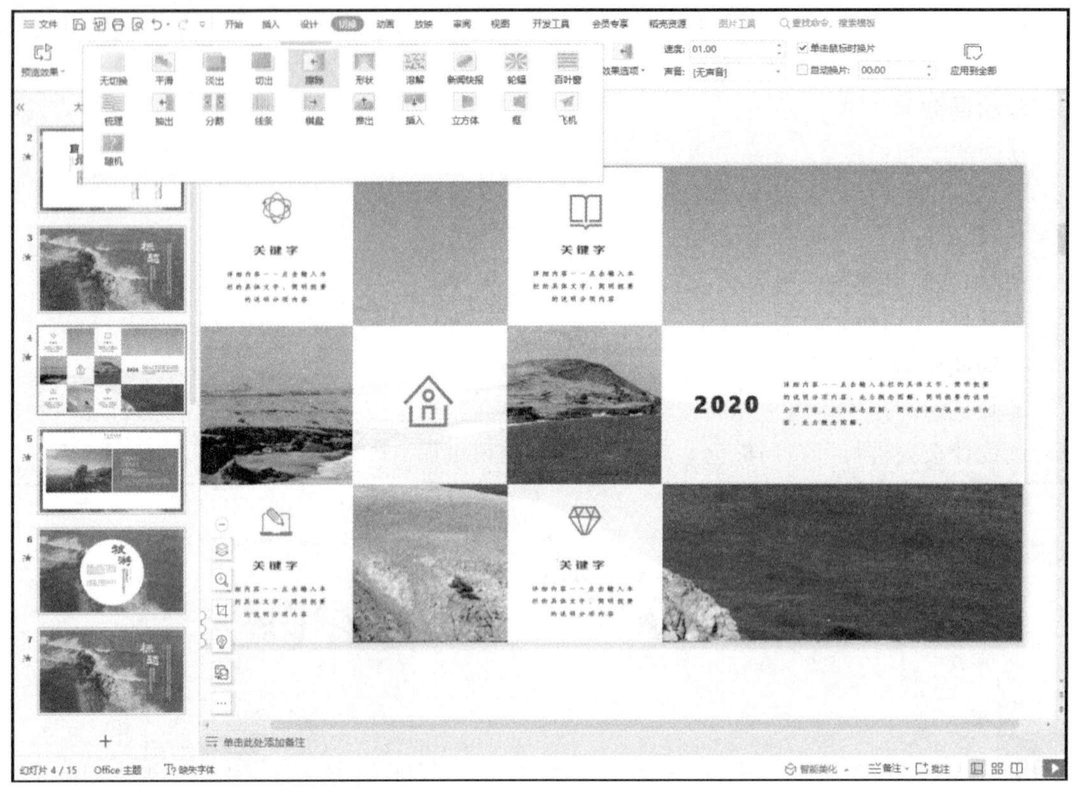

图 3-5-35 切换的设置

五、创新作业

制作景点介绍演示文稿,如图 3-5-36 至图 3-5-41 所示,要求如下:

图 3-5-36 作业样张(1)

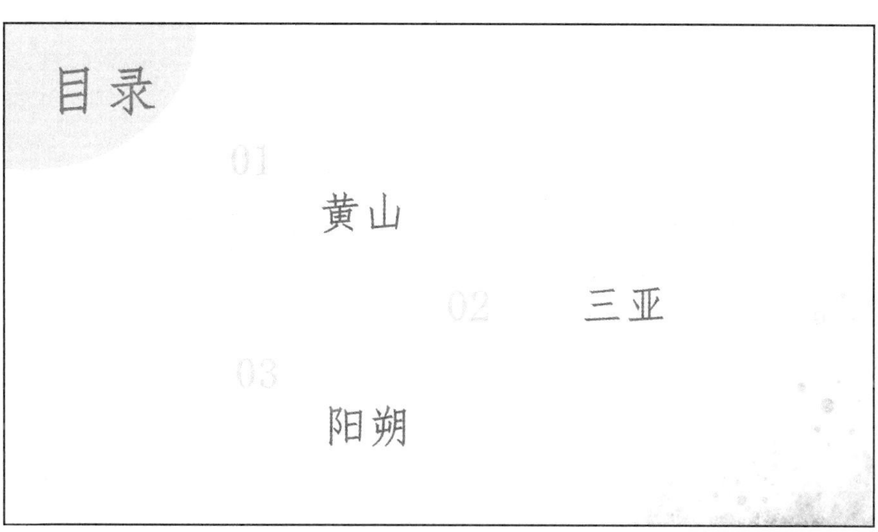

目录

01

黄山

02 三亚

03

阳朔

图 3-5-37 作业样张(2)

图 3-5-38 作业样张(3)

图 3-5-39 作业样张(4)

图 3-5-40　作业样张(5)

图 3-5-41　作业样张(6)

1. 主题皮肤设置

在设计菜单中更换皮肤“绿色文艺清新”。

2. 添加素材

按照样文添加文字、插入图片、设置图片。

3. 文字、段落设置

将第 1 页幻灯片和第 6 页幻灯片的标题字体设置为“仿宋”，字号为“80 号”；将第 2 页幻灯片的标题字体设置为“仿宋”，字号为“60 号”，将目录字体设置为“仿宋”，字号为“48 号”，加粗；将其他各页幻灯片的标题字体设置为“仿宋”，字号为“66 号”，预设样式：图案填充 50%，轮廓为“着色 1，清晰阴影着色 1”；文本效果为“转换”→“朝鲜鼓”，正文字体设置为“仿宋”，字号为“28 号”，设置文字颜色；段落设置为 1.5 倍行距，首行缩进 2 字符。

4. 动画设置

为第 1 页幻灯片及第 6 页幻灯片标题添加“进入”动画效果“飞入”，调整动画开始方式为

“从上一项开始”，速度设置为“中速”，方向为“自右侧”。

为第 2 页幻灯片标题添加“进入”→“弹跳”动画效果，调整动画开始方式为“从上一项开始”，速度设置为“中速”；将目录添加“进入”动画效果“弹跳”，速度设置为“中速”。

设置第 3～5 页幻灯片标题动画为“进入”动画效果“渐变式回旋”，调整动画开始方式为“从上一项开始”，速度设置为“快速”；将段落文字添加“进入”→“颜色打印机”动画效果，调整动画开始方式为“从上一项之后开始”，速度设置为“0.08 秒”。

设置第 3 页幻灯片图片动画为“进入”→“出现”动画效果，调整动画开始方式为“从上一项开始”；设置第 4 页幻灯片图片动画为“进入”→“渐变”动画效果，速度设置为“中速”，添加第 4 页幻灯片图片动画——“强调”→“跷跷板”动画效果，速度设置为“快速”；设置第 5 页幻灯片图片动画为“进入”→“螺旋飞入”动画效果，速度设置为“快速”，添加第 5 页幻灯片图片动画——“动作路径”→“心形”动画效果；速度设置为“中速”。

为动作按钮设置动画添加“进入”→“飞入”动画效果，调整动画开始方式为“从上一项之后开始”，速度设置为“中速”，方向为“自右侧”。

5. 切换效果设置

为全部幻灯片应用切换效果，第一页幻灯片切换效果为“溶解”，第二页幻灯片切换效果为“飞机”，第三页幻灯片切换效果为“框”，第四页幻灯片切换效果为“立方体”，第五页幻灯片切换效果为“百叶窗”，第六页幻灯片切换效果为“线条”。

6. 超链接设置

在目录页添加超链接效果，使其依次链接到 3、4、5 页幻灯片，在幻灯片 3、4、5 页幻灯片中添加动作按钮，超链接到第 2 页幻灯片。

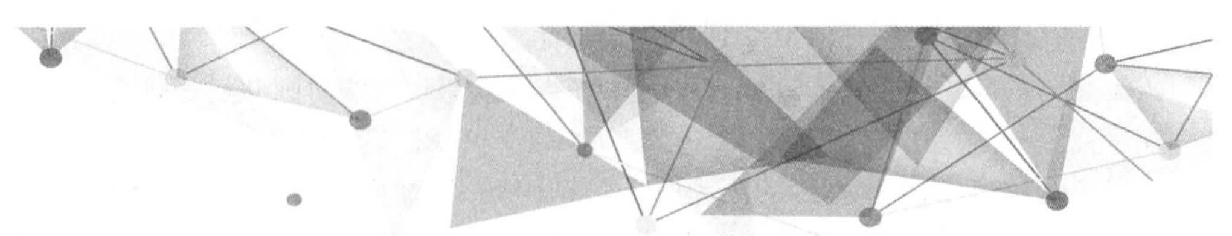

模块四
信息检索

信息检索是人们查询和获取信息的主要方式，是查找信息的方法和手段。掌握网络信息的高效检索方法，是现代信息社会对高素质技术技能型人才的基本要求。

本模块通过两个项目实例介绍了信息检索基础知识、搜索引擎使用技巧、专用平台信息检索等内容。

通过本模块的学习，读者能够理解信息检索的基本流程。可以通过网页、社交媒体等不同信息平台进行信息检索；通过期刊、论文、数字信息资源等专用平台进行信息检索。

项目一　利用网络大数据信息求职

一、项目描述

小李是一位即将毕业的大学生，为了择业他经常往返于各个人力资源市场之间求职应聘，效率低还身心疲惫。为了减少奔波，迅速掌握用人单位的人才需求信息，及时发布个人的求职意向，小李决定利用网络求职。小李通过收集就业信息，利用 E-mail、微信等网络通信工具与用人单位交流，以达成就业意向。

二、项目分析

本项目以求职应聘为案例，介绍网络信息的高效检索方法和搜索引擎的使用技巧，应用平台进行信息检索。对本项目任务分析如下：

1. 利用搜索引擎收集就业信息；
2. 利用电子邮件发送求职简历。

三、项目实现

1. 利用搜索引擎收集就业信息

①启动浏览器

双击桌面上的浏览器图标或在快速启动栏中单击浏览器图标，可以打开浏览器窗口。

②输入网址

在浏览器地址栏中，输入百度搜索引擎网址 www. baidu. com，如图 4-1-1 所示。

图 4-1-1 百度主页

③检索企业招聘信息

使用百度搜索引擎，在搜索文本框中输入关键字“金山公司招聘信息”，在输入过程中可以使用百度的智能提示。输入完成后，单击“百度一下”按钮或按 Enter 键，浏览器中显示出与招聘信息有关的结果，如图 4-1-2 所示。

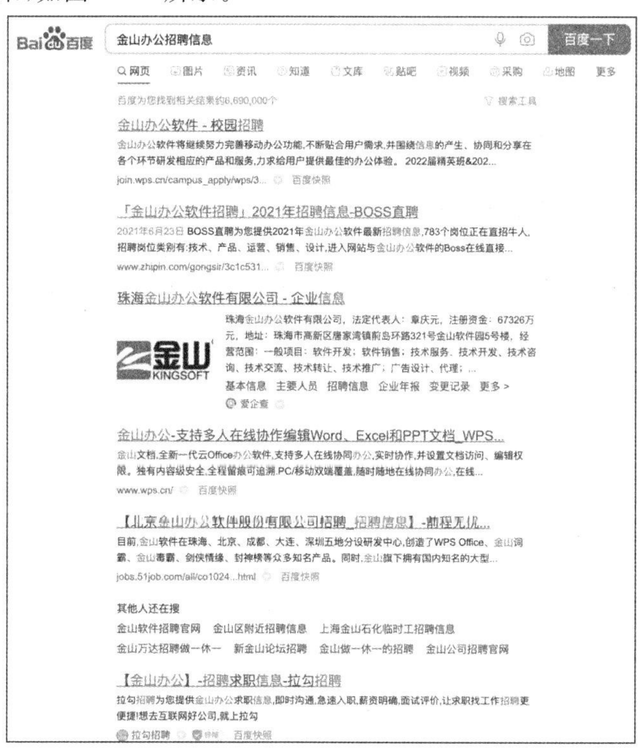

图 4-1-2 金山公司招聘信息

④单击网页中的超链接，可以查看详细信息。

⑤保存招聘信息

为了查询方便，小李决定将查询结果网页保存在计算机中，以便日后应用。选择“文件”→

“保存网页”，打开“另存为”对话框，在导航窗格中选择“本地磁盘(D:)”，然后在“文件名”文本框中输入“金山公司招聘信息”，在“保存类型”中选择“web 档案，单个文件(*. mht)”，最后单击“保存”按钮，将网页保存到计算机中。

2. 利用电子邮件发送求职简历

电子邮件以电子手段提供信息，是一种信息交换的通信方式，是应用广泛的互联网服务，用户可以以非常低廉的价格、非常快速的方式，与世界上任何一个角落的网络用户联系。

(1)申请免费电子邮箱

①启动浏览器，在地址栏中输入网易 126 免费邮箱的网址 http://www. 126. com，按 Enter 键转到网易 126 免费邮箱，如图 4-1-3 所示。

图 4-1-3 网易 126 免费邮箱主页

②单击“注册网易邮箱”，打开注册页面，如图 4-1-4 所示，在相应文本框中依次输入相关信息，信息输入完毕后，单击“立即注册”按钮，如果输入的用户名已经存在，页面会弹出多个可供选择的用户名，用户可以从中选择，也可以重新输入一个用户名，直至申请成功，得到属于自己的网易邮箱。

图 4-1-4 邮箱注册页面

(2)发送求职简历

①返回网易126免费邮箱,分别输入自己的"用户名"和"密码",然后单击"登录"按钮,登录成功后进入电子邮箱主页,如图4-1-5所示。

图4-1-5 邮箱页面

②在显示的网页界面中单击"写信"按钮,进入邮件编辑窗口,如图4-1-6所示。

图4-1-6 邮件编辑窗口

③在"收件人"文本框中输入用人单位人力资源部邮箱地址,在"主题"文本框中输入邮件主题,在正文文本框中编辑邮件内容。

④电子邮件可以是文字、图像、声音等多种形式,可以通过附件进行发送。在邮件编辑窗口中单击"添加附件"超链接,在"打开"窗口中选择需要上传的个人简历,然后单击"打开"按钮,如图4-1-7所示,文件将显示在"添加附件"超链接的下方。

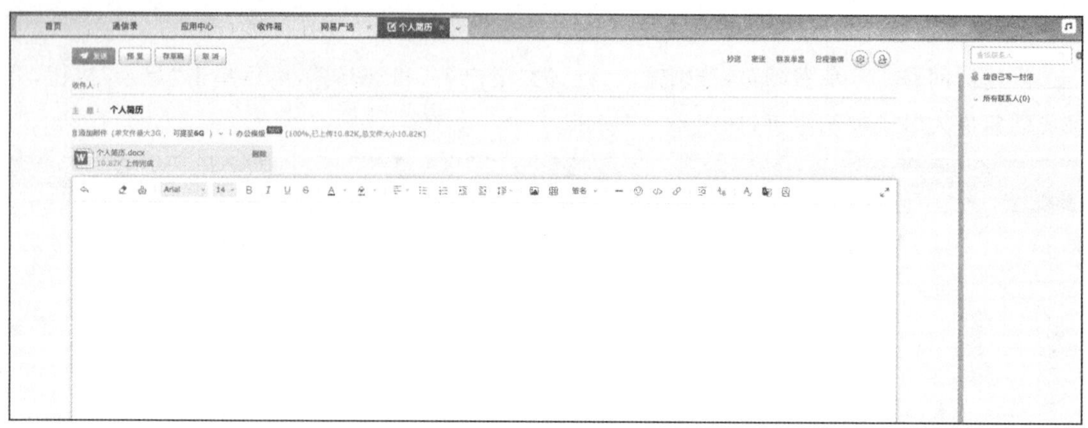

图 4-1-7　邮件添加附件

⑤单击“发送”按钮，转入发送成功提示界面，如图 4-1-8 所示。附件将随着邮件一起成功发送到用人单位人力资源部的电子邮箱中。

图 4-1-8　邮件发送成功

四、相关知识

1. 信息检索概念

信息检索有广义和狭义之分。广义的信息检索又称为“信息存储与检索”，是指将信息按一定的方式组织和存储起来，并根据用户的需要找出有关信息的过程。狭义的信息检索为“信息存储与检索”的后半部分，通常称为“信息查找”或“信息搜索”，是指从信息中找出用户所需要的有关信息的过程。狭义的信息检索包括三个方面的含义：了解用户的信息需求、信息检索的技术或方法、满足信息用户的需求。

由信息检索原理可知，信息的存储是实现信息检索的基础。这里要存储的信息不仅包括原始文档数据，还包括图片、视频和音频等，首先要将这些原始信息进行计算机语言的转换，并将其存储在数据库中，否则无法进行机器识别。待用户根据意图输入查询请求后，检索系统根据用户的查询请求在数据库中搜索与查询相关的信息，通过一定的匹配机制计算出信息的相似度大小，并按从大到小的顺序将信息转换输出。

2. 使用大数据信息技术在互联网上收集信息

在互联网中，有大量的数据信息可供我们使用，但这些信息很难在合理的时间内达到分析、处理的目的，并整理成有帮助的资讯信息。大数据技术就是可以帮助我们分析网络上庞大的数据量并进行采集。大数据的提取交互整合和分析功能，可以从巨量的数据中发现其背后的信息，挖掘数据信息的价值，分析其内在的逻辑性，从而更加精确地定位需求。

五、创新作业

使用搜索引擎搜索关于“汽车维修”岗位招聘的信息。

项目二　利用网络大数据信息查阅毕业论文文献资料

一、项目描述

小王是一位即将毕业的学生，所学专业是计算机应用，他需要在毕业前完成毕业论文。书写专业的论文需要查阅大量的文献资料，他可以利用网络大数据信息查阅毕业论文文献资料，方便快捷。小王准备使用中国知网、万方数据知识服务平台等相关网站，为自己的论文收集资料、确定选题。这些网络可以帮助小王在写作中更好地把握论题的研究现状，避免重复劳动，并发现论题中关注的热点、难点问题，找到新的研究思路。

二、项目分析

本项目以检索文献资料为案例，介绍文献的高效检索方法，应用平台进行信息检索。对本项目任务分析如下：

1. 使用中国知网等服务平台查阅文献资料；
2. 下载中国知网常用软件，查看文献。

三、项目实现

1. 使用中国知网服务平台查阅文献资料

(1)启动浏览器

双击桌面上的浏览器图标或在快速启动栏中单击浏览器图标，可以打开浏览器窗口。

(2)输入网址

在浏览器地址栏中，输入中国知网的网址 www. cnki. net，按 Enter 键，打开中国知网主页，如图 4-2-1 所示。

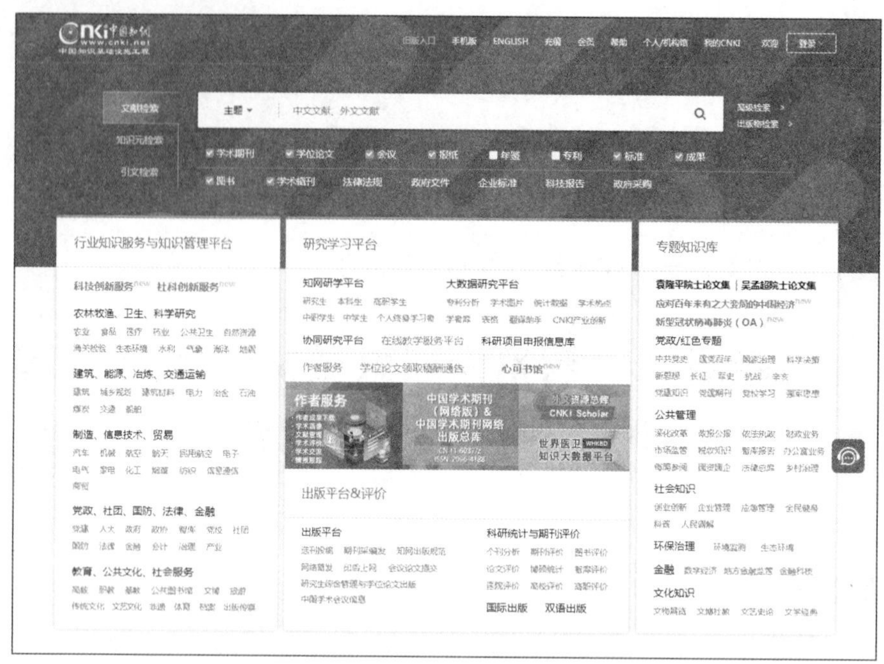

图 4-2-1　中国知网主页

(3)使用高级检索功能,搜索文献资料

单击搜索栏旁边的“高级检索”,打开高级检索界面。在“主题”搜索栏中输入“计算机JAVA架构”,规定时间范围为“2011-12-16～2021-12-16”,如图 4-2-2 所示,单击“检索”按钮。

图 4-2-2　高级检索

(4)增加更多筛选规则

在新跳转的页面左侧,出现筛选界面,依次选择“研究层次”→“技术开发”;“主题”→“主要主题”→“研究与实现”→“架构研究”等选项,来缩小查找范围,如图 4-2-3 所示。

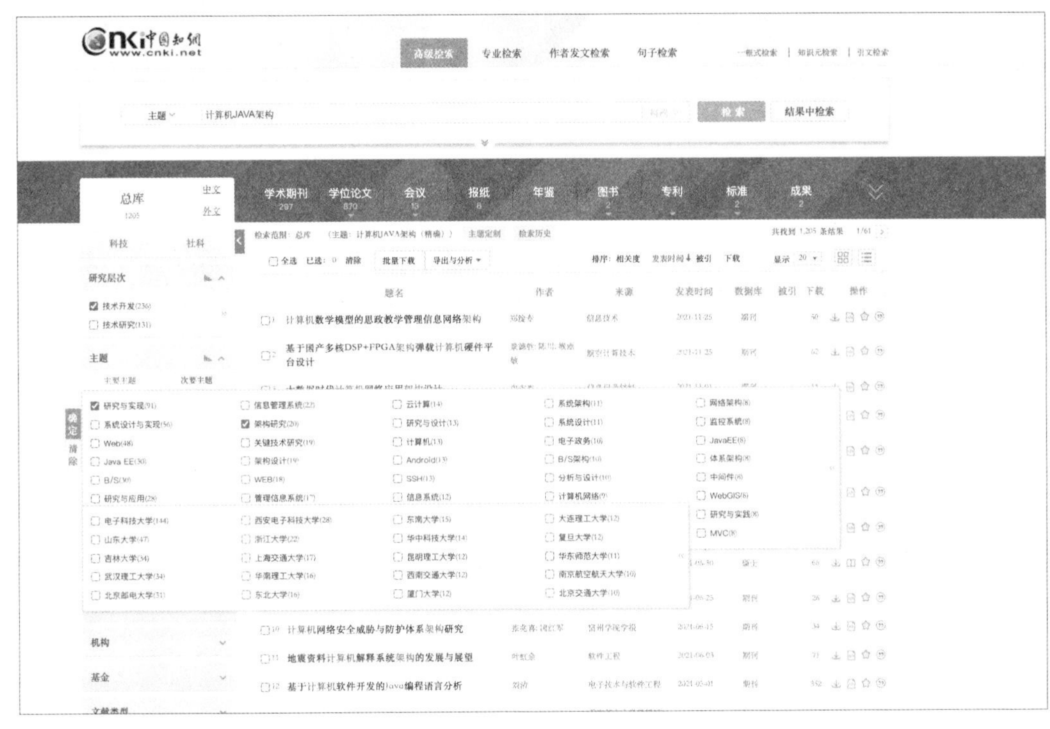

图 4-2-3 增加筛选规则

(5)查阅文献

单击标题超链接,即可查看相应论文。在新跳转的页面中间下方有多种阅读方式。

2. 下载中国知网常用软件,查看文献

为了更好地查看网站文献资料,中国知网首页提供 CNKI 常用软件下载专区,如图 4-2-4 所示。

图 4-2-4 CNKI 常用软件下载

在首页最下方单击链接,即可下载需要的软件,安装后可查看网站的文献资料。

四、相关知识

1. 中国知网

国家知识基础设施(National Knowledge Infrastructure,NKI)的概念由世界银行《1998年度世界发展报告》提出。1999年3月,以全面打通知识信息通道,生产、传播、扩散与利用各环节,支持全国各行业知识创新、学习和应用的交流合作,打造平台为总目标,中国知识基础设施工程(China National Knowledge Infrastructure,CNKI)是以实现全社会知识资源传播共享与增值利用为目标的信息化建设项目,始建于1999年6月,由清华大学、清华同方发起。

2. PDF(便携式文档格式)

PDF是Portable Document Format的简称,即"便携式文档格式",是进行文件交换所发展出的文件格式。PDF文件的基础为PostScript语言图像模型,无论在哪种打印机上都可保证精确的颜色和准确的打印效果,保证原稿的每一个字符、颜色以及图像都能如实体现。

PDF文件最大的优点是不管在Windows、UNIX还是其他操作系统中都是通用的,是一种可移植的电子文件格式。这种文件格式与操作系统平台无关,这一特点使它成为在Internet上进行电子文档发行和数字化信息传播的理想文档格式。现在,有越来越多的电子图书、产品说明、公司文告、网络资料、电子邮件都在使用PDF格式文件。

五、创新作业

使用服务平台查阅所学专业最新的文献资料。

模块五 新一代信息技术概述

Cloud 2.0(云 2.0)时代主要表征为产业化、智能化、可信化、集中化、分布化，是新一代技术的典型标配，是产业变革、企业数字化转型的驱动力。Cloud 2.0 主要由云计算、大数据、人工智能、区块链、物联网及 5G 等技术组成。以云计算、大数据、区块链为支撑的信用体系、业务体系、决策体系，以人工智能为支撑的交易体系、风控体系、运营体系、正在成为推动企业高质量发展的新动力、新引擎。多种新兴技术的交叉运用，带来人机交互方式、数字化业务体系的不断革新，形成随时、随地、随心的沉浸式、情境式体验。Cloud 2.0 将重构人们的体验习惯和商业生态。

新一代信息技术是以人工智能、量子信息、移动通信、物联网、区块链等为代表的新兴技术。它既是信息技术的纵向升级，也是信息技术之间及其与相关产业的横向融合。本模块主要介绍这五种技术。

项目一　人工智能

一、项目描述

人工智能正在快速地改变着人们的生活学习和工作，把人类社会带入一个智能化的、自动化的时代。全面而深入地了解人工智能的基本知识与研究领域，可以更好地了解社会的发展趋势，把握未来的发展机会。

二、项目分析

本项目介绍人工智能的基本概念、关键技术、典型应用等内容。

三、项目实现

1. 人工智能的概念

人工智能(Artificial Intelligence. AI),即人造智能,可以分成两个部分来理解,即“人工”和“智能”。人工的也就是人造的、模拟的、非天然的,智能的是个人从经验中学习、理性思考、记忆重要信息,以及应付日常生活需求的认知能力。从字面上来解释,“人工智能”是指用计算机(机器)来模拟或实现的智能,因此人工智能又可称为机器智能。广义地讲,人工智能是关于人造物的智能行为,而智能行为包括知觉、推理、学习、交流和在复杂环境中的行为。

人工智能是研究、开发用于模拟、延伸和扩展人的智能的理论、方法、技术及应用系统的一门新的技术科学。人工智能是一门极富挑战性的学科,属于自然科学和社会科学的交叉学科,涉及计算机科学、心理学、统计学、生物学、数学、社会学等学科。因此,人工智能研究的是使机器能够胜任一些通常需要人类智能才能完成的复杂工作,该领域的研究包括机器人、语音识别、图像识别等。人工智能自诞生以来,理论和技术日益成熟,应用领域也不断扩大。

2. 关键技术

人工智能涉及的技术有很多,既有算法层面的设计,也有 AI 框架层面的使用和优化,还有具体计算机平台的软、硬件协同的性能优化。下面列举机器学习、知识图谱、生物识别技术、人机交互、自然语言处理等几个方面的关键技术。

(1)机器学习

机器学习的过程,其实就是教会计算机通过对输入的图片进行学习的过程。简单说,就是在计算机内部建立一个识别模型,学习每张照片的同时发现其中的特征,进行归类汇总的学习训练。每训练到一定次数之后对识别的模型数据结果来进行反复测试,假如测试的结果并不能满足要求则会继续对该图片进行反复学习,直到训练出有效的模型,结果符合要求后才保存该数据。机器学习研究计算机怎样模拟或实现人类的学习行为,以获取新的知识或技能。重新组织已有的知识结构使之不断改善自身的性能,是人工智能技术的核心。基于数据的机器学习(图 5-1-1),是现代智能技术中的重要方法之一,它主要研究从观测数据(样本)出发寻找规律,并利用这些规律对未来数据或无法观测的数据进行预测。

图 5-1-1 机器人学习

(2)知识图谱

为了利用网络多源数据构建的知识库来增强语义搜索,提升搜索引擎返回的答案质量和用户查询的效率,谷歌公司于2012年5月16日首先发布了知识图谱。

知识图谱又称为科学知识图谱,是显示知识发展进程与结构关系的一系列不同的图形,即用可视化技术描述知识资源及其载体,并挖掘、分析、构建它们之间的相互关系。

知识图谱是一种互联网环境下的知识表示方法,其目的是提高搜索引擎的能力,改善用户的搜索质量以及搜索体验。随着人工智能的技术发展和应用,知识图谱作为关键技术之一,已被广泛应用于智能搜索、智能问答、个性化推荐、内容分发等领域。谷歌、百度和搜狗等搜索引擎公司为了改进搜索质量,纷纷构建知识图谱,把复杂的知识领域显示出来,揭示动态发展规律。

(3)生物识别

生物识别技术(Biometric Identification Technology)是一种利用人体生物特征进行身份认证的技术。生物识别技术将计算机与光学、声学、生物传感器和生物统计学原理等高科技手段密切结合,利用人体固有的生理特性和行为特征来进行个人身份的鉴定。

生物识别系统是对生物特征进行取样,提取其唯一的特征并且转化成数字代码,将代码组合成特征模板。人们同识别系统交互进行身份认证时,识别系统获取其特征并与数据库中的特征模板进行比对,确定是否匹配,决定接受或拒绝。

生物识别技术现实生活中应用较多,例如:使用指纹、人脸、虹膜等多种生物特征进行识别,识别过程涉及图像处理、机器视觉、语音识别、机器学习等多项技术。作为重要的身份认证技术,生物识别技术在金融、公共安全、教育、交通等领域广泛应用。

(4)人机交互

人机交互是一门研究系统与用户之间相互交流关系的学科。人机交互的界面通常是指用户可视化的部分。系统可以是各种各样的机器,也可以是多元化的计算机系统程序。人机交互是同心理学、人机工程学、多媒体技术、虚拟现实技术的密切接触的综合学科。在传统的计算机操作信息交换之间,往往需要键盘、鼠标、操纵杆等设备来进行数据的录入。人机交换技术除了以往常规的交互方式以外,还包括语音交互、体感交互等技术。

人机交互会因为使用者的习惯不同而做出特殊化的改变,会因为操作者的使用习惯、背景、教育、经历等一系列方式做出独特性的设置。比如一个喜欢用左手的人,在人际交互方面可能就会得到向左的评价,对于一些物品的推荐也可能改变为左手使用规则。

(5)自然语言处理

自然语言处理是计算机科学领域与人工智能领域中的一个重要方向。实现人机间的信息交流,是人工智能界、计算机科学和语言学界所共同关注的重要问题。用自然语言与计算机进行通信,无须再花大量的时间和精力去学习不太习惯的各种计算机语言。自然语言处理的应用包括文本校对、机器翻译、手写体和印刷体字符识别、语音识别、信息检索、商品推荐等。

3. 人工智能在疫情防控中的典型应用

把人民群众生命安全和身体健康放在第一位,以更严更实更细的举措做好科学防治与精准施策,更多的医院正在用先进的技术、贴心的服务,为百姓提供更加安全周到的服务,坚决打赢疫情防控攻坚战。使用基于人工智能与5G网络的智能诊断、防疫机器人等技术手段,开展疫情监测、防控救治、消毒清洁、资源调配等疫情防控工作,最大限度地减少人员交叉感染风险,提升病区隔离管控水平,进一步提高防控工作效率与安全性。

①影像诊断

作为新冠肺炎的重要诊疗决策依据之一，CT 影像对于临床诊断的作用十分重要。AI 影像系统采用创新的人工智能全肺定量分析技术，对各类肺炎疾病严重程度进行分级，为临床专家提供肺炎病情分析及疗效评估等智能化辅助诊断，全面助力临床一线疫情防控工作。

②测温机器人

测温机器人通过红外测温仪等传感器探测人体体温，一旦发现异常，及时发出警告并上报，由专业人员进行二次测量。测温机器人保障了测温的准确性，大幅减少了疫情的传播，提升了医院管控水平。

③导诊机器人

导诊机器人集识别、讲解、引导等多种服务于一体，就诊者直接对机器人提出问题，就能获得解答，实现导诊，自动响应发热问诊、引领病人及初步诊疗。还可在医院内自由移动并开展科普防疫知识，让医护人员将更多精力放到临床救治工作中去。

④护理机器人

疫情期间，护理机器人可以在隔离病房发挥独特的作用。护理机器人可以在医护人员的远程操控下独立查房或跟随查房，协助医护人员运送医疗器械、设备等，还能为病患送药、送饭及运送生活用品，极大提高了医院医护效率，更有效控制了院内交叉感染。

⑤清洁消毒机器人

基于 5G 云端的清洁消毒机器人专门搭载消毒水箱，能够独立完成医院内部的消毒、清扫、除菌等工作，可实现自主定位，规避密集人群，主动完成清扫任务，能自主检验清洁效果，全面实现无人化运作。清洁消毒机器人的应用，大大提高了疫情期间医院保洁效率，也有效节约了院内物业保洁人员人力并降低人员交叉感染率。

四、相关知识

1. 图灵测试

1950 年，英国数学家图灵发表了题为《计算机与智能》(Computer Machinery and Intelligence)的论文，论述并提出了著名的“图灵测试”，文中预言了创造出具有真正智能的机器的可能性。由于注意到“智能”这一概念难以准确定义，他提出了著名的图灵测试：如果一台机器能够与人类展开对话而不被辨别出其机器身份，那么称这台机器具有智能。这一对“智能”概念的简化使得图灵能够令人信服地说明“思考的机器”是可能的。

2. 人工智能三要素

算法、数据量和算力成为人工智能三要素，三者缺一不可。对于一个企业而言，只有在这三方面都做好准备，才可能使人工智能赋能业务变为现实。

神经网络算法本身也在不断发展，这极大地提高了算法准确性并拓宽了应用范围。早期的神经网络应用打开了算法发展的大门，它促进了许多深度学习框架的发展，使得众多研究者和从业者能够很容易地使用神经网络算法进行研究。

五、创新作业

讲述几个你看到的人工智能的应用实例，或者查阅人工智能的应用实例，在班级交流。

项目二　大数据

一、项目描述

大数据、人工智能和云计算高度融合，使企业呈现数字化发展趋势。云服务提供商倾向于提供一体化的平台，为用户提供统一的人工智能分析建模、大数据计算以及资源分配与共享管理功能，从而增加便利性、降低使用成本、丰富业务场景。大数据可应用于各行各业，它将人们收集到的庞大数据进行分析整理，实现资讯的高效利用。例如，在购物网站上购买商品，要从海量的商品中挑选自己需要的商品，是非常浪费时间的。在大数据的支持下，系统会推送商品，按照客户需求将商品名称、商品特点、价位、品牌等提供出来，缩小选择范围，提高选择效率。

二、项目分析

本项目将介绍大数据的概念、关键技术以及未来发展趋势。

三、项目实现

1. 大数据的概念

大数据(Big Data)，是指无法在一定时间范围内用常规软件工具进行捕捉、管理和处理的数据集合，需要新处理模式才能具有更强的决策力、洞察发现力和流程优化能力的信息资源。它也可以被定义为各种来源的大量非结构化和结构化数据，通常包含的数据量超出了传统软件在可接受的时间内处理的能力。大数据也称为巨量数据、海量数据。

身处数据时代，数据规模以指数形式递增，数据的结构也越来越复杂，这使得“大数据”具有与普通“数据”相比不同的深度价值。现代社会是一个高度信息化、数字化的社会，随着互联网、物联网和云计算等技术的飞速发展，使得数据分布在各个行业并且贯穿业务始终，数据不再从单一来源产生，形式越发多样，这些改变都使数据成为一种新的资源，需要人们对其加以合理、高效、充分的利用。

简而言之，大数据是现有数据库管理工具和传统数据处理应用方法都很难处理的大型、复杂的数据集。大数据技术包括大数据的采集、存储、搜索、传输、分析等技术，是数据分析的前沿技术，即从各种类型的数据中快速地获得有价值信息的能力，是基于云计算的数据处理与应用模式，通过数据的集成共享、交叉复用而形成服务能力。

2. 关键技术

(1)大数据采集技术

大数据采集技术是指通过对接不同类型、不网存储介质的数据源，获得各种类型的结构化、半结构化及非机构化的海量数据，并最终将这些数据接入大数据平台过程中所需要的一系列相关技术。

因为大数据场景下数据源多种多样，数据量大，产生速度快，所以大数据采集技术也面临着许多技术挑战，必须保证数据采集的可靠性和高效性，还要避免重复数据。针对不同场景的特性，目前有不同的大数据组件来支持对应场景的数据采集过程。

(2)大数据存储与管理技术

大数据存储与管理是大数据分析流程中的重要一环，即通过数据采集得到的数据，必须进行有效的存储和管理，才能用于高效的处理和分析。大数据存储与管理是利用计算机硬件和软件技术对数据进行有效的存储和应用的过程，其目的在于充分有效地发挥数据的作用。在大数据时代，涉及的数据量越来越大，已经超出了很多传统数据存储与管理技术的处理范围。因此，大数据时代涌现出了大量新的数据存储与管理技术，包括分布式文件系统和分布式数据库等。

分布式系统包含多个自主的处理单元，通过计算机网络互连来协作完成分配的任务。分布式系统更能适应现在分布广泛的企业组织结构，而且更可靠、响应速度更快。当今很多的互联网应用在本质上就是分布式的，例如基于 Web 的应用、电子商务、在线游戏等。

分布式架构通过分而治之的策略能够更好地解决大规模数据处理问题，分布式存储系统的目的在于在多个节点上进行数据存储和管理，对外作为一个整体提供服务。分布式存储系统作为底层管理数据的基础设施，让分布式处理更加简单和高效。分布式存储系统出现了多种系统，根据系统中数据存储格式和存取接口的不同可以分为分布式文件系统、分布式键值系统及图数据库。

(3)大数据处理与分析技术

大数据分析是大数据技术的核心，是提取隐含在数据中潜在价值的信息和知识的过程。大数据分析技术包括对已知数据信息进行分析的分布式统计分析技术，以及对未知数据信息进行分析的分布式挖掘和深度学习技术。在数据处理与分析环节，可以利用统计学、机器学习和数据挖掘方法，并结合数据处理与分析技术，对数据进行处理与分析，得到有价值的结果，服务于人们的生产和生活。统计学、机器学习和数据挖掘方法并非大数据时代的新生事物，但是，它们在大数据时代得到了新的发展——实现方式从单机程序发展到分布式程序，从而充分利用计算机集群的并行处理能力。大数据处理技术，为高性能的大数据处理与分析提供了强有力的支撑，有效地满足了企业在不同应用场景下的大数据处理与分析需求。

(4)大数据安全与隐私保护技术

针对安全隐私保护，代表性的技术是数据访问控制：用户认证、数据授权等。针对数据本身，通过对数据的敏感字段加密或者脱敏从而实现对数据安全隐私的保护。

从技术上看，大数据与云计算的关系非常密切。大数据的处理无法仅凭单台计算机完成，因此，大多采用分布式计算架构实现数据处理。云计算解决了大数据的运算平台问题，而且大数据的存储也需要云平台的支撑。由此可见，大数据所面临的安全访问控制、数据存储安全等问题也就必然涉及云计算安全问题。

3. 未来发展趋势

(1)人工智能、大数据、云计算和物联网之间将高度融合为一体化的系统

近几年工业界的发展趋势可以很好地体现高度融合的观点。当前无论是公有云还是专有云,都倾向于提供一体化的平台,为用户提供统一的人工智能分析、大数据计算以及资源分配与共享,从而增加便利性、降低成本,更多地提供大数据存储及智能分析的软件服务能力。

云计算是数据的处理中心,大数据是互联网产生智慧和意识的基础。也可以说,云计算为大数据提供有力的工具和途径,大数据为云计算提供场所。物联网是数据的采集端,作为新一代信息技术的重要组成部分,是互联网的应用拓展,广泛应用于智能交通、智能家居、气象预报、工业监测、健康医疗等诸多领域。物联网、互联网每天都产生海量数据,为大数据提供数据来源,而大数据则通过云计算的形式,对这些数据进行分析处理,提取有用的信息。

(2)大数据的安全和隐私保护成为首要内容

2018 年,一个标志性的事件使得数据安全与隐私保护成为政府、学术界和产业界共同关注的焦点,这就是欧盟《通用数据保护条例(GDPR)》的推出,引发了高度关注。

(3)大数据处理多样化模式并存融合

在大数据处理模式方面,专家们认为批量计算、内存计算等多种大数据计算模式将同时存在,一些技术将趋于融合。因为现实中的需求是多样化的,不同业务场景中数据的量级、产生的速度等差异巨大,这就需要有多样化的模式来满足差异化的需求。通过从数据中提炼信息和知识,可以消除原始数据中的不确定性,在海量知识的基础上进行检索和推理。大数据技术已经在越来越多的领域成为数据处理与分析中不可或缺的一部分,随着大数据分析模式的日益成熟,大数据必然在更多传统领域发掘出更多有意义的数据价值。

四、相关知识

1. 大数据的 4V 特征

国际数据公司在《从混沌中提取价值》报告中提出了大数据的 4V 特征,即数据容量大(Volume)、数据类型繁多(Variety)、商业价值高(Value)、处理速度快(Velocity)。

2. 算法

算法是对解决特定问题求解步骤的描述,在计算机中表现为指令的有限序列,并且每条指令表示一个或多个操作。可以理解成一种进行数据分析的统计学过程,在大规模的数据之上使用算法,从而获取有价值的信息。

3. 批量数据处理

批量数据处理(简称批处理)是一种对于大容量静态数据集进行分析的有效方法。通常一次批处理任务的时间跨度在几分钟到数小时之间,并在计算完成后返回结果。由于批处理在应对大量数据方面的表现非常出色,经常用于对历史数据进行分析,大量数据的处理需要付出大量的时间,因此不适合对处理时间要求较高的情景。

五、创新作业

谈谈生活中“大数据应用”的例子。

项目三　云计算

一、项目描述

每一项新技术的应用都会使我们的生活变得更加方便快捷，云计算也不例外，从互联网诞生以来云计算就一直存在，在现实生活中的应用也越来越广泛。云计算，已成为重要的基础设施，是承载着企业数字化转型的平台。

二、项目分析

本项目将介绍云计算的服务类型、关键技术、典型应用。

三、项目实现

1. 云计算服务类型

云计算，如图 5-3-1 所示，按服务类型大致分为三类：

①基础设施即服务(Infrastructure as a Service，IaaS)

IaaS 是最广泛的、接受度最高的云计算服务模式。例如，云存储、云主机、云服务器等。

②平台即服务(Platform as a Service，PaaS)

PaaS 是指服务提供商将软件开发环境和运行环境等以开发平台的形式提供给用户，用户不需要购买硬件和软件。例如，云数据库。

③软件即服务(Software as a Service，SaaS)

SaaS 是指服务提供商让用户通过互联网就能直接使用应用软件，不需要本地安装。例如在线邮件服务、网络会议、在线杀毒等服务。

图 5-3-1　云计算

2. 关键技术

(1)虚拟化技术

虚拟化就是通过软件与硬件解耦,实现资源池化与弹性扩展。目前虚拟化技术有华为云、腾讯云等。除了软件虚拟化,还有硬件辅助虚拟化,如通过引入新的指令和运行模式,来解决软件无法实现完全虚拟化的问题,同时也能进一步提升虚拟化的性能与处理能力。优势在于能够把所有硬件设备、软件应用和数据隔离开来,打破硬件配置、软件部署和数据分布的界限,实现 IT 架构的动态化,实现资源集中管理,使应用能够动态地使用虚拟资源和物理资源,提高系统适应需求和环境的能力。

(2)分布式技术

云计算中的分布式资源管理技术圆满解决了一致性问题,分布式就是把同一个任务分布到多个网络互连的物理节点上并发执行,最后再汇总结果。分布式系统的扩展性、吞吐量等可以随着节点增加而线性增长,非常适合云计算这种大规模的系统。在云上主要应用的有分布式存储、分布式数据库等。

3. 典型应用

云计算应用如图 5-3-2 所示,有以下几个应用领域:

图 5-3-2　云计算应用

(1)云教育

云教育不同于传统教育,用户通过“云教室”、PC 等终端设备访问网络上的云端,可以满足对各类教育的信息化需求,共享网络教育资源。云端由一批强大的计算机和存储设备、海量教育资源构成。由于云端是一种开放型平台,可以满足用户个性化学习需求:定制学习内容、方法和资源。有利于教育模式的改革,促进教育资源均衡化发展。

(2)云办公

云办公可以不再被办公室所束缚,在室外、家里随时随地登录云端系统,进行办公。例如:多人共享文件,对文档进行同时编辑、修订;召开云会议,用户无须设置复杂的电话会议系统,无须购置视频会议设备,无须对软、硬件进行维护,就可以在任何地点、任何时间,使用任何终端,召开或者参加一场高效、便捷的远程会议。

(3)云存储

传统的存储介质如硬盘、光盘、U 盘等,虽然可以随身携带,但也会出现丢失或损毁等问题。虽然云盘可能没有那么快,但它确实解决了以上设备无法解决的可靠性问题。云存储是云计算平台上的一项服务,同时还支持多种设备的文件备份、文件共享等功能。提供云端存储服务的厂商有很多，如百度网盘、腾讯微云和360云盘等。作为一种相对容易提供的云计算服务，云存储是很多云计算平台的基础服务项目，其优势不仅在于提供了免费的大容量存储空间，还由于数据保存在云端，保证了数据的安全性。

四、相关知识

云安全是指基于云计算商业模式应用的安全软件、硬件、用户、机构、云平台的总称。云安全是云计算技术的重要分支，已经在反病毒领域获得了广泛应用。云环境潜在攻击面较大，发起攻击的成本很低，受攻击后的影响巨大。所以云安全形势非常严峻，涉及用户身份安全、共享业务安全、数据安全等，金融、政府等重要企业单位都要求达到网络安全等级保护三级以上，模块六还会对这部分内容进行讲述。

五、创新作业

谈谈你对“云计算”的认识。

项目四　物联网

一、项目描述

物联网是将各种设备与互联网相连形成一个巨大的网络，实现在任何时间、任何地点，人、机、物的互联互通。在物联网上，每个人都可以将实际存在的物体联结上网，实现定位、管理、远程控制，类似自动化操控系统，实现物和物相联。

二、项目分析

本项目将介绍物联网及其典型应用。

三、项目实现

1. 了解物联网

物联网即万物相连的互联网，如图5-4-1所示，是新一代信息技术的重要组成部分。物联网的核心和基础是互联网，延伸和扩展到任何物品与物品之间，进行信息交换和通信。也就是说，物联网是在互联网和移动通信网等网络通信的基础上，针对不同领域的需求，通过各种信息传感设备，实时对任何需要监控、连接、互动的物体或过程，采集其声、光、热、电、力学、化学、生物、位置等各种需要的信息，物联网的目的是实现物与物、物与人以及所有的物品与网络的连接，方便识别、管理和控制。物联网是通过射频识别(RFID)、红外感应器、全球定位系统、激光扫描器等信息传感设备，按约定的协议把任何物品与互联网相连接，进行信息交换和通信，以实现智能化识别、定位、跟踪、监控和管理的一种网络概念。物联网的提出突破了将物理设备和信息传送分开的传统思维，实现了物与物的交流，体现了大融合理念，具有很大的战略意义。

图 5-4-1 物联网

2. 典型应用

物联网将现实世界数字化，应用范围十分广泛，如图 5-4-2 所示。我国《物联网“十二五”发展规划》指定了九大领域，分别是智能工业、智能农业、智能物流、智能交通、智能电网、智能环保、智能安防、智能医疗、智能家居等，具有十分广阔的市场和应用前景。

(1)物联网在智能家居领域的应用

①智能家居

智能家居是通过物联网技术，将家中的各种家居连接在一起，如：窗帘、空调控制，数字影院系统，网络家电，照明系统等，如图 5-4-3 所示。提供室内温度控制、影音播放设置、家电开启控制、照明亮度调控等多种功能和服务。与普通的家居相比，智能家居不仅具有传统的家居功能，还提供全方面的人际交流互动，实现设备自动化，甚至可以节约资源。

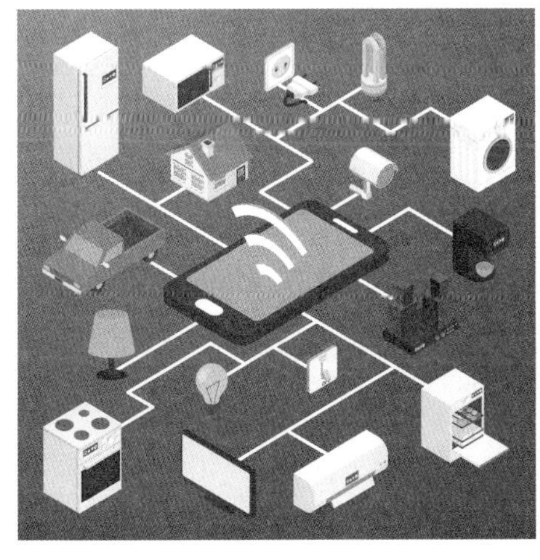

图 5-4-2 物联网应用

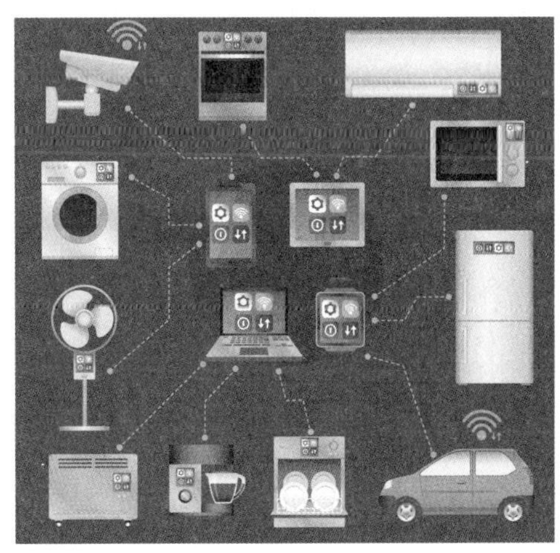

图 5-4-3 智能家居模式图

随着近些年智能语音技术的发展，智能音箱成为一个智能家居的核心卖点，如今市面上的天猫精灵、小艺智慧助手等都是智能语音技术的产物。众多企业都纷纷根据音箱来搭建自身的智能家居信息系统，将智能音箱变身为智能管家。目前，各个品牌的智能家居都已出现全屋化、整合化的安装模式，是人工交互的一大亮点，但对于自身信息的安全防护还有待提高。

②智能安防

近年来，我国安防监控行业发展迅速，在公共和个人场景下监控摄像头的安装数量不断增加。在部分城市，视频监控已经实现了全覆盖。对于个人用户而言，每个用户需求都是极具个性化的，利用人工智能强大的计算、服务能力，可以提供差异化的服务，提升安全感。以家庭安防为例，当检测到家庭中没有人员时，家庭安防摄像机可自动进入布防模式，有异常时，给予闯入人员声音警告，并远程通知。夜间，安防系统通过一定时间的学习，掌握家庭成员的作息规律，在休息时启动布防，确保夜间安全，真正实现人性化。

(2)物联网在智能医疗领域的应用

智慧医疗是在现有医疗数据的基础上，将电子病历、居民健康档案，通过自动化、智能化手段，综合应用物联网、云计算等信息技术，构建便捷化的医疗服务、人性化的健康管理、专业化的业务服务。

智慧医疗体系中，医生能随时查阅患者病历、档案等，患者也可自主选择更换医生或医院，通过移动通信、移动互联网等技术，实现远程挂号、在线咨询、在线支付等医疗服务。打造高度集成的健康信息服务平台，使医疗服务更加便捷及时，提高了效率，缓解“看病难”问题。

四、相关知识

物联网通常可以分为三层：感知层、网络层和应用层。

感知层：是物联网的核心，是实现信息采集的关键部分。感知层位于物联网结构中的最底层，以二维码标签、RFID标签、各类传感器网络等为主。该层的核心技术包括射频技术、新兴传感技术、无线网络组网技术、现场总线控制技术(FCS)等，涉及的核心产品包括传感器、电子标签、传感器节点、无线路由器、无线网关等。

网络层：也被称为传输层，是物联网架构的中间环节，主要完成接入和传输功能，是进行信息交换、传递数据的通路。通信网络是实现“物联网”必不可少的基础设施，包括接入网与传输网两种。

应用层：是物联网和用户的接口，主要解决信息处理和人机界面的问题。网络层传输的数据进入信息系统进行处理，通过设备与人进行交互，完成协同、分析、挖掘等功能，实现物联网的智能应用，为用户提供服务。比如查询信息、控制信息等，应用层涉及的典型技术包括虚拟技术、智能技术等。

五、创新作业

列举物联网在教育领域的应用。

项目五　区块链

一、项目描述

区块链可以视作一个账本，每个区块可以视作一页账，将其通过记录时间的先后顺序链接起来就形成了“账本”。因此，区块链是一个分布式的共享账本和数据库，具有去中心化、不可篡改、公开透明等特点。区块链技术有着丰富的应用场景，包括金融领域、政务服务、制药行业、物流领域等。未来，区块链技术将有更加广阔的应用空间，深入地了解与探究区块链技术将是很多领域中不可或缺的一环。

二、项目分析

本项目将介绍区块链及其典型应用。

三、项目实现

1. 了解区块链

区块链(Blockchain)，是分布式数据存储、点对点传输、共识机制、加密算法等计算机技术的新型应用模式，按照时间顺序将数据区块以链条的方式组合成特定的数据结构。因此，区块链是一个去中心化的分布式的共享账本和数据库，具有不可伪造、全程留痕、可以追溯、协同维护、公开透明等特点。这些特点保证了区块链的“诚实”与“透明”，为区块链创造信任奠定基础。而区块链丰富的应用场景，基本上都基于区块链能够解决信息不对称问题，实现多个主体之间的协作信任与一致行动。

2. 区块链的主要特征

(1)去中心化

去中心化意味着在众多的节点之间可以自由连接，进行数据、资产、信息等交换，所有的交易都是点对点发生的，无须任何的信用中介或集中式清算第三方机构来确保信息的正确性。

(2)分布式

分布式账本是指交易记账由分布在不同地方的多个节点共同完成,并且每一个节点记录的是完整的账目。当交易发生时,链上的所有参与方都会在自己的账本上收到交易的信息,这些交易记录是完全公开、不可篡改的,通过密码学等技术手段保证其可靠性,加速业务进程。

(3)非对称加密

存储在区块链上的交易信息是公开的,但是用户身份信息是高度加密的,数据交互无须信任,可以基于地址而非个人身份进行,只有在数据拥有者授权的情况下才能访问到用户身份信息,从而保证了数据的安全和个人的隐私。

(4)不可篡改

交易一旦添加至区块链,就会得到永久储存,很难被修改,每一条记录都可通过链式结构追溯本源。基于这些可信的不可篡改的数据,可以自动化地执行一些预先定义好的规则和条款。

3. 典型应用

区块链主要应用于金融服务、供应链管理、制药行业、政务服务、数字版权领域、保险领域、物流领域等。

(1)区块链与金融服务

金融服务是区块链技术的第一个应用领域,由于区块链技术具有高可靠性、简化流程、改善数据质量等特点,多个参与者共同维护,短时间就可以完成以往长时间才能完成的支付、清算、结算任务,降低了交易的复杂性。而区块链技术的数据不可篡改和可追溯特性,有利于监管部门实施更加精准、更多维度的监管,确保交易记录透明安全,快速定位高风险资金流向。

(2)区块链与供应链管理

区块链技术作为一种大规模的协作工具,适用于供应链管理。供应链是一个由物流、信息流、资金流共同组成的,将行业内的制造商、分销商、零售商、用户联系在一起。区块链技术使交易数据公开透明且数据不可篡改,确保所有参与者都能够及时发现供应链系统运行过程中存在的问题,找到解决问题的方法,提升供应链管理的整体效率;解决供应链体系内各参与者之间的纠纷,轻松实现举证与追责,解决假冒伪劣问题。

(3)区块链与制药行业

每年都有大量的药物浪费,因此,医药研发精准化成为制药企业必须考虑的问题。同时,也有患者因服用药物而受到不良副作用的毒害。如果患者能将自身的健康大数据进行共享,制药企业通过患者数据进行临床试验,并将各种特效药推广到不同需求患者市场中,通过数据管理、药物副作用追踪等就可以保障患者的用药安全,控制药物研发成本。利用区块链的公开透明和共享性特点,有效解决以上问题。

此外,区块链安全、透明、信息不可篡改等特性,可以有效地对药企实施全面、规范且透明的监管,从而使药品生产、流通和销售环节更透明,保证药品可追溯,实现全面合规化运营。

四、相关知识

区块链的工作流程主要包括如下步骤：

(1)发送节点将数据记录向全网广播。

(2)接收节点对收到的数据记录信息进行初步合法性检验，通过后的数据记录就可以纳入一个区块中。

(3)全网所有接收节点对区块执行共识算法，核对是否合法、正确，直至达成共识。

(4)区块通过共识算法过程后被正式纳入区块链中存储，形成了一个合法记账的区块，全网节点均表示接收该区块的方法，就是将该区块的随机散列值视为最新的区块散列值，新区块以该区块链为基础进行延长。

五、创新作业

列举区块链技术在升学就业方面的应用。

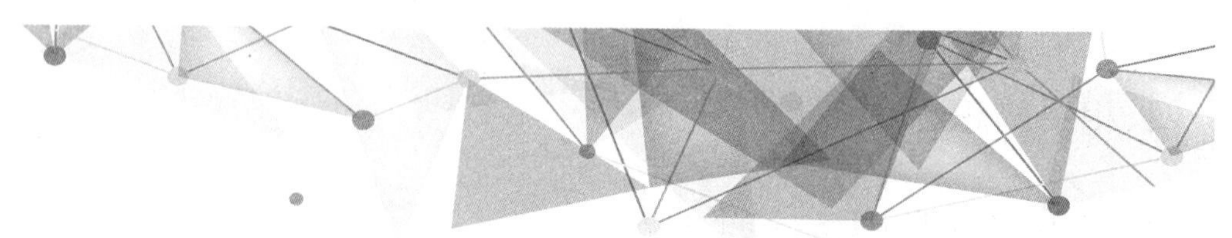

模块六
信息素养与社会责任

信息素养与社会责任是指在信息技术领域，通过对信息行业相关知识的了解，内化形成的职业素养和行为自律能力。信息素养与社会责任对个人在各自行业内的发展起着重要作用。建立信息安全意识，了解信息安全相关技术及应用，树立正确的信息安全意识和职业理念，是现代信息社会对高素质人才的基本要求。

项目一　信息安全

一、项目描述

随着社会信息化的发展，新一代信息技术广泛应用，带给我们好处的同时，也带来了前所未有的信息安全威胁。信息安全在当前计算机及网络的使用中已经处于非常重要的地位，也引起了计算机用户的高度关注。如何在有效利用信息技术的同时，识别、应对和规避风险，打好信息安全保卫战，是我们必须面对的问题。

二、项目分析

本项目主要讲解信息安全的相关概念、关键技术、个人信息安全防护方法。

三、项目实现

1. 信息安全的相关概念

随着互联网的快速发展和信息化程度的不断提高，分布式系统和通信网络已经得到广泛应用，越来越多的信息依赖于计算机及其网络系统来存储、处理和传输。这使得信息资源的保护面临着新的问题，在大多数场景下信息安全技术可以理解为在安全的使用环境下，保护软件的正常使用，以及其中的数据不会遭到破坏，实现信息真实性、抗入侵性、可控性等要求。它不仅涉及信息的存储过程，还包括信息的处理过程、传输过程和使用计算机信息系统的复杂人群可能产生的各种信息安全问题。

(1)数据安全

数据安全包括数据处理安全和数据存储的安全两层含义。数据处理的安全是指如何有效防止数据在输入、处理、统计或打印过程中，由于硬件故障、断电、死机、病毒或黑客等造成的数据库损坏或数据丢失、篡改现象。数据存储的安全是指数据库在系统运行之外的可读性，涉及计算机网络通信的保密、安全及软件保护等问题。简单来说，不加密的数据库是不安全的，容易造成泄密。

(2)信息系统安全

信息系统安全是指信息网络的硬件、软件及其系统中的数据受到保护，不受偶然的或者恶意的原因而遭到破坏、更改或泄露，系统能够正常运行而不会被中断。包括信息的保密性、真实性、完整性、未授权拷贝和所寄生系统的安全性这五个方面的内容。

2. 信息安全关键技术

(1)密码技术

密码技术是信息安全的核心技术，计算机网络环境下的信息，要实现安全性、保密性，都要使用密码技术。同一信道上的通信双方需要交换信息，而交换双方都不希望信息被第三方获取，密码学正是一种可以能够有效地防止信息在传输过程中被泄露窃听的安全机制。

(2)计算机安全技术

国际标准化组织对计算机安全的定义是："为数据处理系统所采用的技术和管理手段的安全保护，保护计算机硬件、软件、数据不因偶然的或恶意的原因而遭到破坏、更改、泄露。"我国公安部计算机管理监察司对计算机安全的定义是："计算机安全是指计算机资产安全，即计算机信息系统资源和信息资源不受自然和人为有害因素的威胁和危害。"由此可见，计算机安全的保护对象，主要还是计算机资产，通过防御手段，使其免于受到恶意的威胁与破坏。

①操作系统安全

操作系统是一个计算机运行的必要条件，也是计算机的灵魂，是面向计算机和用户之间的一组程序，是应用程序和计算机硬件之间的接口。操作系统既是一道安全屏障，也是首要入侵的目标。操作系统如此重要，一旦被有心之人攻破，他将获得最高权限，造成的破坏也是不可估量的。

②计算机软件安全

计算机软件主要指计算机系统中的程序，以及程序运行所必需的数据和文档。软件安全性包括软件的完整性、可用性和运行安全性。

(3)网络安全技术

网络安全是信息安全的核心。随着开放化、多元化的计算机网络的快速发展，出现了一系列网络安全威胁,如网络崩溃、网络堵塞、网络入侵等。应用范围越广,安全问题越显得重要。因为开放性和安全性本身也是一对矛盾,所以不存在一劳永逸的情况,以及绝对安全的系统。

(4)应用安全技术

应用安全,也是信息安全的一部分,保护应用程序的数据不被破坏、安全运行。加强在安全性方面的设置,防止其在运行过程中出现不稳定、被篡改等安全隐患。

(5)数据库安全技术

数据库的安全需求和一般软件系统存在类似之处,都是由数据库本身的特性和面临的安全问题决定。总体上来说,数据库的安全需求主要包括物理数据库的完整性,不被破坏;逻辑数据库的完整性,对数据库结构进行保护;数据单元的安全性、一致性;可审计性和访问控制等方面。

3. 个人信息安全

个人信息安全是指公民身份信息、财产信息等的安全状况。随着互联网的广泛应用,个人信息受到了极大的威胁。

保护个人信息安全要注意:

(1)妥善保管个人信息,尤其是银行卡、身份证等信息。在网络注册、实名验证时谨慎填写个人信息,如身份证号、手机号码等,切勿在非法网站注册,以致信息被非法倒卖、盗取。

(2)养成定期修改密码的好习惯,对网上支付、聊天账号等重要账号必须单独设置密码,避免简单密码。

(3)定期给手机和计算机杀毒,使用合法的正版软件,以防感染恶意程序,造成个人信息被窃取。

(4)不随意连接免费 Wi-Fi ,不点击短信中的不明链接和扫描未知二维码,不轻信电话、短信、微信中的退款、贷款、中奖、积分兑换等信息。

(5)经常备份数据,设置访问安全权限。

四、相关知识

常用互联网服务安全:

1. FTP 安全

文件传输协议(File Transfer Protocol,FTP)是在网络上进行文件传输的一套标准协议,用于控制 Internet 上文件的双向传输。用户可以将个人计算机与世界各地所有运行 FTP 协议的服务器相连,访问和下载资源。文件传送成功与否,与这两台计算机所处的位置、连接方式无关。只要两台计算机能通过 FTP 协议对话,并且能访问网络,就可以查看远程计算机有哪些文件,然后把文件从远程计算机上复制到本地计算机,或把本地计算机的文件上传至远程计算机。随着安全问题的不断暴露,FTP 的应用范围也日渐减小。

2. 域名应用安全

域名系统(Domain Name System,DNS)是互联网的基础, Web 服务、电子邮件服务等都需要 DNS 作为支撑。因此，DNS 的安全关系到整个互联网能否正常使用，是一个非常庞大、复杂的分布式 DBS(DataBase System，数据库系统)。DNS 系统存在较多缺陷，攻击方式包括拒绝服务攻击、DNS 欺骗等。

五、创新作业

列举手机丢失后，可采取哪些防御措施。

项目二 计算机病毒及防护

一、项目描述

随着计算机网络的普及和广泛应用，计算机病毒危害个人计算机安全，产生严重社会问题的例子屡见不鲜，因此我们必须加深对计算病毒的了解，学习相关防范知识，才能做好必要的防御，当计算机受到病毒入侵的时候，达到最低的破坏，甚至是免疫效果。

二、项目分析

利用网络办公，经常会遭到病毒和木马的攻击，为了保护计算机安全，本项目介绍病毒的概念、特征及防御方法。

三、项目实现

1. 计算机病毒的定义

我国在《中华人民共和国计算机信息系统安全保护条例》中明确定义，计算机病毒是指“编制或者在计算机程序中插入的破坏计算机功能或者破坏数据，影响计算机使用并且能够自我复制的一组计算机指令或者程序代码”。计算机病毒是一个能够通过修改程序，把自身复制进去，进而去传染其他程序的程序，不同于生物医学意义上的病毒概念。

2. 计算机病毒的特性

(1)传染性：运行被传染的程序后可以传染正常程序，甚至遍及整个系统。

(2)潜伏性：计算机病毒可以潜伏在计算机中，一旦满足条件就可以被激活并传播。

(3)隐蔽性：不易被发现，需通过专门的查杀工具进行查杀。

(4)破坏性：可以导致正常程序无法运行，造成计算机运行速度变慢、死机、蓝屏等问题。

(5)触发性:病毒可以在具备触发条件时运行,发起攻击。

(6)寄生性:可以寄生在正常程序中,在运行之前不易被发现。

3. 计算机病毒的防御

计算机病毒的防御包括防毒、查毒和杀毒三个方面。首先要在思想上给予足够的重视,加强管理,防止病毒的入侵。下面给出几种简单的预防方法:

(1)安装专门用于防毒、杀毒的病毒防火墙或防护卡。及时升级或更新防毒软件。定期查杀磁盘和文件。

(2)尽量避免在未安装防病毒软件的计算机上使用可移动存储介质。不使用来历不明的软件、U 盘等。

(3)不打开陌生的电子邮件及其附件,不要在陌生网站上随意下载软件。

(4)备份重要资料,一旦受到病毒破坏可以自行恢复数据。

(5)凡是外来的存储介质都必须先杀毒再使用。

目前,常用的杀毒工具软件有 360 安全卫士、瑞星杀毒、金山毒霸等。格式化磁盘可以彻底清除病毒,但数据也一并被清除。

四、相关知识

常见病毒:

(1)宏病毒

宏病毒的前缀是 Macro 或者是办公文档名称之一。在打开病毒文档时,宏会接管计算机,然后将自己感染到其他文档,或直接删除文件等。宏病毒带来的破坏性有:删除硬盘上的文件,将私人文件复制到公开场合,从硬盘上发送文件到指定的 E-mail、FTP 地址。

(2)CIH 病毒

CIH 病毒是第一个能破坏硬件的病毒,可以破坏主板芯片。CIH 病毒主要是通过篡改主板 BIOS 芯片里的数据,造成计算机开机就黑屏,从而让用户无法进行数据抢救和杀毒的操作,彻底摧毁计算机系统。CIH 病毒通过软件之间的复制,或者在网络上通过捆绑其他程序或是邮件附件传播。

(3)蠕虫病毒

蠕虫病毒多感染计算机和占用系统、网络资源,造成 PC 和服务器负荷过重而崩溃。蠕虫病毒不一定马上删除数据,因此不易被发现。

(4)木马病毒

木马病毒的名称源自古希腊特洛伊战争中著名的“木马计”,顾名思义就是一种伪装潜伏的网络病毒,通过电子邮件附件发出;捆绑在其他的程序中,修改注册表、驻留内存、在系统中安装后门程序、开机加载附带的木马。一旦发作,就可设置后门,定时地发送该用户的隐私到木马程序指定的地址,并可任意控制此计算机,进行文件删除、拷贝、改密码等非法操作。

五、创新作业

下载并安装一款计算机杀毒软件，了解具体使用方法。

项目三 信息社会责任

一、项目描述

计算机网络已经遍布世界的每个角落。由于网络的开放性和隐蔽性，导致一些不负责任的网站在网络上发布虚假信息，甚至恶意欺骗他人，严重危害了青年人的健康成长。因此，需要在发展的过程中加以规范，加强网络道德的宣传与教育，使之更好地为大众服务。

二、项目分析

本项目要求了解信息素养的相关概念、相关法规，从职业发展的视角进行理性的判断，对自身的行为活动负责，树立正确的职业理念，履行网络社会责任。

三、项目实现

1. 信息社会责任的概念

信息社会责任是指在信息社会中，个体在文化修养、道德规范和行为自律等方面应尽的责任。无论在现实世界还是在虚拟世界中，作为当代大学生都应该遵守相关法律法规，信守信息社会的道德与伦理准则；具备较强的信息安全意识与防护能力，能有效维护个人和公共信息安全；关注信息技术创新所带来的社会问题，对信息技术创新所产生的新观念和新事物，能从社会发展、职业发展的视角进行理性的判断，对自身的行为活动负责。

2. 行业规范和国家标准

信息安全经过几十年的发展，理论体系基本完备，应用技术迅猛发展，这也引起社会各方高度重视。

2007 年，《信息安全等级保护管理办法》文件正式发布，标志着等级保护 1.0 的正式启动。即定级备案、建设整改、等级测评和监督检查，在 2008 年至 2012 年期间陆续发布了等级保护的一些主要标准，构成等级保护 1.0 的标准体系。

在这样的技术变革进程中，习近平总书记敏锐地看到了其中的关键，深刻认识到国家的安全离不开网络安全，并在 2014 年 2 月《中央网络安全和信息化领导小组第一次会议》上的讲话中明确表态："没有网络安全就没有国家安全，没有信息化就没有现代化。建设网络强国，要有自己的技术，有过硬的技术；要有丰富全面的信息服务，繁荣发展的网络文化；要有良好的信息基础设施，形成实力雄厚的信息经济；要有高素质的网络安全和信息化人才队伍；要积极开展双边、多边的互联网国际交流合作。建设网络强国的战略部署要与'两个一百年'奋斗目标同步推进，向着网络基础设施基本普及、自主创新能力显著增强、信息经济全面发展、网络安全保障有力的目标不断前进。"

我国在 2017 年 6 月 1 日正式实施了《中华人民共和国网络安全法》，这是我国第一部全面规范网络空间安全管理方面问题的基础性法律，是我国网络空间法治建设的重要里程碑，是依法治网、化解网络风险的法律重器，保障互联网在法治轨道上健康运行。将近年来一些成熟的好做法制度化，并为将来可能的制度创新做了原则性规定，为网络安全工作提供切实法律保障。

为了配合《中华人民共和国网络安全法》，2017 年《信息安全等级保护管理办法》2.0 正式启动，等级保护对象已经从狭义的信息系统，扩展到网络基础设施、云计算平台/系统、大数据平台/系统、物联网、工业控制系统、采用移动互联技术的系统等，等级保护内容涉及基于新技术和新手段提出新的分等级的技术防护机制和完善的管理手段。关键信息基础设施在网络安全等级保护制度的基础上，实行重点保护，基于等级保护提出的分等级的防护机制和管理手段提出关键信息基础设施的加强保护措施，确保等级保护标准和关键信息基础设施保护标准的顺利衔接。

此外，还有《国家网络安全实践应急预案》《个人信息和重要数据出境安全评估办法》《数据安全管理办法》《个人信息安全规范》《加强工业互联网安全工作的指导意见》等不同的行业规范和国家标准。这些都是网络安全法的重要补充，保证了网络安全法的有效执行。

3. 网络道德

网络道德通过社会舆论、内心信念和传统习惯来评价人们的上网行为，规范人与人之间以及个人与社会之间的关系。网络道德与信息网络相适应，赋予人们在动机或行为上的是非善恶判断标准。

网络道德的基本原则包括诚信、安全、公开、公平、公正、互助。

作为当代有为青年，我们要做践行网络道德行为的典范：

①尊重包括版权和专利在内的知识产权。

②不利用网络进行诈骗、偷窃。

③不利用计算机去伤害他人，干扰他人的正常工作。

④不窥探别人的文件（如电子邮件），不私自拷贝不属于自己的资源，不蓄意破解别人的密码。

⑤考虑所编写的计算机程序所带来的社会后果。

⑥尊重他人的隐私。

四、相关知识

自主可控是国家信息化建设的关键环节，是保障网络安全、信息安全的前提，也是保护信息安全的重要目标之一，在信息安全方面意义重大。

自主可控是指对信息和信息系统实施安全监控管理，防止非法利用信息和信息系统，是实现信息安全的五个安全目标之一。自主可控技术就是依靠自身研发设计，全面掌握产品核心技术，实现信息系统从硬件到软件的自主研发、生产、升级、维护的全程可控。简单地说就是核心技术、关键零部件、各类软件全都国产化，自己开发、自己制造，不受制于人。能自主可控意味着信息安全容易治理、产品和服务一般不存在恶意后门并可以不断改进或修补漏洞；反之，不能自主就会受制于人，导致信息安全难以治理，产品和服务一般存在恶意后门并难以不断改进或修补漏洞。

五、创新作业

列举常见网络欺骗行为有哪些。

参 考 文 献

[1] 傅连仲,等.信息技术(基础模块)[M].上册.北京:电子工业出版社,2021.

[2] 陈承欢.信息技术[M].北京:电子工业出版社,2021.

[3] 眭碧霞,著.信息技术基础[M].2版.北京:高等教育出版社,2021.